ZAHNRÄDER · ZAHNRADGETRIEBE

ZAHNRÄDER
ZAHNRADGETRIEBE

SPRINGER FACHMEDIEN WIESBADEN GMBH

SCHRIFTENREIHE ANTRIEBSTECHNIK
Band 16

Herausgegeben von der
Fachgemeinschaft Getriebe und Antriebselemente
im
Verein Deutscher Maschinenbau-Anstalten e. V.
(VDMA)

Vorträge und Diskussionsbeiträge
der
Fachtagung „Antriebselemente", Essen 1954

Mit 173 Abbildungen

ISBN 978-3-663-06703-0 ISBN 978-3-663-07616-2 (eBook)
DOI 10.1007/978-3-663-07616-2

Softcover reprint of the hardcover 1st edition 1955

1955
 Friedr. Vieweg & Sohn, Braunschweig
Herstellung: Buchdruckerei H. Oeding, Braunschweig, und
Buchdruckerei R. Borek, Braunschweig

Vorwort

Nach der Behandlung der „Riementriebe, Kettentriebe und Kupplungen“ in der Fachtagung „Antriebselemente“ 1953 wurde diese Veranstaltung im Jahre 1954 unter den Titel „Zahnräder und Zahnradgetriebe“ gestellt. Bedeutung und Umfang dieses Stoffes schlossen damit von vornherein jede Hinzunahme von Themen aus anderen Arbeitsgruppen des Fachbereiches aus.

In ihrem ersten Teil verzeichnete die Fachtagung 1954 Vorträge aus dem Gebiet der Zahnradfertigung, in einem zweiten Abschnitt Themen über den Zahnradgetriebebau. Aus der Verpflichtung der Fachgemeinschaft, gelegentlich wirtschaftliche Fragen auch öffentlich zu behandeln, und aus der Erfahrung, daß solche Fragen zunehmend das Interesse der Ingenieure finden, wurden den technischen Referaten Vorträge wirtschaftlichen Inhalts über Gegenwartsprobleme aus der Zahnräder- und Getriebeindustrie zugeordnet.

Bei der Ausgestaltung dieser Tagung wurde bewußt angestrebt, neben deutschen Praktikern und Wissenschaftlern auch hervorragende Vertreter der Wissenschaft und der Industrie des Auslandes zu Wort kommen zu lassen. Damit ist mit dieser Veranstaltung in einem größeren Umfange eine den nationalen Bereich sprengende Diskussion um wichtige und aktuelle Themen aus der Zahnrad- und Getriebetechnik ermöglicht worden.

Die Zahnräder- und Getriebeindustrie hat mit der Tagung „Antriebselemente“ 1954 erneut unter Beweis gestellt, daß sie es als eine ihrer Hauptaufgaben ansieht, den Fortschritt der Technik zu fördern und den Ingenieuren diejenigen Erkenntnisse zu vermitteln, die sie bei ihrer täglichen praktischen Arbeit benötigen. Wie bei der Vorjahrs-Veranstaltung wurde damit eine weite Ausstrahlung der gewonnenen Erkenntnisse und Ergebnisse auf die verschiedenen Verbraucherkreise des Maschinenbaues und der deutschen Industrie bewirkt.

Der nun im Rahmen der Schriftenreihe „Antriebstechnik“ vorgelegte Band ist ein wesentlicher, über die deutschen Arbeiten hinausgehender Beitrag zur Diskussion wichtiger und aktueller Themen in diesem Fachbereich. Er dürfte geeignet sein, die künftigen Normungs- und Rationalisierungsarbeiten in der Zahnräder- und Getriebefertigung zu befruchten.

Inhaltsverzeichnis

Verzeichnis der Vortragenden

Dr. M. BERGSTRÄSSER
Rheinische Ingenieurschule Bingen

Prof. Ir. H. BLOK
Abt. Maschinenbau, Technische Hochschule Delft/Holland

Ing. H. BRUGGER
Zahnradfabrik Friedrichshafen A. G., Friedrichshafen

Dr. A. CAMERON
Mechanical Engineering Department, City and Guilds College, University of London

Dr.-Ing. G. DIETRICH
Zahnradfabrik Friedrichshafen A. G., Schwäbisch-Gmünd

Dr.-Ing. H. W. GRÖNEGRESS
Paul Ferd. Peddinghaus, Abt. Oberflächenhärtung, Gevelsberg

Obering. E. HAMMESFAHR
W. Ferd. Klingelnberg Söhne, Hückeswagen/Rhld.

Dipl.-Ing. Dipl.-Kfm. Dr. H. K. HELLMICH
Fachgemeinschaft Getriebe und Antriebselemente im VDMA, Düsseldorf

Dr.-Ing. H. M. HIERSIG
Rhein-Getriebe G. m. b. H., Büderich b. Düsseldorf

Dr.-Ing. K. KEGEL
AEG-Forschungs-Institut, Abt. für industrielle Hochfrequenzerwärmung, Berlin

Dipl.-Ing. W. MALMBERG
Heidenreich & Harbeck, Hamburg

Prof. Dr.-Ing. G. NIEMANN
Forschungsstelle für Zahnräder und Getriebebau, Technische Hochschule München

Dipl.-Ing. G. von OEHSEN
Eisenwerke Mülheim/Meiderich A. G., Mülheim-Ruhr

Dipl.-Ing. H. RETTIG
Forschungsstelle für Zahnräder und Getriebebau, Technische Hochschule München

Dipl.-Ing. W. RICHTER
Forschungsstelle für Zahnräder und Getriebebau, Technische Hochschule München

Ing. R. RITTER
MAAG-Zahnräder A. G., Zürich

Dr.-Ing. W. THOMAS
A. Friedr. Flender & Co., Bocholt

Dr. H. WALKER
John Holroyd & Co. Ltd., Milnrow, Lancashire/England

Ing. K. H. WEBER
W. Ferd. Klingelnberg Söhne, Hückeswagen/Rhld.

Dr.-Ing. H. WINTER
Forschungsstelle für Zahnräder und Getriebebau, Technische Hochschule München

Dipl.-Ing. H. ZICKEL
Dynamit-Actien-Gesellschaft vormals Alfred Nobel & Co., Troisdorf, Bez. Köln

Dr.-Ing. H. ZINK
Zahnräderfabrik Augsburg vorm. Joh. Renk (Act.-Ges.), Augsburg

Verzeichnis der Diskussionsredner

Dipl.-Ing. H. AXER
Laboratorium für Werkzeugmaschinen und Betriebslehre, Technische Hochschule Aachen

Obering. BLATTMANN, Nürnberg

Prof. Ir. H. BLOK
Abteilung Maschinenbau, Technische Hochschule Delft/Holland

Ing. H. BRUGGER
Zahnradfabrik Friedrichshafen A. G., Friedrichshafen

Obering. P. BÜTTNER
Zahnräderfabrik Augsburg vorm. Joh. Renk (Act.-Ges.), Augsburg

Dr. A. CAMERON
Mechanical Engineering Department, City and Guilds College, University of London

Dipl.-Ing. J. CLARENBACH
Maschinenfabrik Lorenz A. G., Ettlingen

Dr.-Ing. G. DIETRICH
Zahnradfabrik Friedrichshafen A. G., Schwäbisch-Gmünd

Ing. W. DOBRINKAT
Gußstahlwerk Gelsenkirchen, Gelsenkirchen

Dr.-Ing. O. FISCHER
Hannoversche Maschinenbau-Aktiengesellschaft vormals Georg Egestorff (Hanomag), Hannover

Dipl.-Ing. G. FLEISCHER
Lehrstuhl für Maschinenkunde, Technische Hochschule Dresden

Dipl.-Ing. P. GAUER
Loesche Hartzerkleinerungs- u. Zementmaschinen K. G., Düsseldorf

Dr.-Ing. H. W. GRÖNEGRESS
Paul Ferd. Peddinghaus, Abt. Oberflächenhärtung, Gevelsberg

Obering. E. HAMMESFAHR
W. Ferd. Klingelnberg Söhne, Hückeswagen

Dr. J. HEYES
Dr. W. Kampschulte & Cie., Solingen

Dr.-Ing. H. M. HIERSIG
Rhein-Getriebe G. m. b. H., Büderich b. Düsseldorf

Dr.-Ing. K. KEGEL
AEG-Forschungs-Institut, Abt. für industrielle Hochfrequenzerwärmung, Berlin

Ing. G. KOECH
Dipl.-Ing. Friedrich Heinrich Flottmann, Bochum

Dipl.-Ing. A. KORHAMMER
Zahnräderfabrik Augsburg vorm. Joh. Renk (Act.-Ges.), Augsburg

Dipl.-Ing. H. KOTTHAUS
Verein Deutscher Ingenieure, Düsseldorf

Dr.-Ing. J. LEIN
Schaerer-Werke G. m. b. H., Karlsruhe-Rheinhafen

Dr.-Ing. Oberbaurat W. LINDNER
Staatl. Ingenieurschule für Maschinenwesen, Wuppertal

Prof. Dr.-Ing. G. NIEMANN
Forschungsstelle für Zahnräder und Getriebebau, Technische Hochschule München
Ing. G. NOACK
AEG Fabriken Brunnenstraße, Großmaschinenfabrik, Berlin
Obering. H. P. POPPEL
Valvoline Oel G. m. b. H., Hamburg
Dipl.-Ing. H. RETTIG
Forschungsstelle für Zahnräder und Getriebebau, Technische Hochschule München
Ing. E. H. RICHTER
Heidenreich & Harbeck, Hamburg
Dipl.-Ing. W. RICHTER
Forschungsstelle für Zahnräder und Getriebebau, Technische Hochschule München
Ing. R. RITTER
Maag-Zahnräder A. G., Zürich
Ing. R. SCHNEIDER
Köllmann Maschinenbau G. m. b. H., Langenberg/Rhld.
Ing. H. J. SCHRAPERS
Gebr. Eickhoff Maschinenfabrik u. Eisengießerei m. b. H., Bochum
Dipl.-Ing. K. TUFFENTSAMMER
Gebr. Boehringer G. m. b. H., Göppingen
Dipl.-Ing. M. UNTERBERGER
Forschungsstelle für Zahnräder und Getriebebau, Technische Hochschule München
Dipl.-Ing. H. WEINHOLD
Hochschule für Schwermaschinenbau, Magdeburg
Masch.-Ing. M. WINKEL
J. Pohlig A. G., Köln
Dr.-Ing. H. WINTER
Forschungsstelle für Zahnräder und Getriebebau, Technische Hochschule München
Masch.-Ing. H. WINTSCH
Maag-Zahnräder A. G., Zürich
Dipl.-Ing. R. WYDLER
Maag-Zahnräder A. G., Zürich
Dipl.-Ing. H. ZICKEL
Dynamit-Actien-Gesellschaft vormals Alfred Nobel & Co. Troisdorf, Bez. Köln

G. NIEMANN und H. WINTER

Tragfähigste Evolventen-Geradverzahnung

Entwicklung tragfähigster Verzahnungen für verschiedene Bedingungen
Vergleich bekannter Verzahnungssysteme nach Kennwerten
Empfehlungen für die Auswahl

Einführung

Die zunehmende Anwendung und die zahlreichen Vorschläge für bestimmte Systeme „profilverschobener" Verzahnungen und anderer von der 20°-Normverzahnung abweichender Evolventen-Verzahnungen zur Erhöhung der Tragfähigkeit führen zu der Frage: Welches ist die überhaupt tragfähigste Evolventen-Geradverzahnung? Welches ist die nächst tragfähigste bei Einhaltung bestimmter Bedingungen, z. B. bei Einhaltung der Satzrädereigenschaft oder bei Herstellung mit dem 20°-Werkzeug usw.? Welche Systeme können zur allgemeinen Verwendung und welche für Sonderzwecke empfohlen werden?

Diese Überlegungen führten zu umfangreichen Untersuchungen [6] [1]), deren Ergebnisse hier erläutert werden sollen.

Festlegung der Berechnungsgleichungen und der Vergleichskennwerte

Die Tragfähigkeit der Zahnräder, die ja bei den vorliegenden Untersuchungen im Vordergrund steht, wird ja nach den Umständen begrenzt durch die zulässigen Werte

a) der Zahnfußbeanspruchung (Gefahr des Zahnbruchs, durchweg maßgebend bei gehärteten Zahnrädern),

b) der Wälzpressung an den Zahnflanken (Gefahr der Grübchenbildung, durchweg maßgebend bei ungehärteten Zahnrädern),

c) der Freßbeanspruchung (Freßgefahr an den Zahnflanken, in Sonderfällen bei großer Reibleistung, unzureichender Schmierung und Wärmeabführung).

Die hierfür nachfolgend zusammengestellten Berechnungsgleichungen sind weitgehend durch Erfahrungen belegt und in ähnlicher Weise auch in USA (AGMA-Standards) und in Großbritannien (British Standard 426/1940) in Gebrauch. Sie wurden für den vorliegenden Vergleichszweck so umgeformt, daß bei Gleichheit von Achsabstand a, Zahnbreite b, Zähnezahlen z_1 und z_2 und Winkelgeschwindigkeit ω jeweils ein dimensionsloser Kennwert (q_M, y_M, λ, c_G) den Einfluß der Zahnform auf die jeweilige Beanspruchung wiedergibt.

[1]) Zahlen in eckigen Klammern [ ] beziehen sich auf das „Schrifttum" am Schluß jedes Beitrages.

Tafel 1

Bezeichnungen

a	[mm]	Achsabstand
b	[mm]	Zahnbreite
c_G	[—]	Gleitbeiwert (Zahnformbeiwert der Gleitgeschwindigkeit)
d	[mm]	Durchmesser
e	[mm]	Biegehebelarm
F_A	[kg/sec]	Freßbeanspruchung nach Almen
f_k	[mm]	Kopfeingriffsstrecke
$k_{(k, S, Q, x)}$	[—]	Kopfkürzung
k_e	[kg/mm²]	Walzpressung im inneren Einzeleingriffspunkt
M	[mm · kg]	Drehmoment
m	[mm]	Modul
q_M	[—]	Zahnfußbeiwert (Zahnformbeiwert der Zahnfußbeanspruchung)
S_k	[mm]	Zahnkopfspiel
s	[mm]	Zahndicke
s_f	[mm]	Zahnfußdicke
U	[kg]	Umfangskraft
v_b	[mm/sec]	Umfangsgeschwindigkeit im Betriebswalzkreis
v_G	[mm/sec]	Gleitgeschwindigkeit
x	[—]	Profilverschiebungsfaktor
y_M	[—]	Zahnflankenbeiwert (Zahnformbeiwert der Walzpressung)
z	[—]	Zähnezahl
α	[°]	Eingriffswinkel
ε	[—]	Überdeckungsgrad
λ	[—]	Freßbeiwert (Zahnformbeiwert der Freßbeanspruchung)
ψ	[°]	Zahngrundwinkel
ϱ	[mm]	Krümmungsradius
σ_v	[kg/mm²]	Zahnfußvergleichsspannung
ω	[1/sec]	Winkelgeschwindigkeit

INDICES	0	Teilkreis
	1	Kleinrad (Ritzel)
	2	Großrad
	b	Biegung und Betriebswälzkreis
	e	Eingriffswerte
	g	Grundkreis

1. Zahnfußbeanspruchung (Berechnung nach [3]).

Für die Bestimmung der Zahnfußbeanspruchung wird der Kraftangriff im äußeren Einzeleingriffspunkt (Bild 2) zugrunde gelegt. Unter Berücksichtigung der Biege-, Zug- und Schubbeanspruchung ergibt sich dann die maßgebliche Vergleichsspannung (für Rad 1):

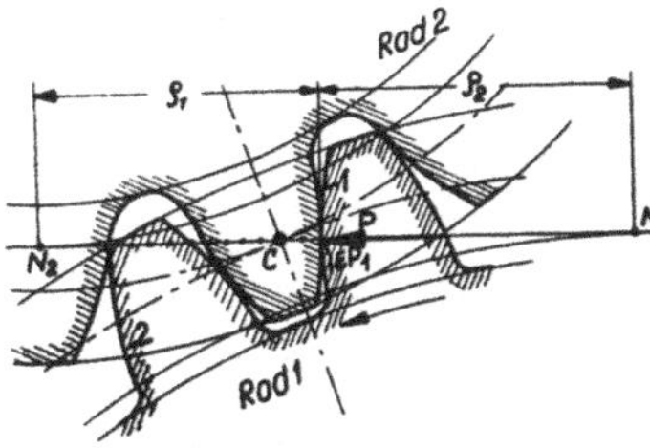

Bild 1: Zur Berechnung der Wälzpressung bei Kraftangriff im inneren Einzeleingriffspunkt des Rades 1 (IEP_1). Der Vorzahn (Flanke 2) kommt soeben außer Eingriff, so daß Flanke 1 die gesamte Last übernimmt.

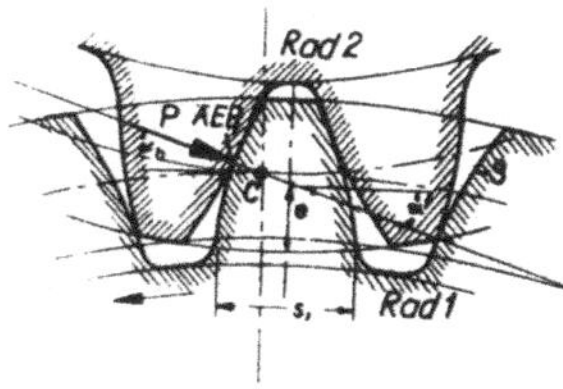

Bild 2: Zur Berechnung der Zahnfußbeanspruchung bei Kraftangriff im äußeren Einzelangriffspunkt des Rades 1 ($ÄEP_1$). Nachzahn 3 kommt soeben in Eingriff und übernimmt einen Teil der Normalkraft.

$$\sigma_{v1} = \frac{2\,M_1/z_1}{b\,[2a/(z_1 + z_2)]^2} \cdot q_{M1} = \frac{U_b}{b \cdot m_b} \cdot q_{M1}$$

Zahnfußbeiwert (dimensionsloser Kennwert der Zahnform):

$$q_{M1} = \frac{m_0 \cdot \cos\alpha_0 \cdot \cos\alpha'}{s_f \cdot \cos^2\alpha_b} \cdot \sqrt{\left(\frac{6e}{s_f} - \operatorname{tg}\alpha'\right)^2 + 6{,}25}$$

2. Wälzpressung (Berechnung nach [1] und [2]).

Für die Berechnung wird die Wälzpressung k_e im inneren Einzel-Eingriffspunkt zugrunde gelegt (Bild 1). Für Rad 1 ist:

$$k_{e1} = \frac{2\,M_1/z_1}{b\,[2a/(z_1 + z_2)]^2} \cdot \frac{1}{z_1} \cdot y_{M1} = \frac{U_b}{b \cdot d_{b1}} \cdot y_{M1}$$

Der Zahnform-Kennwert

$$y_{M1} = \left(\frac{m_0 \cdot \cos\alpha_0 \cdot z_1}{2\cos^2\alpha_b}\right) \frac{\varrho_1 + \varrho_2}{\varrho_1 \cdot \varrho_2}$$

3. Freßbeanspruchung

Auf Grund umfangreichen Erfahrungsmaterials fand Almen [4], [5], daß Fressen vermieden werden kann, wenn

$$F_A' = p_k \cdot v_G \cdot f_k$$

kleiner als ein Grenzwert ist, wobei $p_k \cdot v_G$ und f_k für den Eingriff am Zahnkopf zu berechnen sind (Bild 3) und zwar unter der Annahme, daß hier die volle Kraft auftritt. Durch einige Umformungen läßt sich hieraus die Leistung bestimmen, die bei Stahlrädern übertragen werden kann, ohne daß Fressen auftritt:

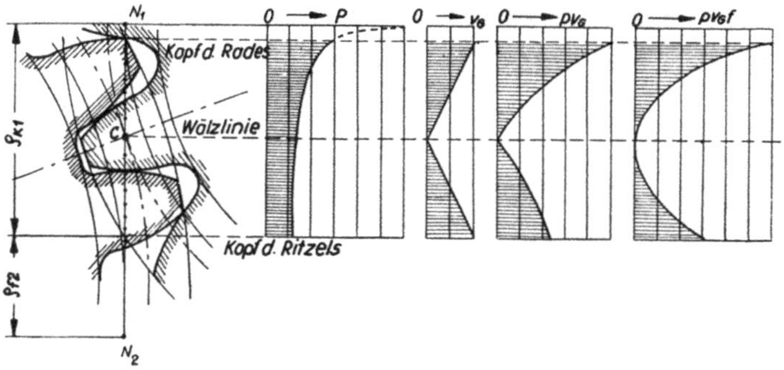

Bild 3: Zur Berechnung der Freßbeanspruchung nach Almen

$$N = \frac{2b\,(1+i)^2}{\omega_1 \cdot a^2} \cdot \frac{1}{\lambda} \cdot F_A{}^2$$

Der Zahnform-Kennwert λ kann im voraus für jede Verzahnung bestimmt werden (für Rad 1):

$$\lambda_1 = \frac{m_0 \cdot z_1 \cdot \cos\alpha_o}{2\cos^2\alpha_b} \; \frac{\varrho_{1k} + \varrho_{2f}}{\varrho_{1k} \cdot \varrho_{2f}} \left(\frac{c_{G1}{}^2 \cdot i}{(1+i)}\right)^2$$

4. Gleitverschleiß

Die Faktoren, die den Gleitverschleiß beeinflussen, sind noch nicht so weit erforscht, daß die Zusammenhänge in Form einer Gleichung angegeben werden können. Man weiß aber, daß der Verschleiß mit wachsender Gleitgeschwindigkeit zunimmt. Die Größtwerte der Gleitgeschwindigkeit treten am Eingriffsbeginn und -ende auf (Bild 4). Als dimensionslosen Kennwert benutzen wir die relative Gleitgeschwindigkeit

$$c_G = \frac{v_G}{v_b} = 2f_k \left(\frac{1}{d_{b1}} + \frac{1}{d_{b2}}\right)$$

wobei v_G die maximale Gleitgeschwindigkeit am Zahnkopf bzw. Zahnfuß ist.

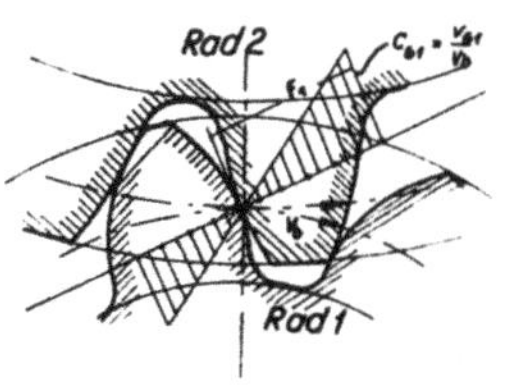

Bild 4: Zur Berechnung der relativen Gleitgeschwindigkeit c_G

5. Verwendung der Kennwerte

Für die Beurteilung der Tragfähigkeit, soweit sie von der Zahnform abhängt, kommen in erster Linie die Kennwerte q_M und y_M in Frage. Die weiteren Kennwerte λ_F und c_G können zur zusätzlichen Wertung der Zahnform herangezogen werden; sie sind aber weniger entscheidend, da heute selbst bei Verzahnungen mit großem Gleitanteil die Freßgrenze durch entsprechende Ölzusätze (Hypoidöle) weit hinausgeschoben werden kann. Kleinere Kennwerte bedeuten kleinere Beanspruchung, d. h. tragfähige Verzahnungen.

Festlegung der Begingungen

Da die einzuhaltenden Bedingungen die Auswahl und die erreichbare Tragfähigkeit der Verzahnungen mehr oder weniger einschränken, muß man sich zunächst hierüber klar werden. Man kann hier Grundbedingungen, die für die gleichförmige Bewegungsübertragung erforderlich sind, und Zusatzbedingungen unterscheiden.

1. Grundbedingungen
   a) Gleiche Eingriffsteilung von Ritzel und Rad
   b) Überdeckungsgrad über (z. B. $\varepsilon \geqq 1{,}1$)
   c) Mindest-Kopfdicke (z. B. $s_k \geqq 0{,}25\ m_0$)
   d) Mindest-Kopfspiel (z. B. $S_k \geqq 0{,}25\ m_0$)
   e) Vermeidung von Kopfeingriff in der Fußausrundung. Bei einigen neueren Vorschlägen, die mit sehr großen Profilverschiebungen arbeiten, wird dies manchmal übersehen; deshalb sei hier besonders darauf hingewiesen.
   f) Festlegung der Zahnfußausrundung durch Festlegung der Werkzeugabrundung.

2. Zusatzbedingungen
   a) Bestimmtes Festigkeitsverhältnis der Werkstoffpaarung

   Wenn man die Verzahnungsdaten festlegen will, die zu einem Maximum der Tragfähigkeit des Getriebes führen sollen, so müssen Werkstoff von Ritzel und Rad berücksichtigt werden.

   Handelt es sich z. B. um gehärtete Zahnräder, so wird im allgemeinen die Zahnfußfestigkeit für die Tragfähigkeit maßgebend sein. Man wird also fordern, daß die Sicherheit gegen Zahnbruch an Ritzel und Rad gleich groß ist. Daraus folgt, daß

$$\frac{q_{M_1}}{q_{M_2}} = \frac{\sigma_{v1zul}}{\sigma_{v2zul}}$$

   sein muß, d. h., die Verzahnungen müssen so dimensioniert werden, daß sich die Kennwerte wie die zulässigen Beanspruchungen verhalten.

   Da bei ungehärteten Rädern meist die Wälzfestigkeit für die Dimensionierung maßgebend ist, so wäre hier entsprechend zu fordern, daß das Verhältnis

$$\frac{y_{M_1}}{y_{M_2}} = \frac{k_{e1zul}}{k_{e2zul}}$$

   sein muß, wenn gleiche Sicherheit gegen Grübchenbildung an Ritzel und Rad erreicht werden soll. Liegt die Zahnform fest, so kann der Werkstoff entsprechend gewählt werden.

   b) Satzräder-Eigenschaft (Näheres siehe unter 3).

   c) Bedingung der Normalverzahnung

   Schreibt man eine Nullverzahnung mit normaler Zahnhöhe vor, so bleibt als Veränderliche noch der Eingriffswinkel, bzw. der Flankenwinkel des Werkzeugs.

d) Bestimmtes Werkzeugprofil

Die Auswahl der brauchbaren Verzahnungen wird stark eingeschränkt, wenn man ein bestimmtes Werkzeugprofil vorschreibt; wählbar sind dann noch die Profilverschiebungen. Dieser Tatbestand (festliegendes Werkzeug) ist zwar meist gegeben, es sei aber darauf hingewiesen, daß sich in Sonderfällen oder bei großen Stückzahlen, wo sich neue Werkzeuge bezahlt machen, durch das Abgehen vom Normalprofil neue Verbesserungsmöglichkeiten erschließen lassen.

e) Bestimmter Achsabstand für verschiedene Übersetzungen

Eine weitere Einschränkung bei der Auswahl der Verzahnungen ergibt sich, wenn außer Zähnezahl und Modul auch noch der Achsabstand festliegt. Damit ist dann auch die Summe der Profilverschiebungen gegeben, und man hat nur noch die Wahl, wie man sie aufteilen will.

3. Satzräder-Arten

Da für den Begriff „Satzräder" verschiedene Auslegungen existieren, soll hierfür eine Festlegung getroffen werden [6]. Nach Reuleaux sind Satzräder solche „gleichgeteilten Räder, die einen Satz bilden, aus welchem man zwei beliebige Räder herausheben und zu einem Paar vereinigen kann".

Wir wollen die Satzräder in bestimmte Gruppen einteilen, je nach den an sie gestellten Bedingungen.

a) Satzräder 1. Grades

Definition nach Reuleaux mit folgendem Zusatz: Der Achsabstand einer Paarung ist proportional der Zähnezahlsumme. Hierfür trifft die Definition nach DIN 868 zu, d. h., hierzu gehören alle Nullverzahnungssysteme, denn hier ist

der Achsabstand $a = m_0 \dfrac{z_1 + z_2}{2}$

b) Satzräder 2. Grades

Definition nach Reuleaux mit folgendem Zusatz: Der Achsabstand einer Paarung ist durch die Zähnezahlsumme gegeben, ist aber eine beliebige Funktion der Zähnezahlsumme. Damit ergibt sich, daß auch $x_1 + x_2$ nur von $z_1 + z_2$ abhängen darf.

$$x_1 + x_2 = f(z_1 + z_2)$$

Daraus folgt, wenn x_1 und x_2 außerdem derselben mathematischen Funktion von z gehorchen sollen, daß die Profilverschiebung x eines jeden Rades eine lineare Funktion der Zähnezahl z sein muß:

$$x = \eta \cdot z + \zeta$$

c) Satzräder 3. Grades

Definition nach Reuleaux mit folgendem Zusatz: Der Achsabstand ist keine Funktion der Zähnezahlsumme allein, sondern hängt außerdem von der Aufteilung der Zähnezahlsumme ab. Die kinematisch einzig notwendige Bedingung für eine Austauschbarkeit ist eingehalten, nämlich gleiche Eingriffsteilung aller Räder. Diese Bedingung ist erfüllt, wenn alle Räder mit gleichem Zahnstangenwerkzeug bei beliebiger Profilverschiebung hergestellt sind. Weiter müssen bei allen möglichen Paarungen die kinematischen Funktionsbedingungen erfüllt sein.

d) Anwendung der Satzräder

Satzräder 1. und 2. Grades sind nicht nur für Wechsel- oder Umsteckräder von Bedeutung, sondern z. B. auch dann, wenn gleichartige Getriebekästen — und damit festliegende Achsabstände — für unterschiedliche Übersetzungen verwendet werden sollen.

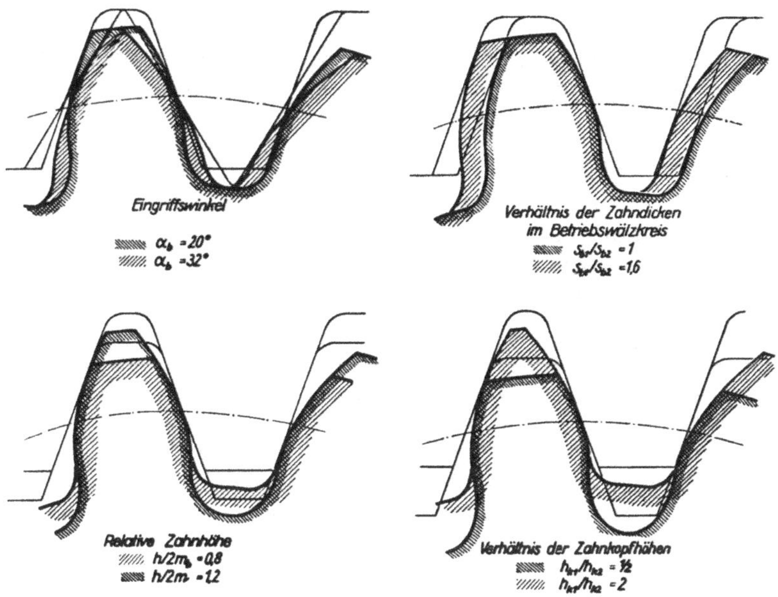

Bild 5: Einfluß der Bestimmungsgrößen auf die Zahnform ($z_1/z_2 = 16/\infty$)

Bestimmungsgrößen der Evolventenverzahnung und ihre Variation

1. Variation der Evolventenzahnform

Bei gegebenem Achsabstand a und Zähnezahlen z_1 und z_2 stehen für die Variation der Evolventenzahnform folgende Bestimmungsgrößen an der Verzahnung im spielfreien Betriebszustand zur Verfügung:

a) Eingriffswinkel α_b
b) relative Zahnhöhe $h/2m_b$
c) Zahndickenverhältnis s_{b1}/s_{b2}
d) Kopfhöhenverhältnis h_{k1}/h_{k2}

Bild 5 zeigt die hierdurch gegebenen Variationsmöglichkeiten.

2. Auswirkung der Variation

Für die Änderung der Bestimmungsgrößen lassen sich folgende Tendenzen im voraus angeben, wenn man zunächst von Verzahnungen mit Unterschnitt absieht:

Mit zunehmendem α_b werden günstiger:

Wälzpressung und Zahnfußbeanspruchung, Grenzzähnezahl, Unterschnitt und Gleitgeschwindigkeit,

ungünstiger:

Zahnkopfdicke und Überdeckungsgrad.

Mit zunehmendem $h/2m_b$ werden günstiger:

Wälzpressung am Ritzel, Zahnfußbeanspruchung bei größeren Zähnezahlen und Überdeckungsgrad,

ungünstiger:

Wälzpressung am Rad, Zahnfußbeanspruchung bei kleinen Zähnezahlen, Gleitgeschwindigkeit, Grenzzähnezahl und Zahnkopfdicke.

Mit zunehmendem s_{b1}/s_{b2} wird günstiger:

die Zahnfußbeanspruchung am Ritzel,

ungünstiger:

die Zahnfußbeanspruchung am Rad.
Die übrigen Kennwerte bleiben unverändert.

Mit zunehmendem h_{k1}/h_{k2} werden günstiger:

Wälzpressung an Ritzel und Rad, Zahnfußbeanspruchung des Ritzels bei kleinem z_1 und des Rades bei großem z_2, sowie Grenzzähnezahl und Unterschnitt des Ritzels, Zahnkopfdicke des Rades und Gleitgeschwindigkeit am Kopf des Rades,

ungünstiger:

Zahnfußbeanspruchung des Ritzels bei großem z_1 und des Rades bei kleinem z_2; Grenzzähnezahl und Unterschnitt des Rades, Zahnkopfdicke des Ritzels und Gleitgeschwindigkeit am Kopf des Ritzels.

Entwicklung von Verzahnungssystemen maximaler Tragfähigkeit

1. Allgemeine tragfähigste Verzahnung, bei frei wählbarem Werkzeug (K-Verzahnungen)[1].

Entsprechend den vorhergehenden Ausführungen könnte man so vorgehen, daß man für jede Zähnepaarung eine große Anzahl der vielen Kombinationsmöglichkeiten durchrechnet und so die tragfähigste bestimmt. Der Rechenaufwand hierfür wäre aber sehr groß. Es wurde daher ein abgekürzter Weg eingeschlagen, der auf folgenden Überlegungen beruht:

Wenn man bei konstant gehaltener Zahnhöhe den Eingriffswinkel α variiert, so nimmt die Wälzpressung mit zunehmendem α ab. Die obere Grenze für α ist durch die kleinstzulässige Zahnkopfdicke gegeben. — Allgemein kann man sagen: Die Wälzpressung wird um so kleiner (also um so günstiger), je größer die Krümmungs-

[1]) D. P. a.

radien der Zahnflanken im Berührungspunkt sind, d. h. je weiter das Stück der Evolventen, das als Zahnflanke benutzt wird, vom Grundkreis entfernt ist.

Ähnlich verhält es sich mit der Zahnfußbeanspruchung: Mit zunehmendem Eingriffswinkel verringert sich die Fußbeanspruchung (wenn alle anderen Bestimmungsgrößen konstant gehalten werden), bis die Mindest-Zahnkopfdicke erreicht ist.

Versuchsergebnisse haben ferner gezeigt, daß die Zahnfußbeanspruchung um so günstiger ist, je flacher die Zahnflanke am Zahngrund ansetzt, also je weiter das benutzte Stück der Evolvente vom Grundkreis entfernt ist. Entsprechend kann man die Hypothese aufstellen:

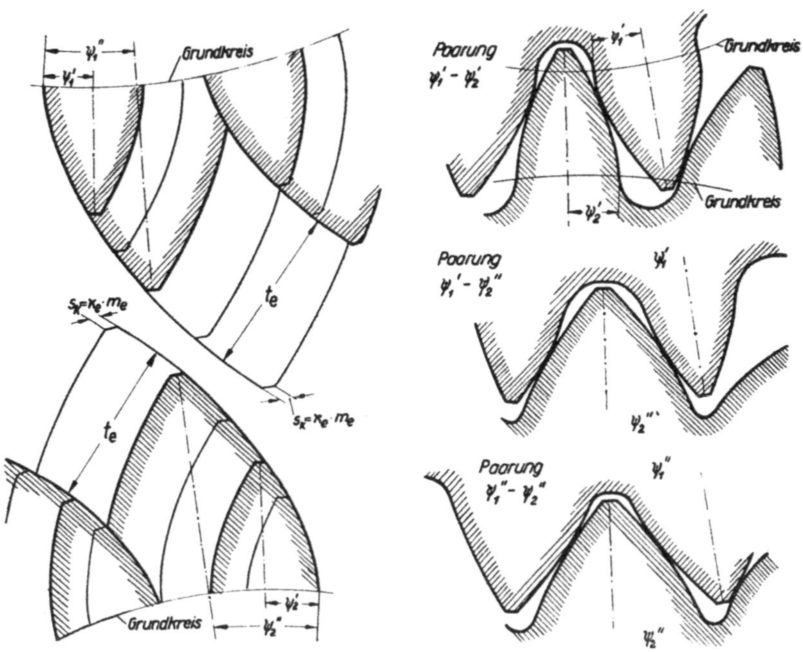

B i l d 6 : Ermittlung der Zahnformen maximal erreichbarer Tragfähigkeit; dabei ist kein Werkzeug vorgegeben

Von mehreren Zahnformen, die die gleiche Dicke auf dem Grundkreis haben, ist diejenige die günstigste bezüglich Wälzpressung und auch Fußbeanspruchung, die die am weitesten vom Grundkreis entfernten Flankenstücke besitzt und dabei die vorher festgelegten Grundbedingungen (s. Abschn. C1) einhält.

Bei festliegender Zahngrunddicke ist aber der äußerste Teil der Evolvente, der noch als Zahnflanke brauchbar ist, durch die kleinstzulässige Zahnkopfdicke gegeben: $s_k = s_{kmin}$

Entsprechend diesem Konstruktionsprinzip werden die so aufgebauten Verzahnungen in den folgenden Ausführungen als „Kopfkreis"- oder „K-Verzahnungen" bezeichnet.

An Hand des Bildes 6 soll nun gezeigt werden, wie man hierbei praktisch vorgeht. Für Ritzel und Rad der zu untersuchenden Zähnezahlpaarung sind die beiden Grundkreise aufgezeichnet worden, deren Durchmesser sich zueinander wie die Zähnezahlen verhalten. Bei einem beliebigen Zeichnungsmaßstab liegt damit auch die Teilung auf dem Grundkreis fest, die ja gleich dem Eingriffswinkel t_e ist. Man kann jetzt z. B. alle Rechtsflanken der Zähne zeichnen. Die Linksflanken können noch frei gewählt werden. Sie ergeben sich, wenn man die Zahndicke auf dem Grundkreis — bzw. die zugehörigen Zentriwinkel Ψ — festlegt. Durch die Vorschrift, daß die Kopfdicke $s_k = s_{k\min}$ gemacht wird (z. B. $s_k = 0{,}25\ m_e$) liegt auch der Kopfkreis und somit die ganze Verzahnung des betrachteten Rades fest. Nur die Fußausrundung hängt noch von der Herstellung ab.

Weiter kann man jetzt jede Zahnform des Ritzels (gekennzeichnet durch Ψ_1, Ψ'_1, Ψ''_1 usw.) mit jeder des Rades (gekennzeichnet durch Ψ_2, Ψ'_2, Ψ''_2 .. usw.) paaren. Einige dieser Paarungen sind auf der rechten Seite von Bild 6 dargestellt. Für den Vergleich der Zahnform-Kennwerte müssen sie sämtlich auf den gleichen Achsabstand bzw. auf denselben Wälzkreismodul reduziert werden.

Dann kann man die Zahnfuß-Kennwerte q_M und die Wälzpressungs-Kennwerte y_M abhängig von den zwei Veränderlichen Ψ_1 und Ψ_2 auftragen und schließlich die tragfähigste Verzahnung als Schnittpunkt von zwei Kurven bestimmen.

In Bild 7 sind für die Paarung $z_1/z_2 = 9/18$ die Zahnfuß-Beiwerte q_{M1} des Ritzels abhängig von Ψ_1 und Ψ_2 aufgetragen (das sind die von rechts oben nach links unten verlaufenden Linien). Die q_{M2}-Werte des Rades sind durch die von links oben nach rechts unten verlaufenden Kurven dargestellt. Das brauchbare Gebiet dieses Kurvenfeldes wird nun durch Festlegung der weiteren Bedingungen (siehe Abschn. C) abgegrenzt:

Soll z. B. die Beanspruchung von Ritzel und Rad gleich sein, so muß $q_{M1} = q_{M2}$ gemacht werden; das ist in dem Bild durch die punktierte Linie dargestellt; diese geht durch die Schnittpunkte der entsprechenden q_{M1}- und q_{M2}-Kurven.

Ebenso können die Grenzkurven des kleinstzulässigen Überdeckungsgrades eingezeichnet werden. Setzt man hierfür $\varepsilon = 1{,}1$ fest, so ist damit das für die Verzahnungen brauchbare Gebiet (im Bild schraffiert) abgegrenzt. Das Minimum der schraffierten Fläche zeigt den kleinsten erreichbaren q_M-Wert an. Durch dessen Abszisse und Parameter sind auch die zugehörigen Zahngrundwinkel Ψ_1 und Ψ_2 und damit die Zahnformen festgelegt. Die Paarung, die sich mit den Grenzbedingungen $q_{M1} = q_{M2}$ und $\varepsilon = 1{,}1$ ergibt, ist rechts oben im Bild 7 dargestellt (Paarung A).

Wird ein größerer Überdeckungsgrad verlangt, so wird die Fußbeanspruchung in diesem Falle etwas ungünstiger; auf jeden Fall ergeben sich andere Zahnformen. Zum Vergleich ist die Paarung (B), die sich aus der Vorschrift $q_{M_1} = q_{M_2}$ und $\varepsilon = 1{,}3$ ergibt, rechts (unten) eingezeichnet.

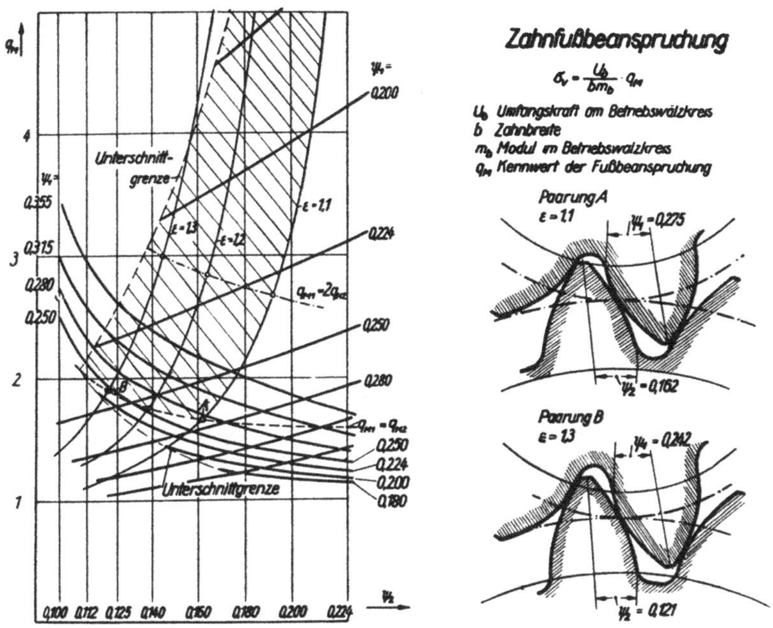

Bild 7: Festlegung der Verzahnung maximaler Zahnfußtragfähigkeit ($K_{q\,min}$-Verzahnung) für die Paarung $z_1/z_2 = 9/18$

Verhalten sich die zulässigen Spannungen von Ritzel und Rad beispielsweise wie 2 : 1 (Ritzel aus Einsatzstahl, Rad aus St. 50), so wäre die Kurve $q_{M_1} = 2q_{M_2}$ einzutragen (im Diagramm die etwas höher liegende, strichpunktierte Kurve) und die Zahnformen für Ritzel und Rad, d. h. die Winkel Ψ_1 und Ψ_2, ergeben sich aus den Schnittpunkten dieser Kurve mit der Kurve des vorgeschriebenen ε-Grenzwertes.

So läßt sich für jede Grenzbedingung die Verzahnung maximal erreichbarer Zahnfuß-Tragfähigkeit finden, und zwar durch Variation von lediglich zwei Veränderlichen statt der ursprünglich vier.

Beachtlich ist noch, daß der Kleinstwert von q_M nicht immer durch den Kleinstwert des Überdeckungsgrades ε bestimmt ist; häufig hat die Kurve $q_{M_1} = \text{const.} \cdot q_{M_2}$ ein echtes Minimum, in dem ε größer als der Grenzwert ist; allerdings wird die Wälzfestigkeit dann ungünstiger (vergl. auch Bild 9).

Auf ähnliche Weise, wie soeben für die $K_{q\,min}$-Verzahnung beschrieben wurde, kann auch die Verzahnung maximaler Flankentragfähigkeit ($K_{y\,min}$-Verzahnung) oder die Verzahnung maximaler Freßfestigkeit ermittelt werden.

Das obige Beispiel zeigt, daß es einer umfangreichen Rechenarbeit bedarf, um die Daten für das gesamte Verzahnungssystem festzulegen. Es handelt sich dabei jedoch um eine einmalige Arbeit. Mit Hilfe der damit vorliegenden Tafeln können dann alle Zahnradmaße und Kennwerte auf einfache Weise bestimmt werden.

2. Tragfähigste Satzräder-Verzahnung bei frei wählbarem Werkzeug

Bei den vorher besprochenen Verzahnungen maximaler Tragfähigkeit handelt es sich um Einzelverzahnungssysteme, d. h. die Zahnform ist nicht eindeutig durch die Zähnezahl gegeben, sondern hängt außerdem von der Zähnezahl des Gegenrades ab.

Hiervon können nun eine ganze Reihe von Satzverzahnungssystemen abgeleitet werden, bei denen jeder Zähnezahl — unabhängig von der Gegenzähnezahl — eine bestimmte Zahnform zugeordnet ist. Damit muß man natürlich von der optimalen Lösung abweichen. Wir haben zwei derartige Systeme (Tafel 2, Verzahnung Nr. 22 und 23) in die Untersuchung einbezogen, näheres siehe [6].

3. Tragfähigste Normalverzahnung (Null-Verzahnung) bei frei wählbarem Normalwerkzeug

Auch diese kann man von der vorhergehenden Verzahnung ableiten. So kommt man z. B. zur 28°-Verzahnung, wenn $z = 9$ die kleinste Zähnezahl des Systems sein soll, und zur 30°-Verzahnung, wenn als kleinste Zähnezahl $z = 14$ ausgeführt werden soll.

Diese Verzahnungen haben besonders bei höheren Zähnezahlen Vorteile gegenüber den 20°-Verzahnungen, wie die vergleichende Gegenüberstellung (s. Abschn. F und Taf. 3) noch zeigen wird.

4. Tragfähigste Verzahnung bei festliegendem Werkzeug, z. B. 20°-Normwerkzeug

Es handelt sich hier um profilverschobene Verzahnungen (V-Verzahnung), die mit dem festgelegten Werkzeug hergestellt werden. Demnach lautet die Frage: Wie müssen die Profilverschiebungs-Faktoren x_1 und x_2 für Ritzel und Rad gewählt werden, um maximale Zahnfuß-Tragfähigkeit (oder Flanken-Tragfähigkeit) zu erreichen?

Bild 8 zeigt, wie man dabei vorgehen kann. Es wurde hier ein Beispiel mit extrem hohen Zähnezahlen gewählt, weil dabei verschiedene Arten der Kopfkürzung vorkommen. Bei andern Zähnezahlen ist das Vorgehen entsprechend.

Die Zahnfußbeiwerte q_M von Ritzel und Rad wurden abhängig von den beiden Veränderlichen, nämlich den Profilverschiebungsfaktoren x_1 und x_2, ermittelt und aufgetragen. Die Knickpunkte erklären sich dadurch, daß je nach der Größe der Profilverschiebung verschiedene Kopfkürzungen maßgebend sind.

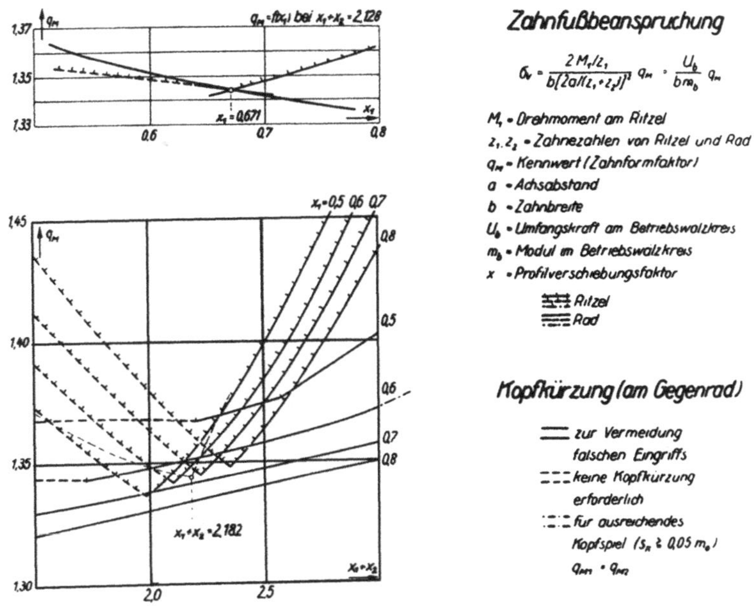

Bild 8: Festlegung der 20°-V-Verzahnung maximaler Zahnfußtragfähigkeit für die Paarung $z_1/z_2 = 60/180$

Sollen die Fußbeanspruchungen von Ritzel und Rad gleich sein, so müssen — wie besprochen — die Kennwerte q_{M_1} und q_{M_2} gleichgemacht werden; diese Kurve $q_{M_1} = q_{M_2}$ ist hier als dünne, punktierte Linie eingetragen. Das Minimum dieser Linie liegt in diesem Falle bei $x_1 + x_2 = 2{,}13$; um die Aufteilung in x_1 und x_2 zu finden, kann man jetzt an dieser Stelle einen Schnitt durch die Kurvenschar führen. Dieser Schnitt bei $x_1 + x_2 = 2{,}13$ ist oben im Bild 8 dargestellt, und man kann daraus das x_1 des Ritzels $= 0{,}67$ entnehmen. Damit sind für diese Paarung die Profilverschiebungsfaktoren gefunden, die eine maximale Tragfähigkeit ergeben (unter der Voraussetzung, daß $q_{M_1} = q_{M_2}$ sein soll). Die durch den Überdeckungsgrad gegebene Grenze liegt in diesem Fall außerhalb des dargestellten Kurvenfeldes, ist also ohne Bedeutung. Diese Berechnung und Darstellung muß für jede zu untersuchende Paarung durchgeführt werden.

Das Ergebnis derartiger Untersuchungen, die für eine große Anzahl von Paarungen durchgeführt werden müßten, könnte in einem Diagramm dargestellt werden, aus dem man für jeden vorliegenden Fall die Profilverschiebungen unmittelbar entnehmen kann, die zu der (bezüglich Fußfestigkeit) tragfähigsten 20°-V-Verzahnung führen.

Grundsätzlich kann man genau so vorgehen, um die V-Verzahnung höchster Wälzfestigkeit — d. h. die hierfür erforderlichen Profilverschiebungen x_1 und x_2 — zu bestimmen.

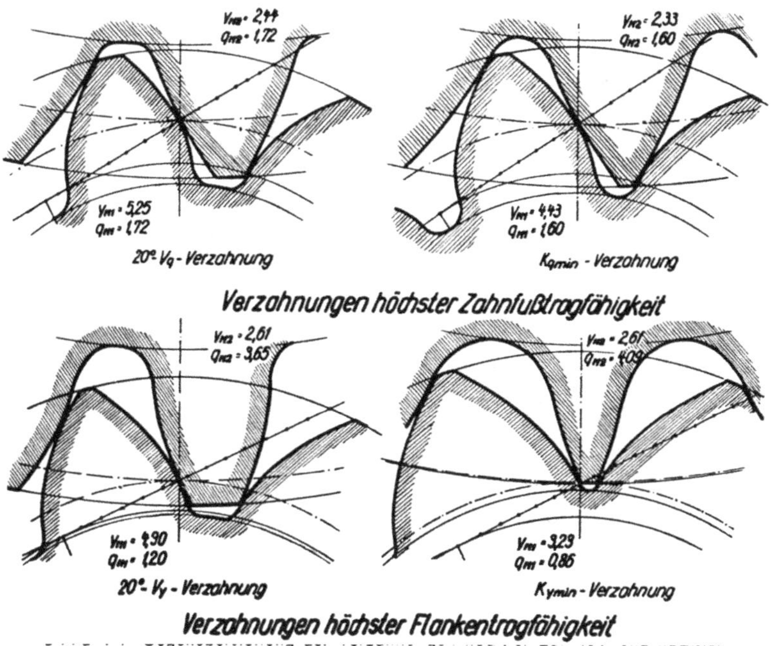

Flankentragfähigkeit (z_1/z_2 9/27)

Nun zeigt sich aber, daß zwar die bezüglich Fußfestigkeit günstigste Verzahnung auch eine hohe Flankentragfähigkeit hat, daß aber im Gegensatz dazu die Verzahnung maximaler Flankenfestigkeit bezüglich Fußfestigkeit sehr unausgeglichen ist. Das gilt sowohl für die allgemein tragfähigste Verzahnung als auch für die 20-V-Verzahnung. Ein Beispiel dafür zeigt Bild 9.

Schon allein aus dem Zahnbild geht deutlich hervor, daß bei diesen beiden unteren Verzahnungen die Fußfestigkeit des Rades gegenüber der des Ritzels extrem gering ist, und die im Bild angegebenen Kennwerte bestätigen dies.

Beide unteren Verzahnungen liegen außerdem sehr einseitig zum Wälzpunkt, d. h. die Gleitgeschwindigkeiten sind sehr unterschiedlich. Bei den Verzahnungen in Bild 9 oben liegt dagegen der Wälzpunkt etwa in der Mitte der gemeinsamen Zahnhöhe; das bedeutet etwa gleich große Gleitgeschwindigkeit.

5. Tragfähigste Satzräder-Verzahnung bei festliegendem Werkzeug, z. B. 20°-Normwerkzeug

Sie wird zweckmäßig von den unter 4. auf günstigste Zahnfuß-Tragfähigkeit ausgelegten V_q-Einzelverzahnungen abgeleitet. Derartige Satzverzahnungen 2. und 3. Grades wurden in die Untersuchungen einbezogen (deren Daten auch in Taf. 12 enthalten sind).

Von besonderer Bedeutung dürfte jedoch die Festlegung eines Satzverzahnungssystems 2. Grades sein, in dem ja bekanntlich der Achsabstand einer Paarung eindeutig durch die Zähnezahlsumme festgelegt ist.

Zunächst wurde das Verzahnungssystem nach dem Vorschlag von Assmann [7] untersucht. Hierbei ist für alle Zähnezahlen ein konstanter Profilverschiebungsfaktor $x = 0{,}44$ vorgeschrieben. Ferner wurde zum Vergleich ein System mit $x = 0{,}6$ = konstant durchgerechnet. Abgesehen davon, daß man durch solche einfachen Vorschriften Verzahnungen erhält, die außerordentlich tragfähig sind (wie der Vergleich noch zeigen wird), haben sie den Vorteil, daß alle Abmessungen der Paarung und des einzelnen Rades — einschließlich der für die Messung nötigen Daten, wie Zahnweite und Rollenmaß — auf einfache Weise tabelliert werden können.

Vergleich von 23 Verzahnungssystemen nach Kennwerten

Es gibt zahlreiche Vorschläge zur Erzielung tragfähigerer Evolventenverzahnungen gegenüber der 20°-Verzahnung.

Historisch gesehen, ist hierbei zunächst das MAAG-System zu nennen, bei dem erstmalig von den Möglichkeiten der Profilverschiebung allgemein Gebrauch gemacht wurde. Bekannt sind weiter die Vorschläge von Lasche (AEG-Verzahnung), Fölmer, Killmann, Schiebel, Buckingham und die neueren von Lenz, Merritt, Assmann, Hiersig und Bergsträsser.

Im Rahmen der vorliegenden Untersuchung interessiert uns nun die Frage, welche Tragfähigkeit bei den einzelnen Systemen in verschiedenen Zähnezahlgebieten erreichbar ist, und wie weit sie an die jeweils tragfähigsten Verzahnungen herankommen.

Hierzu wurden die in Tafel 2 näher gekennzeichneten Systeme genauer untersucht und ihre Kennwerte für verschiedene Zähnezahlgebiete auf gleicher Berechnungsbasis entsprechend Abschnitt B. ermittelt. Ein Teil der Ergebnisse wurde in Tafel 3 und Bild 11 und 12 zusammengestellt. Außerdem zeigt Bild 10 einige Beispiele der untersuchten Zahnformen [1]).

[1]) Ausführliche Vergleiche u. Abb. der Verzahnungen siehe [6].

1. Vergleich der Zahnfuß-Tragfähigkeit (q_M-Werte)

Hierzu Bild 11: Von den über der Zähnezahl z_1 aufgetragenen Kurven (Kennwert der Zahnfußbeanspruchung) sind besonders Nr. 19 und 12a beachtlich.

Nr. 19 ist die Verzahnung maximaler Zahnfuß-Tragfähigkeit und stellt demnach das Maximum des erreichbaren dar; entsprechend begrenzt ihre q_M-Kurve das Kurvenfeld nach unten. Nach Tafel 3 beträgt ihre Zahnfuß-Tragfähigkeit gegenüber der 20°-Nullverzahnung (Nr. 1) bei $z_1 = 12$ je nach Übersetzung 200 bis 250 % und bei $z_1 = 24$ im Mittel 160 %.

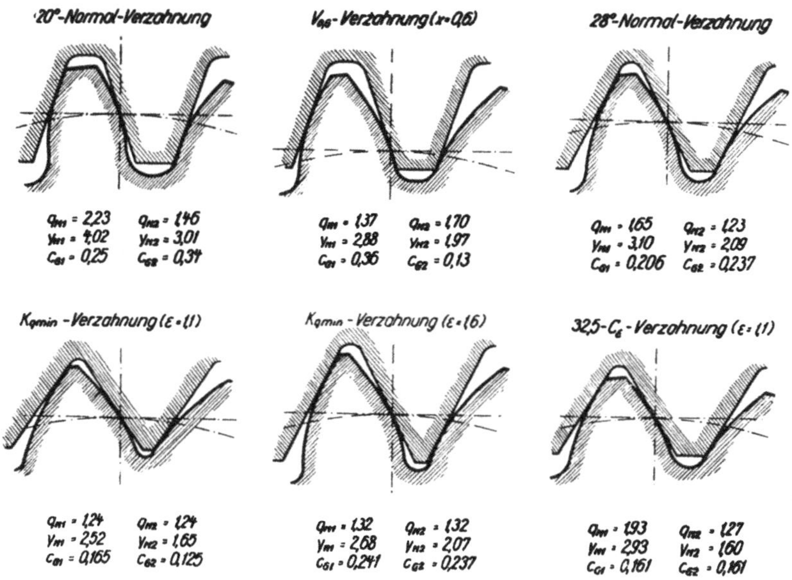

Bild 10: Vergleich verschiedener Zahnformen $z_1/z_2 = 18/\infty$

Kurve Nr. 12a gibt die q_M-Werte der 20°-V-Verzahnung maximaler Zahnfußtragfähigkeit (V_q-Verzahnung) an und stellt also die unterste Grenze der Zahnfußbeiwerte dar, die durch 20°-Verzahnungen erreicht werden können. Man erzielt gegenüber der 20°-Null-Verzahnung eine Tragfähigkeitssteigerung von (im Mittel) etwa 100 % (bei $z_1 = 12$) und bis zu 38 % bei $z_1 = 24$. Bei kleinen Zähnezahlen ist diese optimale Verzahnung nur wenig schlechter, als die allgemein tragfähigste Verzahnung.

Als beste Null-Verzahnung hatten wir die 28°-Null-Verzahnung ermittelt, deren Zahnfuß-Beiwerte hier durch die Kurve 2 dargestellt werden. Man sieht, daß bis zu $z_1 = 28$ die optimale 20°-V-Verzahnung und darüber die 28°-Verzahnung günstiger ist. Bei kleineren Zähnezahlen kann man tatsächlich mit der 20°-V-Verzahnung größere Zahnfußdicken erzielen als mit der 28°-Null-Verzahnung, und da sich der Einfluß der Profilverschiebung auf die Tragfähigkeit mit zunehmender Zähnezahl verringert, wird in diesem Gebiet die 28°-Verzahnung Nr. 2 zunehmend günstiger.

Tafel 2 Kennzeichen der untersuchten Verzahnungen

Nr.	Verzahnung: Bezeichnung	Höhe des Bezugsprofils	Werkzeug/ Betriebs-eingriffswinkel		Profilverschiebungsfaktor	Kopfkürzung	Einzelverzahnung, Satz verz. (Grad[1])	Zähnezahlbereich	Grenzzähnezahl	Übersetzungsbereich	Kennzeichnende Gesichtspunkte für die Festlegung	Schrifttum (in [6] angeführt)
1	20° - Null —	2 m_0	20°	20°	0	0	Satz/1.	9 bis ∞	17	1 bis ∞	Höhere Tragfähigkeit und geringere Grenzzähnezahl gegenüber 15°-Verzahnung	DIN 867
2	28° - Null — [30° - Null -]	2 m_0 [„]	28° [30°]	28° [30°]	0	0	Satz/1.	9 (6) bis ∞	9	1 bis ∞	Bei normaler Zahnhöhe größtmöglicher Eingriffswinkel, wenn $z = 9$ kleinste Zähnezahl des Systems sein soll; höhere Tragfähigkeit als Nr. 1	
3	20° - Stumpf —	1,6 m_0	20°	20°	0	0	Satz/1.	10 bis ∞	14	1 bis ∞	Geringe Grenzzähnezahl, verringerter Kopfkreisdurchmesser	ASA B 6.1.1932
4	Buckingham —	2 m_0	14½°	27,6° bis 14,5°	$x = 0{,}022885\,(40-z)$ für $z < 40$; $x = 0$ für $z \geq 40$	Kopfspiel = 1/10 der gemeinsamen Zahnhöhe	Satz/3.	10 bis ∞	10	1 bis ∞	Vermeidung von Unterschnitt bei $z \geq 10$; bei kleinen Zähnezahlen bessere Getriebe	[24]
5	Maag —	2 m_0	15°	29,4° bis 15° bei $z_{min} = 9$	$x = f(z, i)$ s.S. B 63	nach Gl. 68	Einzel	6 bis ∞	—	1 bis ∞	„für jede Zahnpaarung die günstigste Profilverschiebung" [13] Anscheinend Beseitigung des Unterschnitts und gleiches spez. Gleiten	[12] [13] [20] [21] [30] [50]
6	Bergsträßer-($\alpha_0 = 15°$, $\alpha_b = 20°$)	2 m_0	15°	20°	$x = f(z, i)$ s.S. B 68	nach Gl. 68	Einzel	16 bis 100	—	1 bis 10	Gleiches spez. Gleiten am Fuß vom Ritzel und Rad; $\alpha_b = 20°$	[52]
7	DEMAG - WN —	2 m_0	20°	27,2°-21,9°	$x = f(z)$ s.S. B 72	0,1 m_0	Satz/3.	12 bis 200	< 12		Strebt Verbesserung der Tragfähigkeit auch bei größeren Zähnezahlen an	
8	V - 3 —	2 m_0	20°	27,8°-22,3°	$x = f(z, i)$ s.S. B 76	nach Gl. 68	Einzel	z_1 12 bis 17 $z_1 + z_2$ 50 bis 130	—	2 bis 10	Zähnezahlsumme wird bei gleichem Achsabstand um 3 vermindert; Fußkreis wird gleich Grundkreis gemacht	[40] [44]
10	Bergsträßer-($\alpha_n = 20°$; $\varepsilon = 1{,}25$)	2 m_0	20°	26° bis 20°	$x = f(z, i)$ s.S. B 84	nach Gl. 68	Einzel	12 bis 100	—	1 bis ∞	Gleiches spez. Gleiten am Fuß vom Ritzel und Rad; $\varepsilon = 1{,}25 =$ const	[52]
9	Ve - (Assmann)	2 m_0	20°	29,4°-20°	0,44	0	Satz/2.	9(6) bis ∞	10	1 bis ∞	Einfache Systeme zur Vermeidung von Unterschnitt und zur Erhöhung der Tragfähigkeit	[45]
11	V 0,6 —	2 m_0	20°	31,6°-20°	0,6	$K_k = f(z)$ s.S. B 88	Satz/2.	9 bis ∞	7	1 bis ∞		
12a	20° q Min-Einzel-(Vq-Einzel)	2 m_0	20°	31,3°-20°	$x = f(z, i)$ s.S. B 93	nach Gl. 68, 69, 70	Einzel	9 bis ∞	—	1 bis ∞	Tragfähigste 20°-V-Einzelverzahnung bezüglich q_M; $q_{M1} = q_{M2}$; $\varepsilon \geq 1{,}1$	
12b	20° y Min-Einzel-(Vy-Einzel)	2 m_0	20°	31,3-20°	$x = f(z, i)$ s.S. B 97	nach Gl. 68, 69, 70	Einzel	9 bis ∞	—	1 bis ∞	Tragfähigste 20°-V-Einzelverzahnung bezüglich Y_M; $\varepsilon \geq 1{,}1$	
13	20°qy-Satz-(Vqy-Satz)	2 m_0	20°	31,6-20°	$x = f(z, i)$ s.S. B 101	$K_k = f(z)$ s.S. B 101	Satz/3.	9 bis ∞	< 9	1 bis ∞	Aus Nr. 12 a und 12 b abgeleitete Satzverzahnung	
14	BSS 436/1940	2 m_0	20°	29,1-20°	$x = f(z, i)$ s.S. B 105	nach Gl. 68	Einzel	10 bis ∞	—	1 bis ∞	Erhöhung der Tragfähigkeit gegenüber Normalverzahnung und Beseitigung des Unterschnitts	BSS 436/1940
15	15° - AEG —	2 m_0	15°	15°	± 0,5	0	Einzel	$z_1 > 14$; $z_2 > 60$	f. Ritz 15 f. Rad 45	3 bis ∞	V-Null-Verz. z. Verbesserung d. 15-Null-Verzahnung	[6] [AEG 335] [DIN 43226]
16	20° - AEG —	2 m_0	20°	20°	± 0,5	0	Einzel	$z_1 > 8$; $z_2 > 30$	f. Ritzel 9 f. Rad 25	3 bis ∞	Vergleichsvorschlag zu Nr 15	
17	Lentz —	2 m_0	20°	20°	$x_1 = -x_2 = f(z, i)$ s.S. B 117	0	Einzel	9 bis ∞	—	außer 1 bis $i = \infty$	Korrektur auf gleiche Zahnfußdicke von Ritzel und Rad; keine Verbesserung für $i = 1$	[32]
18	Hoppe —	—	—	—	—	—	Satz/3.	9 bis 200	—	1 bis 5	Grundkreisverzahnung; Herstellung offengelassen; Zahnhöhe über dem Grundkreis = 0,55 te; Zahndicke auf dem Grundkreis = ,9 m_e	
19	Kq Min – ($\varepsilon = 1{,}1$)	—	—	39,2°-32,5°	—	—	Einzel	9 bis ∞	—	1 bis ∞	Zahnkopfdicke $s_k = 0{,}25\ m_e$ $\varepsilon = 1{,}1$; $q_{m1} = q_{M2}$; Herstellung offen gelassen; Tragfähigste Verzahnung bezügl. Zahnfußbeanspruchung	
20	Kq Min – ($\varepsilon = 1{,}2$)	—	—	37,4°-29,6°	—	—	Einzel	9 bis ∞	—	1 bis ∞	Vergleichsvschlg z. Nr 1[illegible] m $\varepsilon = 1{,}2$; sonst w. Nr 19	
21	Ky Min –	—	—	39,1°-0°	—	—	Einzel	9 bis ∞	—	1 bis ∞	Tragfähigste Verzahnung bezüglich Wälzpressung; $s_k = 0{,}25\ m_e$ $\varepsilon = 1{,}1$; Herstellung offengelassen	
22	32,5° - C_ε —	1,57 m_0	32,5	32,5°	0	0	Satz/1.	9 bis ∞	< 9	1 bis ∞	Von Nr 19 abgeleitete Satzverzahnung; $\varepsilon = 1{,}1$	
23	28° - C_ε —	1,62 m_0	28	28°	0	0	Satz/1.	9 bis ∞	< 9	1 bis ∞	Vergleichsvorschlag zu Nr 22; $\varepsilon = 1{,}43$	

*) **Auszug aus:** Winter, H: Die tragfähigste Evolventen-Geradverzahnung. Braunschweig 1954, Vieweg.

Tafel 3

Tragfähigkeit der untersuchten Verzahnungen in % zur Tragfähigkeit des Ritzels der 20°-Nullverzahnung bei gleichem Achsabstand u. gleicher Grenz-Beanspruchung[2])

Verzahnung		$z_1 = 12$										$z_2 = 24$									
		i = 1		i = 3				i = ∞				i = 1		i = 3				i = ∞			
		Ritzel u. Rad		Ritzel		Rad		Ritzel		Rad		Ritzel u. Rad		Ritzel		Rad		Ritzel		Rad	
Nr.	Bezeichnung	Flanke	Fuß	Flanke	Fuß	Flanke	Fuß	Flanke	Fuß	Flanke	Fuß	Flanke	Fuß	Flanke	Fuß	Flanke	Fuß	Flanke	Fuß	Flanke	Fuß
1	20° - Null - (DIN 867)	100	100	100	100	194	181	100	100	284	229	100	100	100	100	116	127	100	100	120	135
2	28° - Null - (y = 1) [30° - Null - (y = -)] [1])	184 [194]	144 [160]	139 [149]	151 [170]	226 [236]	229 [249]	142 [153]	162 [178]	273 [289]	273 [284]	129 [134]	135 [146]	128 [133]	132 [142]	155 [162]	152 [162]	128 [132]	131 [138]	168 [175]	158 [167]
3	20° - Stumpf - Null (y = 0,8)	107	125	77	129	189	185	71	129	266	225	95	107	90	106	124	131	88	105	132	125
4	Buckingham —	147	152	133	198	193	122	165	229	267	161	96	100	95	112	104	97	105	116	103	109
5	Maag —	147	152	121	186	212	170	164	226	266	167	99	103	99	114	113	105	108	120	113	108
6	Bergsträß.- ($\alpha_0 = 15°$; $\alpha_b = 20°$)	—	—	—	—	—	—	—	—	—	—	99	105	103	122	130	114	—	—	—	—
7	DEMAG - WN —	171	149	129	170	222	199	136	204	275	201	119	131	117	129	145	129	123	139	161	117
8	V - 3 —	—	—	147	224	250	178	—	—	—	—	—	—	—	—	—	—	—	—	—	—
9	Ve - (Assmann-)	183	164	142	198	225	193	158	216	281	204	117	127	122	134	137	127	124	136	154	125
10	Bergsträß.- ($\alpha_0 = 20°$; $\varepsilon = 1{,}25$)	—	—	—	—	—	—	—	—	—	—	120	125	121	129	153	127	—	—	—	—
11	V 0,6 —	187	180	145	218	227	191	166	242	317	182	121	131	122	151	143	137	136	142	167	118
12a	20° - qmin - Einzel - (Vq-Einzel)	192	190	144	212	234	212	154	207	273	207	128	138	121	138	144	138	118	127	145	127
12b	20° - ymin - Einzel - (Vy-Einzel)	192	190	163	242	238	131	198	257	433	163	131	137	143	127	170	105	167	131	241	91
13	20° - qy - Satz - (Vqy-Satz)	191	187	148	217	233	203	172	253	240	184	127	137	127	150	185	127	140	147	190	108
14	BSS - 436/1940 —	177	150	136	183	202	150	154	205	270	207	106	107	110	126	116	113	122	133	150	125
15	15° - AEG —	—	—	125	191	154	81	149	191	278	173	—	—	100	130	105	73	114	127	173	106
16	20° - AEG —	—	—	148	218	198	104	167	228	298	200	—	—	118	141	134	100	128	138	161	122
17	Lentz —	—	—	131	185	192	127	148	198	262	209	—	—	115	136	132	104	140	145	181	115
18	Hoppe —	166	161	127	170	192	173	—	—	—	—	97	96	92	108	101	110	—	—	—	—
19	Kqmin - ($\varepsilon = 1{,}1$)	206	200	168	238	204	238	181	261	349	261	148	163	150	155	185	155	154	160	208	160
20	Kqmin - ($\varepsilon = 1{,}2$)	195	189	164	230	254	230	178	256	334	256	144	157	147	157	179	157	151	160	202	160
21	Kymin - 1,2; 1,49; 1,68;	206	200	209	380	254	99	284	420	525	~20	148	163	166	193	193	94	200	202	279	51
22	32,5° - C_ε —	182	194	148	194	259	242	150	194	380	270	138	141	135	133	176	149	134	127	211	163
23	28° - C_ε	199	173	137	173	232	234	138	173	302	260	127	135	127	127	158	142	123	121	179	145

[1]) bei z = 12 ist $S_k < 0{,}25\, m_0$

[2]) Auszug aus [6]

Besonders hingewiesen sei auf die Kurven Nr. 9 und 11, d. h. die beiden Verzahnungssysteme mit konstanten Profilverschiebungsfaktoren (0,44 und 0,6).

Man sieht, daß man mit diesen einfachen Verzahnungsystemen im ganzen Zähnezahlbereich erhebliche Verbesserungen gegenüber der 20°-Null-Verzahnung erzielen kann und daß die q_M-Werte auch gegenüber der optimal mit 20°-Normwerkzeug erreichbaren Verzahnung (Nr. 12) gar nicht so sehr stark abfallen.

Zum Vergleich sind noch die q_M-Werte der Britischen Normverzahnung (Nr. 14) angeführt, bei der die Profilverschiebungsvorschriften ziemlich kompliziert sind. Da die Verzahnung nur bis zu $z_1 = 30$ als V-Verzahnung ausgeführt ist, läuft die Kurve 14 hier in die Kurve 1 der 20°-Nullverzahnung ein. Ein ähnliches System ist jetzt vom ISO-Komitee für die internationale Normung vorgeschlagen worden. Dem soll als Gegenvorschlag ein Verzahnungssystem mit konstantem Faktor x gegenübergestellt werden.

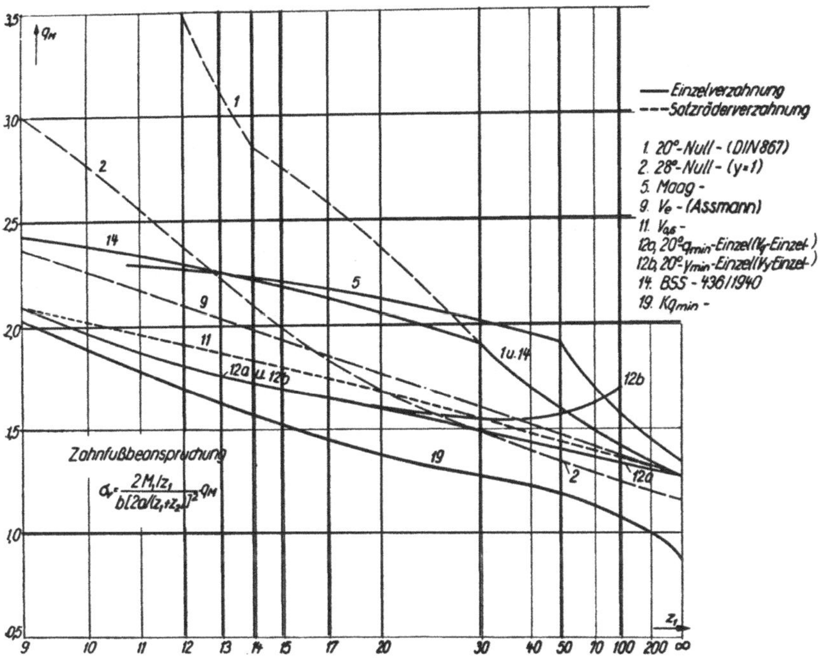

Bild 11: Vergleich der Zahnfußwerte p_M verschiedener Verzahnungssysteme Übersetzungsverhältnis i = 1

Kurve 4 ist die MAAG-Verzahnung — besser gesagt, eine nach veröffentlichten Daten geschätzte MAAG-Verzahnung, denn die genauen Profilverschiebungsangaben wurden von der Firma MAAG bisher nicht veröffentlicht.

2. Vergleich der Flanken-Tragfähigkeit (y_M-Werte)

Hierzu sind in Bild 12 für die gleichen Verzahnungen wie vorher die y_M-Kurven (Kennwerte der Wälzpressung) über der Zähnezahl z_1 für die Übersetzung i = 1 aufgetragen. Die untere Grenze bildet auch hier die Kurve 19, da für i = 1 die y_M-Werte der (allgemein tragfähigsten) K-Verzahnungen bezüglich Wälzpressung (K_{ymin}-) und bezüglich Fußbeanspruchung (K_{qmin}-Verzahnung) nahezu gleich sind. Bei den anderen Übersetzungsverhältnissen fallen die beiden — nämlich K_{ymin}- und K_{qmin}-Verzahnung — allerdings nicht zusammen. Nach der K_{ymin}-Verzahnung hat jedoch die K-Verzahnung maximaler Fußfestigkeit stets auch die größte Flankentragfähigkeit (bei z_1 = 12 etwa 170 bis 350%, bei z_1 = 24 etwa 150 bis 200% der 20°-Null-Verzahnung).

V_y-Verzahnung und V_q-Verzahnung: Kurve 12b stellt die 20°-Verzahnung maximaler Wälzfestigkeit dar (V_y-Verzahnung); die Kurve der Verzahnung Nr. 12a (20°-Verzahnung maximaler Zahnfußtragfähigkeit) fällt bis zur Zähnezahl z_1 = 17

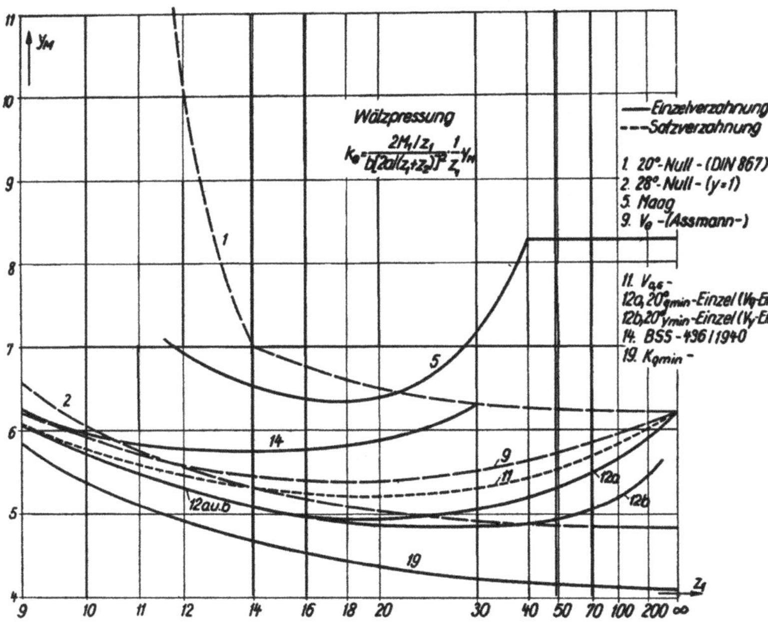

Bild 12: Vergleich der Flankenbeiwerte y_M verschiedener Verzahnungssysteme beim Übersetzungsverhältnis i = 1

mit dieser Grenzkurve des (mit 20°-Werkzeug) maximal Erreichbaren zusammen und wird erst bei größeren Zähnezahlen und Übersetzungsverhältnissen etwas ungünstiger. Die 28°-Null-Verzahnung ist auch bezüglich Wälzfestigkeit bei kleinen Zähnezahlen ungünstiger und bei großen günstiger als die 20°-V-Verzahnungen. Allerdings ist der Unterschied zwischen den verschiedenen Verzahnungen bei kleinen Zähnezahlen ziemlich gering — mit Ausnahme der 20°-Nullverzahnung und der Verzahnungen, die mit dem 15°- oder 14½°-Werkzeug hergestellt werden (z. B. Nr. 5). Diese liegen im gesamten Zähnezahlbereich erheblich ungünstiger.

Die Kurven Nr. 9 und 11, die die y_M-Werte der beiden Verzahnungen mit konstantem Profilverschiebungsfaktor darstellen, weichen bei kleinen Zähnezahlen nur wenig von den günstigstenfalls durch V-Verzahnung erreichbaren Werten ab und sind in diesem Gebiet besser als alle bisher bekannten V-Verzahnungssysteme. Bei größeren Zähnezahlen werden sie relativ etwas ungünstiger, ermöglichen aber auch hier eine erhebliche Steigerung der Flankentragfähigkeit gegenüber der 20°-Null-Verzahnung.

Empfehlungen für Auswahl und Verwendung

1. Sofern Rücksichten auf Herstellung und Satzrädereigenschaften keine Rolle spielen, empfehlen wir die K-Verzahnung maximaler Zahnfuß-Tragfähigkeit (K_{qmin}-Verzahnung); bei ungehärteten Zahnrädern ist z. T. die K_{ymin}-Verzahnung günstiger.
2. Ist das genormte 20°-Bezugsprofil vorgeschrieben und spielen Satzrädereigenschaften keine Rolle, so wird als Richtlinie für die Wahl der Profilverschiebungen bei gehärteten Zahnrädern die V_q-Verzahnung empfohlen, also die V-Verzahnung maximaler Fußfestigkeit und bei ungehärteten Zahnrädern die K_y-Verzahnung.
3. Als Norm-Verzahnung schlagen wir eine 20°-Verzahnung vor, mit konstantem Faktor x für alle Zähnezahlen, und empfehlen hierfür $x = 0{,}5$.

   Um eine gute Fußausrundung zu erzielen, sollte das Werkzeug (entsprechend dem Vorschlag von Assmann) nach Möglichkeit eine halbkreisförmige Kopfabrundung erhalten.
4. Die 28°-Null-Verzahnung wird als tragfähigste Null-Verzahnung empfohlen, wenn die kleinste Zähnezahl des Systems 9 ist.

Zusammenfassung

Die wesentlichsten Ergebnisse der Untersuchung können wie folgt zusammengefaßt werden:

Für jede Zähnezahlpaarung läßt sich eindeutig eine (bezüglich Fuß- oder Flankenfestigkeit) tragfähigste Verzahnung angeben, wenn die einzuhaltenden Bedingungen genau festgelegt sind.

Die auf maximale Zahnfuß-Tragfähigkeit ausgelegten Verzahnungen sind auch im Hinblick auf Wälzfestigkeit und Gleitgeschwindigkeit sehr günstig, man erhält also damit sehr gut ausgeglichene Verzahnungen.

Im Gegensatz dazu sind jedoch die Verzahnungen maximaler Wälzfestigkeit bezüglich Fußbeanspruchung und Gleitgeschwindigkeit sehr unausgeglichen; diese Beanspruchungen sind hier also besonders zu beachten.

Das durch qualitative Überlegungen gefundene Verfahren zur Ermittlung der absolut tragfähigsten Verzahnung (Kopfkreisverzahnungen) wurde durch das Ergebnis der Berechnungen als wahrscheinlich richtig bestätigt.

Schließlich konnte gezeigt werden, daß die Verzahnungen mit konstantem Profilverschiebungsfaktor (x = 0,4 bis 0,6) sehr tragfähige und gut ausgeglichene Lösungen ergeben. Demgegenüber führen die bisher bekannten komplizierteren Verschiebungsvorschriften zu durchschnittlich weniger gut ausgeglichenen Verzahnungen und sind nur in Einzelfällen günstiger. Da es sich hierbei um Satzverzahnungen 2. Grades handelt, können alle für den Konstrukteur und die Werkstatt nötigen Daten in einfacher Weise tabelliert werden.

Die hier gezeigten zahlenmäßigen Ergebnisse der Untersuchungen können sich — wahrscheinlich aber nur geringfügig — verschieben, wenn man zu verbesserten Berechnungsverfahren kommt. —

Worauf es aber hier in erster Linie ankam — und das dürfte im wesentlichen vom Berechnungsverfahren unabhängig sein — war, die Methoden zu zeigen, mit deren Hilfe man innerhalb der vorgegebenen Grenzbedingungen jeweils die optimale Lösung finden kann.

Schrifttum:

[1] Glaubitz, H., Walzenpressungsformeln für normale Geradzahn-Stirnräder. ATZ 1942, S. 515.

[2] Niemann, G. und Glaubitz, H., Zahnflankenfestigkeit geradverzahnter Stirnräder aus Stahl. ZVDI 1951, S. 121.

[3] Niemann, G. und Glaubitz, H., Zahnfußfestigkeit geradverzahnter Stirnräder aus Stahl. ZVDI 1950, S. 923.

[4] Almen, J. O., Durability of Automobile Gears. Automotive Industries 16. und 23. Nov. 1935.

[5] Almen, J. O., Surface Deterioration of Gear Teeth, in "Mechanical Wear". Cleveland Ohio 1950.

[6] Winter, H., Die tragfähigste Evolventen-Geradverzahnung. Vieweg, Braunschweig, 1954.

[7] Assmann, W., Diskussionsbeitrag zur Fachtagung Zahnradforschung, Braunschweig 1950, Vieweg.

M. BERGSTRÄSSER

Evolventen-Geradverzahnung mit genormtem 20°-Werkzeug mit 5 Diagrammen

Nach der Fülle der Mannigfaltigkeit von Verzahnungssystemen auf Grund genauer rechnerischer Untersuchungen der Beanspruchungsbeiwerte möchte ich auf ein einzelnes Verzahnungssystem in seiner Vielfalt von Paarungen eingehen.

Ich will vorausschicken, daß ich als technischer Physiker nicht in die alten Fußstapfen eingestiegen bin, die das Fölmerverfahren mit sich brachte, sondern von

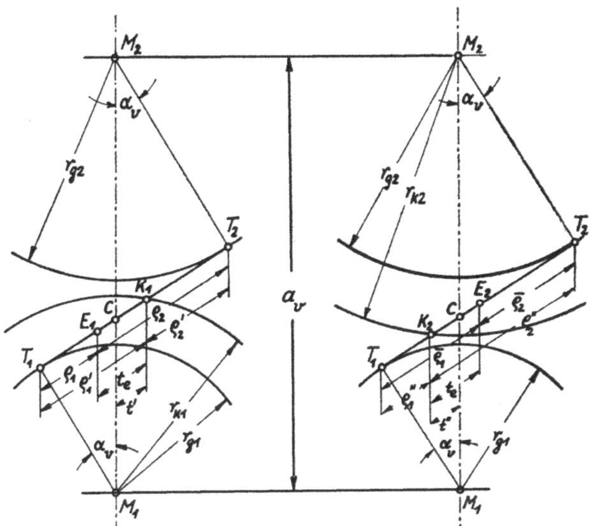

Bild 1: Paarungsgeometrie. Die Krümmungsradien der Zahnflanken

der geometrischen Seite aus an das Verzahnungsproblem heran- und zunächst von der Paarungsgeometrie ausging, um die Frage zu beantworten: Was kann man mit einem genormten Werkzeug mit dem Flankenwinkel $\alpha_0 = 20°$ machen? Wie wirkt sich die Profilverschiebung je nach Ritzel und verteilt auf Ritzel und Rad aus? Ich frage also nach den geometrischen Erörterungen, danach, welche Verzahnungsbedingungen sich aus der Geometrie ergeben, und danach, ob dieser Vorschlag, der sich daraus entwickelt, eine einzige Möglichkeit darstellt, oder ob er noch Variationen für den entwerfenden Ingenieur enthält, der dann nach den Werkstoffeigenschaften die Zahnfußfestigkeit usw. noch berücksichtigen kann.

So ergeben sich folgende bemerkenswerte Fragestellungen:

1. Welche Geometrie führt am tiefsten in den Zusammenhang der Paarung von Stirnrädern?
2. Welche Verzahnungsbedingung zur Aufteilung der Summe der Profilverschiebungen wird durch die Paarungsgeometrie besonders nahegelegt?
3. Enthält das Paarungssystem des kleinsten Flankenschlupfes nur eine mögliche Mannigfaltigkeit oder noch mehrere, die den Weg zur optimalen Zahnform weisen?

An Bild 1 erkennt man, daß die Krümmungsradien in den Berührungspunkten, in den Einzeleingriffspunkten, in den Kopfeingriffspunkten eine wesentliche Rolle spielen. Demzufolge muß man sich von der Geometrie trennen, die erst die Bezugsprofile zur Deckung bringt (Fölmerverfahren) und dann eine Achsverschiebung so vornimmt, daß die Zahnprofile sich spielfrei berühren. Man muß sich vielmehr sofort der Geometrie zuwenden, welche die Räder im Betriebszustand bei spielfreiem Eingriff betrachtet. Das führt zu einem einfachen Gleichungssystem der Paarung zweier Stirnräder.

$$a_v = a_0 (1 + B_v) \quad \text{Achsabstand}$$

$$a_0 B = m (x_1 + x_2) \quad \text{Summe der Profilverschiebung}$$

$$a_0 (B - B_v) = k\, m \quad \text{notwendige Kopfkürzung}$$

mit den tabellarisch erfaßten Achsverschiebungsfaktoren

$$B = (ev\alpha_v - ev\alpha_0) / tg\alpha_0$$

$$B_v = \cos\alpha_0 / \cos\alpha_v - 1$$

Hierbei wird deutlich, daß der Eingriffswinkel α_v im Wälzpunkt eine maßgebende unabhängige Veränderliche ist, die gegenüber allen anderen Veränderlichen, wie Profilüberdeckungsgrad, Beanspruchungsbeiwerte, Zahnfußdicke, Zahnkopfdicke, in allererster Linie für die Durchrechnung von Verzahnungssystemen geeignet ist. Ferner ergeben die Paarungsgleichungen, daß zwar die Summe der Profilverschiebung in den Paarungsgleichungen erscheint, aber nicht ihre Aufteilung auf Ritzel und Rad, also hängt demzufolge die Paarungsgeometrie davon ab,

a) welchen Einfluß die Änderung des Eingriffswinkels α_v hat und

b) wie die Profilverschiebungen aufgeteilt werden müssen,

wenn man ein bestimmtes Werkzeug, z. B. das genormte Werkzeug mit $\alpha_0 = 20°$, der Verzahnung zugrunde legt.

In Bild 2 ist der Einfluß der verschiedenen Aufteilung der Summe der Profilverschiebung auf eine kleine Auswahl der für eine Paarung charakteristischen Größen zu erkennen. Als Abszisse ist die Profilverschiebung aufgetragen (von Ritzel x_1)

bzw. das Verhältnis der Profilverschiebung von Ritzel und Rad, als Ordinate der Biegebeiwert, der Flankenschlupf, das Produkt aus Flankenpressung mal Gleitgeschwindigkeit im Kopfeingriffspunkt, ferner die Zahnfußdicke. Man sieht, daß der jeweils beiderseits erreichbare Kleinstwert, d. h. der Wert, der bei Ritzel und Rad

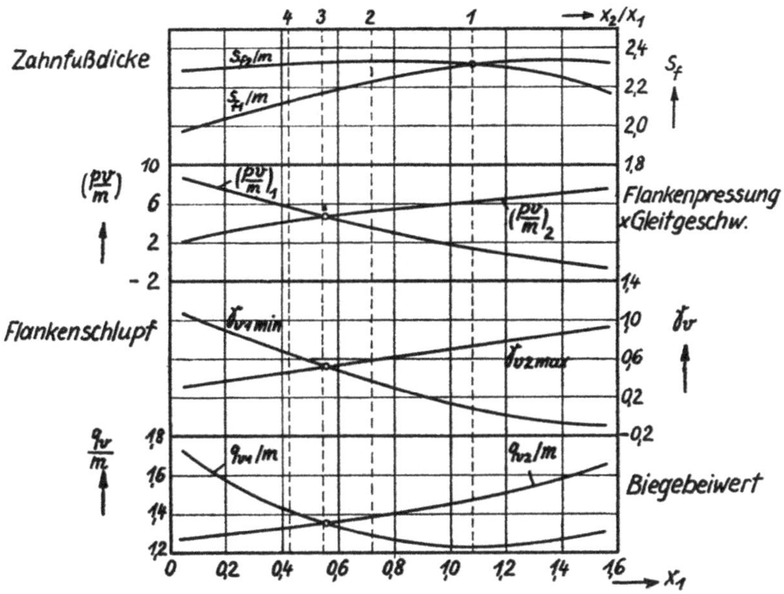

Bild 2: Beanspruchungs-Beiwerte im Abhängigkeit von x_2/x_1 $Z_1 = 32$ $Z_2 = 160$ $\alpha_V = 23°$ $x_1 + x_2 = 2.15$

gleich wird, bei den mechanischen Beanspruchungsgrößen (in diesem Beispiel bei einem bestimmten Verhältnis der Profilverschiebung $x_2/x_1 = 3$) liegt, während die Gleichheit der Zahnfußdicke (geometrische Bedingung) bei einem anderen Verhältnis der Profilverschiebung liegt.

Rein analytisch läßt sich außerdem zeigen, daß der Punkt für den gleichen Maximalwert des Flankenschlupfes übereinstimmt mit dem Punkt, bei dem das Produkt aus Flankenpressung mal Gleitgeschwindigkeit in den Kopfeingriffspunkten bei Ritzel und Rad gleich ist. Es liegt also nahe, der Bedingung der Gleichheit des maximalen Flankenschlupfes eine besondere Bedeutung zuzumessen, besonders auch aus dem Grund, weil nach den experimentellen Untersuchungen von Almen an spiralverzahnten Kegelrädern dem Produkt aus Flankenpressung mal Gleitgeschwindigkeit eine besondere Bedeutung hinsichtlich der Grenzbeanspruchung in Bezug auf Flankenverschleiß zukommt.

Im Forschungsheft 436[1]) wurde nur der Fall untersucht, bei dem der Überdeckungsgrad aller Paarungen gleich 1,25 ist. Die Ergebnisse dieser Untersuchung sind dem Vergleich der verschiedenen Verzahnungssysteme in der Arbeit von Dr. Winter[2])

[1]) Bergsträßer, M., Evolventengeometrie für Stirnradgetriebe, VDI-Forschungsheft 436, Düsseldorf 1952.
[2]) siehe Seite 1 ff.

zugrunde gelegt. Dabei konnte dieses Verzahnungssystem nicht den Gütegrad erreichen, der ihm nach späteren Untersuchungen offenbar zukommt.

In **Bild 3** zeigt sich für das Paarungsbeispiel 20/80, das als typisches Beispiel aus der untersuchten Mannigfaltigkeit herausgegriffen wurde, daß in Abhängigkeit vom

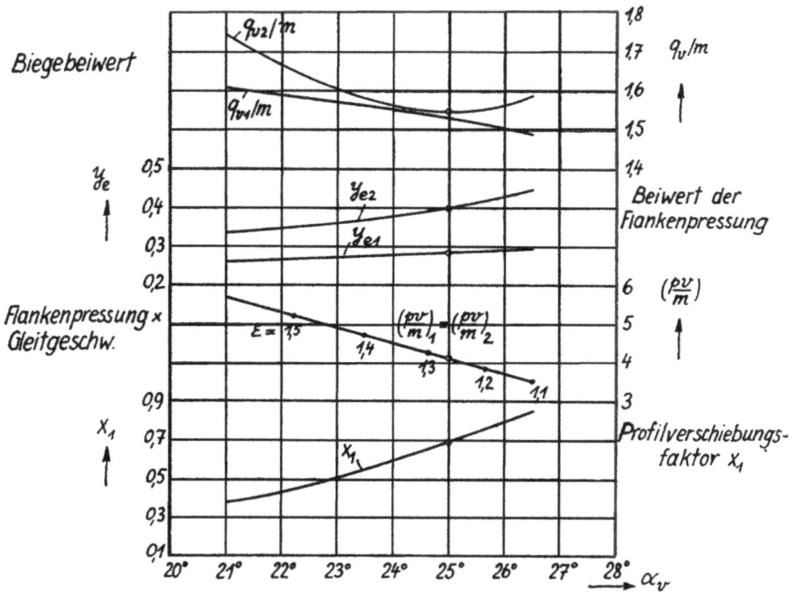

Bild 3: Abhängigkeit der Beiwerte vom Eingriffswinkel α_v $Z_1 = 20$ $Z_2 = 80$
$\gamma_{v1min} = \gamma_{2max}$

Eingriffswinkel (immer $\alpha_0 = 20°$) mit wachsender Profilverschiebung x_1 der Überdeckungsgrad zwar sinkt, aber das Produkt aus Flankenpressung mal Gleitgeschwindigkeit immer kleiner wird (die Prozentzahlen sind aus den Ordinatenwerten abzuschätzen), daß die Flankenfestigkeit steigt (y_e steht im Nenner) und daß der Biegebeiwert sinkt, d. h. die Biegesteifigkeit der Zähne wird größer. Und es ist merkwürdig daß beim Großradzahn ein echtes Maximum der Biegesteifigkeit auftritt: je nach Zähnezahl und Übersetzungsverhältnis an verschiedenen Werten des Eingriffswinkels im Wälzpunkt.

Das gilt auch für die Übersetzung 1:1 (Bild 4), und zwar auch bei großen Zähnezahlen, so daß der Meinung widersprochen werden muß, daß man bei großen Zähnezahlen die Übersetzung 1:1 nicht zu korrigieren brauchte. Auch hier gilt: je größer die Flanken-Profilverschiebung, umso kleiner zwar der Überdeckungsgrad, aber umso größer die Flankenfestigkeit, umso kleiner der Beiwert für Flankenpressung mal Gleitgeschwindigkeit bei einem wiederum echten Maximum der Biegesteifigkeit.

Um noch einmal zu dem Beispiel mit den Zähnezahlen 20/80 in einer anderen Darstellung (Bild 5) zurückzukehren: hier wird der Vergleich der korrigierten 20°-

Verzahnung unter der Bedingung des Kleinstwertes des maximalen Flankenschlupfes mit der 20°-Nullverzahnung, der 25°-Nullverzahnung und der 28°-Nullverzahnung dargestellt, woraus eindeutig hervorgeht, daß die korrigierte 20°-Verzahnung der 25°-Nullverzahnung überlegen ist. An anderer Stelle wurde bereits nachgewiesen, daß die korrigierte 15°-Verzahnung der 20°-Nullverzahnung überlegen sein kann.

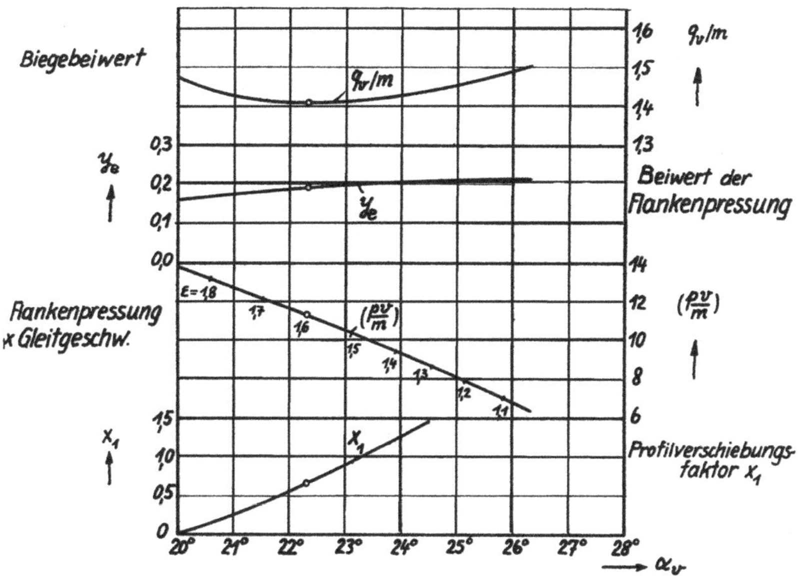

B i l d 4 : Abhängigkeit der Beiwerte vom Eingriffswinkel α_v. Z_1/Z_2 = 20/80 $\gamma_{v1min} = \gamma_{v2max}$

Die rechnerischen Untersuchungen des Verzahnungssystems mit kleinstem Flankenschlupf und kleinstem Produkt aus Flankenpressung mal Gleitgeschwindigkeit führen zu folgenden Schlußfolgerungen:

1. Mit dem genormten Werkzeug mit $\alpha_0 = 20°$ läßt sich eine tragfähige Verzahnung mit Hilfe der Profilverschiebungen erzielen. Die Praxis kommt weiterhin mit dem genormten Werkzeug aus, auch wenn alle Möglichkeiten der Profilverschiebung voll ausgenützt werden sollen.

2. Die Kurvenbilder dieses Verzahnungssystems geben die Profilverschiebung für jede Paarung an, für welche die Verzahnungsbedingung des kleinsten Flankenschlupfes erfüllt ist. Variiert man dann das Verhältnis der Profilverschiebung in kleinen Grenzen um den aus den Kurvenblättern entnommenen Wert, so kann man leicht die Gesetze angeben, nach denen sich dann die Flankenpressung, die Biegebeiwerte, die Zahnfußdicken, der Flankenschlupf etc. ändern, so daß dem Konstrukteur je nach den vorliegenden Bedingungen noch Ausweichmöglichkeiten zur Verfügung stehen.

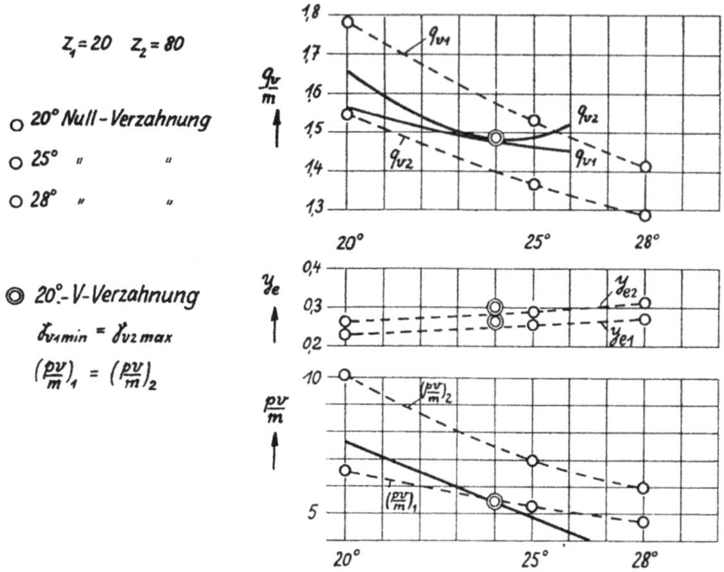

B i l d 5 : Vergleich der 20° V_+-Verzahnung mit Null-Verzahnungen

In Summa benötigt der Konstrukteur, der ein Getriebe entwerfende Ingenieur, nur die Beanspruchungsbeiwerte zur Dimensionierung und die Konstruktionsgrößen

$$r_k = r_0 + (1 + x - k)\, m$$

$$r_f = r_0 - (1{,}2 - x)\, m$$

mit dem Achsabstand

$$a_v = a_0\,(1 + B_v)$$

x_1 und x_2 kann man aber rechnerisch nicht bestimmen. Man bedarf eines Kurvensystems, das auch hinreichend die Grenzen der Beanspruchungsbeiwerte kennzeichnet, die der Dimensionierung zugrunde liegen. Für die Fülle der nach bestimmten Gesetzen möglichen Lösungen nach dem einmal festliegenden Kurvenbild für ein Verzahnungssystem sind hinreichende Anhaltspunkte gegeben. Mit diesem System der Einzelpaarung von Stirnrädern, die mit genormtem Werkzeug hergestellt sind, läßt sich eine optimale Tragfähigkeit hinsichtlich Flankenpressung, Biegesteifigkeit und Flankenverschleiß erzielen. Mit gegebenem Achsabstand ist es möglich, sich anhand der Kurvenblätter in die Nähe der optimalen Tragfähigkeit heranzutasten. Für Schrägzahnstirnräder läßt sich das Verfahren in erster Näherung im Normalschnitt verwenden.

Zum Schluß noch folgender Hinweis: Die Bezeichnungen für die Bemessungsbeiwerte und die geometrischen Paarungsgrößen, insbesondere für die Krümmungshalbmesser in den Flankenberührungspunkten sind in der Literatur teilweise noch recht verschieden und nicht aufeinander abgestimmt. Es wäre sehr zu wünschen, wenn die Normung dafür sorgte, daß eine einheitliche Berechnungs- und Bezeichnungsweise mit Benutzung der tabellierten Achsverschiebungsfaktoren B und B_v für die korrigierte Verzahnung zustande käme, damit dem entwerfenden Ingenieur aus der jetzigen Vielfalt der Berechnungsverfahren bald zu einem einheitlichen und einfachen Verfahren verholfen wird.

G. DIETRICH

Profilverschiebungen

Obwohl seit einigen Jahren Bücher auf dem Markt sind, in denen auch die Berechnung von profilverschobenen Zahnrädern ausführlich dargestellt ist, wird von ihnen vor allem im allgemeinen Maschinenbau noch relativ wenig Gebrauch gemacht. Dies mag wohl daher rühren, daß das Normblatt DIN 870, das sich mit den Profilverschiebungen befaßt, die Normalverzahnung als die an und für sich erstrebenswerte Verzahnung ansieht und Profilverschiebungen nur in dem Maße empfiehlt, wie diese zur Vermeidung des Unterschnittes notwendig sind. Ein weiterer Grund hierfür dürfte sein, daß die Berechnung der Profilverschiebungen an Hand der Angaben in DIN 870 für diejenigen Ingenieure, die sich nur wenig mit Zahnrädern befassen, verhältnismäßig schwer verständlich ist.

Aus diesem Grunde hat der Ausschuß Verzahnungen im Deutschen Normenausschuß die Neubearbeitung dieses Normenblattes in Angriff genommen, nachdem er die Normblätter über die Verzahnungstoleranzen usw. im wesentlichen fertiggestellt hat.

Eine Vorschrift über die Profilverschiebungen wird in erster Linie von denjenigen Ingenieuren benutzt, die sich nur gelegentlich mit Zahnrädern befassen müssen. Auf deren Wünsche soll deshalb bei der Ausarbeitung und Abfassung der Neubearbeitung weitgehend Rücksicht genommen werden.

Um diese Wünsche kennenzulernen und damit einen Weg für die günstigste Abfassung der Neubearbeitung zu finden, veranstaltete der Unterausschuß Profilverschiebungen im Ausschuß Verzahnungen am 27.7.1954 in Miltenberg eine Tagung, an der eine Reihe von Fachleuten aus verschiedenen Industriezweigen teilgenommen haben. Das Ergebnis dieser Aussprache kann wie folgt zusammengefaßt werden:

Es ist vorgesehen, die Definition der Profilverschiebungen zusammen mit den grundlegenden Formeln für ihre Berechnung in das Blatt DIN 3960, Bestimmungsgrößen und Fehler an Stirnrädern, aufzunehmen.

Für die praktische Anwendung der Profilverschiebungen werden voraussichtlich drei verschiedene Teile der Vorschriften ausgearbeitet werden müssen.

In einem Teil I sollen allgemeine Angaben über die Berechnung der Verzahnung und ihrer Profilverschiebungen, die Berechnung der Radabmessungen, die Festigkeitsberechnung usw. aufgenommen werden. Falls die späteren Benutzer dies für erforderlich halten, sollen hier auch Berechnungsschemen gebracht werden, die etwa in der Art des Berechnungsschemas für Gleasonräder ausgestaltet sind und die Berechnungsschritte bis in die einzelnen Phasen zergliedern. Ferner sollen hier Vorschriften aufgenommen werden, wie man bei festliegendem Achsabstand und beliebiger Zähnezahlkombination zu brauchbaren Getrieben kommt. Die Arbeiten von Dr. W i n t e r werden hierfür eine wertvolle Grundlage sein.

In einem zweiten Teil soll das System mit $x = 0{,}5 =$ konstant, das nur bei frei wählbarem Achsabstand anwendbar ist, gebracht werden, bei dem alle Werte, d. h. Achsabstände, Durchmesser, Zahnweiten, Rollenmaße usw., für Modul 1 in Tabellen zusammengefaßt sind und danach leicht für beliebige Module errechnet werden können. Dieses System wurde auch bereits bei der ISO eingereicht, nachdem von dort ein weitaus weniger handliches System vorgeschlagen worden war.

In einem dritten Teil werden die Angaben über die Normalisierung der Profilverschiebungen zum Abdruck kommen, die bei der Aufstellung von Typenreihen, insbesondere für Industriegetriebe, berücksichtigt werden müssen.

Die Wahl der Profilverschiebungen wird ebenfalls von den zur Anwendung kommenden Werkstoffen beeinflußt, ganz besonders dann, wenn ein gehärtetes Ritzel mit einem weichen Rad gepaart werden soll. Daneben wird aber auch die Wahl der Profilverschiebungen durch das angewandte Verfahren der Festigkeitsberechnung beeinflußt. Dies gilt insbesondere für die Berechnung der Zahnfußfestigkeit. Hierfür hat sich noch kein Verfahren endgültig durchsetzen können; die Unterlagen dafür sind noch nicht sicher genug erarbeitet. Sie müssen erst noch durch weitere Versuche soweit geklärt werden, daß sich ein allgemein gültiges Berechnungsverfahren darauf aufbauen läßt. Es ist in Aussicht genommen, durch eine vergleichende Untersuchung festzustellen, wie groß die Unterschiede sind, die sich hinsichtlich der zulässigen Beanspruchung bei Anwendung der verschiedenen Verfahren zur Berechnung der Zahnfußfestigkeit ergeben. Vielleicht sind die Abweichungen verhältnismäßig klein, so daß sich dann eine größere Sicherheit ergibt, wenn man sich auf ein bestimmtes Verfahren festlegt.

Es ist der Wunsch geäußert worden, für alle drei Teile soweit als möglich auch genaue Festigkeitsangaben in den Vorschriften aufzunehmen. Da in den meisten Fällen entweder Ritzel und Rad aus Stahl mit $70 \div 80$ kg/mm² oder das Ritzel aus Stahl mit harter Oberfläche (ca. 60° Rc) und das Rad aus Stahl mit $70 \div 80$ kg/mm², oder beide Räder aus Stahl mit harter Oberfläche (ca. 60° Rc) hergestellt werden wäre es sicherlich vorteilhaft, wenn in den neuen Vorschriften wenigstens für diese drei Werkstoffkombinationen genaue Festigkeitswerte angegeben werden könnten.

Nun sind seit einer Reihe von Jahren Festigkeitsversuche mit gehärteten Zahnrädern in größerem Umfang durchgeführt worden, so daß für diese verhältnismäßig gute Unterlagen zur Festigkeitsberechnung zur Verfügung stehen. Bei Rädern aus weichen bzw. vergüteten Werkstoffen mit etwa 80 kg/mm² Festigkeit sind mir solche Versuche nicht bekannt geworden. Wenn überhaupt, dürften sie wohl nur in geringem Umfang ausgeführt worden sein. Da aber im allgemeinen Maschinenbau verhältnismäßig häufig Räder aus derartigen Werkstoffen hergestellt werden und diese Industrie, wie bereits vorhin ausgeführt, in erster Linie die neuen Blätter über die Profilverschiebungen benützen wird, möchte ich alle Firmen bitten, ihre Unterlagen für die zulässigen Beanspruchungen, die sie über Räder aus solchen Werkstoffen besitzen, dem Normenausschuß zur Verfügung zu stellen, damit die neuen Blätter auch so weit wie möglich dem Stand der Technik entsprechen, ohne daß erst umfangreiche und zeitraubende Versuche auch mit Rädern aus diesen Werkstoffen durchgeführt werden müssen.

In welcher Form die Vorschriften über die Profilverschiebungen einmal herausgegeben werden, ob als VDI-Richtlinien oder Anhang zum Normblatt DIN 3960 z. B., steht noch nicht fest. Das kann erst bei Abschluß der Bearbeitung festgelegt werden.

Es ist vorgesehen, daß nach Herausgabe der neubearbeiteten Vorschriften über die Profilverschiebungen das Blatt DIN 870 eingezogen wird.[1])

[1]) Vorschläge für die Neubearbeitung an den Unterausschuß Profilverschiebungen im Ausschuß Verzahnungen im Deutschen Normenausschuß erbeten.

W. THOMAS

Korrigierte Zahnräder für Seriengetriebe

Wenn man die Frage der Normung der Profilverschiebung für Zahnräder behandelt, so müssen einige Gesichtspunkte beachtet werden, die sich aus der Anwendung der Zahnräder in Zahnradgetrieben als geschlossene Einheiten, insbesondere in sogenannten Seriengetrieben ergeben.

Als Seriengetriebe seien die Zahnradgetriebe bezeichnet, die in standardisierten Typenreihen und großen Stückzahlen hergestellt werden. Die einzelnen Baugrößen jeder Typenreihe sind nach einem bestimmten System abgestuft.

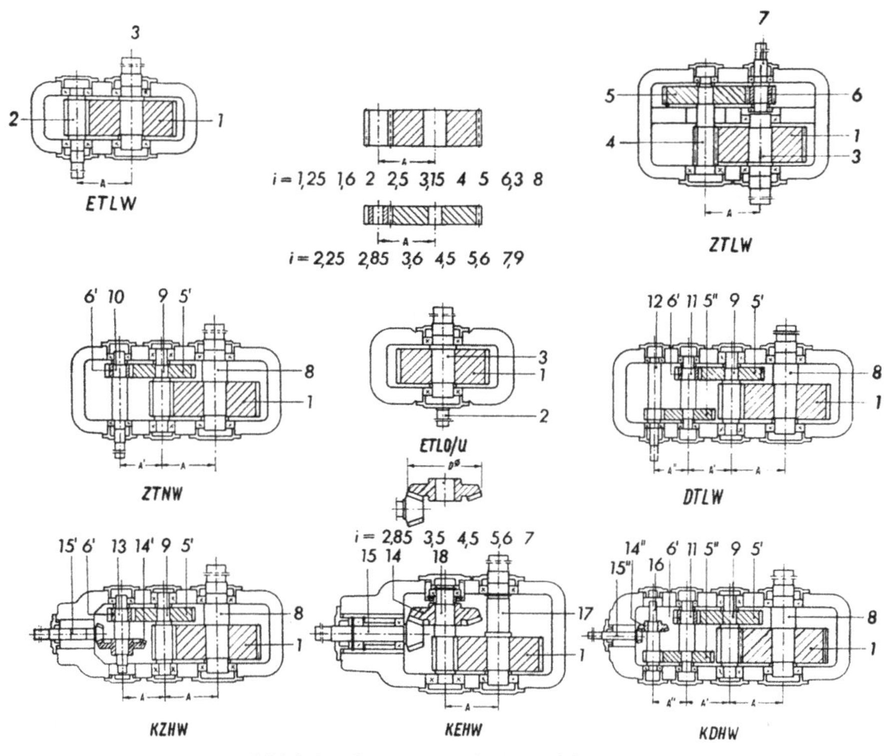

Bild 1: Bautypen von Seriengetrieben

Solche Seriengetriebe werden in der Praxis sehr viel verwendet, und sie müssen daher einerseits hochwertige Präzisionsgetriebe und und andererseits preiswert sein. Um diese Grundforderungen zu erfüllen, müssen alle Anstrengungen darauf gerichtet werden, sowohl von der konstruktiven als auch fertigungstechnischen Seite her alle Möglichkeiten zu erschöpfen, Verbesserungen und Vereinfachungen anzuwenden.

Die Erkenntnisse über die Erhöhung der Tragfähigkeit der Zahnräder durch Anwendung der Profilverschiebung sollten auch bei Seriengetrieben ausgenutzt werden, weil dadurch die übertragbare Leistung der Getriebe erhöht werden kann, ohne daß die Fertigung teurer zu werden braucht.

Bild 2: Einstufiges Getriebe mit übereinander liegenden Wellen

Bevor die Frage der Profilverschiebung behandelt wird, soll gezeigt werden, wie von der Herstellerseite aus Gedanken darauf verwendet wurden, Seriengetriebe konstruktiv so einfach zu gestalten, daß sie nach dem Baukastenprinzip aus möglichst wenigen Bauelementen aufgebaut werden, um eine ausgesprochene Serienfertigung zu ermöglichen. Voraussetzung für den Aufbau von Seriengetrieben ist es, daß die Achsabstände und die Übersetzungsverhältnisse nach einer Reihe — zu empfehlen ist eine Normreihe — abgestuft sind. Es sei besonders betont, daß eine allgemein gültige Normung hinsichtlich der Achsabstände und Übersetzungsverhältnisse dringend notwendig ist und baldigst erreicht werden müßte.

In Bild 1 ist schematisch der Aufbau verschiedener Bautypen von Seriengetrieben dargestellt. Links oben im Bild ist das einstufige Getriebe mit nebeneinander liegenden Wellen gezeichnet, in der Mitte des Bildes das einstufige Getriebe mit übereinander liegenden Wellen, rechts oben das zweistufige Getriebe mit konaxialen Wellen, in der Mitte links das zweistufige Getriebe mit nebeneinander liegenden Wellen, in der Mitte rechts das dreistufige Getriebe mit nebeneinander liegenden Wellen und im Bild unten die entsprechenden Getriebe mit vorgeschalteter Kegelradstufe.

Die verschiedenen Baugrößen jeder Bautype sind in ihren Achsabständen A, A′, A″, abgestuft nach Normzahlen. Für jeden Achsabstand ist eine Reihe von Zahnradpaaren festgelegt, deren Übersetzungsverhältnisse und Breiten nach einer Normreihe abgestuft sind. Mit zwei Reihen solcher Zahnradpaare und einer weiteren Reihe von Kegelradpaaren, die ebenfalls im Durchmesser und im Übersetzungsverhältnis nach Normzahlen abgestuft sind, kann man alle Bautypen — auch die kombinierten Getriebe — mit normalisierten Einzelteilen aufbauen, wobei das Gesamtübersetzungsverhältnis mit einer Toleranz von ± 3% der Normzahl verwirklicht wird.

Bild 3: Dreistufiges Getriebe mit nebeneinander liegenden Wellen

Die einzelnen Normalbauteile sind in Bild 1 mit Zahlen versehen, und es ist leicht zu erkennen, wie oft sich z. B. das Zahnrad 1 in den verschiedenen Getrieben wieder verwenden läßt. Ebenso gilt das für die Wellen und die Wälzlager. Zur abschließenden Betrachtung des Bildes sei bemerkt, daß gesamte Baugruppen, z. B. Welle 3 mit Zahnrad 1 und den zugehörigen Wälzlagern im einstufigen Getriebe mit nebeneinander liegenden Wellen, im einstufigen Getriebe mit übereinander liegenden Wellen und im zweistufigen Getriebe mit konaxialen Wellen Verwendung finden. Alle Teile der Getriebe einschließlich der Lagerabschlußdeckel sind Normteile, die als Präzisionsserienteile gefertigt werden und absolute Austauschbarkeit gewährleisten. So kann man auch alle Getriebetypen ohne zusätzliche Bearbeitung jederzeit durch das Umlegen der Wellen mitsamt Wälzlagern und Zahnrädern in dem Gehäuse als Rechtsausführung oder Linksausführung verwenden. Bild 2 und Bild 3 zeigen nach dem Baukastenprinzip ausgeführte normalisierte Getriebe, und zwar Bild 2 ein einstufiges Getriebe mit übereinander liegenden Wellen, Bild 3 ein dreistufiges Getriebe mit nebeneinander liegenden Wellen.

Normalerweise haben die verwendeten Zahnräder Schrägverzahnung. Es besteht die Möglichkeit, bei 20° Normalverzahnung durch Variation des Schrägungswinkels das normalisierte Übersetzungsverhältnis in den Grenzen ± 3% einzuhalten.

In dem Bemühen, die Fertigung der Seriengetriebe weiter zu verbilligen, wäre es sehr willkommen, wenn der Schrägungswinkel nicht mehr variiert zu werden brauchte. Durch Festlegung von z. B. drei normalisierten Schrägungswinkeln könnte sehr viel Zeit bei der sonst oftmals vorzunehmenden Einrichtung der Verzahnungsmaschinen gespart werden.

Die Anwendung der Profilverschiebung gibt die Möglichkeit, die Zahnschräge festzulegen und bei vorgegebenem Achsabstand und vorgegebenem Übersetzungsverhältnis (Toleranz ± 3%) die Belastbarkeit der Zahnräder noch zu steigern.

Aus dem Vortrag über tragfähigste Verzahnung konnte entnommen werden, daß eine nach Tragfähigkeit sehr gut ausgewogene Verzahnung entsteht, wenn die Profilverschiebungsfaktoren $x_1 = +0,5$ und $x_2 = +0,5$ gewählt werden. Gewisse Überlegungen sprechen sogar dafür, diese Profilverschiebungsfaktoren als Norm festzulegen. Nach den Gesichtspunkten, die sich aus der Anwendung von Zahnrädern für Seriengetriebe ergeben, ist diese Festlegung als Norm unerwünscht, da dann die Variation des Schrägungswinkels zur Einhaltung des Übersetzungsverhältnisses notwendig ist, was von der fertigungstechnischen Seite größere Kosten zur Folge hat.

Außerdem spielt bei der Wahl der Profilverschiebungsfaktoren die Werkstoffpaarung der Zahnräder eine wesentliche Rolle.

Als Beispiel hierfür ist in Bild 4 die Belastbarkeit eines Zahnradpaares mit Geradverzahnung mit 20°-Normalverzahnung einerseits und andererseits mit korrigierter Verzahnung ausgerechnet, und zwar sowohl für die Werkstoffpaarung C 60/C 45 als auch für die Werkstoffpaarung 20 MnCr5/16 MnCr5 gehärtet und geschliffen.

Normalachsabstand: A = 100 mm
Normalübersetzungsverhältnis: i = 4 (mit zul. Abweichung von ± 3%)
Geradverzahnung Modul m = 2

	20°-Normalverzahnung			Korrigierte-Verzahnung		
	$z_1 = 20$; $z_2 = 80$; $d_{o1} = 40$ mm; $d_{o2} = 160$ mm			$z_1 = 20$; $z_2 = 78$; $d_{o1} = 40$ mm; $d_{o2} = 156$ mm; $d_{w1} = 40,8$; $d_{w2} = 159,2$; $\alpha_w = 23,07°$; $x_1 = +0,625$; $x_2 = +0,5$; $x_1 + x_2 = 1,125$		
Verhältnis der Zahnflankenbeiwerte	$\frac{y_1}{y_2} = 1,24$			$\frac{y_1}{y_2} = 1,32$		
Verhältnis der Zahnfußbeiwerte (Kraftangriff am Zahnk.)	$\frac{q_1}{q_2} = 1,49$			$\frac{q_1}{q_2} = 0,945$		
	Zulässige Lastwerte	max Untersch.	Belastbarkeitswert	Zulässige Lastwerte	max Untersch.	Belastbarkeitswert
Werkstoffpaarung C60/C45	Flanke Ritzel: $B_{F1} = 1.14$; Rad: $B_{F2} = 1.0$; Zahnfuß Ritzel: $B_{D1} = 3.75$; Rad: $B_{D2} = 5.03$	5,03	1,0	Flanke Ritzel: $B_{F1} = 1.27$; Rad: $B_{F2} = 1.18$; Zahnfuß Ritzel: $B_{D1} = 6.88$; Rad: $B_{D2} = 5.85$	4,95	1,18
Werkstoffpaarung 20MnCr5/16MnCr5 gehärtet u. geschliffen	Flanke Ritzel: $B_{F1} = 10,6$; Rad: $B_{F2} = 13.2$; Zahnfuß Ritzel: $B_{D1} = 5,65$; Rad: $B_{D2} = 7,45$	2,34	5,65	Flanke Ritzel: $B_{F1} = 11,9$; Rad: $B_{F2} = 15,6$; Zahnfuß Ritzel: $B_{D1} = 10,4$; Rad: $B_{D2} = 8,7$	1,8	8,7
C60/C45	① normal ② korrigiert			Tragfähigkeitssteigerung ② : ① = 1,18		
20MnCr5/16MnCr5	③ normal ④ korrigiert			Tragfähigkeitssteigerung ④ : ③ = 1,54		

Bild 4: Belastbarkeitsbeispiele

Es sind 2 Beanspruchungsgrenzen gerechnet, nämlich die zulässigen Lastwerte nach Flankenpressung und die zulässigen Lastwerte nach Zahnfußfestigkeit. Der kleinste zulässige Lastwert bei 20°-Normalverzahnung und der Paarung C 60/ C 45 ist gleich 1 gesetzt und die anderen zulässigen Lastwerte sind darauf bezogen entsprechend umgerechnet. Für die Korrektur sind die Profilverschiebungsfaktoren $x_1 = +0,625$ und $x_2 = +0,5$ gewählt. Der maximale Unterschied der zulässigen Lastwerte als Verhältnis $\frac{B\,max}{B\,min}$ gibt einen Anhaltswert, wie gut oder wie schlecht die Verzahnung hinsichtlich der Belastbarkeit ausgewogen ist. Je näher dieser Wert der Zahl 1 kommt, umso besser ausgewogen ist die Verzahnung.

Aus den Belastbarkeitswerten, die in Bild 4 verzeichnet sind, ist zu entnehmen, daß bei der gewählten Profilverschiebung die Werkstoffpaarung C 60 / C 45 um 18 % gesteigerte Tragfähigkeit und die Werkstoffpaarung 20 MnCr5/16 MnCr5 gehärtet und geschliffen um 54 % gesteigerte Tragfähigkeit aufweist.

Hieraus ist ersichtlich, daß bei freier Wahl der Korrektur auch der Einfluß der Werkstoffpaarung berücksichtigt werden kann, indem die jeweils passende Korrektur für die vorliegende Werkstoffpaarung errechnet wird.

Zusammenfassend sei festgehalten: Für Zahnräder, die in Seriengetrieben Verwendung finden, sollte eine Festlegung bzw. Normung der Profilverschiebung nur insoweit vorgenommen werden, als noch genügend Freiheit bei der Wahl der Korrektur bleibt, um bei vorgegebenen (normalisierten) Achsabständen, bei vorgegebenem (normalisiertem) Übersetzungsverhältnis und vorgegebener (normalisierter) Zahnschräge möglichst optimale Verzahnungen mit erhöhter Übertragungsfähigkeit angewendet werden können.

G. NIEMANN und W. RICHTER

Tragfähigste Evolventen-Schrägverzahnung

Einführung in die Probleme

a) Besonderheiten der Schrägverzahnung

Ein schrägverzahntes Evolventen-Stirnrad ist in Bild 1 perspektivisch dargestellt. Es durchläuft bei seiner Drehung die stillstehende Eingriffsfläche. Diese ist bei der Evolventenverzahnung eine Ebene, die die Grundkreis-Zylinder tangiert. Der

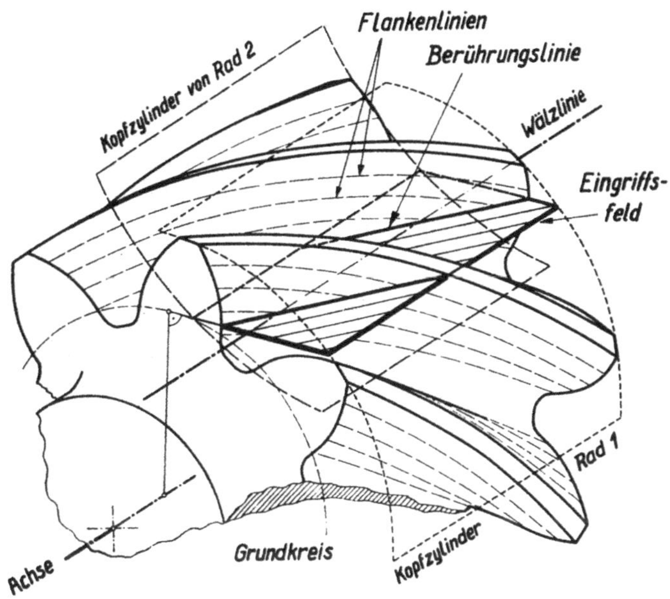

Bild 1: Schrägverzahntes Stirnrad im Eingriff
Dargestelltes Ritzel: $z_1 = 8$; $x_{1n} = 0{,}4$; $b/d \approx 1$
Gegenrad: $z_2 = 14$; $x_{2n} = 0$
Stirnschnitt: $\alpha_w = 26{,}4°$; $\varepsilon = 1{,}09$
$\alpha_{on} = 20°$; $\beta_o = 30°$; $\beta_g = 28°$; $\varepsilon_{sp} = 1{,}59$

für den Zahneingriff ausgenutzte Teil der Eingriffsfläche ist das Eingriffsfeld. Es wird bei unterschnittsfreier Verzahnung durch die Kopfkreis-Zylinder von Rad und Gegenrad begrenzt.

Die Schnittlinien der Zahnflanken mit dem Eingriffsfeld sind die jeweiligen Berührungslinien (B-Linien) der Zahnflanken mit den (nicht gezeichneten) Gegen-Zahnflanken. Die B-Linien sind auch bei schrägverzahnten Stirnrädern Gerade, sofern der Schrägwinkel ß über die Zahnbreite konstant ist. Im Gegensatz zur Geradverzahnung laufen sie schräg über die Zahnflanke, da hier die Zahnprofile in parallelen Stirnschnitten in Drehrichtung verschoben sind. Dieser Umstand bringt folgende Besonderheiten der Schrägverzahnung mit sich:

1. In jeder Zahnstellung sind mehrere Zähne in Eingriff (wenn man von sehr schmalen Rädern absieht). Es gibt also keine Einzel-Eingriffsstellung mehr, die ja bei der Geradverzahnung der Festigkeitsrechnung zugrunde gelegt wird.
2. Die Gesamtlänge der gleichzeitigen B-Linien und somit auch die Belastung je mm Länge der B-Linien ändert sich mit der Zahnstellung, sofern nicht die Sprungüberdeckung ganzzahlig ist.
3. Längs der B-Linien ändert sich der Abstand zum Zahnfuß, also der Biege-Hebelarm der Zahnkraft, und somit die Federkonstante. Dadurch wird auch die Lastaufnahme längs der B-Linie ungleich groß.

b) Lastverteilung längs der Berührungslinien

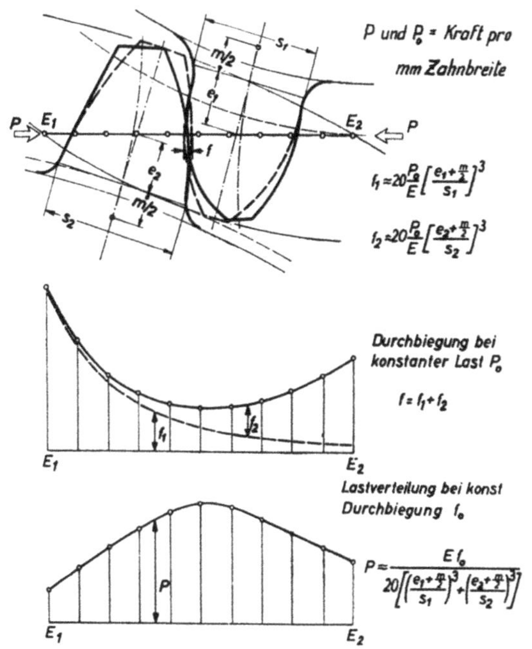

Bild 2: Näherungsrechnung für die Verformung der Zähne unter Last

Eine angenäherte Berechnung der Lastverteilung ist in Bild 2 angegeben. Im dargestellten Stirnschnitt der Verzahnung sind die unter der Last P verformten Profile voll ausgezogen; außerdem sind die unbelasteten Profile gestrichelt eingezeichnet. Die Überschneidung der gestrichelten Flanken stellt somit die elastische Verschiebung der Zähne dar. Für jede Zahnstellung und somit für jede Lage des Berührungspunktes auf der Eingriffsstrecke $E_1 \ldots E_2$ lassen sich die Verschiebungen f_1 und f_2 der Zähne auf der Eingriffsstrecke unter konstanter Last P_0 nach den angegebenen Gleichungen angenähert berechnen[1]). Hierbei ist die zusätzliche Verformung der Zähne im Radkörper — nach einem Vorschlag von Prof. Weber [2] — durch Verlängerung des Biege-Hebelarmes um den Betrag m/2 berücksichtigt (m = Zahnmodul). Die zusätzliche Abplattung der Zähne am Berührungspunkt wurde im wesentlichsten durch Vergrößerung des Zahlenfaktors berücksichtigt[1]). Die so be-

[1]) genauere Berechnung siehe Karas [1] und Weber [2].

rechneten Werte für f sind in der Mitte des Bildes über der Eingriffsstrecke aufgetragen.

Für eine gegebene Zahnstellung muß die Gesamt-Verschiebung f über die Zahnbreite konstant sein. Mit Einsatz von $f = \text{konst.} = f_0$ ergibt sich aus der untersten Gleichung die Lastaufnahme P längs der Eingriffsstrecke und damit zugleich längs der Berührungslinie. Es sind dabei für jeden Berührungspunkt die jeweiligen Hebelarme e_1 und e_2 einzusetzen. Die Auftragung der so berechneten Werte P über der Eingriffsstrecke (unten in Bild 3) zeigt:

1. daß der Unterschied in der Lastaufnahme längs der Berührungslinie doch beträchtlich ist, und
2. daß die maximale Lastaufnahme etwa dort liegt, wo Zahn und Gegenzahn etwa gleich große Biege-Hebelarme besitzen (Berührungspunkt in der Mitte der Eingriffsstrecke).

Zur Überprüfung der rechnerischen Lastverteilung wurde der Versuch gemacht, die Lastverteilung auch spannungsoptisch zu bestimmen. Bei der Schrägverzahnung sind derartige Messungen und ihre Auswertung wegen der räumlichen Verteilung der Spannungen nicht einfach. Im vorliegenden Fall wurden die Versuchs-

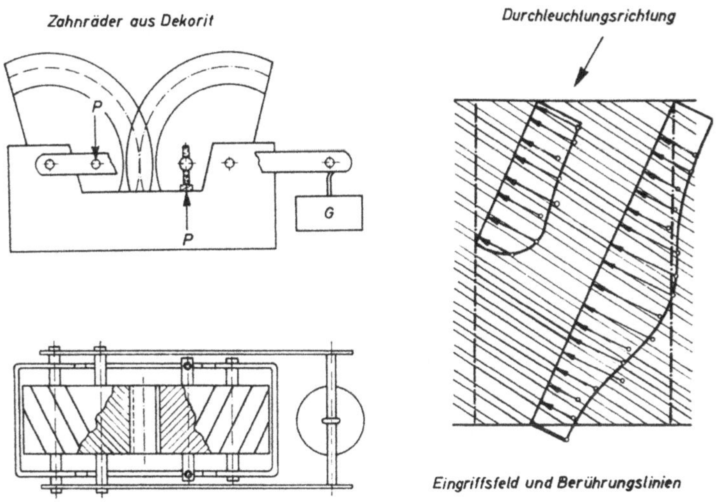

Verzahnungsdaten: m = 20 mm; $z_1 = z_2 = 20$; $\beta = 27{,}5°$

Bild 3: Spannungsoptisch gemessene Lastverteilung für ein schrägverzahnte Stirnradpaar im Eingriff

zahnräder aus dem Kunststoff Dekorit in der in Bild 3 dargestellten Vorrichtung im Wärmeofen unter Last erwärmt und langsam abgekühlt. Dann wurden die Zahnräder — wie rechts im Bild angedeutet — in schmale Scheiben normal zum Zahn zersägt und mit polarisiertem Licht durchleuchtet. Die Auswertung der sichtbar gemachten Spannungslinien ergab die über den B-Linien im Bilde aufgetragene Lastverteilung[1]). Der Verlauf der Lastverteilung entspricht auch hier im wesentlichen der rechnerischen Erwartung. Gegenüber der angenäherten Berechnung verläuft jedoch die Lastaufnahme an den Enden etwas flacher. Außerdem ist zu beachten, daß die aufgebrachte Last nicht genau mittig lag.

Inzwischen ermittelten wir die Lastverteilung — wie in Bild 4 gezeigt — auch aus den Druckflächen belasteter Stahlzahnräder. Dies Verfahren erwies sich als wesentlich einfacher, lieferte recht befriedigende Ergebnisse und ist auch bei be-

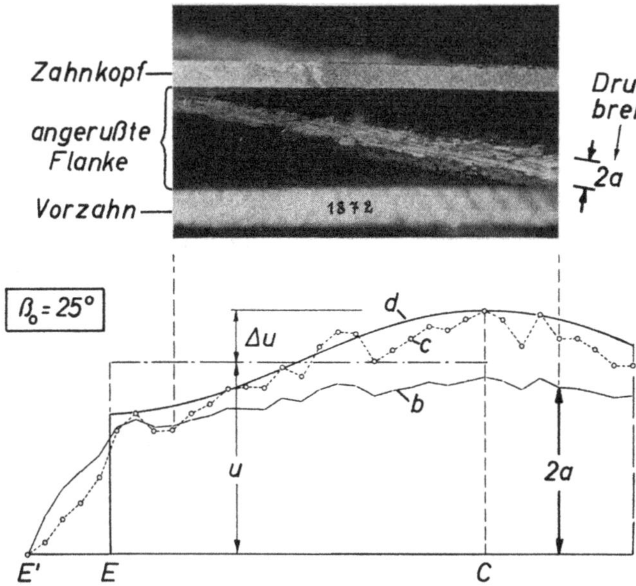

Bild 4: Auswertung der Druckspur eines im Eingriff belasteten Schrägzahnes (Modul m = 1,5 mm):

b) Gemessene Druckbreite längs der B-Linie (Mittelwert der Messungen von 6 gleichstark belasteten Zähnen).

c) aus der Kurve b errechnete Lastverteilung

d) für die Rechnung verwendete Lastverteilung

liebig großen Zahnradgetrieben aus Stahl betriebsmäßig anwendbar, sofern ein genügend großes Drehmoment im Stillstand des Getriebes aufgebracht werden kann. Hierzu werden die Zahnflanken eines Rades sehr fein berußt und nach Blockierung des Rades in der gewünschten Eingriffsstellung statisch belastet. Die hierdurch an den Zahnflanken erzeugten Druckflächen sind gut sichtbar. Ihre Dicke 2a kann an jedem Berührungspunkt entweder im vergrößerten Lichtbild oder unmittelbar an der Zahnflanke selbst mittels Meßmikroskop ausgemessen werden. Hieraus läßt sich nach der folgenden Hertz'schen Gleichung die Belastung P je mm Länge der B-Linie berechnen.

$$P = \frac{E}{2{,}31} \cdot \frac{\varrho_1 + \varrho_2}{\varrho_1 \cdot \varrho_2} \cdot a^2$$

mit $\varrho_{1\,2}$ = Krümmungsradius der Flanken
E = Elastizitätsmodul

[1]) Die spannungsoptischen Versuche wurden im Auftrag der „Forschungsstelle" im Mech. techn. Laborat. (Prof. Dr. L. Föppl), TH München ausgeführt.

Das Ergebnis der Messungen ist außerdem einfach zu überprüfen, da die Summe der berechneten P-Werte für die Gesamtlänge der Berührungslinien die gesamte Normal-Belastungskraft ergeben muß. Die in Bild 4 dargestellten Ergebnisse einer derartigen Messung zeigen den gleichen Charakter der ungleichförmigen Lastverteilung längs der B-Linie wie beim spannungsoptischen Versuch.

c) Einfluß von Zahnfehlern

Die gezeigten Lastverteilungen gelten für fehlerfreie Zahnräder. Bei Zahnrichtungsfehlern und Achsfehlern wird — ebenso wie bei Geradverzahnung — die Lastaufnahme einseitig nach einer Stirnseite hin verlagert. Durch Teilungsfehler wird jedoch die Schrägverzahnung erheblich mehr gefährdet als die Geradverzahnung.

Betrachten wir hierzu noch einmal Bild 1. Als Extremfall soll der hintere Zahn einen Teilungsfehler haben, der größer ist als die elastische Verformung der Zähne. Er wird dann entweder bei seinem Eintritt in den Eingriff die ganze Last am eintretenden Zahnende übernehmen (Zahneckbruch-Gefahr) oder sich überhaupt nicht an der Lastaufnahme beteiligen (Überlastung des Vorzahnes), je nachdem er einen positiven oder negativen Teilfehler hat. Bei kleineren Teilungsfehlern (kleiner als die elastische Verformung der Zähne) wird die angegebene Überlastung entsprechend geringer. Bei der Geradverzahnung erfolgt die Lastübernahme (wenn man von Zahnrichtungs- und Achsfehlern absieht) durch den nächsten Zahn gleichzeitig auf der ganzen Zahnbreite, wobei ein Teilungsfehler nur den Zeitpunkt der Übernahme, also höchstens die Länge des Biegehebelarmes am Zahn verändert.

Rechnerische Erfassung der Einflüsse

Der Rechnungsgang der Geradverzahnung soll auch für die Schrägverzahnung beibehalten werden. Daher wollen wir alle zusätzlichen Einflüsse in den folgenden drei Beiwerten berücksichtigen:

1. Verteilungsfehler f_V: Er ist das Verhältnis der maximal auftretenden Kraft, die für die Rechnung maßgebend ist, zur mittleren Kraft pro mm B-Linie, mit der bei der Geradverzahnung gerechnet wird. f_V berücksichtigt daher sowohl die ungleiche Lastverteilung als auch das gleichzeitige Tragen mehrerer Zähne.

2. Wälzpressungs-Beiwert y: Ebenso wie bei der Geradverzahnung gibt y den Ersatz-Krümmungsradius bezogen auf den Radradius an, der für die Berechnung der Wälzpressung maßgebend ist. Dabei berücksichtigt y, daß der Krümmungsradius der Flanken durch die Schrägstellung der Zähne gegenüber der Geradverzahnung vergrößert wird. Außerdem geht ein, daß der Punkt für die maßgebende Wälzpressung nicht mit dem Punkt maximaler Belastung zusammenfallen muß (vgl. Einzeleingriffspunkte bei Geradverzahnung).

3. Zahnfuß-Beiwert q: Analog zur Geradverzahnung bestimmt q die maximale Spannung im Zahnfuß. Es berücksichtigt die Vergrößerung des Bruchquerschnittes infolge der schrägen B-Linie und die ungleiche Verteilung der Spannungen längs des Zahnfußes durch das Mittragen unbelasteter Zahnstücke.

Die drei Beiwerte f_V, y und q sind im gleichen Sinne definiert, d. h. eine Vergrößerung der Beiwerte bedeutet eine Vergrößerung der auftretenden Spannungen bzw. Minderung der Tragfähigkeit.

Eine Übersicht dieser Beiwerte und ihrer Entstehung ist in **B i l d 5** gegeben. Dargestellt ist der Stirnschnitt einer Verzahnung, die einmal als Gerad- und einmal als Schrägverzahnung aufgefaßt wurde. In den darunter gezeichneten Eingriffsfeldern (vgl. **B i l d 1**) sind die Berührungslinien mit den zugehörigen Lastverteilungen eingetragen.

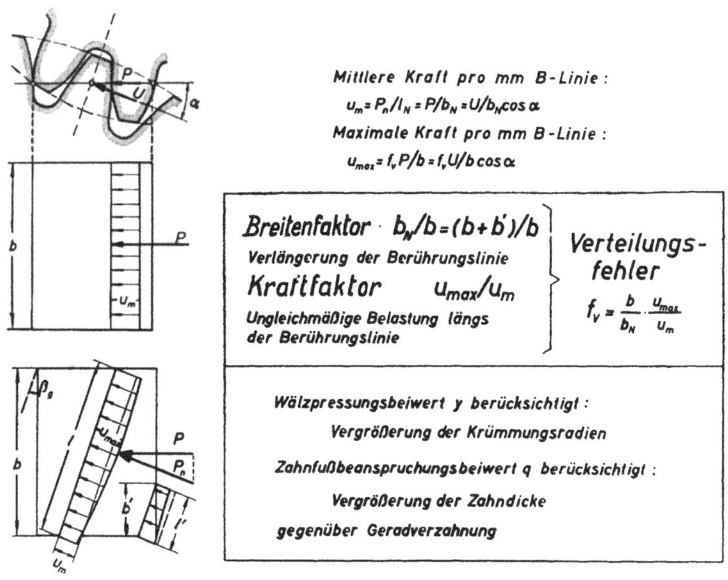

B i l d 5 : Erfassung der zusätzlichen Einflüsse bei Schrägverzahnung in der Rechnung

Zunächst bestimmen wir die m i t t l e r e Kraft pro Längeneinheit der B-Linie. Durch die Schrägstellung der Zähne wird die Normalkraft P_n gegenüber P im gleichen Verhältnis vergrößert, wie die tragende Länge L gegenüber der Breite b. Daher kann man die mittlere Kraft bestimmen als Quotient der Kraft P dividiert durch die Nutzbreite $b_N = b + b'$.

Die m a x i m a l e Kraft pro Längeneinheit der B-Linie erhält man daraus, indem man mit dem Kraftfaktor u_{max}/u_m multipliziert.

Wir fassen daher den Breitenfaktor b_N/b und den Kraftfaktor u_{max}/u_m zum Verteilungsfehler f_V zusammen. Dieser geht als Faktor der Kraft in die Rechnung ein. Für Geradverzahnung wird $f_v = 1$. Die zugehörigen Formeln sind in **B i l d 5** angegeben.

Wir betrachten nun, wie sich die Gesamtlänge der Berührungslinie $l + l'$ während des Laufes ändert. Wie oben erwähnt, genügt es, die Änderung der t r a g e n d e n

B r e i t e $b_T = b + b'$ zu untersuchen. Dazu ist in B i l d 6 für drei verschiedene Verzahnungen an Hand je eines Filmstreifens das Wandern der Berührungslinien im Eingriffsfeld dargestellt. Jeder der Filmstreifen ist so abgeschnitten, daß die Zahnstellung 1 gleich der Zahnstellung 6 ist. Das Zahnrad hat sich also von 1 bis 6 gerade um eine Teilung weitergedreht. Für jedes Eingriffsfeld ist die tragende Breite eingezeichnet. Sie ergibt sich durch Aneinandersetzen aller im jeweiligen Eingriffsfeld erscheinenden Berührungslinien (vgl. Zahnstellung 2 im obersten Filmstreifen).

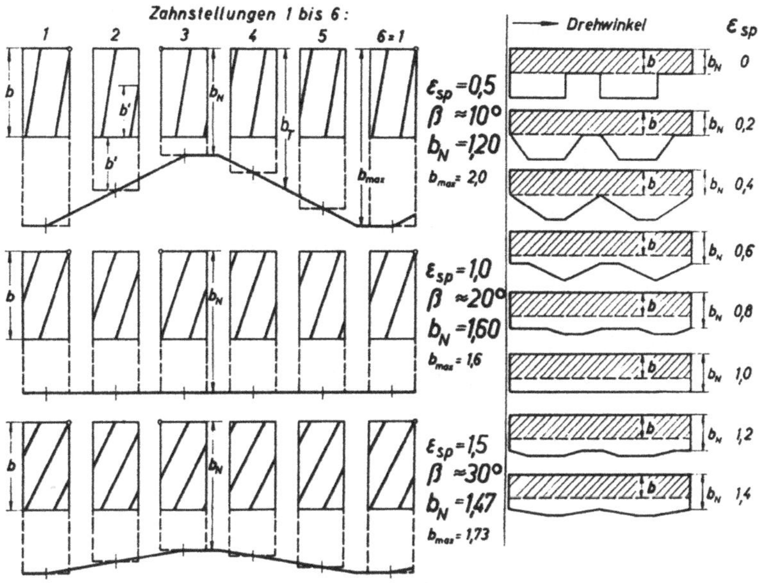

Stirn-Überdeckungsgrad ε=1,6

B i l d 6 : Änderung der tragenden Breite b_T während des Laufes bei verschiedenen Sprungüberdeckungsgraden ε_{sp} (Angaben für b_N und b_{max} gelten für b = 1)

Man sieht, daß sich die tragende Breite b_T während des Laufes ändert und jeweils in Zahnstellung 3 zum Minimum wird, welches wir N u t z b r e i t e b_N nennen wollen. Diese für die Rechnung maßgebende Nutzbreite liegt dann vor, wenn eine Berührungslinie gerade neu in Eingriff kommt (s. Kreis in der linken oberen Ecke der Eingriffsfelder 3) und bleibt so lange erhalten, bis die am ersten außer Eingriff kommende Berührungslinie gerade vollkommen ausgetreten ist. Genau um eine halbe Teilung dazu verschoben liegt das Maximum der tragenden Breite b_{max}.

Die drei Verzahnungen, für die die Filmstreifen gezeichnet sind, stimmen im Stirnüberdeckungsgrad ε = 1,6 überein und unterscheiden sich nur im Sprungüberdeckungsgrad ε_{sp}. Unterschiedliche Schrägungswinkel wirken sich nur auf die Sprungüberdeckung aus und haben daher nur indirekten Einfluß auf die Änderung der tragenden Breite während des Laufes. Die Angabe von β in B i l d 6 ist daher nur als Beispiel zu werten.

Als B r e i t e n f a k t o r bezeichnen wir das Verhältnis b_N/b, das Verhältnis von Nutzbreite zur Radbreite. Man erkennt im Bild, daß sich b_N/b stark mit ε_{sp} ändert. Daher ist rechts im Bild nochmals die Änderung der tragenden Breite b_T über dem Drehwinkel aufgetragen und dabei die Sprungüberdeckung ε_{sp} in kleineren Intervallen geändert. Es fällt auf, daß in diesem Falle ($\varepsilon = 1{,}6$) von der Geradverzahnung ($\varepsilon_{sp} = 0$) bis $\varepsilon_{sp} = 0{,}4$ der Breitenfaktor $b_N/b = 1$ bleibt. Von da ab nimmt b_N/b stark zu und erreicht bei der ganzzahligen Sprungüberdeckung $\varepsilon_{sp} = 1{,}0$ das Maximum $b_N/b = 1{,}6$. Bei weiterem Steigern der Sprungüberdeckung fällt b_N/b zunächst wieder etwas ab, erreicht aber bei jeder ganzzahligen Sprungüberdeckung $\varepsilon_{sp} = 1$; 2; 3 ... wieder den maximalen Wert $b_N/b = \varepsilon = 1{,}6$. Dies kommt daher, daß nur bei ganzzahliger Sprungüberdeckung die tragende Breite während des Laufes konstant bleibt (vgl. zweiter Filmstreifen im Bild 6).

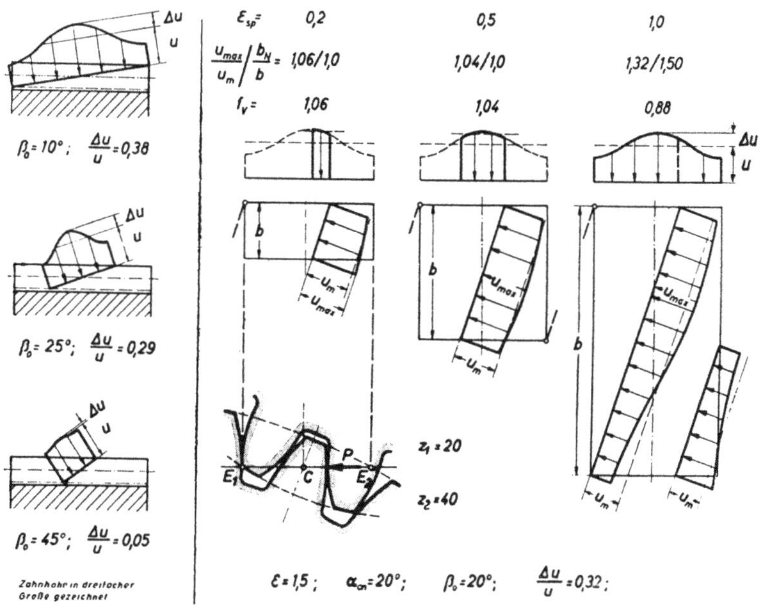

Bild 7: Lastverteilung in Abhängigkeit vom Schrägungswinkel und Lastverteilungen bei verschiedenem Sprungüberdeckungsgrad für die ungünstigste Eingriffsstellung

Nun wenden wir uns der Lastverteilung zu. Im linken Teil von Bild 7 sind drei Zahnräder im Achsschnitt dargestellt, die sich im Schrägungswinkel β unterscheiden. Eingezeichnet ist jeweils eine Berührungslinie, die vom Zahnkopf bis zum Zahnfuß reicht. Darüber ist die Lastverteilung aufgetragen, die sich längs der B-Linie einstellt. Mit zunehmendem Schrägungswinkel β verlaufen die B-Linien steiler über die Flanken; zugleich wird der Wert $\Delta u/u$, der die Ungleichförmigkeit der Lastverteilung kennzeichnet, geringer. Diese Lastverteilungen wurden durch Ausmessen der Druckspuren an belasteten Stahlzahnrädern bestimmt, wie in Bild 4 gezeigt. Im Gegensatz zur Theorie treten an den Enden keine Spannungsspitzen auf. Durch die Verformung der Zähne verlaufen die Berührungslinien nicht vollkommen gerade über die Zahnflanken, sondern biegen an den Enden etwas um. Dadurch sind die B-Linien in Wirklichkeit länger, als es die Theorie ergibt. Diese Verlängerung — im Bild 4 mit EE′ bezeichnet — ist abhängig von der Belastung und bewirkt bei hoher Belastung eine recht beachtliche Steigerung des Stirnüberdeckungsgrades. Da jedoch die übertragene Kraft in diesen zusätzlichen Stücken stark abfällt (Kurve c in Bild 4) soll diese Erscheinung in der Rechnung nicht berücksichtigt werden. Für die Form der Verteilung legen wir eine cos-Linie zugrunde (Kurve d in Bild 4), die eine gute Übereinstimmung mit den Messungen hat.

Im rechten Teil des Bildes 7 ist dargestellt, wie man aus diesen Lastverteilungen — aufgetragen längs der Eingriffsstrecke — die Lastverteilung längs der B-Linien für die ungünstigste Eingriffsstellung bestimmen kann. Als Beispiel sind drei Fälle gewählt, die sich nur in der Radbreite unterscheiden. Dadurch ändert sich der Sprungüberdeckungsgrad ε_{sp}. In jedem Fall ist aus der darübergezeichneten Last-

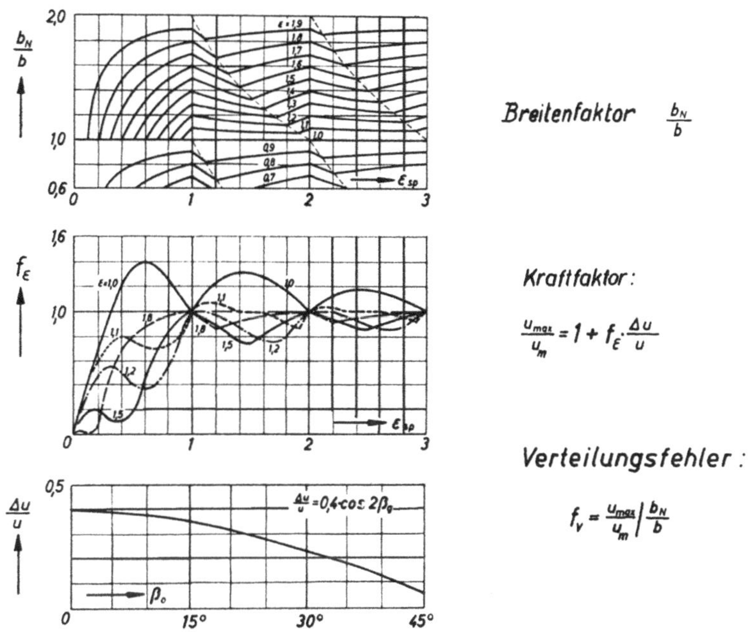

Bild 8: Diagramme zur Ermittlung des Verteilungsfehlers f_v

verteilungskurve das entsprechende Stück herausgeschnitten und über der B-Linie aufgetragen. Aus den Bildern geht die Lage der maximal belasteten Stelle hervor. Man sieht auch, daß sie beim Übergang von der Gerad- zur Schrägverzahnung vom Einzeleingriffspunkt bis in die Mitte des Eingriffsfeldes wandert. Außerdem fällt auf, daß sich der Wert $\Delta u/u$ (Ungleichförmigkeit der Lastverteilung) erst bei $\varepsilon_{sp} = 1$ vollkommen auswirkt. Es folgt daraus, daß hier der Einfluß des Breitenfaktors zum Teil durch den Einfluß des Kraftfaktors aufgehoben wird.

In Bild 8 wird nun gezeigt, wie man den Breitenfaktor b_N/b und den Kraftfaktor u_{max}/u_m für eine gegebene Schrägverzahnung bestimmen kann und diese zum

Verteilungsfehler f_V zusammensetzt. Der Breitenfaktor ist nur von zwei Veränderlichen abhängig und wurde deshalb über der Sprungabdeckung ε_{sp} mit der Stirnüberdeckung als Parameter aufgetragen[1]). Der Kraftfaktor u_{max}/u_m ist von den drei Veränderlichen ε, ε_{sp} und β abhängig und wird hier in zwei Diagrammen dargestellt. Das untere Diagramm in Bild 8 gibt den Wert $\Delta u/u$ in Abhängigkeit vom Schrägungswinkel β an. f_ε im Diagramm darüber zeigt, wie stark sich $\Delta u/u$ im einzelnen Fall auswirkt. Zu untersuchen bleibt noch, wie sich $\Delta u/u$ mit der Profilverschiebung und dem Eingriffswinkel im Normalschnitt ändert. Ferner ist zu erwarten, daß sich der Wert $\Delta u/u$ mit dem Zahnverschleiß vergrößert, weil der Verschleiß der Zähne an Kopf und Fuß größer ist als im Gebiet des Wälzkreises.

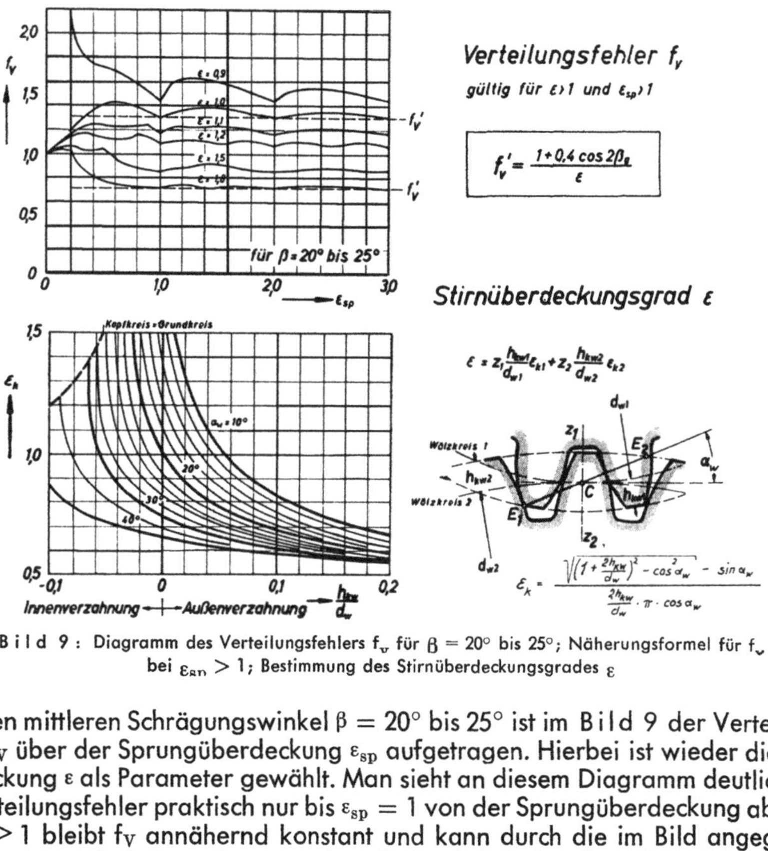

Bild 9: Diagramm des Verteilungsfehlers f_v für $\beta = 20°$ bis $25°$; Näherungsformel für f_v bei $\varepsilon_{sp} > 1$; Bestimmung des Stirnüberdeckungsgrades ε

Für einen mittleren Schrägungswinkel $\beta = 20°$ bis $25°$ ist im Bild 9 der Verteilungsfehler f_V über der Sprungüberdeckung ε_{sp} aufgetragen. Hierbei ist wieder die Stirnüberdeckung ε als Parameter gewählt. Man sieht an diesem Diagramm deutlich, daß der Verteilungsfehler praktisch nur bis $\varepsilon_{sp} = 1$ von der Sprungüberdeckung abhängt. Für $\varepsilon_{sp} > 1$ bleibt f_V annähernd konstant und kann durch die im Bild angegebene Formel sehr einfach berechnet werden. β_g ist dabei der Grundkreis-Schrägungswinkel. Nur bei sehr kleinem Stirnüberdeckungsgrad ε treten die Punkte mit ganzzahliger Sprungüberdeckung ε_{sp} als besonders günstig hervor.

Das zweite Diagramm im Bild 9 dient zur Berechnung des Stirnüberdeckungsgrades ε, der für den Verteilungsfehler eine sehr wesentliche Rolle spielt. Da diese

[1]) Ein ähnliches Diagramm wurde bereits von Dietrich [4] angegeben.

Berechnung bisher noch recht unbequem war, soll hier ein recht einfaches und doch genaues Berechnungsverfahren für ε angegeben werden. Aufgetragen ist ε_k über dem Verhältnis h_{kw}/d_w mit dem Betriebseingriffswinkel α_w im Stirnschnitt als Parameter. Dabei bedeutet der Index w, daß alle Größen auf den Betriebswälzkreis bezogen sind, also auch die Zahnkopfhöhe von diesem aus gemessen wird. Aus den beiden Werten ε_k für Rad und Gegenrad erhält man nach der im Bild angegebenen Formel den Stirnüberdeckungsgrad ε. Für Normalverzahnung ist ε_k zugleich der Kopfüberdeckungsgrad des betrachteten Rades. Durch diese Auftragung ist das Diagramm für sämtliche unterschnittfreien Evolventenverzahnungen gültig. Dabei schränken auch Profilverschiebung und Kopfkürzung die Gültigkeit nicht ein. Außerdem sind Zahnstange und Innenverzahnung (Durchmesser und Zähnezahl negativ) ebenfalls in diesem Diagramm enthalten.

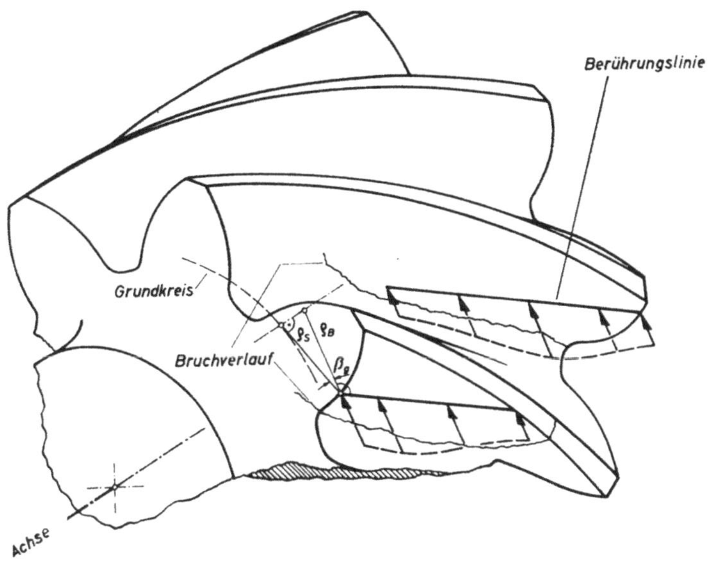

Bild 10: Belastung der Zähne im Eingriff und Verlauf des Zahnbruches (Verzahnung s. Bild 1)

An Hand von Bild 10 soll nun erklärt werden, wie sich die Flankenbeiwerte y und Fußbeiwerte q gegenüber der Geradverzahnung ändern.

Für die Wälzpressung sind die Krümmungsradien der Zahnflanken im Berührungspunkt maßgebend, die in einem Schnitt senkrecht zur Berührungslinie erscheinen. Es ergibt sich dabei, daß diese Radien (im Bild ϱ_B) um den Faktor $1/\cos \beta_g$ größer sind als die Krümmungsradien des gleichen Punktes im Stirnschnitt (im Bild ϱ_S). Der y-Wert für die Schrägungsverzahnung ergibt sich daher durch Multiplikation des y-Wertes für den Stirnschnitt mit $\cos \beta_g$.

Auch die Zahnfußfestigkeit wächst mit zunehmendem Schrägungswinkel β an, da der Bruchquerschnitt vor allem in seiner Länge zunimmt. Die Spannungsverteilung längs des Zahnfußes ist ungleichmäßig, da sich die Biegehebelarme längs der schrägliegenden B-Linie ändern. Die maximale Spannung im Zahnfuß tritt ungefähr da auf, wo die Krafteingriffspunkte auf der Zahnflanke in der Mitte zwischen Wälz- und Kopfkreis liegen.

Da jedoch durch den Einfluß der Verzahnungsfehler sich mit zunehmendem Schrägungswinkel stets ungünstigere Lastverteilungen ergeben, wächst in praktischen Fällen die Tragfähigkeit beim Lauf nicht so stark an. Es soll deshalb bis zur restlosen Klärung dieses Einflusses der Zahnfußbeanspruchungsbeiwert q für die Verzahnung im Normalschnitt ermittelt werden. Später wollen wir den Einfluß der Verzahnungsfehler im dynamischen Lastwert berücksichtigen.

Lastwert:

$$B = \frac{U}{b \cdot d_{w1}}$$

Erforderlicher Ritzeldurchmesser $d_{w1} = 113 \sqrt[3]{\frac{d_{w1}}{b} \cdot \frac{N_{PS}}{n_1 B_{zul}}}$ [mm]

Übertragbare Leistung $N = b\, d_{w1}^2 \cdot \frac{n_1 B_{zul}}{1{,}44 \cdot 10^6}$ [PS]

Zulässiger Lastwert:

$$B_{zul} \leqq \begin{cases} B_F = \frac{i}{i+1} \cdot \frac{k_D}{y f_L f_V S_F} - B_{dyn} \longrightarrow \text{Grübchenbildung} \\ B_D = \frac{\sigma_{VD}}{z_1 q f_L f_V S_D} - B_{dyn} \longrightarrow \text{Dauerbruch} \\ B_B = \frac{\sigma_{VB}}{z_1 q f_L f_V S_B} \longrightarrow \text{Gewaltbruch} \end{cases}$$

f_V = Verteilungsfehler

f_L = Lastfehler (Stöße)

S = Sicherheit

B_{dyn} = dynamischer Lastwert (Verzahnungsfehler)

Flankenbeiwert y und Fußbeiwert q werden tabelliert

Bild 11: Berechnungsformeln für Gerad- und Schrägverzahnung

Praktische Durchführung der Berechnung

Für die Berechnung von Verzahnungen wurde der Lastwert B als Kenngröße neu eingeführt. Er erweist sich sowohl für den Überschlag als auch für die Nachrechnung als zweckmäßig. Bild 11 gibt eine Übersicht, wie der Berechnungsgang bei Verwendung dieses Lastwertes vor sich geht. Die beiden oben angegebenen Formeln für Ritzeldurchmesser und übertragbare Leistung beantworten die wichtigsten Fragen der Überschlagsrechnung. Das Verhältnis von Ritzeldurchmesser zu Ritzelbreite steht auch bei Überschlagsrechnungen im allgemeinen fest. Der zulässige Lastwert B_{zul} kann entweder ähnlichen Konstruktionen entnommen werden oder aus den folgenden Formeln bestimmt werden.

Der Lastwert gilt grundsätzlich für eine Radpaarung. Das vorhandene B ergibt sich aus der Umfangskraft U dividiert durch Radbreite b mal Betriebswälzkreisdurchmesser des Ritzels d_{w1}. B ist also für Ritzel und Rad gleich.

Der zulässige Lastwert ist der kleinste Wert, der sich aus den folgenden drei Formeln ergibt. Da sich in diesen drei Formeln die Beiwerte y und q für Ritzel und Rad unterscheiden können, erhält man je zwei zulässige Lastwerte für Grübchenbildung, Dauerbruch und Gewaltbruch. Der kleinste davon ist B_{zul}.

Die drei Formeln sind in ihrem Wesen gleichmäßig aufgebaut. Im Zähler stehen jeweils die Festigkeiten (je nach vorliegendem Fall Zeit- oder Dauerfestigkeit) k_D, σ_{vD} und σ_{vB}. Im Nenner stehen die Beiwerte S, f_v, f_L und y bzw. $z_1 \cdot q$ (auch für großes Rad z_1!). Dieses z_1 berücksichtigt, daß die Tragfähigkeit mit dem Modul

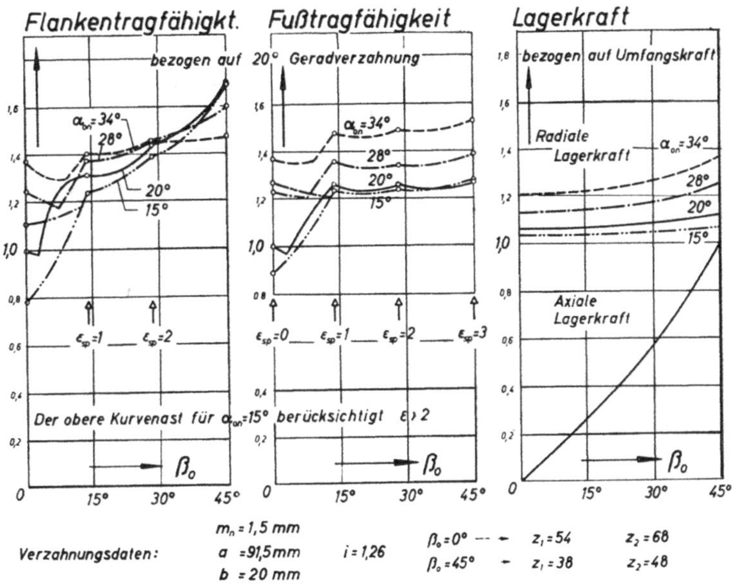

Bild 12: Steigerung der Tragfähigkeit bei schmalen Stirnrädern durch Vergrößerung von Schrägungswinkel β und Herstellungs-Eingriffswinkel α, bezogen auf den Wert 1 für die 20°-Geradverzahnung

steigt, der jedoch zu Beginn der Rechnung meist weniger bekannt ist als die Zähnezahl z_1. Der in Abzug gebrachte Lastwert B_{dyn} berücksichtigt, wie erwähnt, die Verzahnungsfehler und ihren Einfluß auf die Tragfähigkeit. Ebenso wie f_V werden die Beiwerte y, q und B_{dyn} für die praktische Rechnung tabelliert bzw. in Diagrammen aufgetragen.

Ein genaueres Eingehen auf die Größe des dynamischen Lastwertes B_{dyn} und seine Berechnung kann erst erfolgen, wenn die in der Forschungsstelle laufenden Untersuchungen über den Einfluß des Verzahnungsfehlers bei Geradverzahnung abgeschlossen sind.

Steigerung der Tragfähigkeit

In Bild 12 wurde die Tragfähigkeit in Abhängigkeit vom Schrägungswinkel und Herstellungs-Eingriffswinkel berechnet und über dem Schrägungswinkel aufgetragen. Die für einen Eingriffswinkel $\alpha_{on} = 20°$ berechnete Flankentragfähigkeit zeigt sehr gute Übereinstimmung mit den in [5] angegebenen Wöhlerlinien bezüglich Grübchenbildung.

Zum Vergleich der Ergebnisse für die Zahnfußfestigkeit mit Versuchen liegen bislang nur Laufversuche mit gesteigerter Belastung sowie Pulsatorversuche vor. Während die Versuchsergebnisse bei Geradverzahnung übereinstimmen, steigen die in den Pulsatorversuchen ermittelten Tragfähigkeiten mit dem Schrägungswinkel wesentlich stärker bis zu 45°-Schrägverzahnung an als bei den Laufversuchen. Grund hierfür ist wohl das einwandfreie Tragen der Räder im Pulsator, so daß sich die Verzahnungsfehler hierbei nicht bemerkbar machen; außerdem wird hierbei die pulsierende Belastung an der ständig gleichen Drucklinie die ungleiche Lastverteilung durch plastische Verformung zum Teil ausgleichen.

Bei den Laufversuchen zeigt es sich weiterhin, daß mit zunehmendem Schrägungswinkel die Zahneckbruchgefahr wesentlich größer wurde, während solche Brüche bei gleichmäßigem Tragen im Pulsator nicht auftraten. Dieser größeren Gefahr der Überlastung an den Zahnenden kann man bei Schrägverzahnung durch folgende Maßnahmen begegnen:

1. Kleinere Zahnfehler.
2. Größere Abschrägung der Zahnenden an den Stirnflächen, wobei die Schräge bereits am Zahnfuß beginnen soll.
3. Zurücknahme der Zahnflanken nach den Zahnenden hin, z. B. durch geringe Seitenballigkeit der Flanken.
4. Berücksichtigung der unter Last eintretenden elastischen Verdrehung des Ritzels und der elastischen Durchbiegung der Wellen (besonders bei größerem b/d_1) durch konstruktive Maßnahmen, durch Selbsteinstellbarkeit des Ritzels oder Rades durch Korrektur des Schrägungswinkels bei der Herstellung, usw.
5. Beschleunigung des Einlaufvorganges mittels aktivem Öl (Hypoidöl).

Der dritte Vorschlag läßt sich bei gefräßten Rädern auch dadurch verwirklichen, daß man den Zahnenden eine geringe negative Profilverschiebung gibt. Der Fräser wird also nicht wie üblich gerade, sondern in einem ganz schwachen Bogen über die Radbreite hinweg geführt.

Die Darstellung der Tragfähigkeit im Bild 12 ist auf den Wert 1 für die 20°-Gerad-Verzahnung bezogen. Da sich die Punkte mit ganzzahliger Sprungüberdeckung ε_{sp} bei der Auftragung bemerkbar machten, wurden sie durch Kreise hervorgehoben. Außerdem spielt die Stirnüberdeckung eine wesentliche Rolle, so daß diese Ergebnisse nicht ohne weiteres verallgemeinert werden können. Lediglich zwei Grundtendenzen sind allgemein gültig:

1. Die Flankentragfähigkeit steigt mit wachsendem Eingriffswinkel α_{on} bei der Geradverzahnung sehr stark an. Mit zunehmendem Schrägungswinkel wird dieser Anstieg der Tragfähigkeit durch Vergrößerung des Eingriffswinkels immer geringer und kehrt sich sogar bei sehr großen Schrägungswinkeln um. Hauptgrund dafür ist, daß der Stirnüberdeckungsgrad sowohl mit zunehmendem Schrägungswinkel als auch mit wachsendem Herstellungs-Eingriffswinkel abnimmt.

2. Die Zahnfußtragfähigkeit steigt stets mit zunehmendem Herstellungs-Eingriffswinkel α_{on} an. Dies gilt für alle Schrägungswinkel, da sich die Zunahme des Zahnfußquerschnittes stärker auswirkt als die Abnahme des Stirnschnitt-überdeckungsgrades.

Aus diesen Grundtendenzen ergibt sich, daß die Frage nach der tragfähigsten Schrägverzahnung für ungehärtete Zahnräder anders zu beantworten ist als für gehärtete. Bei ungehärteten Zahnrädern, bei denen die Flankentragfähigkeit maßgebend ist, empfiehlt es sich deshalb, möglichst große Schrägungswinkel zu wählen, ohne dabei den Herstellungs-Eingriffswinkel über 20° zu steigern. Dagegen ist bei gehärteten Zahnrädern die Zahnfußtragfähigkeit maßgebend und deshalb die Vergrößerung des Herstellungs-Eingriffswinkels stets von Vorteil. Inwieweit die Vergrößerung des Schrägungswinkels zu einer Erhöhung der Tragfähigkeit führt, ist im wesentlichen von der Herstellungsgenauigkeit abhängig. Hierbei ist neben dem Schrägungswinkel die Sprungüberdeckung sehr wesentlich. Auch sie soll umso größer gewählt werden, je kleiner die Verzahnungs- und Einbaufehler sind.

Schrifttum:

[1] Karas, F. Berechnung der Walzenpressung von Schrägzähnen an Stirnrädern. Halle: Wilh. Knapp Verl. 1949.

[2] Weber, C. u. Banaschek, K., Formänderung und Profilrücknahme bei gerad- und schrägverzahnten Rädern. Schriftenreihe Antriebstechnik Heft 11. Braunschweig: Vieweg 1953.

[3] Walker, H. Helical Gears. Z. The Engineer, July 12. 19. and 26, 1946.

[4] Dietrich, G. Berechnung von Stirnrädern mit geraden und schrägen Zähnen. Düsseldorf: Dtsch. Ing.- Verl. 1952.

[5] Niemann, G. u. Glaubitz, H. Schrägverzahnte schmale Stirnräder. Z. VDI Bd. 93 (1951), S. 215.

Aussprache

Weinhold: Wir haben eine Fülle von Arbeiten aus Forschung und Versuchen kennengelernt. Wenn man in die Konstruktions- und Projektierungsbüros geht, stellt man fest, daß überall verschiedene Methoden der Berechnung angewandt und verschiedene Voraussetzungen als gültig angenommen werden. Die einen gehen vom festen Achsabstand aus, die anderen wünschen, daß sich der Achsabstand aus Rechnungsgrößen ergibt, und man muß feststellen, daß dadurch in der letzten Zeit in den Konstruktionsbüros eine gewisse Unsicherheit entstanden ist. Es liegen Forschungsarbeiten vor, aber noch nicht in einer solchen Form, daß sie für den Konstrukteur des allgemeinen Maschinenbaus Rezepte darstellten. Und es ist deshalb sehr nützlich und wünschenswert, wenn aus Arbeiten, wie sie eben hier vorgetragen wurden, etwas herauskommt in der Weise, daß man daraus ersieht, was gesichert und was noch Problem ist. Und zwar gesichert oder problematisch nicht nur im Urteil des einzelnen Autors, sondern — darauf ist in anderen Ausführungen schon hingewiesen worden — gesichert oder problematisch nach dem Urteil eines größeren Gremiums. Hier handelt es sich um das, was für den Verzahnungskonstrukteur bedeutsam und was für ihn weniger bedeutsam ist, weil bestimmte Einflüsse evtl. auf anderem Gebiet liegen.

Ich darf vielleicht — um zu illustrieren, was ich meine — eine Frage aus zweien der Vorträge herausgreifen: Wenn Herr Dr. Bergsträßer von dem Freßbeiwert spricht und ihn wohl noch immer als problematisch hinstellt, andererseits sich Herr Prof. Niemann so ausspricht, daß dies eine Frage der Öltechniker sei, dann scheint mir dieses Problem jenseits der Grenze zu liegen, wo noch etwas durch Profilverschiebung usw. erreicht werden kann. Ich habe mich allerdings absichtlich etwas kraß ausgedrückt, um die Diskussion herauszufordern.

Niemann: Wir müssen unsere Vorstellungen über die Schmierdruckbildung an Zahnflanken etwas korrigieren. Schmierdruck entsteht ebenso durch Wälzbewegung wie durch Gleitbewegung. Bei Zahnflanken überwiegt bei weitem die erstere. Nach der hydrodynamischen Schmiertheorie berechnet, erreicht bei Evolventenverzahnungen die Schmierfilmdicke ihr Maximum auf der Mitte der größtmöglichen Eingriffsstrecke und fällt bis zu ihren Endpunkten am Grundkreis 1 und 2 bis auf Null ab. Hierbei ist noch nicht berücksichtigt, daß der Anteil der Gleitgeschwindigkeit zusätzliche Reibarbeit und somit zusätzliche Erwärmung bringt, wodurch die Ölzähigkeit und die Schmierfilmdicke vermindert werden.

Rettig: Bezüglich der Abnutzungsverhältnisse über der Eingriffsstrecke eines Zahnes ist zu berücksichtigen: Im Wälzpunkt, wo das Gleiten sehr gering ist, ist auch die geringste Abnutzung erkennbar. Min sieht daraus, daß hier die Schmierung vollkommen ausreichend ist.

Lindner: Zu der Frage des Überdeckungsgrades: Die Ausführungen von den meisten Herren, insbesondere von Herrn Prof. Niemann, waren auf die tragfähigste Verzahnung gerichtet. Dabei wurde der Überdeckungsgrad verhältnismäßig schlecht behandelt. Ich darf vielleicht darauf aufmerksam machen, daß der Überdeckungsgrad in jedem Falle bei dem Einlaufen eine große Rolle spielt. Bei zwei Rädern mit großem Überdeckungsgrad — sowohl bei Geradverzahnung wie natürlich ganz besonders auch bei Schrägverzahnung — muß sich der Einlaufvorgang ganz anders abspielen als bei kurzem Überdeckungsgrad. Sind viele Zähne tragend, dann werden sich die Zähne auf einen Mittelwert einlaufen, d. h. also, die Fehler gleichen sich aus. Das dürfte auch der Grund sein, weshalb beispielsweise geläppte Räder nur brauchbar werden, wenn ein großer Überdeckungsgrad vorliegt. Dieser Überdeckungsgrad wirkt dann auch rückwärts auf die Tragfähigkeit, besonders bei Schrägverzahnung. Unter der Annahme ungenauer Räder kommt es ja nicht darauf an, wie groß der theoretische Sprungüberdeckungswert ist. Es kann der Fall eintreten, daß nur ein Zahn trägt, obwohl die theoretische Rechnung vielleicht drei oder vier tragende Zähne verlangt. Es kann sogar sein, daß ein Teil von diesem Zahn trägt, weil auch die Zahnform falsch ist. Die Fehler sind nie ausgeschlossen. Darauf wurde von dem letzten Vortragenden auch hingewiesen. Es müßten nun meiner Ansicht nach noch Versuche gemacht werden, um festzustellen, wie sich die Druckverteilung zwischen neuen Rädern und eingelaufenen Rädern verändert. Die Versuche von Herrn Prof. Niemann mit geradezu beispielhaft einfachen Mitteln, nämlich den Rußabdrücken, sind ja sehr aufschlußreich. Wenn das aber neue Räder waren, wie wirkt sich dann diese Frage bei alten Rädern aus? Man könnte sich vorstellen, daß da, wo die größten Drücke auftreten, allmählich die Abnutzung am stärksten eintritt, daß sich also die Druckverteilung verbessern muß. Wenn man einfache Formeln haben will, dann sollte hierin auch die Genauigkeit der Räder mit einbezogen werden.

Niemann: Man muß zunächst unterscheiden zwischen Geradverzahnung und Schrägverzahnung. Bei Geradverzahnung hat man einen Überdeckungsgrad meistens unter 2, eine Stellung also, in der nur eine Zahnpaarung trägt und somit der Fehlerausgleich zur Verbesserung des Einlaufens nicht zustande kommt.

Bei Geradverzahnung wird durch größere Überdeckung immerhin der Drehbereich für den Einzeleingriff verringert, also das Gebiet des Doppeleingriffs vergrößert.

Nimmt man bei der Schrägverzahnung ein Abrolldiagramm mit Zahnrädern auf, die in Achsrichtung so weit versetzt sind, daß sie nur auf einer Breite von 1—2 mm kämmen, so erhält man im Diagramm etwa die gleichen Fehler wie bei einer Geradverzahnung, die auf der gleichen Maschine hergestellt wurde. Je mehr man nun die Zahnräder axial ineinanderschiebt, desto kleiner wird der Fehler im Abrolldiagramm; denn mit dem zunehmenden Überdeckungsgrad sind mehr Zähne gleichzeitig im Eingriff und egalisieren die Drehbewegung. Trotzdem sind die Fehler am Einzelzahn vorhanden und ergeben beim Lauf unter Last eine entsprechende Änderung der Lastverteilung und somit größere Beanspruchung. Für den Einlaufvorgang ist jedoch die fehlerausgleichende Wirkung des größeren Überdeckungsgrades bei der Schrägverzahnung voll wirksam.

Clarenbach: Zu den Wünschen von Herrn Dr. Thomas nach einer Schrägungswinkelnormung möchte ich sagen: In der letzten Sitzung des Ausschusses für Profilverschiebung wurde auch beschlossen, einen Vorschlag über die Normung der Schrägungswinkel auszuarbeiten. Damit wurde die Firma Maschinenfabrik Lorenz, Ettlingen, beauftragt. Wir stellten uns diesen Vorschlag so vor, daß einerseits eine

Reihe von ganzzahligen Schrägungswinkeln, ganze Gerade, mit einer genügend engen Stufung gewählt wird, damit die Vorteile der Bestimmung der Verzahnungsdaten eines Schrägstirnrades durch Messung erreicht werden. Andererseits sollen die Wünsche der Herstellungsverfahren so weit wie möglich berücksichtigt werden. Das ist beim Fräsverfahren nicht so schwierig, weil man eigentlich jede beliebige Steigerung mit einer ausreichenden Genauigkeit durch die ganzzahligen Wechselräder erreichen kann, bzw. weil gefräste Räder meistens eine Fertigbearbeitung erfahren, so daß man hierdurch auf einen genaueren Wert des Schrägungswinkels kommen kann. Beim Stoßverfahren, das ebenfalls berücksichtigt werden soll, ist das weniger einfach. Der Wunsch ist, mit möglichst wenig Schraubenführungen, die ja notwendig sind, diese ganze Reihe der Schrägungswinkel bearbeiten zu können. Dieser Vorschlag ist in Bearbeitung und wird später vorgelegt werden.

Weinhold: Es hat sich tatsächlich in verschiedenen Betrieben bereits bewährt, die Schrägungswinkel zu normen. Die fertigungstechnischen Vorteile liegen ohne weiteres auf der Hand.

Korhammer: Ich möchte vier Fragen aufwerfen:

1. In der Literatur wird die Sprungüberdeckung einfach zur Profilüberdeckung zugezählt und als Gesamtüberdeckung bewertet. Ich möchte annehmen, daß eine Gesamtüberdeckung verschieden bewertet werden muß, je nachdem ob sie sich aus einer kleinen Sprungüberdeckung und einer großen Profilüberdeckung zusammensetzt oder umgekehrt.
2. Die Wirkung der Zahnrücknahme ist lastabhängig. Man kann nur für eine bestimmte Normallast die Zahnrücknahme richtig bemessen. Für alle anderen Fälle ergeben sich Fehler der Flanken und damit ungleichmäßige Eingriffsverhältnisse. Die Gleichförmigkeit der Winkelgeschwindigkeit könnte durch eine Zahnrücknahme auch beeinträchtigt werden insofern, als das Verhältnis der beiden Winkelgeschwindigkeiten nicht immer genau dem i-Wert entspricht, weil eben die Zähne sich verbiegen bzw. schon von vornherein anders gestaltet sind.
3. Es ist interessant zu wissen, ob der Unterschied zwischen dem Pulsatorbetrieb und dem wirklichen Betrieb bei der Bewertung der Versuche in Rechnung gestellt wurde.
4. Die Aufteilung der Zahnkraft über die ganze Zahnbreite bei Schrägverzahnung hat gezeigt, daß sich die resultierende Zahnkraft seitlich verschiebt dadurch, daß sie in der Mitte oder am Rand irgendeinen Höchstwert erreicht. Dies könnte eine zusätzliche Unruhe für den Lauf eines Getriebes bedeuten, weil dadurch die Lagerdrücke schwanken. Sind darüber bereits Untersuchungen angestellt worden?

Dietrich: Zur Frage des Einflusses der Sprungüberdeckung ist zu sagen, daß die einfache Addition falsch ist. Der Bericht von Herrn Richter zeigt, daß es eine Eingriffsstellung gibt, welche die ungünstigste ist. Und für diese ist der Einfluß der Sprungüberdeckung zu ermitteln. Ich möchte auf ein Diagramm in meinem Buch hinweisen — das in ähnlicher Darstellung hier auch gebracht wurde —, mit dem man aus der Evolventenüberdeckung und aus der Sprungüberdeckung den kleinsten Gesamtüberdeckungsgrad ermitteln kann.

Hinsichtlich der Zahnrücknahme ist zu sagen, daß bei Geradverzahnung die Zahnrücknahme selbstverständlich nur in dem Bereich erfolgen darf, in dem Doppelüberdeckung besteht. Sonst erhält man zusätzliche Winkeleingriffsfehler, die Beschleunigungen und Verzögerungen mit sich bringen und damit die dynamischen Belastungen erhöhen.

Zu dem Unterschied bei Pulsator- und wirklichem Betrieb: Die sich bei Festigkeitsversuchen — wenige Umdrehungen oder einmalige Belastung auf Zerreißmaschinen — ergebenden Unterschiede zeigen sich z. B. in den Einflüssen der Zähigkeit des Materials. Wenn man Räder aus Kugellagerstahl herstellt — der normalerweise nicht verwendet wird, aber einer der sprödesten Werkstoffe ist, die es gibt — und einen Chromnickel-Einsatzstahl wählt, stellt man fest, daß im Laufversuch die Festigkeit bei Chromnickelstahl viel größer ist als bei Kugellagerstahl. Bei Bruchversuchen auf der Zerreißmaschine sind dagegen die Unterschiede in den Bruchlasten der Räder viel geringer. Daraus kann man erkennen, daß es nicht ohne weiteres möglich ist, Versuchsergebnisse, die mit nicht umlaufenden Rädern ermittelt wurden, auf Getriebe zu übertragen. Über Dauerversuche kann ich keine Auskunft geben.

Die letzte Frage hängt sicherlich mit der Lagerung des Rades zusammen. Wenn ein Rad beispielsweise als Großrad ausgeführt ist und die Lagerung Spiel hat oder elastisch ist, dann können sich schon Taumelbewegungen ergeben.

Richter: Untersuchungen über die Änderung der Lagerbelastungen sind mir nicht bekannt. Es ist zu erwarten, daß Sprungüberdeckungsgrad und Verzahnungsfehler dabei einen wesentlichen Einfluß haben. Bei einwandfreiem Tragen werden merkliche Änderungen der Lagerbelastungen nur bei kleinem Sprungüberdeckungsgrad auftreten.

Wydler: Die Auswirkungen des Rundlauffehlers auf die Gleichförmigkeit des Ganges bewegen sich mit dem Sinus des Eingriffswinkels. Das kann beispielsweise eine Rolle spielen für gehärtete, ungeschliffene Verzahnungen, die mit großen Rundlauffehlern behaftet sind, und die mit großen Eingriffswinkeln schlechter werden. Der Rundungsradius im Zahnfuß ist abhängig vom Eingriffswinkel der Verzahnung. Größere Eingriffswinkel bedingen naturgemäß kleine Rundungsradien und nachteilige Beeinflussungen der Zahnfußfestigkeit.

Winter: Pulsator- und Laufversuche haben gezeigt, daß sich der flachere Ansatz der Flanke im Zahngrund in stärkerem Maße günstig auswirkt wie die kleinere Fußausrundung im ungünstigen Sinne.

Rettig: Die in Pulsator- und Laufversuchen gefahrenen Wöhlerlinien der Zahnfußfestigkeit unterscheiden sich im wesentlichen im Zeitfestigkeitsgebiet. Da im Laufversuch die Überdeckung mit der Belastung sehr viel größer wird, sind die erhaltenen Festigkeitsergebnisse im Zeitfestigkeitsgebiet sehr viel höher als im Pulsatorversuch, bei dem der Biegehebelarm mit der Einspannung etwa kostant bleibt. Im Dauerfestigkeitsgebiet liegen die gemessenen Ergebnisse im Pulsator etwas höher als im Laufversuch, so daß sich beide Wöhlerkurven im Zeitfestigkeitgebiet schneiden.

Dietrich: Wenn man Laufversuche macht, dann bricht in jedem Fall der schwächste Zahn des Rades. Wenn man Pulsatorversuche macht, weiß man nicht, welches der schwächste Zahn ist, und man bekommt einen Querschnitt über eine Spanne von Festigkeitswerten, die verhältnismäßig groß ist. Deswegen besteht immerhin die Möglichkeit, daß sich bei Pulsatorversuchen die Mittelwerte höher ergeben als bei Laufversuchen.

Winkel: Bei der Festlegung der stärksten Evolventenverzahnung ist m. E. nicht auf die Versuche von Bodscher eingegangen worden, der bei seiner Kurvenverzahnung die Eingriffshöhe seines Zahnes auf 0,8 mal Modul beschränkt und dadurch günstige Gleit- und Druckverhältnisse erzielt. Was hätte man zu erwarten, wenn man für die stärkste Evolventenverzahnung verkürzte Zähne einführen würde?

Winter: Nach unseren Untersuchungen ist die 20°-Stumpfverzahnung bezüglich Zahnfußbeanspruchung bei kleinen Zähnezahlen günstiger (Eintauchtiefe des Werkzeuges in den Grundkreis geringer) und bei großen Zähnezahlen ungünstiger als die 20°-Normalverzahnung. Bezüglich Wälzpressung ist die Stumpfverzahnung, abgesehen vom Unterschnittgebiet, der Normalverzahnung unterlegen[1]). Vernünftig ausgelegte V-Verzahnungen haben in allen Fällen eine höhere Fuß- und Flankentragfähigkeit als die 20°-Stumpfverzahnung. Die Gleitgeschwindigkeiten sind bei der Stumpfverzahnung geringer.

Lein: Allgemein wird für die Grundverzahnung als kleinster Überdeckungsgrad 1,1 angegeben. Ist das wirklich eine bei der heute möglichen Verzahnungsgenauigkeit unterste Grenze, und bei welcher Herstellungsgenauigkeit könnte man diesen Wert noch unterschreiten?

Niemann: Um einen ruhigen Lauf unter Last zu bekommen, empfiehlt sich meistens etwas Kopfrücknahme. Liefen die Zahnräder ohne Belastung, dann verminderte die Kopfrücknahme noch den Überdeckungsgrad, denn nur unter Belastung kommt der zurückgenommene Teil der Zähne zum Tragen. Bei Zahnrädern ohne Kopfrücknahme könnte man also noch etwas unter $\varepsilon = 1{,}1$ heruntergehen, wenn die Eingriffs-Teilungsfehler klein genug sind.

Richter: Die Betrachtungen von Herrn Prof. Niemann, Herrn Dr. Winter und Herrn Richter gingen davon aus, daß man zunächst einmal Vereinfachungen treffen muß, unter denen überhaupt ein Vergleich der verschiedenen Verzahnungssysteme möglich ist. Dann kamen die weiteren Einschränkungen hinzu, welche durch die Verzahnungsverfahren, die Werkzeuge usw. gegeben sind. Schließlich wurden auf Grund der bekannten Formel die Flankenpressung, die Biegefestigkeit im Fuß, das Zahnfußfressen usw. berechnet und diese einflußnehmenden Faktoren miteinander verglichen, womit man zu dem Ergebnis kam, daß eine bestimmte Verzahnung eben unter den gemachten Voraussetzungen die günstigste wäre. Ähnlich ist auch der Weg in der Praxis. Hat man eine Verzahnung zu korrigieren, so schiebt man das Profil so weit hinaus, bis man zu einem tragbaren Zahnkopf kommt. Evtl.

[1]) s. a. Merritt, Gears, London 1946

muß man dann auch den Kopf kürzen, die Eingriffsüberdeckung darf einen bestimmten Bereich nicht unterschreiten — man kann auch neuerdings auf 1,2 gehen —, man rechnet die kennzeichnenden Werte aus, bemüht sich, Zahnfußgleiten und Zahnkopfgleiten möglichst auszugleichen usw. Wenn man das alles getan hat, dann glaubt man, unter solchen Voraussetzungen nun die optimale Verzahnung gefunden zu haben. Die große Unsicherheit bleibt aber bestehen, weil man nicht weiß, ob diese Berechnungen, von denen man ausging, auch kennzeichnend und überzeugend genug seien. Es müssen dann erst einmal Versuche folgen, z. B. über das Verschleißverhalten. Es müssen erst Pulsator- und Laufversuche gemacht werden, die diese Ergebnisse bestätigen. Und das ist für den Praktiker das Wesentliche, die entscheidende Frage. Diese theoretischen Betrachtungen müßten den Praktiker dazu führen, daß er die optimale Verzahnung findet und sie auch vergleichen kann. Bestätigen also die Pulsator- und Laufversuche diese Ergebnisse? Es müßten jetzt größere Versuchsreihen folgen, welche die Sicherheit geben, daß die hier herausgestellten Grundlagen ihre praktische Richtigkeit haben.

Weinhold: Tatsächlich sollte bei derartigen Untersuchungen klar zu erkennen sein, was ein Forschungsergebnis und was bereits ein Rezept für die Praxis ist. Die Unsicherheit darüber verwirrt meistens den Maschinenbaukonstrukteur.

Winter: Die geforderten Versuche liegen z. T. schon vor. Die zur Bestimmung der Tragfähigkeit benutzten Formeln wurden auf Grund umfangreicher Untersuchungen aufgestellt, und z. Z. laufende Versuche scheinen deren Richtigkeit zu bestätigen. Ähnliche Berechnungsverfahren sind in England und USA in Gebrauch.

Rettig: Wertet man die bisher vorliegenden Versuchsergebnisse mit verschiedenen Zahnformen nach der von N i e m a n n angegebenen Rechnungsmethode mit Berücksichtigung der Anteile aus Biegungs-, Schub- und Druckbeanspruchung und der Annahme des Kraftangriffes im äußeren Einzeleingriffspunkt aus, so erhält man für Zahnräder aus gleichem Material bei gleichwertiger Ausführung in allen Versuchsreihen mit guter Übereinstimmung den gleichen Wert der Zahnfußdauerfestigkeit. Die Untersuchungen bezogen sich auf Normalverzahnungen und V-Verzahnungen mit unterschiedlicher Profilverschiebung etwa bis zum Profilverschiebungsfaktor $x = 1{,}0$. Darüber hinaus ergaben Versuche an Verzahnungen mit unterschiedlicher Überdeckung $\varepsilon = 1{,}1$ bis 1,8 ebenfalls eine Bestätigung der Berechnungsmethode, so daß der Ansatz als bisher beste Annäherung an die Wirklichkeit angesehen werden kann. Ein Arbeiten damit ist also sinnvoll. Feinheiten bezüglich der Berücksichtigung von stark unterschiedlichen Kerbspannungen im Zahngrund, bei stark unterschiedlichen Ausrundungen, Veränderlichkeit der Überdeckung mit der Belastung, Berücksichtigung der dynamischen Zusatzkräfte usw. werden natürlich noch weiterhin untersucht werden müssen.

H. RETTIG

Ermittlung der Schmierstoffeigenschaften im Zahnradtest

Einfluß der Schmiermittel auf Freßbelastung, Verschleiß und Korrosion bei Stahlzahnrädern mit verschiedener Härte und Flankenoberfläche

Bei hochbeanspruchten Stirnradgetrieben, und noch mehr bei Getrieben mit größerem Gleitanteil — wie versetzten Kegeltrieben, Schnecken- und Schraubentrieben — kann durch Wahl eines hierfür besonders geeigneten Schmierstoffes der Gleitverschleiß an den Zahnflanken erheblich verringert und die Freßlastgrenze erhöht werden. Umgekehrt kann man im Zahnradtest bestimmen, bei welchen Betriebsbedingungen ein bestimmter Schmierstoff noch verwendbar ist.

Die Eignungsprüfung von Schmierstoffen für Getriebe verlangt einerseits die Kenntnis der jeweiligen Betriebsbedingungen, unter denen der Schmierstoff arbeiten soll, und anderseits ein hierfür geeignetes Testgerät.

Die Prüfung mit üblichen Ölprüfmaschinen ist für Getriebeöl meist unzureichend. Es lag daher nahe, die Testung im Zahnradgetriebe selbst vorzunehmen.

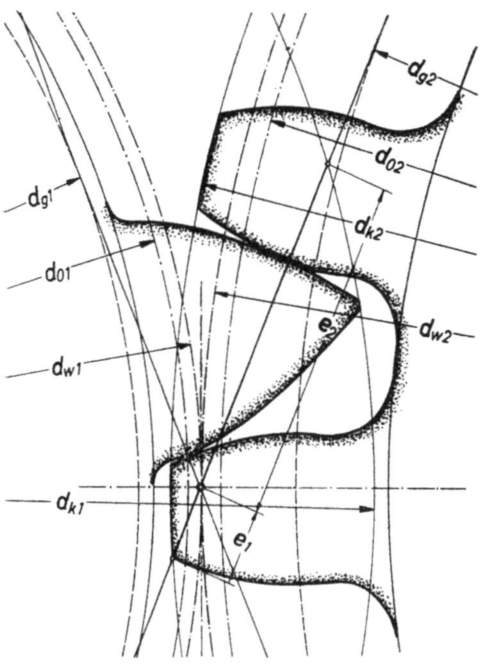

Bild 1: Zahnpaarung A (s. Tafel 1)

Beschreibung des FZG-Zahnradtestes

Der nachfolgend erläuterte Zahnrad-Öltest wurde ursprünglich für die Prüfung von gedopten Getriebeölen für Hypoidkegelräder in Kraftfahrzeugen an der Forschungsstelle Anfang 1951 entwickelt [1]. Die Testergebnisse erwiesen sich als gut reproduzierbar, und die hierauf fußende Beurteilung der Öle zeigte auffallende Übereinstimmung mit der Bewertung der gleichen Öle auf Grund längerer Fahrversuche in Kraftfahrzeugen, die von anderer Seite durchgeführt wurden. Nach dieser Bewährung wurde der Test auch für die Prüfung und besonders für die Weiterentwicklung zahlreicher Getriebeöle eingesetzt.

Der Test bietet die Möglichkeit, den Einfluß des Schmierstoffes auf die Tragfähigkeit und ferner auf den Verschleiß von Zahnrädern im Kurzversuch zahlenmäßig zu ermitteln und außerdem weitere Eigenschaften der Schmierstoffe wie Flankenglättung, Schaumneigung und Korrosionseinwirkung nach dem Augenschein zu beurteilen.

Der Test kann auch für die Prüfung von Schmierstoffen für anderweitige Gleitwälzpaarungen, z. B. Reibradgetriebe, herangezogen werden.

Normaltest A/8,3/90

Im Laufe der Zeit hat sich für die einheitliche Grundprüfung der Getriebeöle ein Normaltest entwickelt. Der Test wird hierbei mit der Zahnradpaarung A mit größerem Gleitanteil (Bild 1) mit der Umfangsgeschwindigkeit v = 8,3 m/sec (Ritzeldrehzahl n_1 = 2170 U/min) ausgeführt; die Anfangstemperatur des Ölsumpfes wird auf 90° elektrisch aufgeheizt. Die Testräder bestehen aus einsatzgehärtetem Stahl 20MnCr5 (Vickershärte 800 kg/mm²) und sind an den Flanken mit MAAG-Kreuzschliff (Rauhtiefe ca. 0,8 μ, Qualität 6 nach DIN 3962) geschliffen.

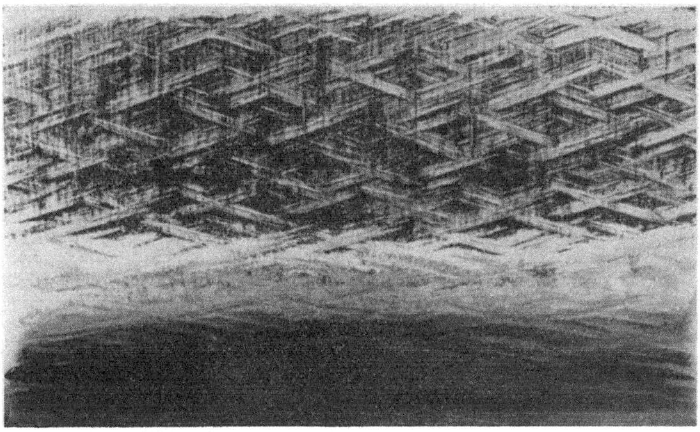

Bild 2: Erste Kratzspuren im Kreuzschliffmuster der Ritzelflanken

Sonderteste (z. B. B/11/110)

Der Test wird hierbei entsprechend den besonderen Betriebsbedingungen (Gleitanteil, Umfangsgeschwindigkeit und Öltemperatur) entweder mit der Zahnpaarung A (großer Gleitanteil) oder B (mittlerer Gleitanteil) oder C (geringer Gleitanteil) mit der gewünschten Umfangsgeschwindigkeit (z. B. v = 4 oder 8,3 oder 11 m/sec) und mit der gewünschten Anfangstemperatur des Öles (z. B. 90, 110 oder 130° C) ausgeführt (Tafel 1). Auch die Werktsoffpaarung der Testräder kann den Betriebsbedingungen angepaßt werden und z. B. aus ungehärtetem Stahl oder Bronze gegen gehärteten Stahl (bei Ölen für Schneckentriebe) bestehen.

Durchführung des Testes:

Der gesamte Test umfaßt 12 Laststufen (Tafel 2). Der einzelne Prüflauf dauert 15 Minuten bei konstanter Umfangsgeschwindigkeit und 90° C Anfangstemperatur. Nach dem Lauf werden die Prüfräder ausgebaut, in Trichloräthylen gewaschen und sorgfältig gewogen (Wägegenauigkeit 1 mg). Die Gewichtsdifferenz gibt den Ver-

Tafel 1: **Abmessungen und Kennwerte der Test-Zahnräder**

Herstellungswerte:			Zahnpaarung A	Zahnpaarung B	Zahnpaarung C
Zahnbreite	b	mm	20	20	20
Teilkreis-Durchmesser	d_{01}	mm	72	72	72
	d_{02}	mm	108	108	108
Kopfkreis-Durchmesser	d_{k1}	mm	88,77	86,08	82,64
	d_{k2}	mm	112,5	115,2	118,64
Zähnezahl	z_1		16	16	16
	z_2		24	24	24
Modul	m	mm	4,5	4,5	4,5
Eingriffswinkel	α_0		20°	20°	20°
Profilverschiebungsfaktor	x_1		+ 0,8635	+ 0,5635	+ 0,1817
	x_2		— 0,5	— 0,2	+ 0,1817
Betriebswerte:					
Achsabstand	a	mm	91,5	91,5	91,5
Wälzkreisdurchmesser	d_{w1}	mm	73,2	73,2	73,2
	d_{w2}	mm	109,8	109,8	109,8
Eingriffswinkel	α		22° 20′	22° 20′	22° 20′
Umfangsgeschw.a.Wälzkr.	v	m/s	$3{,}83 n_1 10^{-3}$	$3{,}83 n_1 10^{-3}$	$3{,}83 n_1 10^{-3}$
Gleitgeschw. a. Zahnkopf	v_{g1}	m/s	0,675v	0,575v	0,444v
Kopfeingriffsstrecke	e_1	mm	14,68	12,55	9,8

Tafel 3: **Richtzahlen für im Zahnradtest mit verschiedenen Ölarten (SAE 90) erreichte Kennwerte**

	Freßlast bzw. Riefenlast			Verschleiß	
	Laststufe	M_1 mkg	Faktor f_L kg/sec	v_S mg/PSh	Faktor f_v 10^{-12} sec/m²
Reines Mineralöl	6	13,4	$8{,}78 \cdot 10^6$	0,23..0,67	0,225..0,666
Getriebeöl (leicht gedoptes Mineralöl)	8	24,1	$11{,}22 \cdot 10^6$	0,08..0,44	0,078..0,431
Hypoidöl (stark gedoptes Mineralöl)	über 12	über 54,5	$>20{,}1 \cdot 10^6$	0,08..1,0	0,078..0,978

Tafel 2: **Kennwerte der Laststufen**

Laststufe Nr.				1	2	3	4	5	6	7	8	9	10	11	12
Drehmoment am Ritzel		M_1	mkg	0,34	1,40	3,55	6,0	9,4	13,4	17,4	24,1	30,8	39,3	46,1	54,5
Übertragene Leistung		N	PS	1,04	4,25	10,8	18,3	28,6	40,7	52,8	73,2	93,5	119,3	140,0	165,6
In 0,25 h geleistete Arbeit		A	PSh	0,26	1,06	2,70	4,58	7,14	10,2	13,2	18,3	23,4	29,9	35,0	41,3
Bis Ende Laststufe insges. geleistete Arbeit		A	PSh	0,26	1,32	4,02	8,60	15,7	25,9	39,1	57,4	80,8	110,7	145,7	187,0
Umfangskraft am Wälzkreis		U_W	kg	9,30	38,3	97,1	164	257	368	476	659	842	1067	1260	1490
Paarung A	Wälzpressung	k_e	kg/mm²	0,0336	0,138	0,35	0,6	0,93	1,32	1,72	2,38	3,05	3,89	4,56	5,39
	Hertz'sche Pressung	p_e	kg/mm²	15,7	31,86	50,74	65,95	82,6	97,42	112,38	132,11	149,3	168,87	182,95	198,9
	Lastfaktor f_L	$p_k \cdot v_g \cdot e$	$10^6 \cdot$ kg/sec	1,61	3,22	5,13	6,67	8,34	9,84	11,36	15,36	15,1	17,04	18,49	20,1
Paarung B	Wälzpressung	k_e	kg/mm²	0,0307	0,127	0,321	0,547	0,85	1,211	1,573	2,179	2,788	3,556	4,171	4,93
	Hertz'sche Pressung	p_e	kg/mm²	15,03	30,48	48,54	63,09	79,02	93,19	107,51	126,37	142,82	161,54	175,0	190,27
	Lastfaktor f_L	$p_k \cdot v_g \cdot e$	$10^6 \cdot$ kg/sec	1,06	2,12	3,37	4,38	5,48	6,46	7,45	8,78	9,91	11,22	12,13	13,21
Paarung C	Wälzpressung	k_e	kg/mm²	0,0326	0,135	0,341	0,581	0,903	1,287	1,671	2,314	2,961	3,777	4,43	5,236
	Hertz'sche Pressung	p_e	kg/mm²	15,48	31,41	50,02	65,02	81,43	96,04	110,79	130,23	147,19	166,48	180,35	196,08
	Lastfaktor f_L	$p_k \cdot v_g \cdot e$	$10^6 \cdot$ kg/sec	0,84	1,68	2,69	3,49	4,36	5,14	5,94	6,99	7,88	8,92	9,65	10,5

Es bedeuten: k_e [kg/mm²] Wälzpressung (nach Stribeck) im Einzeleingriffspunkt

p_e [kg/mm²] Hertz'sche Pressung im Einzeleingriffspunkt ($p_e = \sqrt{k_e \cdot E/2,86}$ mit Elast-Modul E)

p_k [kg/mm²] Hertz'sche Pressung am Zahnkopf (nur 1 Zahn tragend gedacht)

v_g [mm/sec] Gleitgeschwindigkeit am Zahnkopf

e [mm] Eingriffsstrecke zwischen Kopf- und Wälzkreis

$f = p_k \cdot v_g \cdot e$ [kg/sec] Lastfaktor nach Almen für Umfangsgeschwindigkeit c = 8,3 m/s (n_1 = 2170/min) schleiß der Laststufe. Außerdem werden die Zahnflanken der Prüfräder auf Verschleißspuren und Korrosion mit dem Auge geprüft; dabei werden besonders beobachtet:

a) die ersten Schliffkratzer (Bild 2). Das sind Kratzspuren im Kreuzschliffmuster der Ritzelflanken (Rauhtiefe ca. 1 bis 2 μ). Sie treten zumeist in den unteren Laststufen auf unter gleichzeitigem schwachen Abtragen des Kreuzschliffmusters.

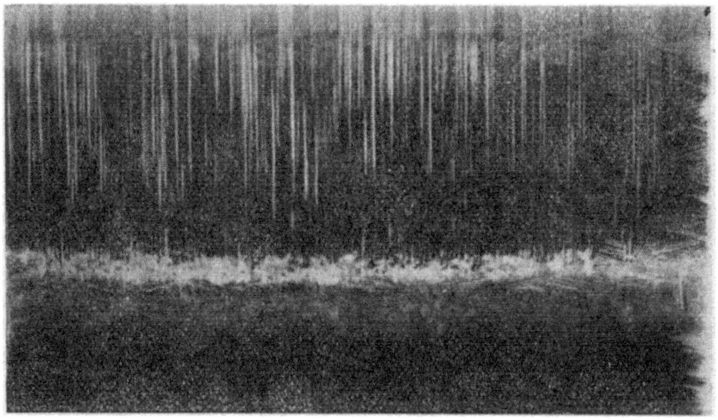

Bild 3: Markante Riefenbildung an den Ritzelflanken

b) die ersten markanten Riefen an den Ritzelflanken (Bild 3). Rauhtiefe ca. 3 bis 7 μ; sie bilden das Grenzmerkmal der Tragfähigkeit (Riefenlast) bei ausgesprochenen Hypoidölen. Hierbei springt der Verschleiß in die Hochlage um.

Bild 4: Freßzonen auf den Ritzelflanken

c) die ersten Freßzonen auf den Ritzelflanken (Rauhtiefe über 3 μ) (Bild 4). Sie bilden das Grenzmerkmal der Tragfähigkeit (Freßlast) bei reinen Mineral- und mildgedopten Getriebeölen. Auch hierbei zeigt sich ein Umspringen des Verschleißes in die Hochlage.

Auswertung des Testes:

Die Testergebnisse werden in einem Diagramm nebst Protokoll festgelegt. Als Beispiel sind in Bild 5 die Diagramme von 4 Ölen wiedergegeben. Die eingetragenen Kurven entstehen, wenn man den am Ende jeder Laststufe erreichten Gesamtverschleiß der Testräder in Milligramm über der bis dahin durch die Testräder übertragenen Gesamtarbeit in PSh aufträgt. Die entsprechenden Laststufen sind oben im Diagramm eingetragen. Die so gewonnenen Verschleißkurven zeigen zunächst einen steileren Anstieg (Einlaufverschleiß), dann nach dem Einlaufvorgang

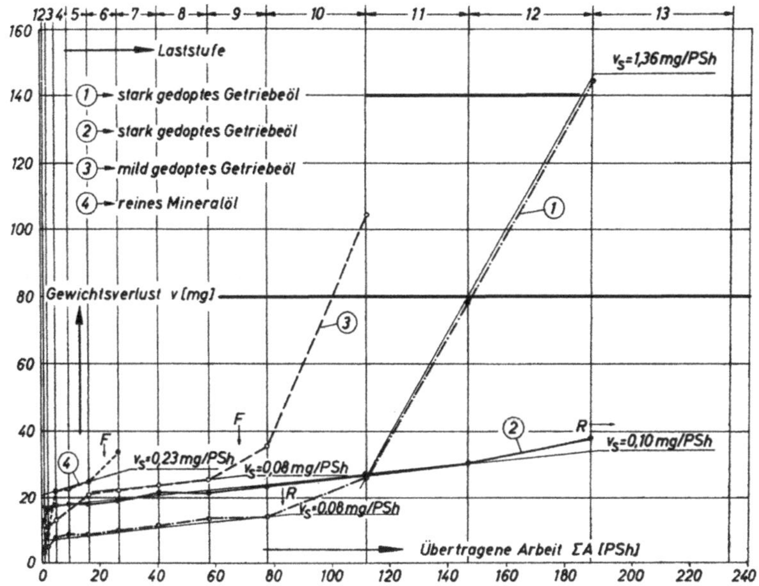

Bild 5: Testdiagramme der Öle 1 bis 4

Öl 1 und 2: stark gedoptes Hypoidgetriebeöl
3: mild gedoptes normales Getriebeöl
4: reines Mineralöl
F: Freßlast, R: Riefenlast.

einen flacheren, ziemlich geradlinigen Verlauf und steigen beim Auftreten von Riefen- oder Freßverschleiß steil an (Umsprung in Verschleißhochlage). Für jeden Teil der Kurve kann der Tangens, d. h. der spezifische Verschleiß v_s [mg/PSh], angegeben und gewertet werden.

Ein Vergleich der beiden Hypoidöle 1 und 2 zeigt, daß Öl Nr. 1 nur eine bis zur 9. Laststufe ausreichende Schmierfähigkeit besitzt, während Nr. 2 (ein Öl aus neuerer Entwicklung) bis zur 12. Lastsufe mit einem fast konstanten geringen spezifischen Verschleiß $v_s = 0{,}10$ mg/PSh durchläuft und die Grenzlast (Riefenlast) noch oberhalb der 12. Laststufe liegt.

Die weiter eingetragenen Diagramme des leicht gedopten Getriebeöles 3 und des reinen Mineralöles 4 lassen die hierbei erreichbaren Verschleißwerte ($v_s = 0{,}08$ bzw. 0,23 mg/PSh) und die hierbei erzielbaren Grenzlasten (9. bzw 5. Laststufe) erkennen.

Einfluß des Gleitanteils auf das Testergebnis

Um die vorher beschriebenen Testergebnisse auch auf praktische Anwendungen, d. h. andere Getriebe, übertragen zu können, muß der Einfluß von Zahnform und Gleitgeschwindigkeit auf Verschleiß und Freßbelastung bekannt sein.

Wie sich die Versuchsergebnisse ändern, wenn der Test mit der Radpaarung B bzw. C statt A, d. h. mit anderem Gleitanteil der Paarung ausgeführt wird, zeigt Bild 6. Man erkennt, daß hierbei der Lastfaktor (vgl. auch Bild 7) $f_L = p_k \cdot v_g \cdot e$ [kg/sec] und der Verschleißfaktor $f_V = v_s \cdot v/v_g^2$ [sec/m²] fast unverändert bleiben.

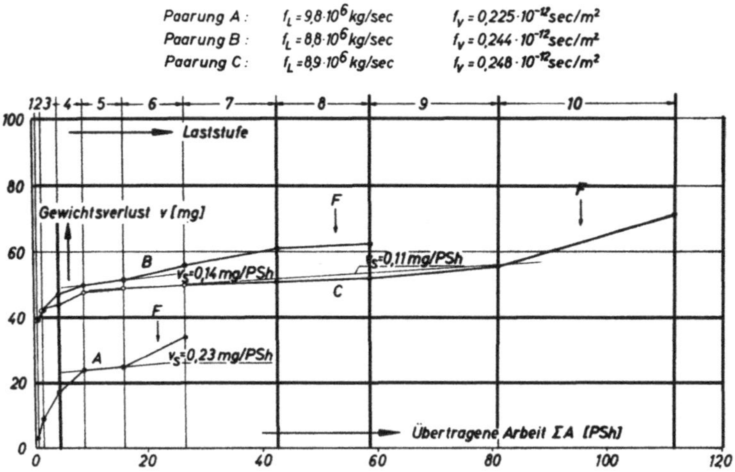

Bild 6: Testdiagramme zum Einfluß der Zahnform auf Grenzlast und Verschleiß für reines Mineralöl (I) [F: Freßlast]

Die für die Zahnformen A—C charakteristischen Größen e_1 und die Gleitgeschwindigkeiten v_g sind in Tafel 1 angegeben.

Während die Verschleißdiagramme in Bild 6 aus Versuchen mit reinem Mineralöl (I) stammen, zeigt Bild 7 zusammengefaßt die Ergebnisse einer weiteren Versuchsreihe mit einem milden Getriebeöl (II).

Mit Einführung des Last- und Verschleißfaktors können vom Gleitanteil der Prüfradpaarung unabhängig die in Tafel 3 angeführten Richtzahlen für die im Zahnradtest mit verschiedenen Ölarten erreichten Kennwerte angegeben werden. Fressen wird somit vermieden, wenn der Lastfaktor $f_L = p_k \cdot v_g \cdot e$ unterhalb der folgenden Grenzwerte liegt:

für reines Mineralöl $f_L = 8{,}78 \cdot 10^6$ kg/sec
mildes Getriebeöl $f_L = 11{,}22 \cdot 10^6$ kg/sec
stark gedoptes Getr. $f_L = 20{,}1 \cdot 10^6$ kg/sec

Nach früheren Untersuchungen von Almen [2] beträgt der Lastfaktor für die Freßgrenzlast bei reinem Mineralöl $p_k \cdot v_g \cdot e < 8{,}2 \cdot 10^6$ kg/sec.

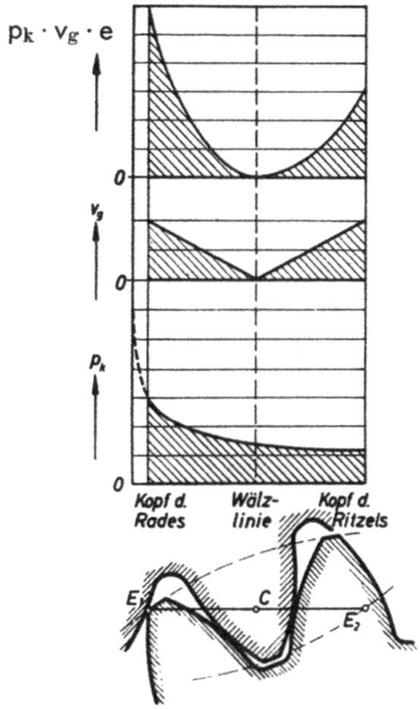

Versuchsergebnisse:

Gleitanteil	Freßlaststufe Nr.	Hertz'sche Pressung p_k kg/mm²	v_{gleit} cm/sec	$p_k \cdot v_g \cdot e$ maximum kg/sec	Ölart
maximal	6	119,8	559	$9{,}84 \cdot 10^6$	I
mittel	8	146,3	478,5	$8{,}78 \cdot 10^6$	I
gering	10	247,2	371	$8{,}92 \cdot 10^6$	I
maximal	8	160,3	559	$13{,}36 \cdot 10^6$	II
mittel	10	186,8	478,5	$11{,}22 \cdot 10^6$	II
gering	12	289	371	$10{,}5 \cdot 10^6$	II

Bild 7: Lastfaktor $p_k \cdot v_g \cdot e$ für Mineralöl (I) und Getriebeöl (II), im Versuch mit den Zahnpaarungen A, B und C ermittelt

Den genannten Ergebnissen liegen eine konstante Umfangsgeschwindigkeit von 8,3 m/sec und gleiche Anfangstemperatur des Ölsumpfes von 90° zugrunde.

Einfluß der Umfangsgeschwindigkeit auf das Testergebnis

Änderungen der Versuchsdrehzahlen zwischen 750 min⁻¹ und 2000 min⁻¹ am Großrad, d. h. zwischen 4 und 11 m/sec Umfangsgeschwindigkeit ergeben die in Bild 8 gezeigte Abhängigkeit der Betriebsdrehzahl auf das Freßdrehmoment. Die Versuchsdurchführung erfolgte in gleicher Weise wie im Normaltest mit stufenweiser Laststeigerung. Die dargestellten Ergebnisse wurden mit der Paarung A bei Versuchen mit reinem Mineralöl (Öl I) gewonnen. Der erhaltene Kurvenverlauf zeigt, daß die übertragbare Zahnkraft etwa mit der 2,5ten Potenz der Drehzahl absinkt und sich für das untersuchte Öl ein charakteristisches Grenzdrehmoment ergibt,

$$Md_{grenz} = \frac{9{,}38 \cdot 10^8}{n^{\frac{5}{2}}} + 0{,}76 \text{ [mkg]}$$

das mit wachsender Drehzahl einem konstanten Grenzwert zustrebt. Im Drehzahlbereich oberhalb 2000 U/min muß der Kurvenverlauf noch durch weitere Untersuchungen bestätigt werden, doch beweisen bereits von Hughes und Tourret [3] im Drehzahlbereich zwischen 3000 und 12 000 U/min mit verschiedenen Ölen durchgeführte Versuche tendenzmäßig diesen Verlauf.

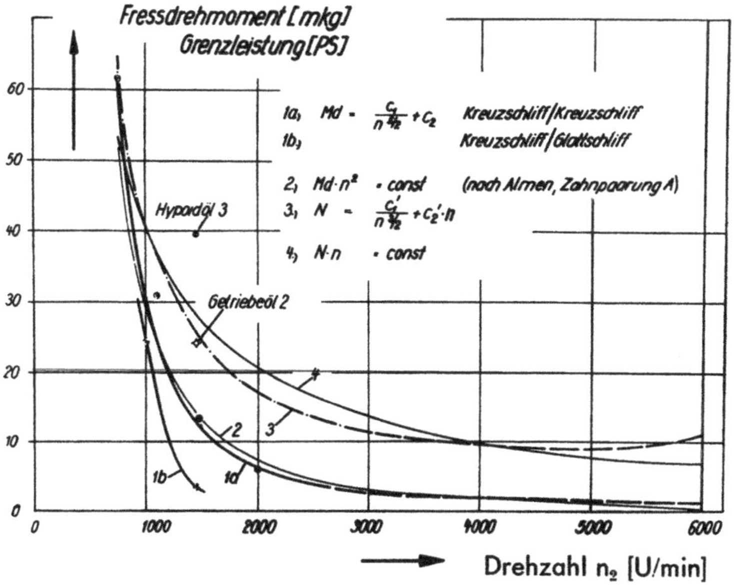

Bild 8: Einfluß der Drehzahl auf die Freßbelastung
Kurven 1: mit Mineralöl (I) im Zahnradtest ermittelt,
1a: Paarung Kreuzschliff / Kreuzschliff
1b: Paarung Kreuzschliff / Glattschliff

Der Abfall des Grenzdrehmomentes mit der Drehzahl ist danach oberhalb 10 m/sec Umfangsgeschwindigkeit nur noch sehr gering. Die sich aus dem im Versuch ermittelten Drehmomentenverlauf ergebende Leistungskurve

$$N_{grenz} = \frac{c_1}{n^{3/2}} + c_2' \cdot n$$

erhält ein Minimum bei ca. 5000 U/min.

Nimmt man den bei $n_2 = 1450$ U/min mit den Zahnpaarungen A, B und C erhaltenen Almenfaktor $p_k \cdot v_g \cdot e \leq 8{,}8 \cdot 10^6$ auch für die oberhalb und unterhalb liegenden Drehzahlen als konstant an, so ergibt sich der Verlauf des Grenzdrehmomentes aus der Darstellung: $Md \cdot n^2 = const.$ Der in Bild 8 gezeichnete Kurvenzug kommt der im Versuch ermittelten Drehzahlkurve im Bereich $n_2 = 1200$—6000 U/min sehr nahe. Bei kleinen Drehzahlen ergibt die Almen-Kurve etwas zu niedrige Grenzdrehmomente, bei sehr großen läuft sie gegen Null. Eine genaue Übereinstimmung der im Versuch ermittelten Drehzahlkurve mit der Almenkurve ist unter der Voraussetzung denkbar, daß jeder Drehzahl ein anderer Grenzwert $p_k \cdot v_g \cdot e$ zugeordnet ist.

In Bild 8 sind bei $n_2 = 1450$ U/min auch die Grenzbelastungen für ein Getriebe- und ein Hypoidöl eingezeichnet.

Die Versuchsergebnisse zeigen einen anderen Verlauf der Grenzleistung als sich nach der von Blok [4] auf der Hypothese des Temperaturblitzes aufgebauten Gesetzmäßigkeit ergibt.

Es sind daher zur Schaffung eindeutiger Berechnungsunterlagen für die ertragbare Grenzbelastung in Abhängigkeit der Drehzahl weitere Versuche erforderlich, die mit den Prüfpaarungen A—C in weitem Drehzahlbereich durchgeführt werden müssen; dabei sind auch die Einflüsse der Drehzahl auf die Freßbelastung unterschiedlicher Getriebeöle zu untersuchen. Die bisher vorliegenden Ergebnisse können nur einen Weg hierzu weisen.

Einfluß der Ölsumpftemperatur auf das Testergebnis

Auch die Betriebstemperatur, das heißt die Ölsumpftemperatur des Getriebes, ist, wie Versuche zeigten, auf die Freßlastgrenze und den spezifischen Verschleiß der Flanken von Einfluß.

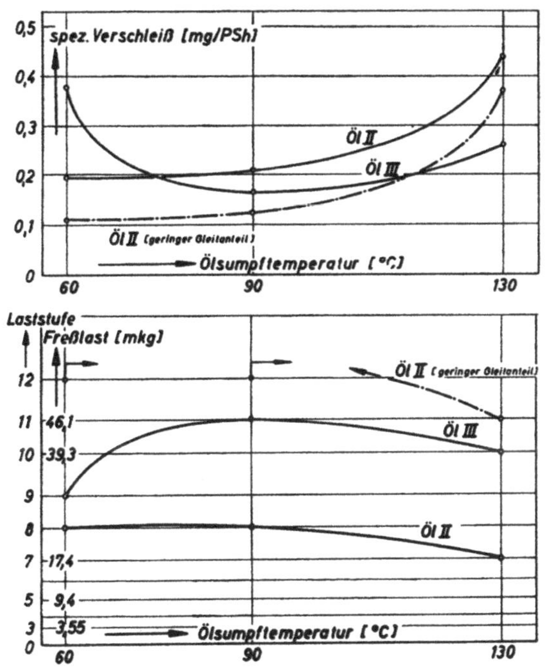

Bild 9: Einfluß der Ölsumpftemperatur auf Freßbelastung und spezifischen Verschleiß
(Zahnpaarung A und C)
Öl II: mild gedoptes Getriebeöl
Öl III: stark gedoptes Hypoidgetriebeöl

Die Gesamttemperatur an den Zähnen setzt sich aus der Ölsumpftemperatur, dem Temperaturanstieg an den Oberflächen der Zähne und der Blitztemperatur beim Eingriff zusammen. Mit der durch eine Temperaturerhöhung des Ölsumpfes verbundenen Zähigkeitsverringerung sinkt beim reinen Mineralöl die Grenzbelastung [5].

Den Einfluß der Ölsumpftemperatur auf das Grenzdrehmoment und den spezifischen Verschleiß aus Versuchen mit einem Getriebe- und Hypoidöl zeigt Bild 9.

Die Sumpftemperaturen sind auf 60, 90 und 130° thermostatisch konstant gehalten.
Beim Hypoidöl tritt — offenbar durch die bessere chemische Reaktion bei höheren Temperaturen — zunächst eine Steigerung der Druckfestigkeit ein. Bild 9 zeigt ein Optimum der Freßlast bei 90° C, während bei 130° C durch die weitere Verringerung der Zähigkeit wieder ein Abfall der Grenzbelastung erfolgt.

Neben der verminderten Zähigkeit führt auch die chemische Zersetzung des Additives bei Temperaturüberschreitungen zu einer verminderten Schmierfähigkeit.

Beim Getrieböl bewirkt der Temperatureinfluß ein anderes Verhalten des Öles. Das Grenzdrehmoment bleibt zwar bei 60° und 90° C noch gleich, doch fällt es bereits bei 130° C infolge der verminderten Ölzähigkeit meßbar ab.

Auch der spezifische Verschleiß der Zahnflanken wird von Temperatur und Zähigkeit der Öle beeinflußt. Nach bisherigen Feststellungen findet bei ungedopten und schwach gedopten Mineralölen eine Verschleißzunahme mit steigender Temperatur und abfallender Viskosität statt. Bei Hypoidölen konnte zumeist bei einer günstigen Betriebstemperatur ein Verschleißminimum beobachtet werden.

Die Untersuchungen zeigen also, daß Temperatureinflüsse die Wertordnung der Öle ändern können und somit in allen Fällen für die Auswahl eines Schmiermittels die Betriebstemperaturen beachtet werden müssen.

Einfluß von Oberflächenbehandlung, Schliffart, Flankenhärte und Härtungsart auf das Testergebnis

Neben den im Normaltest verwendeten einsatzgehärteten und geschliffenen Flanken (Werkstoff 20 MnCr 5, Härte 60 Rc) wurden auch gebonderte, einsatzgehärtete und geläppte, induktionsgehärtete, geschabte und ungeschabte, sowie gefräste und ungehärtete Räder aus 37 MnSi 5, GG 26 und Bz untersucht.

Die geschliffenen Flanken wurden in den Paarungen Kreuzschliff/Kreuzschliff (MAAG) und Glattschliff/Kreuzschliff untersucht. Die Phosphatschicht bestand aus Gleitbonder 98.

In Tafel 4 sind die Versuchsergebnisse bei Schmierung mit Mineralöl (I), Getriebeöl (II) und Hypoidöl (III) zusammengestellt.

a) Bei Schmierung mit Mineralöl ergaben sich beim einsatzgehärteten Radpaar mit Glattschliff / Kreuzschliff die niedrigsten Freßdrehmomente (Md = 3,5 mkg), mit Kreuzschliff/Kreuzschliff Md = 13,4 mkg und mit induktionsgehärteten Flanken (Ck 45) das größte Freßdrehmoment (Md = 39,4 mkg). Dazwischen liegen die Werte der gebonderten Flanken (Md = 17,4 mkg) und der ungehärteten Paarungen aus 37 MnSi 5, GG 26 und Bz (Md $\geqq$ 24,1 mkg).

b) Bei Schmierung mit einem milden Getriebeöl erreichten nahezu sämtliche Radpaarungen sehr viel größere Grenzdrehmomente.

c) Mit Hypoidöl wurden jedoch bei weitem die höchsten Werte erzielt. Diese Belastungswerte liegen so hoch, daß sie bei ungehärteten Zahnrädern kaum ausgenutzt werden können, da bereits bei geringerer Belastung Grübchenbildung und plastische Verformung auftreten.

Allgemeine Erkenntnisse

a) Die Freßlastgrenze ist besonders bei Schmierung mit ungedopten Ölen vom Zustand der Flankenoberfläche abhängig, während Getriebe- und Hypoidöle die Unebenheiten der Oberfläche abbauen, also die Flanken glätten, so daß hier die Freßgrenze nur in geringerem Maße durch Feinbearbeitung der Zahnflanken erhöhbar ist.

Tafel 4: **Verschleiß- und Freßkennwerte aus Zahnradtesten**

Ritzel	Rad	Flanken-Oberfläche	max. Rauhtiefe µ	Härtungs-art	Oberflächen-Härte HV [kg/mm²]	Öl-art	Spez. Verschl. v_s [mg/PSh]	Verschl.-Faktor f_V [10^{-12} sec/m²]	Freß-last mkg	Last-faktor f_L [10^6 kg/sec]	Grübchenbildung bei Hertz'scher Pressung pe kg/mm²
20 MnCr 5	20 MnCr 5	Maag-Kreuz-schliff	0,4—0,8	Einsatz-Härtung	800	M	0,23	0,226	13,4	9,84	
					800	G	0,22	0,218	24,1	13,36	
					800	H	0,18 (0,47)	0,177	46,1	18,49	
20 MnCr 5	20 MnCr 5	Maag-Kreuz Glattschl.	0,4—0,8	Einsatz-Härtung	800	M			3,5	5,13	
					800	G	0,13	0,127	17,4	11,36	
					800	H	0,15 (0,31)	0,147	46,1	18,49	
Einsatz-Härtung		Glattschl. phosphatiert (Gleitbonder 98)		Einsatz-Härtung		M	2,10	2,06	17,4	11,36	
						G	1,03	1,01	24,1	13,36	
						H	0,74	0,72	> 54,5	> 20,1	
20 MnCr 5	20 MnCr 5	gefräst und geläppt	ca. 4	Einsatz-Härtung	800	M	1,0	0,982	9,4	8,34	
					800	G	0,63	0,619	> 46,1	> 18,49	
					800	H	0,54	0,53	> 54,5	> 20,1	
Ck 45	Ck 45	gefräst und geschabt	0,8—1,2	Indukt.-Härtung	650	M	1,57	1,54	39,3	17,04	
					650	G	1,14	1,12	39,3	17,04	
					650	H	0,65 (1,03)	0,639	> 46,1	> 18,49	
		gefräst	ca. 6		650	H	0,96 (2,04)	0,942	> 54,5	> 20,1	
37 MnSi 5	37 MnSi 5	gefräst	ca. 6	ungehärt.	280	M	2,45	2,41	24,1	13,36	112,38
					280	G	1,40	1,37	> 46,1	> 18,49	112,38
					280	H	2,03	1,99	> 46,1	> 18,49	82,60
GG 26	20 MnCr 5	Ri gefräst	ca. 6	ungehärt.	200	M	1,40	1;37	> 24,1	> 13,36	58,2
		Ra gefräst u. geschliffen	0,8	Einsatzh.	800	H	1,30	1,27	> 24,1	> 13,36	58,2
Phosph. Bz.	20 MnCr 5	Ri gefräst	ca. 4		120	M	1,29	1,265	> 24,1	> 13,36	58,2
		Ra gefräst u. geschliffen	0,8	Einsatzh.	800						

Verschleiß- und Freßkennwerte aus Zahnradtesten.
Einfluß von Werkstoff, Oberfläche, Härtung, Flankenhärte und Ölart auf spez. Verschleiß und Freßbelastung.
M: reines Mineralöl (I); G: mildes Getriebeöl (II); H: stark gedoptes Mineralöl (III) (Hypoidöl) (eingeklammerte v_s-Werte geben Verschleißhochlage an).

b) Der spezifische Verschleiß ist am kleinsten bei Schmierung mit mild gedopten Ölen, etwas größer bei stark gedopten Hypoidölen und im allgemeinen noch größer bei Mineralölen.

Bei Zahnflanken mit Glattschliff ist der Verschleiß etwas geringer als bei Kreuzschliff. Geschabte Flanken ergeben höheren spezifischen Verschleiß als geläppte und geläppte wiederum höheren als geschliffene Flanken.

Am größten ist der spezifische Vers„leiß bei den ungehärteten Stahlrädern, und zwar mehr als 10 mal so groß wie bei den gehärteten und geschliffenen.

Beim Verschleiß der gebonderten Räder ist zu beachten, daß in den kurzen Testläufen hauptsächlich nur ein Abtragen der Bonderschicht stattfindet und es sich immer noch um einen Einlaufvorgang handelt. Für eine Beurteilung des tatsächlichen Abriebverhaltens wären Versuche mit längeren Laufzeiten erforderlich.

Die Paarungen gehärteter Stahl/Phosphorbronze bzw. gehärteter Stahl/GG 26 zeigen ein günstigeres Verschleißverhalten, als Stahl/Stahl (ungehärtet). Allgemein konnte beobachtet werden, daß weiche Werkstoffe beim Aufeinandergleiten schmierend wirken und daher geringere Freßneigung als harte Werkstoffe zeigen.

Zusammenfassend kann gesagt werden, daß die geschilderten Einflüsse der Gleitgeschwindigkeit, der Drehzahl, der Temperatur, des Werkstoffes und der Härte auf das Versuchsverhalten einen Einblick vermitteln, welche Testwerte im speziellen Fall im Vergleich zum Normaltest zu erwarten sind und ferner, wie man den Test den verschiedenen Getriebearten und den jeweiligen Betriebsbedingungen anpassen kann.

Damit ist dem Getriebebauer und -verwender ein Mittel an die Hand gegeben, die jeweils geeigneten Schmierstoffe treffsicher zu wählen und Betriebsstörungen vorzubauen.

Für Ölchemiker bietet der Zahnradtest eine gute Hilfe bei der Entwicklung von Getriebeölen; er kann die Einflüsse verschiedener Grundöle und Zusätze auf ihre Wirkung im Getriebe nunmehr kurzfristig feststellen.

Schrifttum:

[1] G. Niemann und H. Rettig, Der FZG-Zahnradkurztest zur Prüfung von Getriebeölen. Erdöl und Kohle, 1954, S. 640—642.

[2] J. O. Almen, Durabilitiy of Automobile Gears. Automotive Industries, 16. und 23. Nov. 1935.

[3] J. R. Hughes und R. Tourret, Mechanical Testing of Gear Lubricants. Engineering 175 (1953) Nr. 4542 und 4544.

[4] H. Blok, Getriebeschmierstoff, ein Getriebebaustoff; in Fachtagung Zahnradforschung, Braunschweig, Vieweg 1950.

[5] T. B. Lane und J. R. Hughes, A practical application of the flash-temperature hypothesis to gear-lubrication. Welt-Petroleumkongreß, Den Haag 1951 (Sektion VII, Vordruck 6).

A. CAMERON

Theorie der Zahnradschmierung

(Übersetzung)

Theory of Gear Lubrication and Pitting

Summary

The paper is divided into three parts. First, the formation of the oil film is discussed, then its breakdown and lastly, pitting.

The existance of an oil film between heavily loaded discs has been shown by an unfamiliar method. If a current is passed from one disc to another, through the contact line, it is found that there is a breakdown voltage of about 1/4 volt, which is largely independant of the current (between 0.2 and 350 amps).

The passage of current causes the oil to ionise and this allows any amount of current to pass. The breakdown voltage is proportional to the oil film thickness and varies with speed and load. There is always an oil film, even at the slowest speed investigated (80 cm/sec.). Various hypotheses are put forward to explain the observation.

The various theories of scuffing are studied and a new one advanced which makes use of the fact that all common steels start to soften at about 250° C. The actual scuffing is due to a "cold" pressure welding. The breakdown of the oil film was studied experimentally by passing a large current through the oil film. It was found that the sum of the mechanical frictional energy and the electrical energy was constant. This means that the temperature at the start of scuffing remained the same.

Finally, pitting is discussed. It is shown from a study of about 80 microsections that all cracks start from the surface of the metal and work downwards. The orientation of the crack is determined by the grain distortion of the material. This accounts for the fact that almost all pits are found in the dedendum of the teeth.

Dieser Vortrag behandelt drei Faktoren der Zahnradschmierung: Die Bildung des Ölfilms, dessen Zusammenbrechen und die Grübchenbildung auf der Zahnoberfläche.

Schmierung der Zahnräder

Die Schmierung der Zahnräder stellt zwei verschiedene Aufgaben:

Wie bildet sich der Ölfilm zwischen den Zähnen, und durch welchen Mechanismus werden die Oberflächen durch Öl getrennt, wenn man die auftretenden hohen Drücke betrachtet?

Was ist die Ursache für das Zusammenbrechen eines bestehenden Ölfilms?

Die elementare Theorie zeigt, daß ein Ölfilm mit zunehmender Geschwindigkeit aufgebaut wird, und daß deren weiteres Anwachsen die Temperatur des Ölfilms erhöht, so daß der letztere wieder zusammenbricht.

Diese beiden Teile, die Bildung und das Zusammenbrechen, werden sehr gut durch einige veröffentlichte Versuche von W a t s o n [1] erläutert. Sie zeigten, daß mit steigender Geschwindigkeit die Grenzlast bis zu einem Maximum steigt und dann wieder fällt. Die beiden Bereiche werden in den folgenden Kapiteln getrennt behandelt.

Bildung des Ölfilms

In einem früheren Aufsatz [2] wurde an den theoretischen Grundlagen der Zahnradschmierung gezeigt, daß die hydrodynamische Theorie als Führer dienen kann, daß sie aber für die heutige quantitative Analyse nicht sehr zufriedenstellend ist.

Die Grundformel für die von Zahnrädern zu tragende Last ist

$$W = 2.45\,\eta\,(V_1 + V_2)\,R/h_0$$

Hierin bedeuten

W = zulässige Last per Breiteneinheit;
η = Viskosität;
$(V_1 + V_2)$ = Geschwindigkeit der Scheibe 1 und 2;
R = Hauptradius, gegeben durch $1/R = 1/R_2 + 1/R_1$;
h_0 = geringste Schmierfilmstärke;

Diese Formel setzt konstante Viskosität und unverformbare kreiszylindrische Scheiben voraus.

Es ist selbstverständlich, daß die sehr hohen, vom Ölfilm zwischen den rotierenden Radzähnen (oder Scheiben) entwickelten Drücke die Metalloberflächen verformen. Eine theoretische Abhandlung [3] zu diesem Problem erklärt, daß die wirkenden Öldrücke sich den Hertzschen Pressungen nähern. Die Hertzschen Drücke sind einmal bestimmt durch die elementare Elastizitätstheorie zweier sich berührender belasteter Zylinder. Dieses Ergebnis ist keineswegs überraschend. Tatsächlich haben Experimente über Grübchenbildungen immer zu diesem Schluß geführt.

Man kann also die Ölfilmdruckkurve für alle praktischen Fälle als gültig annehmen, ebenso wie die Ergebnisse der klassischen Elastizitätstheorie für die Berührung zweier Zylinder ohne trennenden Ölfilm.

Einfache Rechnungen zeigen, daß der mittlere Druck in der Größe von 2000 bis 4000 Atmosphären liegt. Bei diesem Druck hat das Öl ganz andere Eigenschaften als bei normalem Atmosphärendruck.

Zuerst wird die adiabatische Erwärmung betrachtet — die Größe für Öl ist etwa 1° C für 100 Atmosphären. Hieraus resultiert ein Ansteigen und Fallen von 20° bis 40° für den Durchgang des Öls durch den Berührungspunkt. Zweitens besteht der Einfluß des Druckes auf die Viskosität. Wenn unverformbare Scheiben vorausgesetzt werden, erklärt dies die Tatsache, daß die Last nur eine untergeordnete Rolle bei der Schmierung von Scheiben spielt, das heißt, die Scheiben werden bei einer gegebenen Geschwindigkeit fast unabhängig von der Belastung vom Öl getragen. Diese einfache Theorie [4] muß erweitert werden unter Berücksichtigung der Tatsache, daß sich die Scheiben im Sinne der Hertzschen Druckkurven verformen.

Eine der Hauptschwierigkeiten beim Arbeiten mit Zahnrädern ist, daß die Zone der hohen Öldrücke so klein ist, daß mit normalen Methoden keine Beobachtungen gemacht werden können. Lange Zeit hindurch nahm ich an, der elektrische Widerstand wäre der beste Weg, den Ölfilm zu untersuchen.

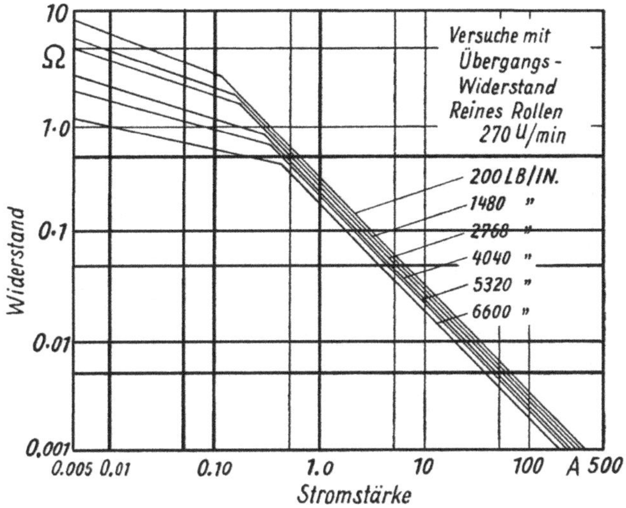

Bild 1: Widerstand und Stromdurchgang

Eine Anzahl von Experimenten wurde ausgeführt und veröffentlicht [4]; sie zeigten den Zusammenhang zwischen aufgebrachter Spannung und Widerstand. Neuere ausgedehntere Ergebnisse in anderer Form, nämlich in dem Zusammenhang von Widerstand und Stromdurchgang, zeigen eine sehr interessante Beziehung für Ströme über etwa 1 Amp (Bild 1)

$$C = RI^k,$$

worin

C = eine Konstante;
R = Widerstand;
I = Stromstärke;
k = eine Konstante

bezeichnen.

Wenn $k = 1$ wird, dann ist die Konstante C die Zusammenbruchsspannung des isolierenden Ölfilms. Das bedeutet, daß unabhängig vom fließenden Strom das Potential quer zum Ölfilm konstant ist.

Kurz gesagt, ist der Mechanismus der, daß die Spannung eine Entladung durch den Ölfilm hervorruft. Diese Entladung verursacht, daß jede Stromstärke fließen kann, weil das Öl und der Öldampf stark ionisiert sind. Diese starke Ionisation tritt nur bei höheren Stromstärken auf. Bei kleineren Stromstärken wirkt das Öl mehr oder weniger als Ohmscher Widerstand. Das wird dadurch gezeigt, daß die Strom-Widerstands-Kurve sehr flach verläuft und $k \to 0$ geht. Wäre der Ölfilm ein reiner Ohmscher Widerstand, würde k zu Null, und der Widerstand wäre für die gegebenen Bedingungen konstant.

In Bild 2 sind die Werte von C über der Belastung für verschiedene Geschwindigkeiten aufgetragen. Die Lastkurven sind in diesem Bild nach Null extrapoliert und die so gefundenen Werte von C über der Geschwindigkeit aufgetragen.

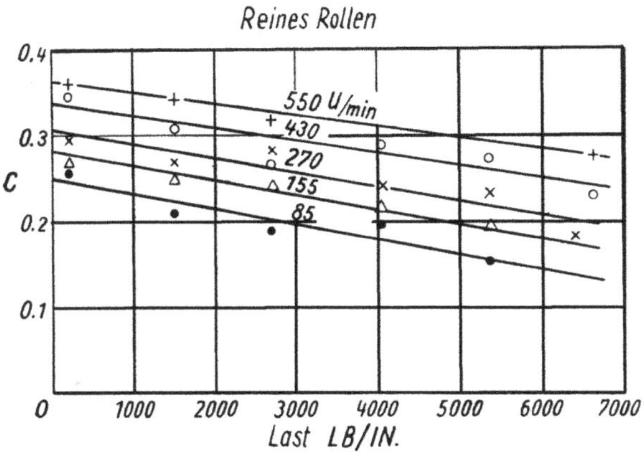

Bild 2: C-Werte

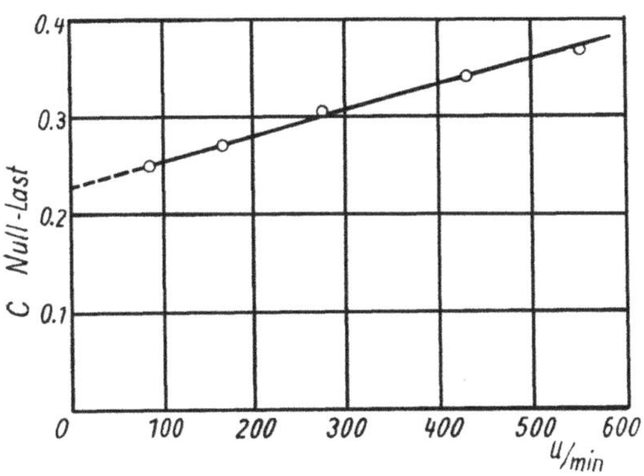

Bild 3: C-Werte

Die Versuchsergebnisse zeigen, daß die Konstante k bei höheren Strömen nicht exakt gleich 1 wird, aber nach dem Diagramm ist sie von 1 nicht sehr verschieden.

Die verwendete Scheibenprüfmaschine wurde in der Pametrada Forschungsstelle konstruiert und gebaut. Sie hat zwei Scheiben von 12,5 cm Durchmesser mit einer Berührungsbreite von 6 mm. Eine Scheibe ist von der Welle isoliert, und Schleifringe ermöglichen, den Stromdurchgang durch den Film zu messen. Mit einem anderen Paar Schleifringen am Umfang der Scheiben kann man auch den Spannungsabfall quer zum Ölfilm bestimmen. Das für die Scheiben verwendete Material war ein normaler 3,5%iger Nickelstahl, wie er Kohlenstoffstahl von ca. 48 kg/mm² Festigkeit. Als Öl wurde ein Standard-Turbinenöl von 88 Centistokes bei 38° C verwendet. Die elektrischen Widerstandsmessungen wurden bei reinem Rollen gemacht, d. h. jede Scheibe drehte sich mit der gleichen Geschwindigkeit.

Der Widerstand bei der Geschwindigkeit Null wurde gemessen und mit der Last konstant gefunden. Sein Betrag war wenige Milliohms und wurde von den gemessenen Werten abgezogen.

Die aus Bild 2 und 3 berechneten Werte von C scheinen im Bereich der angeführten Veränderlichen und für das beschriebene System der Beziehung

$$C = 0{,}23 + 2{,}2 \times 10^{-4}\ V - 8{,}4 \times 10^{-5}\ W$$

zu gehorchen, worin

V = Rollgeschwindigkeit ($V_1 + V_2$) in cm/sec und

W = Last in kg/cm an der Berührungslinie

bezeichnen.

Die Arbeit von Brix [5] zeigt, daß die Durchschlagsspannung proportional der Ölfilmdicke ist; der Ölfilm wurde aber auch bei sehr kleinen Geschwindigkeiten gebildet. Es gibt einen Grenzwert von C bei der kleinsten angewendeten Geschwindigkeit. Die Schmiertheorie fordert, daß die Ölfilmdicken sich direkt mit der Geschwindigkeit bei jeder gegebenen Last ändern. Die Experimente beweisen das Versagen der klassischen Theorie, da ein vollkommener Ölfilm auch bei kleinsten Geschwindigkeiten gebildet wird.

Ein ähnliches Resultat fanden Beeck, Givens und Smith [6] bei einigen ihrer Versuche. Sie benutzten eine Vierkugelmaschine bei sehr kleinen Geschwindigkeiten; der Reibungskoeffizient fiel bereits bei einer Geschwindigkeit von wenigen cm pro sec., bei der schon Flüssigkeitsreibung auftrat. Dagegen zeigte die von Howlett [7] veröffentlichte Theorie der Vierkugelmaschine, daß diese Geschwindigkeit viel zu klein war, um Flüssigkeitsreibung zu ermöglichen.

Diese beiden Beobachtungen sind wahrscheinlich Beispiele derselben Erscheinung.

Der Gedanke liegt nahe, dies so zu erklären, wie es zuerst Clerk Maxwell [8] versucht hat. Wenn Flüssigkeiten sehr schnell deformiert werden, verhalten sie sich wie feste Körper. Der Grund ist, daß die aufgebrachte Belastung eine endliche Zeit benötigt, um die Flüssigkeit zu bewegen. Es ergibt sich eine Relaxation. Wenn die zur Verfügung stehende Zeit kürzer ist als die „Relaxationszeit" der Flüssigkeit, verhält sich die Flüssigkeit wie ein fester Körper. Die Relaxationszeit τ wird definiert als die Zeit für den inneren Spannungsabfall auf 1/e des ursprünglichen Wertes. Sie wird durch die Beziehung $\tau = \eta/G$ gegeben, worin G den Schubmodul der Flüssigkeit bedeutet. Für Öle ist dieser Wert etwa 10^7 dyn/cm^2 [9]. η ist die bereits definierte Viskosität.

Somit ergibt sich eine Relaxationszeit von 10^{-7} sec für jede Poise. Wenn die Zunahme der Viskosität mit dem Druck berücksichtigt wird, nimmt die Viskosität erheblich zu und ebenso die Relaxationszeit. Die Oberflächen der Scheiben sind immer rauh, und wenn die Zeit, in der eine Rauhigkeit sich an einer Rauhigkeit der Gegenseite vorbeibewegt, von derselben Größenordnung ist wie die Relaxationszeit, dann kann die Flüssigkeit nicht fließen. Sie verhält sich wie ein fester Körper, und die Oberfläche wird mit einer Schicht von festem Öl überzogen.

Heidebroek [10] hat lange Zeit hindurch das Postulat eines festen Ölfilms auf der Oberfläche von Metallen vertreten. Er sah jedoch als dessen Ursache die Orientierung der Moleküle an. Bei vollständiger Abwesenheit von aktiven und polaren Gruppen ist es aber sehr schwer zu begreifen, wie sich eine orientierte Schicht bilden soll.

Man glaubte auch, daß die Oberflächenspannung bei der Ölfilmbildung mitwirkte. Das ist aus folgendem ersichtlich. Wenn die Scheiben zusammen laufen, bricht der Ölfilm hinter dem Berührungspunkt zusammen. Es besteht eine Druckdifferenz über dem Miniskus, wie in Lehrbüchern ausgeführt wird, von $2\gamma/h$, worin γ die Oberflächenspannung und h die Schmierfilmdicke bedeuten. Dies würde die Grenzbedingungen ändern, wie sie in der Schmiertechnik gebräuchlich sind. Der Ölfilm würde, anstatt wie bisher am Punkt $x = a$ zu enden, wo $dp/dx = 0$ ist, jetzt dort aufhören, wo $dp/dx = 0$ und $p = 2\gamma/h$ ist, und es gäbe eine Diskontinuität im Druck von $2\gamma/h$ an der Stelle $x = a$.

Die dadurch hinzukommende Last wird durch das Integral $\int_{\infty}^{a} p\,dx$ gegeben, wo p γ/h ist. Dieses Integral wird durch einfache Substitution gelöst, indem man $h_0/h = \cos^2\Phi$ setzt, wobei h_0 = die geringste Schmierfilmstärke bedeutet. Die Integration wird zwischen den Grenzen $\Phi = -\pi/2$ und $\Phi = \alpha$ ausgeführt. α entspricht dem Punkt $x = a$ und ist gleich 0,4435.

Die zusätzliche Last W, bezogen auf die axiale Längeneinheit der Scheiben, wird zu

$$W = \left(\frac{\pi}{2} + \alpha\right) 2\gamma \sqrt{\frac{2R}{h_0}} = 4{,}0286\,\gamma \sqrt{\frac{2R}{h_0}}$$

gefunden, worin R den mittleren Radius bezeichnet.

In der hier betrachteten Scheibenmaschine ist $R = 2{,}83$ cm und h_0 ungefähr $1{,}25 \cdot 10^{-5}$ cm. Wenn $\gamma = 30$ dyn/cm beträgt, wird $W = 80$ g/cm.

Die Oberflächenspannung erlaubt daher nach dieser Rechnung nicht die Übertragung einer beliebigen Last, es sei denn, daß γ als Grenzflächenspannung Werte von einigen Hundert dyn/cm annimmt.

Wenn die Schmierfilmbildung bei niedrigen Geschwindigkeiten erklärt werden kann, wird man die Schmierung von Zahnrädern besser verstehen.

Zusammenbrechen des Schmierfilms und Freßverschleiß

Was veranlaßt den Zusammenbruch des Ölfilms? Eine Anzahl von Arbeiten [11], [12] hat gezeigt, daß der Grenzwert in Zahnrädern der Energiebetrag ist, der auf den Oberflächen in Wärme umgesetzt wird.

Bei dem Versuch, die Resultate zu ordnen, treten sofort Schwierigkeiten auf. Zunächst ist der Temperatur a n s t i e g nach den Rechnungen von B l o k [13] sehr klein. Für Scheiben liegt er etwa zwischen 40 und 80° C, und in Zahnrädern wird derselbe Temperaturanstieg gefunden, obgleich das Problem wegen der Schwierigkeiten mit dem Reibungskoeffizienten [14] viel komplizierter ist.

Es scheint jedoch, daß der Freßverschleiß mehr mit den Temperaturblitzen in Zusammenhang steht als mit jedem anderen Vorgang. Wenn dem so ist, was ist dann im einzelnen die Ursache des Freßverschleißes bei Zahnrädern? Es gibt verschiedene Möglichkeiten, aber alle erfordern eine Nachprüfung.

An erster Stelle mag auf die interessante Tatsache hingewiesen werden, die bisher nicht im Zusammenhang mit Zahnrädern beachtet wurde, daß alle Stahlsorten — mit Ausnahme der hochlegierten Stähle — bei 250° C anfangen, weich zu werden. Wenn vorausgesetzt wird, daß der örtliche Temperaturanstieg an der wirklichen Berührungsstelle eine solche Höhe erreicht, so wäre dies eine mögliche Erklärung. Wird die Zahnoberfläche heißer, so vergrößert sich die Berührungsfläche, da die Oberfläche anfängt zu erweichen. Dies verursacht einen Anstieg der Reibung, wodurch sich die Temperatur erhöht und das ganze System nicht mehr stabil bleibt. Dieses Verhalten erklärt jedoch nicht die Wirkung der E. P.-Öle oder der Silberplattierung [15], die den Reibungskoeffizienten nicht wesentlich erniedrigen, aber die Grenzlast zwei- bis dreimal erhöhen.

Eine andere Hypothese besagt, daß die Temperatur hoch genug wird, den immer bestehenden Oxydfilm auf der Metalloberfläche zu zerstören. Das ist eine bestechende Idee, nach der mit E. P.-Ölen geschmierte Systeme erst dann versagen, wenn die Oberflächentemperaturen hoch genug sind, um die aus den Ölen gebildeten Chlorid- und Sulfidfilme zu zerstören. Was hierbei nicht ganz befriedigt, ist, daß viel höhere Temperaturen als 200 oder 300° C erforderlich sind, um diese Eisenverbindungen zu zerreißen, da sie chemisch sehr stabil sind.

Außerdem besteht die Theroie, nach der sich unter dem Einfluß der Temperatur eine orientierte Ölschicht bildet, die an der Oberfläche durch chemische Einflüsse absorbiert wird und zerstört werden muß. Dagegen kann der Einwand erhoben werden, daß die Freßlast eines vollkommen neutralen Mineralöles nicht sehr erhöht wird, wenn ungefähr ein Prozent einer Fettsäure wie Stearin oder Olein zugeführt wird. Diese Säuren, welche bekanntlich streng orientierte Filme auf Stahl bilden, haben sehr wenig Einfluß auf die Tragfähigkeit.

Die von mir vertretene Theorie — sie ist experimentell noch nicht erhärtet — besagt, daß Freßverschleiß eine Art von „Kaltverschweißen" darstellt. In der normalen Schweißpraxis ist es möglich, zwei Metallstücke lediglich durch Druck ohne Erhitzung zu verschweißen, wobei eine erhebliche plastische Verformung auftritt. Hierbei wird auf mechanischem Wege der Oxydfilm an der Oberfläche zerrissen; er legt das reine Metall bloß. Die beiden Metalle vereinigen sich oder verschweißen durch molekulare Anziehungskräfte.

Bei Zahnrädern wird die Reihenfolge der Ergebnisse nach diesem Postulat annähernd wie folgt sein: Die örtliche Temperatur erreicht als Folge des Temperaturblitzes und der möglichen adiabatischen Erwärmung — 250° C. Diese verursacht ein Erweichen der Oberflächen, und die daraus folgende Nachgiebigkeit zerreißt den darauf befindlichen Oxydfilm. Die Temperatur ist hoch genug, um jede Ölschicht oder Fettsäureschicht in unorientierten und leicht beweglichen Zustand zu überführen. Die beiden Metalloberflächen werden dann als Folge des zwischen ihnen herrschenden Druckes aneinandergeschweißt. Die Wirkung der E. P.-Öle und der Silberplattierung entspricht unmittelbar dieser Annahme. Der durch die Öle gebildete Chlorid- oder Sulfidfilm ist plastischer als der Oxydfilm, darum widersteht er dem Zerreißen — als Folge der Nachgiebigkeit des Metalls — viel besser als der spröde Oxydfilm. Dasselbe gilt für die Silber- oder Kupferschicht auf Stahl. Das Vorhandensein einer fremden Metallschicht verhindert das Verschweißen der beiden Stahloberflächen. Es ist ein Metall anderer molekularer Struktur erforderlich, welches auch bei hohen Drücken in der Kontaktzone geschmeidig bleibt, damit es dem Fließen der Stahloberflächen folgen kann und sie vor dem Verschweißen bewahrt. Methoden, diese Hypothese zu beweisen, sind nicht leicht zu finden.

Zuerst wird eine genaue Formel benötigt, um die Temperatur der Metalloberflächen zu berechnen. Die Pionierarbeit von B l o k [13] ist wegen der auftretenden mathematischen Schwierigkeiten nur eine Näherung [1]).

Eine experimentelle Methode wurde in der Pametrada Forschungsstelle entwickelt. Hierbei war an der Berührungsstelle ein vom Ölfilm herrührender Widerstand vorhanden; mit starkem Stromdurchgang wurde zwischen den Scheiben eine Erwärmung hervorgerufen, wie sie sonst von den Reibungsverlusten gerade vor dem Beginn des Fressens erzeugt wird. Die Ergebnisse dieser Versuche zeigten, daß der Gesamtbetrag an Energie, die an der Berührungsstelle verbraucht wird, konstant blieb, gleich, ob er elektrischen oder mechanischen Ursprungs ist (B i l d 4). Daraus folgt, daß die Erwärmung und die dadurch bedingte Oberflächentemperatur den entscheidenden Faktor beim Freßverschleiß-Experiment darstellt.

Bei all diesen Überlegungen wird man einen Hinweis auf das Öl vermissen. Die Bildung des Ölfilms ist von der Viskosität abhängig, und auch die Maxwellsche Relaxationszeit ist ihr proportional. Das Zusammenbrechen des Ölfilms und der darauf folgende Freßverschleiß sind also von der Viskosität abhängig, wie Mansion und Cattaneo experimentell nachgewiesen haben. Ein ausreichender Ölfilm zwischen den Metalloberflächen ist notwendig, um die Reibungszahl niedrig zu halten. Die Temperaturblitze sind der Reibung proportional; je niedriger sie sind, um so weiter ist das System vom Freßverschleiß entfernt. Hieraus kann man ersehen, daß die Hydrodynamik des Schmierfilms von besonderer Wichtigkeit ist.

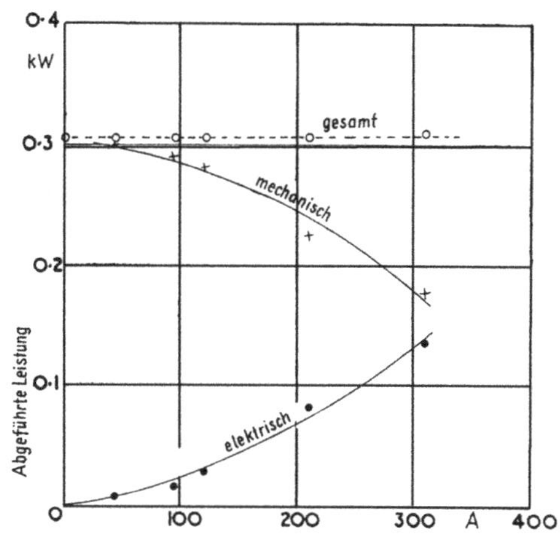

B i l d 4 : Energieverbrauch

Grübchenbildung

Augenblicklich tritt die Grübchenbildung hauptsächlich an Schiffsgetrieben auf. Sie wird für gewöhnlich nicht als gefährlich angesehen, und nur selten ist es notwendig, die Räder deshalb auszuwechseln.

Viele Versuche wurden über Grübchenbildung gemacht. Meist verwendete man Scheiben, die kinematisch den Zahnrädern ähnlich waren. Einige Versuche der Er-

---

[1]) Über diese Frage ist demnächst eine Veröffentlichung von Dr. A l l e n zu erwarten.

gebnisse von Pametrada über Grübchenbildung sind beschrieben [14] An einer Mikrophotographie sollen sie hier zusammengefaßt werden (B i l d 5):

1. Weniger als 5 % der sichtbaren Brüche beginnen unter der Oberfläche, in den meisten Fällen gehen sie von der Oberfläche aus. Es wird angenommen, daß die wenigen unter der Oberfläche beginnenden Risse der Schneidmethode zuzuschrei-

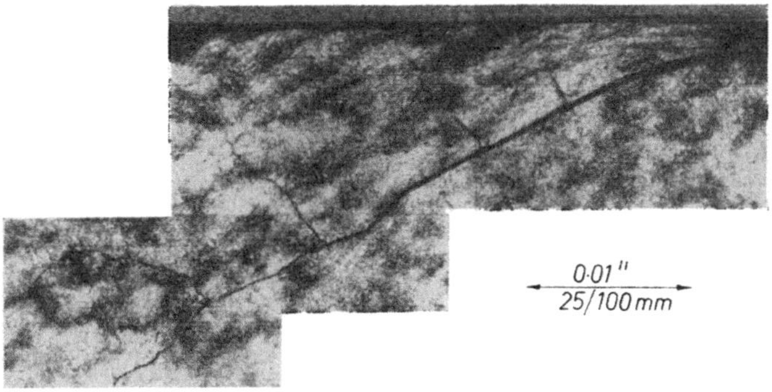

B i l d 5 : Grübchen- und Rißbildung

ben sind oder von Einschließungen im Stahl ausgehen. Die Form der Risse macht es unwahrscheinlich, daß sie unter der Oberfläche beginnen und sich nach oben ausdehnen.

2. Die Risse sind nach den Fließlinien des Metalls ausgerichtet, sie laufen parallel zur Kornverzerrung, welche durch die Spannungen in der Berührungszone verursacht werden. Dies bedeutet, daß die Brüche immer beim getriebenen Rad vom Teilkreis weggerichtet sind und beim treibenden Rad auf den Teilkreis zulaufen.

Risse bilden sich im Zahnkopf und Zahnfuß, aber nur die im Zahnfuß weiten sich zu Grübchenbildung aus. Dies kann dadurch erklärt werden, daß der Kontaktpunkt sich vom Beginn des Risses zu dessen Ende bewegt, wenn er sich im Zahnfuß befindet. Dies kommt im treibenden und getriebenen Rad vor, wie aus der Kinematik des Zahneingriffs zu ersehen ist. Öl wird in das Innere des Risses eingeschlossen und fortlaufend komprimiert, wenn sich der Kontaktpunkt weiterbewegt. Der Riß wird auf diese Weise erweitert. W a y [16] fand, daß sich keine Grübchen bilden wenn man ein kleines Loch zum Boden des Risses bohrte und das komprimierte Öl austreten kann. Dies ist leicht zu erklären durch diese Ergebnisse.

Risse wurden in allen Stadien ihrer Entwicklung photographiert, von sehr schmalen Haarrissen unter 2/100 mm lang, in der Oberfläche beginnend, bis hinauf zu dem Zustand, wie er im Bild zu sehen ist; darüber hinaus, wenn ein Metallstückchen herausgefallen war, um ein Grübchen zu bilden. In diesem Fall erstreckt sich der Sprung bis hinter das Grübchen. Für gewöhnlich ist der Riß zwei- bis dreimal tiefer als das Grübchen. Die Ursache für den Beginn des Risses ist nicht genau bekannt. N i e m a n n [17] hat nadelfeine Löcher oder Poren beobachtet, die sich in der Stahloberfläche bei Wälzversuchen bildeten. Dasselbe Ergebnis wurde in Pametrada gefunden und in Mikroaufnahmen festgehalten. Die feinen Mikrogrübchen sind etwa 5/1000 mm tief. Es ist keine Spur einer Kornverschiebung damit verbunden. Es kann sehr gut sein, daß die Risse von schwachen Stellen ihren Ausgang nehmen.

In Pametrada wurde auch gefunden, daß ein Grübchen der Ausgangspunkt für einen Riß sein kann, der sich über den ganzen Zahn ausdehnt und zum Zahnbruch führt. Ein drei Millimeter langer Riß, ausgehend von einer Pore, wurde auf einer Mikrophotographie festgestellt.

Die Grübchenbildung steht mit den von der Belastung herrührenden Hertzschen Drücken im Zusammenhang. Das ist eine Bestätigung für die vorher beim Freßverschleiß erwähnte theoretische Erkenntnis, daß die Druckkurve des Schmieröls der Hertzschen Kurve ähnlich ist.

Schrifttum:

[1] Watson, H. J., J. Inst. Petrol. 1952 38 763.
[2] Cameron, A., ibid. 1952 38 614.
[3] Dörr, J., Archiv. 1954 22 171.
[4] Cameron, A., Schriftenreihe Antriebstechnik, Vieweg 1950, Seite 139.
[5] Brix, V. H., Aircraft Engineering, 1947 19 294.
[6] Beeck, O., Givens, J. W., and Smith, A. E., Proc. Roy. Soc. 1940 177 90.
[7] Howlett, J., J. Appl Phys 1946 17 137.
[8] Maxwell, J. C., Phil Trans 1867 157 52.
[9] Mason, W. P., Trans A. S. M. E. 1947 68 359.
[10] Heidebroek, E., ZVDI 1951 93 1012.
[11] Cattaneo, A. G., Borsoff V. N. & Accinelli J. B. Trans A. S. M. E. 1951 73 687.
[12] Hofer, H., Werkstattstechnik 1931 5 128.
[13] Blok, H., Proc Discn on Lubn. Inst Mech Eng. London 1937 2 14.
[14] Cameron, A., This conference Testing of Marine Gears.
[15] Mansion, H. D., J. Inst. Petrol. 1952 38 633.
[16] Way, S., J. Appl Mech 1940 7 A 147.
[17] Niemann, G., Z. V. D. I. 1943 87 521.

H. BLOK

Grenzen der Getriebe-Entwicklung, bedingt durch die Freßgefahr des Zahnwerkstoffes

(Übersetzung)

On the Limitations imposed by Scuffing on the Development of Gear Design

Summary

In all cases where they seek to reach the goal of utmost compactness and lightness, gear designers will tend to approach the only really insurmountable limit, that set by tooth breakage, as closely as they judge safe and economically justified. But other phenomena, of which pitting and scuffing are considered the most important, have often caused designers to keep off this limit, and thus from their goal, farther than they or the users of gears found acceptable.

Owing to differences in the influences of gear size and rotational speed on the power transmissible from the standpoints of, respectively, tooth breakage, pitting, and scuffing, a "critical size" can be assigned to any series of gears, all of the same type, lubricated with the same oil, and subjected to the same variability of operating conditions, but all of different sizes. "Critical size" is defined as that size, characteristic of the series concerned, beyond which scuffing will occur at powers transmitted that are smaller than the smaller of the two powers transmissible from the standpoints of, respectively, tooth breakage and pitting.

It follows that, unless a sufficiently powerful Extreme Pressure (anti-scuffing) oil is used, gear designers will, whenever the critical size holding good for mineral oil is to be exceeded, in the aforementioned cases, be prevented from attaining the utmost compactness and lightness inherent in the given series of gears from the standpoint of tooth breakage.

Einleitung:

Die kritische Erscheinung, die als erste berücksichtigt und in der Getriebekonstruktion in Rechnung gezogen wurde, war naturgemäß der Zahnbruch [18]. Er wird immer die kritischste Erscheinung bleiben in dem Sinne, als die Zahnfußfestigkeit der übertragbaren Leistung eine absolute Grenze, die „Bruch-Grenzleistung", setzt.

Besonders wenn Raum und Gewicht eine große Rolle spielen (Flugzeuge, Schiffe), wird der Getriebekonstrukteur immer versuchen, diese absolute Grenze so weit wie möglich zu erreichen. In seinem Bestreben, immer größere Leistungen durch kleinere Zahnräder zu übertragen, wird er in einer zunehmenden Zahl von Fällen behindert. Es ist eine Tatsache, daß zusätzlich zu der Grübchenbildung das Fressen den Getriebekonstrukteur mehr von der absoluten Leistungsgrenze des Zahnbruchs entfernt hält, als angenommen wird.

Heutzutage sind Getriebekonstrukteure, die ja Maschinenbauer sind, wohl vertraut mit mechanischen Erscheinungen, wie z. B. Zahnbruch und Grübchenbildung, ebenso mit den Methoden, diesen Erscheinungen zu begegnen. Jedoch scheint es, daß unter ihnen viele sind, die der Berechnung auf Fressen aus dem Wege gehen. Das Fressen ist ja im wesentlichen thermischer Natur und weit davon entfernt, allgemein verstanden zu werden, u. a. weil sein Auftreten vom Getriebeschmiermittel beeinflußt wird, welches für den Konstrukteur die „große Unbekannte" darstellt. Es scheint weiterhin, daß dieser sich oft nur sehr ungenügend der Tatsache bewußt ist, daß bei Freßproblemen das Schmiermittel als Baustoff zu betrachten ist, und daß es in seinen Händen ein sehr wirksames Konstruktionsrüstzeug werden kann [7].

In dem Versuch, die auftretenden Probleme zu lösen, ist es ganz natürlich, daß die Getriebekonstrukteure dazu neigen, die Zusammenarbeit mit Fachleuten auf dem Gebiet der Schmiermittel zu suchen. Glücklicherweise sind in vielen Fällen letztere in der Lage, wirksame Ratschläge zu erteilen. Wenn es jedoch dazu kommt, einen großzügigen, nichtsdestoweniger aber systematischen Rat zu erteilen, der bei nicht dagewesenen Getriebeentwicklungen notwendig ist, fühlen sich die Schmierungs-Fachleute auch durch eine große Unbekannte gehemmt: die sehr variierenden maschinenbaulichen Gesichtspunkte in der Getriebekonstruktion.

Der Verfasser erachtet die hier kurz skizzierte Situation als ziemlich alarmierend insofern, als in der nahen Zukunft dieser Umstand die Entwicklung in der Getriebekonstruktion ernstlich behindern dürfte. Die zwei Parteien, obwohl sie eng zusammenarbeiten, dürften wohl verfehlen, das nötige Verstehen sowie die nötigen Ergebnisse zu erreichen, es sei denn, daß sie von der Basis des gemeinsam Verständlichen auszugehen. Es ist der Zweck dieses Vortrages, in großen Zügen eine solche Basis zu entwickeln und die Notwendigkeit genauerer Angaben, die den Getriebekonstrukteur sowie den Schmiermittelfachmann zufriedenstellen, aufzuzeigen.

Trotz des gegenwärtig sehr dürftigen Vorhandenseins bestimmter Angaben hofft der Verfasser, daß die vorgeschlagene vereinheitlichte Behandlung die so dringend benötigte Zusammenarbeit erweitern und verstärken möge.

Im ersten Abschnitt werden die Erscheinungen des Zahnbruchs, der Grübchenbildung und des Fressens einzeln behandelt. Im zweiten, abschließenden Kapitel wird eine kombinierte Behandlung aufgezeigt insofern, als sich dieser Abschnitt befaßt mit der Bestimmung der relativen und gegenseitigen Überschneidung der Grenzen, die der übertragbaren Leistung durch die eben erwähnten drei Erscheinungen auferlegt wird. Wie sich zeigen wird, läuft dies darauf hinaus, für jede Getriebeklasse ihre sogenannte „kritische Baugröße" und „kritische Leistung" zu bestimmen.

Bruch-, Grübchen- und Freß-Grenzleistung

Die Grenzen, die der übertragbaren Leistung mittels Getriebe durch Zahnbruch, Grübchenbildung und Fressen auferlegt werden, sind einzeln in den drei folgenden Abschnitten behandelt. Wir werden uns noch besonders mit der Frage der Modellgesetze in Bezug auf die drei Arten von Grenzleistungen im Falle von geometrisch ähnlichen Getrieben befassen.

Im folgenden soll eine „Getriebeklasse“ als eine Reihe geometrisch ähnlicher Getriebe von verschiedenen Baugrößen definiert werden, jedoch alle an übereinstimmenden Stellen aus den gleichen Materialien gefertigt und alle dem gleichen Veränderlichkeitsgrad der Betriebsbedingungen unterworfen. Sie haben weiterhin alle die gleiche geforderte Lebensdauer wie sie durch die Gesamtzahl der geforderten Eingriffe der einzelnen Zähne eines Zahnrades an vorgegebener Stelle ausgedrückt wird. Wo immer das Öl eine Wirkung auf wenigstens eine der drei Erscheinungen ausübt, wird die weiterhin einschränkende Bedingung hinzugefügt, daß die Getriebe, die obige Bedingungen erfüllen, ohne Rücksicht auf ihre Baugröße mit ein und demselben Öl zu schmieren sind, um eine „Klasse“ zu bilden. Diese Bedingung geht einig mit der Ansicht [7], daß in Getrieben das Öl ein wirklicher Baustoff ist, und daß es ein wichtiges Konstruktionselement darstellt.

Diese zusätzliche Bedingung ist bestimmt notwendig, wenn die vom Fressen beeinflußte Grenzleistung betrachtet wird, und zwar aus dem Grund, daß verschiedene Öle merklich in ihren freßhemmenden Eigenschaften in Bezug auf die zu schmierenden Zahnflächen variieren. Bei der Grübchenbildung hat das Öl einen weitaus geringeren Einfluß, jedoch darf auch hier seine Wirkung allgemein nicht übersehen werden. Wenn es zum Zahnbruch kommt, können wir jedoch diese zusätzliche Bedingung ausstreichen; diese ist ja nur in Ausnahmefällen zu berücksichtigen, d. h. in solchen, wo die Stöße so stark hervortreten, daß sie ein „Klappern“ der ineinandergreifenden Zähne verursachen, und wo folglich das Öl eine Dämpfwirkung vermöge seiner Viskosität zeigt [6].

Die Bruch-Grenzleistung

Wenn man von der elementaren Stabtheorie der Biegebeanspruchung in Getriebezähnen — die aus Handbüchern über Getriebekonstruktion wohl bekannt ist und ursprünglich von Lewis 1893 entwickelt wurde — ausgeht, ist klar zu demonstrieren, daß innerhalb einer „Klasse“ von Getrieben die vom Standpunkt des Zahnbruchs aus zulässige Beanspruchung der Zähne proportional dem Quadrat des kennzeichnenden Baumaßes l, welches die lineare Größe des betreffenden Getriebes charakterisiert, sein sollte. Dies bedingt, daß die Bruch-Grenzleistung N_b der Drehzahl n eines charakteristischen Bauteiles des Getriebes proportional sein sollte und in der dritten Potenz der linearen Baugröße stehen soll.

Die entsprechende Formel ist:

$$N_b = C_b \cdot n l^3 \qquad (1\,a)$$

und drückt aus, daß bei jeder gegebenen Drehzahl die Bruch-Grenzleistung proportional dem Volumen sein sollte oder, was hier jedoch auf das Gleiche herauskommt, proportional dem Gewicht des betreffenden, aus der Klasse ausgewählten Getriebes. Mit anderen Worten: es sollten bei einer gegebenen Drehzahl beide, das Leistung/Volumen- und das Leistung/Gewicht-Verhältnis innerhalb der gesamten Klasse kostant bleiben und somit als Konstruktions-Werturteilskennzeichen der in Aussicht genommenen Klasse angesehen werden.

Die vorstehende Formel kann ebenso durch die ähnlichkeitstheoretische Methode abgeleitet werden. Mit dieser Methode kann Vorteil aus der Tatsache gezogen werden, daß Getriebezähne, die der Biegung unterworfen sind, „lineare" Gebilde sind in dem Sinne des Ausdruckes, wie er in der angewandten Mechanik verwendet wird. Das bedeutet, daß die aufgestellten Beanspruchungen von den elastischen Eigenschaften des Zahnwerkstoffes unabhängig und, bei jeder gegebenen Belastung, nur von der Form und Größe der Zähne abhängig sind. Folglich muß die Bruch-Grenzleistung N_b eine Funktion Φ der zulässigen Beanspruchung σ_b, der Drehzahl n und der linearen Größe l sein, nämlich:

$$N_b = \Phi(\sigma_b, n, l)$$

Entsprechend der Ähnlichkeitstheorie [13] kann aus den vier enthaltenen mathematischen Größen nur eine dimensionslose Variable, $N_b/\sigma_b\, nl^3$, gebildet werden, so daß diese einer Zahlenkonstanten C_1 gleich sein sollte, in der sich die entsprechende Zahnform widerspiegelt. Daraus folgt, daß

$$N_b = C_1 \cdot \sigma_b \cdot nl^3 \qquad (1\,b)$$

ist. Diese Formel bestärkt, wenn wir $C_1 \cdot \sigma_b = C_b$ setzen, die weniger explizite Formel (1 a).

Auf Grund der elementaren Stabtheorie könnte man ebenfalls herausfinden, daß der Zahnbruch-Faktor C_b proportional der zulässigen Beanspruchung σ_b und Verzahnungsform-Faktor C_1 sein sollte. Jedoch führt die ähnlichkeitstheoretische Methode auf einem bequemeren und allgemeineren Wege zu diesem Ergebnis. Diese Methode wird in keiner Weise davon beeinflußt, ob das in Betracht gezogene Getriebe Linien- oder Punktberührung hat. Aus diesem Grunde ist Formel (1 b), und demgemäß auch (1 a), auf beide Getriebearten anwendbar, d. h. auf jede beliebige Art.

Die Frage, ob der Zahnbruch-Faktor C_b in Formel (1 a) unabhängig von der Drehzahl n und der Größe l ist, ist wichtig insofern, als es davon abhängt, ob noch andere Variable in diese Formel einzuschließen sind, wenn Formel (1 a) als Modellgesetz auf eine Getriebeklasse angewandt wird. In diesem Zusammenhang sollte berücksichtigt werden, daß dieser Faktor und folglich auch der Faktor C_1 in Formel (1 b) in andere, „verborgene" Faktoren aufgeteilt werden kann, als da sind:

ein „Lastverteilungs-Faktor", der Rechenschaft gibt über die Aufteilung der Gesamtlast auf zwei oder mehrere ineinandergreifende Zahnpaare;

ein „Kerb-Faktor", der für die Kerbwirkung verantwortlich ist, die an der Zahnfußabrundung durch den mehr oder weniger plötzlichen Eingriff hervorgerufen wird, (der Kerbfaktor mag ebenso die Tatsache in sich schließen, daß der Zahn nicht durch reine Biegung beansprucht wird, sondern auch Scherkräften unterworfen ist);

ein „dynamischer Faktor" dei dynamischen Belastung, der die Zahnlastschwankungen berücksichtigt, die durch die Trägheitswirkungen verursacht werden und zur zeitlich mittleren, „nominellen" Zahnlast noch zu superponieren sind.

Wenn nun die Bedingung erfüllt ist, daß die Verzahnungsform einschließlich der Form der Ungenauigkeiten und Rauhigkeiten der Zähne innerhalb einer Getriebereihe gleich bleibt, ist leicht zu erkennen, daß der Lastverteilungs-Faktor sowohl als auch der Kerb-Faktor, reine Formfaktoren sind, d. h., daß sie für eine gegebene Verzahnungsform konstant und charakteristisch und weder von der Drehzahl n noch von der Baugröße 1 abhängig sind.

Jedoch gewährleistet die gleiche Bedingung nicht die Konstanz des dynamischen Faktors. Die Theorie der dynamischen Zahnbelastungen zeigt, daß diese von der Umfangsgeschwindigkeit des Zahnrades abhängen, d. h. von der Drehzahl und der Baugröße und somit von ihrem Produkt n · l. Aus diesem Grunde wird der dynamische Faktor oft „Geschwindigkeits"-Faktor genannt. Entsprechend dem gegenwärtigen, hauptsächlich empirischen Wissen, könnte der dynamische Faktor der dynamischen Belastung in einem ziemlich weiten Bereich ungefähr als eine Potenz der Umfangsgeschwindigkeit, d. h. des Produktes n · l, ausgedrückt werden [23]. Diese Potenz ist jedoch schwach im Vergleich mit der ersten Potenz der Drehzahl n und erst recht, wenn verglichen mit der dritten Potenz der linearen Baugröße l den Formeln (1 a) oder (1 b).

Alles im allem, in erster, jedoch vernünftiger Näherung scheint die Folgerung gewährleistet zu sein, daß in jeder gegebenen Reihe geometrisch ähnlicher Getriebe die Faktoren C_b und C_1 in den Formeln (1 a) und (1 b) als unabhängig von der Größe und Drehzahl des bestimmten, aus der Reihe ausgewählten Getriebes angesehen werden können.

Was nun die Formel (1 a), in der der Zahnbruch-Faktor $C_b = C_1 \cdot \sigma_b$ den „verborgenen" Faktor σ_b enthält, anbelangt, so müssen wir noch die möglichen Veränderungen der zulässigen Beanspruchung berücksichtigen.

Es ist natürlich, daß sich die zulässige Beanspruchung mit dem zur Verwendung kommenden Zahnwerkstoff sowie seiner metallurgischen und mechanischen Behandlung ändert, jedoch gibt es noch zusätzliche Einflüsse, die eine Einsichtnahme in die Ermüdungsnatur des vorliegenden Problemes notwendig machen. Zuerst wollen wir die einfachen Fälle betrachten, wo die Betriebsbedingungen stationär sind.

Auf der Grundlage dessen, was allgemein über die Ermüdung bekannt ist, sollte eine zulässige Beanspruchung gewählt werden, die in Übereinstimmung mit der geforderten Lebensdauer des Getriebes ist oder, genauer gesagt, in Übereinstimmung mit der Zahl der Eingriffe eines jeden Zahnes des speziellen Zahnrades, welches sich als dem Zahnbruch am zugängigsten erweist.

Entsprechend kann die zulässige Beanspruchung in den ziemlich trivialen Fällen, wo die geforderten Lebensdauern geometrisch verschiedener, jedoch aus dem gleichen Material gefertigter Zahnräder gleich sind, wie sie in der Eingriffszahl oder besser, in der Zahl der Umdrehungen ausgedrückt sind, als gleich für alle Zahnräder ohne Rücksicht auf ihre Drehzahl und Größe angenommen werden. Dies trifft ebenfalls in dem allgemeineren Fall zu, in dem nicht alle geforderten Lebensdauern gleich sind, wo sie jedoch alle die Grenzwechselzahl, in der die Dauerfestigkeit des Materials einsetzt, übersteigen. Abgesehen von einem Sicherheitsfaktor kann dann die zulässige Beanspruchung durchaus als gleich angesehen werden.

Die allgemeinsten Fälle, in denen die geforderten Lebensdauern nicht alle gleich sind und keine oder nicht alle, die Grenzwechselzahl übersteigen, erfordern die folgenden ergänzenden Betrachtungen.

Wenn die Wöhler-Kurve in einem logarithmischen Diagramm in Werten der zulässigen Beanspruchung gegenüber der geforderten Anzahl von Eingriffen aufgetragen wird, stellt sich heraus, daß in dem Bereich, der sich auf die Beanspruchungen bezieht, die höher liegen als die Dauerfestigkeit, die „Kurve" durch eine leicht abfallende Gerade dargestellt werden kann, oder, genauer, durch ein Streuband. Somit ist in dem betreffenden Bereich die zulässige Beanspruchung eine Potenzfunktion der geforderten Eingriffszahl. Wegen der kleinen Potenz dieser Funktion kann, aber in Fällen, wo die geforderten Lebensdauern nicht zu weit voneinander abweichen, in erster Annäherung, der Zahnbruch-Faktor $C_b = C_1 \cdot {}_b$ in Formel (1 a) als von der Drehzahl unabhängig erachtet werden.

Die Nennleistung geometrisch ähnlicher Getriebe, die an entsprechenden Stellen aus den gleichen Werkstoffen gefertigt sind, sowie unter stationären Betriebsbedingungen laufen, ist somit leicht erklärt und bestimmt. Diese Bruch-Nennleistung den Formeln (1 b) oder (1 a).

Wenn jedoch die Veränderlichkeit der Betriebsbedingungen zu berücksichtigen ist, wird es schwieriger, einem Getriebe eine Nennleistung zuzusprechen. Man muß hier im allgemeinen die Veränderungen sowohl der übertragenen Leistung als auch die der Drehzahl während der gesamten Lebensdauer des Zahnrades berücksichtigen.

Dies Problem könnte, durch die Bestimmung einer „äquivalenten Leistung" oder einer „äquivalenten Anzahl der Eingriffe", grundsätzlich mit Hilfe der Methode der „äquivalenten Belastung" oder „äquivalenten Lebensdauer" in Wälzlagern gelöst werden.

Es mag genügen zu erwähnen, daß, vom Standpunkt des Zahnbruchs aus gesehen, z. B. unter veränderlicher Leistungsabnahme bei konstanter Drehzahl die höchste momentan übertragbare Leistung bei einem gegebenen Getriebe höher liegt als die konstante, bei der gleichen Drehzahl übertragbare Leistung, wenn das Zahnrad unter stationären Betriebsbedingungen zu laufen hätte.

Die schließlich erhaltene Folgerung lautet: In erster, jedoch vernünftiger Annäherung ist die Bruch-Grenzleistung bei Getrieben, die zu einer geometrisch ähnlichen Reihe gehören, proportional der Drehzahl und dem Volumen oder Gewicht des betrachteten Getriebes ohne Rücksicht darauf, ob diese Reihe Linien- oder Punktberührung hat. Der Einfluß des Öles kann hier im allgemeinen vollständig unberücksichtigt bleiben, so daß es hier nicht zwingend ist, die vorerwähnte „Reihe" auf eine „Klasse" — wie vorher definiert — zu beschränken, wenn die Reihe allerdings dadurch charakterisiert bleibt, daß an entsprechenden Stellen die gleichen Werkstoffe zur Verwendung gelangen sowie der Veränderlichkeitsgrad der Betriebsbedingungen gleich bleibt.

Die Grübchen-Grenzleistung

Die Grübchenbildung hat mit dem Zahnbruch gemeinsam, daß sie eine Ermüdungserscheinung ist. Im Gegensatz zum Zahnbruch jedoch beschränkt sie sich auf die Zahnflanken. Ein weiterer Unterschied, z. B. bei Stirnrädern, ist, daß die Grübchenbildung in der Nähe des Teilkreises auftritt oder an den Punkten, wo die Teilung der Gesamtlast durch die größte Zahl ineinandergreifender Zahnpaare auf die nächst kleinere Zahl überwechselt.

Was die Zerstörungsfähigkeit anbelangt, ist die Grübchenbildung bei weitem nicht so vernichtend wie Zahnbruch. Bis zu einem gewissen Grad kann Grübchenbildung geduldet werden, besonders in den vielen Fällen, wo sie zum Stehen kommt, so daß sich keine weiteren Grübchen entwickeln. In ihrem Anfangsstadium jedoch wird die Grübchenbildung zu Recht als ein alarmierendes Zeichen angesehen, da es sehr schwer verauszusagen ist, ob sie zum Stehen kommen oder fortschreiten wird. Die Grübchen können ja Risse hervorrufen, die nicht nur dem Zahnbruch Vorschub leisten, sondern auch wirklich zum Zahnbruch führen können, wenn nach fortgesetzter Laufzeit sich die Grübchenbildung als fortschreitend erweist.

Jandasek [15] war vielleicht der erste, der darauf hinwies, daß die Grübchenbildung auf Wechsel-Beanspruchungen des Zahnwerkstoffes in der Nähe der Berührungsfläche, die sich zwischen einem Paar ineinandergreifender Zähne fortbewegt, zurückzuführen ist. Er führte die Hypothese ein, daß die maximale Kontakt-Druckspannung, nach der wohlbekannten Hertzschen Theorie der elastischen Berührung zwischen gekrümmten Körpern berechnet, als Kennwert angesehen werden könne.

Diese Hypothese wurde verfeinert, besonders von Buckingham [10] um der Tatsache Rechnung zu tragen, daß die Grübchenbildung, genau wie andere Ermüdungserscheinungen, durch eine Entwicklungs- oder Inkubationsperiode gekennzeichnet wird. Folglich, genau wie beim Zahnbruch, wird gegenwärtig den Wöhler-Diagrammen viel Bedeutung zugemessen, von denen die zur Anregung der Grübchenbildung notwendige Inkubationsperiode, ausgedrückt als Anzahl der Zahneingriffe, als eine Funktion des maximalen Kontaktdruckes abgelesen werden kann.

Bei der Aufstellung des Wöhler-Diagrammes für Grübchenbildung sind mehr Variable zu berücksichtigen als dies bei den Wöhler-Diagrammen für Zahnbruch notwendig ist. Es ist z. B. bekannt, daß das reine Wälzen, wie es an den Wälzkreispunkten der Zahnflanken von Stirnrädern auftritt, andere Wirkungen hat als die verschiedenen Gleit-Wälz-Kombinationen, die an anderen Stellen dieser Zahnflanken auftreten.

Das Öl hat ebenfalls einen Einfluß auf die Grübchenbildung. Obgleich die Gründe noch nicht voll verständlich sind, scheint eine Erhöhung der Viskosität in der Regel die Tendenz zur Grübchenbildung etwas herabzusetzen, wohingegen wenigstens bestimmte Arten Höchstdrucköle (EP-Öle) diese einigermaßen fördern.

Bevor nun weitere Einzelheiten der Grübchenbildung besprochen werden, wollen wir zuerst eine Formel ableiten, welche die Grübchen-Grenzleistung Ng ausdrückt, die der übertragbaren Leistung durch die Grübchenbildung auferlegt wird.

Wenn man von der Form, in welcher Buckingham obenerwähnte Theorie der Grübchenbildung ausdrückte, ausgeht, kann gezeigt werden, daß, wenn man geometrisch ähnliche Getriebe mit verschiedenen Baugrößen l und verschiedenen Drehzahlen n vergleicht, die gesuchte Grenzleistung durch die Formel

$$N_g = C_g \cdot n l^3 \qquad (2a)$$

ausgedrückt werden kann.

Wir werden später erkennen, daß die Ähnlichkeit im Aufbau zwischen dieser Formel und der Bruch-Formel (1 a) zu bedeutsamen Folgerungen führen wird.

Genauer gesagt wurde herausgefunden, daß der „Grübchen-Faktor" C_g als Produkt eines Formfaktors C_2 und eines Faktors $\sigma^2{}_g/E'$ — in welchem σ_g den zulässigen maximalen Kontaktdruck und E' der „reduzierte" Elastizitätsmodul des Zahnflanken-Materials darstellt — geschrieben werden kann. Dieser Modul ist von der angewandten Mechanik her als auf ebene Formänderungszustände zutreffend bekannt und wird wie folgt definiert

$$1/E' = \tfrac{1}{2}\,[(1-\nu_1^2)/E_1 + (1-\nu_2^2)/E_2]$$

wo E_1 und E_2 die ordentlichen Hookeschen Elastizitätsmodule sind und ν_1 und ν_2 die Poissonschen Querzahlen für die Werkstoffe der sich berührenden Zahnflanken 1 und 2 darstellen.

Entsprechend kann Formel (2a) in der expliziteren und allgemeineren Form

$$N_g = C_2 \cdot (\sigma_g{}^2/E') \cdot nl^3 \qquad (2b)$$

geschrieben werden.

Diese Formel, im Gegensatz zur entsprechenden Formel (1 b) für Zahnbruch, kann nicht einzig und allein durch ähnlichkeitstheoretische Methoden abgeleitet werden. Der Grund hierfür liegt in der Tatsache, daß für die Kontaktdrücke (Flankenpressungen) die Zahnflanken nicht als ein „lineares" Gebilde betrachtet werden dürfen; folglich müssen die elastischen Eigenschaften des Materials als eine zusätzliche Variable eingeführt werden, nämlich E'.

Es ist bemerkenswert, daß die Formeln (2a) und (2b) genau so wie (1 a) und (1 b) als in der gleichen Weise zutreffend für Getriebe mit Linien- sowie Punktberührung gezeigt werden können.

Weiterhin enthält der Faktor C_2 in Formel (2b) mehrere „verborgene" Faktoren. Einer von ihnen betrifft die Verzahnungform, d. h. nach Jandasek's Hypothese, für eine vorgegebene Getriebeklasse das Verhältnis der Krümmungsradien der ineinandergreifenden zwei Zähne in der zu betrachtenden Eingriffsstellung.

Nun, dieses Verhältnis hängt nur von dem Verzahnungssystem und dem vorgeschriebenen Übersetzungsverhältnis ab. Bei einem evolventen Verzahnungssystem mit gegebenem Eingriffswinkel zum Beispiel hängt es nicht von dem für die Zähne gewählten Modul ab. Das bedeutet, daß, in vernünftiger Annäherung, die Formeln (2a) und (2b), im Gegensatz zu den Bruch-Formeln (1 a) und (1 b), ebenfalls angewendet werden können, wenn Getriebe verglichen werden, die zwar verwandt, jedoch dadurch nicht völlig geometrisch ähnlich sind, daß ihre Zahnmodule nicht proportional ihrer linearen Baugröße l sind. Mit anderen Worten, bei einem gegebenen Zahnwerkstoff und gegebenem Übersetzungsverhältnis sind es hauptsächlich die Hauptmaße oder, genauer gesagt, das Volumen des Teilkreis-Zylinders oder -Kegels, die die Grübchen-Grenzleistung N_g bestimmen. Es folgt weiterhin daraus, daß, wieder einmal im Gegensatz zum Zahnbruch, nicht viel gegen die Grübchenbildung unternommen werden kann dadurch, daß von einem Getriebe mit fixen Hauptmaßen auf einen größeren Zahnmodul, d. h. zu einer kleineren Zahl „stärkerer" Zähne übergewechselt wird.

Somit ist eine vollständige geometrische Ähnlichkeit für ungefähre Anwendbarkeit der Formeln (2a) und (2b) nicht erforderlich. Der einschlägige Annäherungsgrad kann genauer und im einzelnen dadurch festgestellt werden, daß die anderen verborgenen Faktoren in Faktor C_2 der Formel (2b) berücksichtigt werden. Nun sollen aber diese Faktoren bei der Grübchenbildung mit denen beim Zahnbruch verglichen werden.

In jedem gegebenen Getriebe werden der Lastverteilungs-Faktor und der dynamische Faktor mit der Eingriffsstellung variieren. Nun werden die Werte dieser Faktoren im allgemeinen im Fall von Grübchenbildung verschieden gegenüber denen beim Zahnbruch sein, weil die gefährlichsten Eingriffsstellungen vom Standpunkt der Grübchenbildung in der Regel nicht identisch mit denen vom Standpunkt des Zahnbruchs sind. Im übrigen wären die beiden Faktoren in beiden Problemen von gleicher Natur. Bei der Grübchenbildung kann der Lastverteilungs-Faktor ebenso gut als Formfaktor angesprochen werden. Der dynamische Faktor im Fall von Grübchenbildung kann wieder als annähernd eine Potenzfunktion der Umfangsgeschwindigkeit und somit des Produktes $n \cdot l$ angesehen werden, ähnlich wie es der Fall beim Zahnbruch ist.

In Verbindung mit der Grübchenbildung ist die Kerbwirkung nicht mehr mit der Zahnfußabrundung verbunden, sondern eher mit der Ungleichförmigkeit der Lastverteilung über die Zahnflankenbreite und mit der Rauhigkeit der Zahnflanken. Jedoch kann der Kerb-Faktor wieder als Formfaktor betrachtet werden.

Alles in allem erscheint es als annehmbar, in erster, jedoch vernünftiger Annäherung, daß der Grübchen-Faktor C_2 in Formel (2b) als konstanter Kennwert für die Verzahnungsform der betrachteten Getriebereihe angesehen wird, sowie als unabhängig von der Baugröße und Drehzahl der der Reihe zugehörigen Getriebe. In dieser Beziehung unterscheidet er sich nicht vom Bruch-Faktor C_1 in der Formel (1b).

Es ist jetzt wohl verständlich, daß bei Verwendung der Formel (2b) für den Vergleich von Getrieben mit verwandter, jedoch nicht gleicher Verzahnungsform, einige Sorgfalt geübt werden sollte. Wenn z. B. in einem von zwei verwandten Getrieben das Verhältnis zwischen Zahnmodul und irgendeinem Hauptmaß nicht identisch ist mit dem des anderen, werden die beiden C_2-Werte wohl verschieden sein. Der Grund ist, daß die Verschiedenheit im betreffenden Verhältnis Unterschiede bei den Kerb-, dynamischen und Lastverteilungs-Faktoren zustande bringen. Es wird jedoch erwartet, daß im allgemeinen solche Unterschiede verhältnismäßig nicht sehr groß sind.

Die Ähnlichkeit im Aufbau der Formeln (1a) und (2a) erlaubt die folgende Folgerung, in welcher eine „Klasse" von Getrieben wie oben definiert ist. Wenn sich bei einem einzelnen Getriebe einer gegebenen Klasse Grübchenbildung, anstatt Zahnbruch, als der die übertragbare Leistung begrenzende Faktor erweist, dann wird dies auch für jedes andere Getriebe, ohne Rücksicht auf seine Baugröße und Drehzahl, zutreffen, welches zur gleichen Klasse gehört.

Wenn man die erweiterten Formeln (1b) und (2b) vergleicht, kann man noch zu einer anderen Folgerung kommen. Diese Formeln unterscheiden sich in der Hinsicht, daß die Formel (1a) für die Bruch-Grenzleistung keine elastischen Eigenschaften des Zahnmaterials einschließt, wohingegen die Formel (2b) für die Grübchen-Grenzleistung diese Eigenschaften in Form des reduzierten Elastizitätsmodules E′ berücksichtigt. Dieser besondere Unterschied ist nicht so sehr wichtig, da die Werte von E' bei den gebräuchlichen Zahnwerkstoffen nicht weit auseinandergehen und bestimmt nicht bei den gebräuchlichsten Stählen.

Eine beträchtliche Bedeutung kann jedoch dem anderen Unterschied beigemessen werden, nämlich dem, daß Formel (1b) eine Proportionalität mit der zulässigen Beanspruchung σ_b selbst ausdrückt, wogegen in Formel (2b) eine Proportionalität mit dem Quadrat σ_g^2 der zulässigen Beanspruchung σ_g besteht. Wenn in Rechnung gezogen wird, daß beide, σ_b und σ_g, ungefähr proportionale Festigkeitsmaße wie Bruchfestigkeit oder Härte sind, werden wir zu folgendem Schluß geführt.

Bei Getrieben einer gegebenen Verzahnungsform, unabhängig davon, ob sie Linien- oder Punktberührung haben, bringt der Wechsel zu einem stärkeren Material für die Grübchen-Grenzleistung ein viel schnelleres Ansteigen als für die Bruch-Grenzleistung.

Die Folgerung bedingt, zum wenigsten im Prinzip, daß der Getriebekonstrukteur bei Verwendung ausreichend starken Zahnwerkstoffes fast immer die Situation vermeiden kann, in welcher die Ausgeglichenheit zwischen Grübchenbildung und Zahnbruch umgeworfen wird dadurch, daß die Grübchenbildung bei zu geringen übertragenen Leistungen auftritt (in einer solchen Situation würde er behindert, die Möglichkeiten, die dem Getriebe vom Standpunkt des Zahnbruches in Bezug auf Gedrängtheit und Leichtigkeit innewohnen, voll zu erschließen).

Da ja die an und in der Nähe der Berührungsfläche auftretenden Spannungen nur die Oberflächenschichten beanspruchen, genügt es, nur das Oberflächenmaterial stärker zu machen, um der Grübchenbildung zu begegnen, während das Kernmaterial des Zahnes unverändert bleiben kann. Jedoch haben die Verfahren der Oberflächenhärtung, von denen Einsatzhärten ein wohl bekanntes Beispiel ist, bestimmte Beschränkungen. Besonders bei Getrieben beträchtlicher Größe kann das unvermeidliche Verziehen der Zahnoberflächen nicht immer so eingeschränkt werden, daß auf korrigierendes Nachschleifen verzichtet werden kann. Zum Beispiel, wenn Schiffsgetriebe der herkömmlichen Bauart und für gewöhnliche Leistungen oberflächengehärtet würden, könnte die Größe beträchtlich herabgesetzt werden. Sie würden jedoch immerhin so sperrig bleiben, daß u. a. auf Grund des Mangels an ausreichend großen Zahnschleifmaschinen die Oberflächenhärtung noch weit davon entfernt wäre, allgemein angewandt werden zu können. Glücklicherweise läßt die gegenwärtige Aufwärtsentwicklung der Umlaufgetriebe für Schiffe der Aussicht Raum, daß die Sperrigkeit der augenblicklichen Schiffsgetriebe wegfallen wird.

Angesichts der Ermüdungsnatur der Grübchenbildung wird die zulässige Beanspruchung σ_g, genau wie die zulässige Beanspruchung σ_b beim Zahnbruch, weiterhin von der Veränderlichkeit der Betriebsbedingungen abhängen. Was im wesentlichen über die Nennleistung in Bezug auf Zahnbruch gesagt wurde, kann auch über die Nennleistung bei Grübchenbildung gesagt werden. Dies ist dadurch zu rechtfertigen, daß die Wöhler-Kurven für Grübchenbildung, wenigstens jene für Zahnwerkstoffe, die nicht sehr hart sind, im wesentlichen die gleichen Merkmale zeigen wie die Wöhler-Kurven für Bruch.

Jedoch ein Unterschied bei Werkstoffen wie z. B. Einsatzstahl besteht darin, daß die Zahnflächen keine Dauerfestigkeit zu haben scheinen. Das heißt, genau wie bei Kugellagerstahl in der Wälzlagerpraxis, daß die zulässige Beanspruchung σ_g als ständig geringer werdend erscheint so wie die Lastwechselzahl erhöht wird. Jedoch führt dieses Merkmal genau wie bei Wälzlagern so lange zu keiner praktischen Konsequenz, wie die Kontaktdrücke so gering gehalten werden, daß die Lastwechselzahl, bei welcher die Zahnflächen zerstört würden, die geforderte Lebensdauer übersteigt.

Die Freß-Grenzleistung

Fressen ist eine weitaus heimtückischere Erscheinung als Zahnbruch und Grübchenbildung, da sie im allgemeinen ganz plötzlich und unerwartet auftritt. Die beiden letzteren Erscheinungen entwickeln sich im allgemeinen allmählich und sind einer gewissen Verzögerung unterzogen; eine Induktionsperiode, die typisch für Ermüdungserscheinungen ist, muß durchlaufen werden, bevor ihre Entwicklung einsetzt. Dadurch können sie in der Regel bei regelmäßiger Inspektion früh genug erkannt werden.

Darüber hinaus tritt das Fressen oft vorzugsweise während der Einlaufzeit eines Getriebes auf. Der Grund hierfür ist, daß Zahnflanken während ihrer Einlaufzeit besonders verwundbar sind, da sie noch keine so große Glätte haben als dies nach sorgfältig durchgeführtem Einlaufen der Fall ist.

Zugestandenermaßen, in Fällen, wo das Fressen noch nicht zu weit fortgeschritten ist, unterscheidet es sich günstig von Zahnbruch und Grübchenbildung dadurch, daß die zerstörten Zahnflächen sich, wenn auf ein ausreichend starkes Höchstdrucköl (EP-Öl) zurückgegriffen wird, bisweilen wieder einigermaßen erholen (glätten) können. Nichtsdestoweniger jedoch bleibt das Fressen eine kritische Erscheinung und sollte mit allen Mitteln vermieden werden.

Das Fressen, ungleich Zahnbruch und Grübchenbildung, wird nicht primär durch mechanische Überbeanspruchung des Zahnmaterials hervorgerufen. Gemäß der ersten, groben Theorien, die jedoch als nicht länger haltbar angesehen werden, sollte es einer mechanischen Überbeanspruchung des Schmierfilms zugeschrieben werden. Dies mag auch den dauernden Gebrauch des irreführenden Ausdrucks „Last"-Tragfähigkeit erklären, der die freßhemmenden Eigenschaften des Öles beschreiben soll. Gegenwärtig jedoch herrscht die Auffassung vor, daß das Fressen einer Art thermischer Überbeanspruchung des Öles zuzuschreiben ist.

Es ist noch genügend Raum für Spekulationen bezüglich des wirklichen Vorgangs des thermischen Zerfalls vorhanden, jedoch erscheinen die bisher verfügbaren Angaben die Hypothese des Verfassers zu rechtfertigen, daß der thermische Zerfall am besten mittels der Höchsttemperatur, die im Bereich der engsten Annäherung der zu schmierenden Oberflächen (Zahnflanken) auftritt, beschrieben werden kann. Bei einfachen Mineralölen ohne Wirkstoffe sind sogar viele Anzeichen [7] für die Richtigkeit einer genaueren Grundvoraussetzung [5] gegeben, die aussagt, daß ein jedes solcher Öle, was seine freßhemmenden Eigenschaften in Bezug auf ein gegebenes Paar reibender Reibflächen betrifft, durch zwei Merkmale charakterisiert werden kann, nämlich Temperatur und Reibungskoeffizient, beide bei einsetzendem Fressen. Nicht zuletzt wird ausgesagt, daß in einem weiten Bereich von Kontaktdrücken und von Geschwindigkeiten der geschmierten Reibflächen die Freßtemperatur unabhängig oder nahezu unabhängig von solchen Drücken und Geschwindigkeiten sein sollte. Die letztere Aussage kann vielleicht bei gewissen EP-Ölen nicht aufrechterhalten werden; jedoch bestehen nur ungenügende Angaben über diese Öle, als daß diese Frage jetzt schon geklärt werden könnte.

Zugegeben, die Mittel der Überprüfung dieser Grundvoraussetzung basieren hauptsächlich auf Berechnungen der Blitztemperaturen [3] der momentanen Temperaturen, die in dem Bereich der engsten Annäherung der Reibflächen durch die Reibungswärme auftreten und der mehr oder weniger beständigen Massetemperatur der reibenden Körper noch hinzuzufügen sind.

Weiterhin, sofern der direkte experimentelle Beweis für die Richtigkeit der theoretischen Berechnungen geführt ist, scheint es, daß dieser auf die thermoelektrischen Messungen des Verfassers an Stirnrädern [4] begrenzt ist. Es ist wahr, daß 1944 eine ähnliche Arbeit von Acker [1] an Schneckenrädern geleistet wurde, jedoch ist diese, auf Grund des Mangels an Messungen der Zahn-Reibungskoeffizienten, nicht ganz für die Überprüfung passend. Die theoretischen Berechnungen haben aber ihren Wert auch bei anderen Anwendungen bewiesen, wie z. B. bei der Bearbeitung und Schweißung von Metallen. Nicht zuletzt stellt das gegenwärtige Berechnungsverfahren ein Stück der Theorie der Wärmeleitung dar und ist somit ein wohl begründeter Zweig der Physik, daß es scheint, daß nur noch wenig Platz für eine ins einzelne gehende Verbesserung dieses Verfahrens übrig ist.

Die Hauptschwierigkeit liegt anderswo, nämlich in der Tatsache, daß Versuche, die Theorie der Blitztemperatur-Berechnungen auf Freßversuche anzuwenden, oft auf Grund der Unzulänglichkeit der zur Auswertung der Theorie notwendigen Angaben scheitern. Zum Beispiel fehlen sehr häufig Angaben über die Koeffizienten der Zahnreibung, ganz besonders bei Getriebeversuchen.

Es mag weiterhin eingewendet werden, daß die Theorie der Blitztemperatur-Berechnungen in Fällen, wo die Behauptung Borsoff's [8 u. 9] und seiner Mitarbeiter zutrifft, d. h. dort, wo ganz oder im wesentlichen hydrodynamische Schmierung angeblich bis zum oder nahe bis zum einsetzenden Fressen vorherrschen würde, nicht anwendbar sei. Zugegeben, ursprünglich wurde die Theorie der Blitztemperatur-Berechnungen [3] für die Grenzschmierung abgeleitet, bei welcher eine enge thermische Berührung der beiden Reibflächen im Bereich ihrer nächsten Annäherung besteht. Es wird angenommen, daß die Durchführbarkeit der thermoelektrischen Meßtechnik, wie sie in den Versuchen des Verfassers [4] Anwendung fand, Beweis genug ist, daß in diesen Versuchen eine enge Berührung und somit im wesentlichen die Grenzschmierung vorherrschte. Es gibt ebenfalls Hinweise aus den oszillographischen Widerstands-Messungen, durchgeführt von Hutt [14] an Getrieben unter ähnlichen Bedingungen wie bei Borsoff, nämlich, daß im wesentlichen die Grenzschmierung schon bei Belastungen vorherrschte, die beträchtlich niedriger waren als jene bei einsetzendem Fressen [25].

Wenn aber Borsoffs Behauptung wahr ist, was seine eigenen und vielleicht sogar viele andere Versuche anbetrifft, kann gezeigt werden, daß die hydrodynamischen

Bedingungen von der Art gewesen sein müssen, daß die Theorie der Blitztemperatur-Berechnungen im wesentlichen noch anwendbar ist.

Tatsächlich müssen bei allen hydrodynamischen Bedingungen, die so schwer sind, daß sie dem einsetzenden Fressen nahe kommen, die Drücke, die in den Ölfilmen zwischen kämmenden Zahnflanken entstehen, so hoch werden, daß eine elastische Abplattung in einem merklichen Ausmaß stattfindet, besonders auf den Zahnflankenteilen, die den Film momentan begrenzen. Darüber hinaus kann gezeigt werden, daß die zwischen der hydrodynamischen Bildung des Filmdrucks und der elastischen Abplattung erhaltene Wechselwirkung so sein sollte, daß die Filmdruck-Verteilung im wesentlichen mit der nach der Hertz'schen Theorie für die elastische und „trockene" Berührung, die im Falle des Nichtvorhandenseins von Öl auftritt, vorausgesagten Druckverteilung identisch ist. Dies bedingt, daß dem Film ein „aktiver Teil" zugesprochen werden kann, und daß die Länge dieses Filmteils mit dem Bereich engster Annäherung indentifiziert werden kann, welcher auf der anderen Seite als übereinstimmend mit dem nichtwirklichen (nur rechnungsmäßigen) Hertz'schen Berührungsbereich angesehen werden kann.

Außerhalb des aktiven Filmteiles kann die hydrodynamische Druckbildung nur sehr wenig zu der Tragfähigkeit des Filmes beitragen. Weiterhin wird praktisch die ganze Reibungswärme auf den aktiven Filmteil, d. h. auf einen Bereich, der mit dem rechnungsmäßigen Hertz'schen Berührungsbereich identisch ist, konzentriert.

Schließlich kann gezeigt werden, daß, wenn man die Hypothese der voll oder wesentlich hydrodynamischen Schmierung unter diesen schweren Bedingungen aufrechterhalten will, die einzig offen gelassene Möglichkeit darin liegt, daß praktisch die gesamte im Film entwickelte Reibungswärme durch die begrenzenden Zahnflanken dem Film entzogen wird, so daß die Bruchzahl der im abfließenden Öl verbleibenden Wärme sehr klein sein würde.

Der Beweis kommt einer „reductio ad absurdum" gleich. Es stellt sich heraus, daß, wenn man von der entgegengesetzten Annahme ausgeht, d. h. von der, daß von den Zahnflanken gar keine Wärme dem Film entzogen wird, folgendes Ergebnis erhalten wird. So lange, wie wir bei der Schätzung der im Film entwickelten Reibungswärme nicht auf außerordentlich niedrigen Reibungskoeffizienten basieren (d. h. nicht geringer als 0,01), sind wir gezwungen zu folgern, daß, auf Grund unserer letzten Annahme und der betrachteten schweren Bedingungen, die Öltemperaturen im Film leicht den Schmelzpunkt von Stahl übersteigen. Nach bestem Wissen des Verfassers jedoch sind Reibungskoeffizienten, die viel kleiner als 0,01 sind, nie gemessen worden, sogar nicht unter wesentlich milderen Betriebsbedingungen.

Vorstehende Folgerung bedeutet, daß bei den errechneten hohen Temperaturen nicht viel von dem Öl übrig bleiben könnte, was als Medium für hydrodynamische Schmierung geeignet wäre. So steht man wieder bei dem Argument, daß praktisch die gesamte Reibungswärme dem Film von den Zahnflanken entzogen wird, und daß dies hauptsächlich in einem Bereich der engsten Annäherung stattfindet, der mit dem Berührungsbereich nach der Hertz'schen Theorie übereinstimmt.

Dieses Argument ist aber genau die Hauptannahme, auf der die Theorie der Blitztemperatur-Berechnungen basiert. Somit bleibt auch diese Theorie unter den betrachteten schweren Schmierungsbedingungen anwendbar ohne Rücksicht darauf, ob es hauptsächlich hydrodynamische oder Grenzschmierung ist, die in den auszuwertenden Versuchen vorherrscht.

Die einzige noch verbleibende Schwierigkeit liegt in der Tatsache, daß bei vollhydrodynamischer Schmierung die Verteilung der Reibungswärme über den Bereich engster Annäherung schwer zu bestimmen ist. Glücklicherweise zeigt die Theorie der Blitztemperatur-Berechnungen an, daß die maximale Blitztemperatur in einem Bereich bekannter Abmessungen und Relativ-Geschwindigkeiten (bezüglich der Reibflächen) vorzugsweise von der entwickelten Gesamtwärme beeinflußt wird, während sie ziemlich unempfindlich gegen die Verteilung dieser Wärme ist. Daher können vernünftige Schätzungen der maximalen Blitztemperatur gemacht werden, sobald der Reibungskoeffizient bekannt ist, ohne Rücksicht, ob es gänzlich oder teilweise Grenz- oder hydrodynamische Schmierung ist, die vorherrscht.

Unglücklicherweise sind weder aus Borsoffs noch aus anderen Getriebe-Freßversuchen, die in der Fachliteratur referiert werden, Angaben über die Reibungskoeffizienten ersichtlich. Im anderen Falle könnten wohl die kritischen Freß-Temperaturen der verschiedenen Öle und vielleicht auch der vorherrschende Schmierungszustand genauer angegeben werden, als sich das bis jetzt als möglich erwiesen hat. Außer einigen groben Temperaturschätzungen bei einsetzendem Fressen [7] ist alles, was in dieser Hinsicht gesagt werden kann, daß bei einfachen Mineralölen ohne Wirkstoffe diese Temperaturen mit der Viskositätsklasse des Öles ansteigen; die Viskositätsklasse wird hier als Viskosität bei einer gewissen Fixtemperatur definiert [17].

Eine andere wichtige Frage, über welche mehr Aufschlüsse sehr wünschenswert wären, ist die des Einflusses, welcher auf Temperaturen und Zahnreibungskoeffizient bei einsetzendem Fressen durch die Zahnflankenwerkstoffe und deren Oberflächenbehandlung und -bearbeitung ausgeübt wird. Einige wertvolle Arbeit ist bereits getan worden, nämlich von Fosberry und Mansion [12], jedoch ist noch Vieles dunkel.

Vorstehende Besprechungen zusammen mit den in einer früheren Veröffentlichung gegebenen Aufschlüssen [9] mögen den Glauben des Autoren rechtfertigen, daß die Theorie der Blitztemperatur-Berechnungen wohl bei der Bestimmung der Temperatur bei einsetzendem Fressen angewandt werden kann, und daß die Grundvoraussetzung bezüglich der Konstanz dieser Temperatur für eine gegebene Kombination von Getriebeöl und Zahnflankenmaterial bestimmt universeller ist — und nicht weniger genau — als irgendeine der Grundvoraussetzungen, die von anderen bis jetzt entwickelt wurden.

Auf dieser Basis wird Formel (9) vorerwähnter Veröffentlichung als ausreichend verläßlich angesehen für den gegenwärtigen Zweck der Bestimmung der Freß-Grenzleistung.

Für Getriebe mit Linienberührung, für welche die einschlägige Formel abgeleitet wurde, lautet sie

$$N_{spez} = F.M.S.\; n^{1/3} d^{2/3} \qquad (3)$$

und folgende Begriffe sind enthalten:

N_{spez} = zulässige „spezifische" Leistung, die sich auf die Breiteeinheit der Zahnflanken bezieht.

F = Formfaktor (in der früheren Veröffentlichung wurde dieser speziell für evolvente Geradzahnstirnräder ausgewertet).

M = $(E'/b^4)^{-1/3}$; dieser Faktor stellt den Einfluß der elastischen Eigenschaften dar (reduzierter Elastizitätsmodul E') sowie den der thermischen Eigenschaften des Zahnflankenwerkstoffes, (b, die „Kontakt-Leitfähigkeit", ist durch $b = (\lambda \varrho c)^{\frac{1}{2}}$ definiert, wo λ die Wärmeleitfähigkeit darstellt, ϱ die Dichte und c die spezifische Wärme pro Masseeinheit, so daß ϱc die spezifische Wärme pro Volumeneinheit darstellt). Es wird darauf hingewiesen, daß in der früheren Veröffentlichung ein Druckfehler bezüglich der Potenz enthalten ist. Es soll nicht 1/3, sondern —1/3 heißen.

S = $[T_f - T_m)/f_f]^{4/3}$, wo T_f die Temperatur und f den Zahnreibungskoeffizienten beim einsetzenden Fressen darstellt; T_m stellt die Massetemperatur des Getriebes dar. Dieser „Freß"-Faktor berücksichtigt die freßhemmenden Eigenschaften der betrachteten Kombination von Öl und Zahnflankenmaterial.

d = Teilkreisdurchmesser des Getrieberades, auf das sich die Drehzahl n bezieht.

Die Formel ist speziell auf den Fall abgestimmt, wo beide Zahnflanken die gleiche Kontaktleitfähigkeit b haben. Jedoch wird die hierin eingeschlossene Beschränkung selten ins Gewicht fallen. Es ist Tatsache, daß Freßprobleme am häufigsten bei Zahnrädern aus Stahl auftreten und sogar in dem Fall, wo für ein Paar kämmender Zahnflanken verschiedene Werkstoffe verwendet wurden, kann für den gegenwärtigen Zweck die verhältnismäßig geringe Differenz in der Kontaktleitfähigkeit, wie sie normalerweise bei harten Stählen auftritt, unberücksichtigt bleiben. Nach alledem könnte auf der Basis der Blitztemperatur-Berechnungen [3. 4. 4] leicht eine allgemeinere Formel für die bezügliche Linienberührung aufgestellt werden. Zum Zwecke der Besprechung des Problemes der Freß-Grenzleistung N_f bei geometrisch ähnlichen Getrieben, die zu einer „Klasse" gehören, wie sie im Abschnitt über die Grübchen-Grenzleistung definiert wurde, kann vorstehende Formel wie folgt neu gefaßt werden:

$$N_f = C_f \cdot n^{1/3}\, l^{5/3}, \tag{3a}$$

wenn berücksichtigt wird, daß N_f, im Gegensatz zu N_{spec}, die gesamtübertragbare Leistung darstellt und l wiederum die lineare Baugröße, d. h. ein charakteristisches Baumaß des speziellen, innerhalb der Klasse betrachteten Getriebes.

Während Formel (3a) sich auf Getriebe mit Linienberührung bezieht, steht für die andere Art, mit Punktberührung, folgende Formel, die ohne Beweis gegeben wird.

$$N'_f = C'_f \cdot l \tag{4}$$

Die Formeln (3a) und (4) unterscheiden sich merklich im Aufbau, bemerkenswerterweise in den Potenzen von n und l, von der Zahnbruchformel (1a) und der Formel für Grübchenbildung (2a) z. B. fehlt in Formel (4) die Drehzahl ganz, da ihre Potenz sich als Null erweist (dieses Ergebnis wurde schon von Kelley, [16], erwähnt). Die wichtigen, daraus entstehenden Konsequenzen bilden den Hauptgegenstand des Kapitels II.

Es soll hier die Frage besprochen werden, warum und bis zu welchem Ausmaß die Faktoren C_f oder C'_f in den Formeln (3a) und (4) von der Drehzahl n und der Baugröße l abhängig sind. Dies ist gerechtfertigt, da ja Formel (3) sich auf eine spezifische Leistung bezieht, die momentan pro Breiteeinheit bei einer bestimmten momentanen Eingriffsstellung übertragen wird, während die Formeln (3a) und (4) sich auf die gesuchte Durchschnittsleistung beziehen, d. h. auf N_f und N'_f, die als zeitlich im Durchschnitt berechnet während einer oder mehrerer vollständigen Umdrehungen und über die Gesamtbreite aller kämmenden Zahnpaare übertragen wird. Daher sollten wir die Faktoren C_f und C'_f so ansehen, daß sie die Faktoren der Lastverteilung, Kerbwirkung und dynamischen Belastung als „verborgene" Faktoren einschließen.

Im allgemeinen tritt das Fressen an den Zahnköpfen und/oder Zahnfüßen auf, d. h. an Punkten und somit bei Eingriffsstellungen, die sich von denen, wo Zahnbruch und Grübchenbildung auftritt, unterscheiden. Folglich werden sich die Werte der vorerwähnten „verborgenen" Faktoren auch von denen, die bei Zahnbruch und Grübchenbildung erhalten werden, unterscheiden. Jedoch bleibt es wahr, daß die Lastverteilungs- und Kerb-Faktoren als Formfaktoren verstanden werden können und daß der dynamische Faktor ungefähr eine Potenzfunktion — eine ziemlich „schwache" Potenzfunktion — der Umfangsgeschwindigkeit und somit des Produktes $n \cdot l$ ist. Daher können innerhalb einer gegebenen „Klasse" von Getrieben die Faktoren C_f und C'_f als von der Geschwindigkeit n und Baugröße l des Getriebes dieser Klasse bestimmt angesehen werden.

Nun kann Formel (3a) in der ausführlicheren Form neu gefaßt werden

$$N_f = C_3 \cdot (b^4/E')^{1/3} \, [(T_f - T_m)/f_f]^{4/3} \cdot n^{1/3} \, l^{5/3} \qquad (3b)$$

Formfaktor C_3 enthält nun die „verborgenen" Faktoren ebenso gut wie vorerwähnter Formfaktor F.

Die weitere Besprechung werden wir auf Getriebe mit Linienberührung beschränken und deshalb darauf verzichten, Formel (4) für Getriebe mit Punktberührung in einer ausführlicheren Form neu zu fassen.

Der Einfluß der Veränderlichkeit der Betriebsbedingungen auf die Nennleistung eines gegebenen Getriebes ist im Fall von Fressen ausgeprägter als im Fall von Zahnbruch oder Grübchenbildung.

Bei den letzten zwei Erscheinungen können die Leistungen (Zahnbelastungen), die, im Vergleich mit den im Durchschnitt während der Lebensdauer des Getriebes zulässigen, verhältnismäßig hoch sind, zeitweilig ungestraft aufrecht erhalten werden, vorausgesetzt, daß ihre Dauer eine nicht zu große Bruchzahl der insgesamt geforderten Lebensdauer ist. Dies ist in dem Sinne wahr, als sie nicht unbedingt sofortige Zerstörung zu verursachen brauchen. Der Grund ist, daß dem Werkstoff eine bestimmte Reserve der bedingten mechanischen Ermüdungs-Anstrengung gegenüber innewohnt, da Zahnbruch und Grübchenbildung Ermüdungserscheinungen sind. Nur wenn die Reserve erschöpft ist durch die Anhäufung angemessener Anstrengung im Laufe der Zeit, d. h. nach einer gewissen Induktionsperiode, wird Zahnbruch oder Grübchenbildung einsetzen.

Das Fressen ist aber auf eine thermische Anstrengung zurückzuführen, hauptsächlich des Öles, und es gibt keine Reserve, von der diese Art Anstrengung aufgenommen werden könnte. Zugegeben, eine andere Art Reserve besteht in dem Spielraum zwischen Massetemperatur T_m des Getriebes und der Temperatur T_f bei einsetzendem Fressen, innerhalb welcher die Blitztemperatur auftreten kann. Dieser Spielraum $T_m - T_f$ erscheint in der Formel (3b) für die Freß-Grenzleistung. Jedoch stellt sich die Blitztemperatur so schnell, im Bruchteil einer Millisekunde, auf mögliche Schwankungen in Belastung und Drehzahl ein, daß praktisch keine Verzögerung eintritt.

Entsprechend setzt das Fressen praktisch unmittelbar ein, nachdem eine gefährliche Kombination von Betriebsbedingungen erreicht ist.

Vorstehende Betrachtungen bedingen, daß eine gegebene Zunahme der Veränderlichkeit der Betriebsbedingungen die Nennleistung bezüglich Fressen weit mehr herabsetzt als bezüglich Zahnbruch und Grübchenbildung. Dies ist ein Hauptgrund dafür, daß dem Freßproblem und somit der Ölwahl große Aufmerksamkeit geschenkt werden muß, wenn Getriebe konstruiert und ihnen Nennleistungen zugesprochen werden; dies trifft ganz besonders zu, wenn die Betriebsbedingungen, wie bei Kraftfahrzeuggetrieben, sehr stark veränderlich sind.

Die kritische Drehzahl eines Einzelgetriebes und die kritische Baugröße und kritische Leistung von Getriebeklassen

Es wird nun gezeigt, in allgemeiner Form, auf welche Weise es möglich ist, für verschiedene Getriebearten und Betriebsbedingungen vorauszusagen, wo und wann Fälle auftreten, in welchen Reinmineralöle (ohne Wirkstoffe) nutzbringend durch Höchstdrucköle (EP-Öle) ersetzt werden können. Dies sind die Fälle, in welchen bei den Mineralölen das Fressen schon bei Leistungen auftritt, die kleiner — manchmal viel kleiner — sind, als die vom Standpunkt des Zahnbruchs oder der Grübchenbildung aus zulässigen. Ein hervorstechendes Beispiel liefern die Hypoidgetriebe besonders dann, wenn sie hoch veränderlichen Betriebsbedingungen unterworfen sind, wie es in ihrem größten Anwendungsbereich, den Kraftfahrzeugen, der Fall ist.

Es soll zuerst der Fall untersucht werden, wo Zahnbruch kritischer ist als Grübchenbildung (vergleiche Abschnitt „Grübchen-Grenzleistung"). Durch Kombination der passenden Formeln (1a) und (3a) ist zu erkennen, daß, wenn die Bedingung

$$n l^2 = (C_f/C_b)^{3/2} \qquad (5)$$

erfüllt ist, die Freß-Grenzleistung N_f gleich der Bruch-Grenzleistung N_b wird.

In einem Einzelgetriebe, in welchem natürlich der Zahnbruchfaktor C_b und das charakteristische Baumaß l bekannt sind, gibt es, entsprechend Bedingung (5), eine kritische Drehzahl n_{krit}, welche von dem Freßfaktor C_f und somit von den freßhemmenden Eigenschaften des Öles (siehe Formel (3b)) ausgedrückt, durch $[(T_f - T_m)/f_f]^{4/3}$, abhängig ist. Die kritische Drehzahl ist

$$n_{krit,\,g} = (C_f/C_b)^{3/2} \cdot l^{-2} \qquad (6)$$

und somit $[(T_f - T_m)/f_f]^2$ proportional. Das bedeutet, daß das Überwechseln auf ein Öl mit besseren freßhemmenden Eigenschaften einen merklichen Anstieg der kritischen Drehzahl zustandebringt.

Die Bedeutung einer kritischen Drehzahl eines Einzelgetriebes kann am besten durch ein Diagramm illustriert werden, in welchem der Logarithmus der Bruch-Grenzleistung N_b und der Logarithmus der Freß-Grenzleistung N_f dem Logarithmus der Drehzahl n gegenübergestellt sind. Da, entsprechend den Formeln (1a) und (3a), die Beziehung zwischen N_b und n und die zwischen N_f und n Potenzfunktionen sind, erscheinen sie im logarithmischen Netz (siehe Bild 1) als gerade Linien, „Zahnbruchlinie" und „Freßlinie".

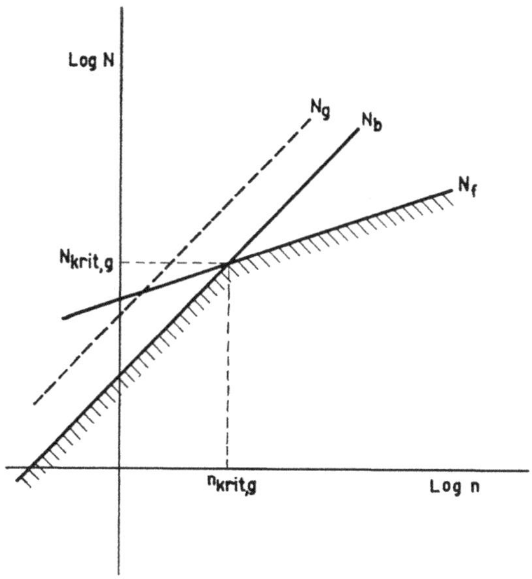

Bild 1: Sicherer Betriebsbereich, kritische Drehzahl und kritische Leistung eines Einzelgetriebes

Da die beiden Linien verschiedene Neigungen haben, schneiden sie sich, und zwar an einem Punkt, der die charakteristische Betriebsbedingung darstellt, unter der das Getriebe die Bruch-Grenzleistung bei einer charakteristischen kritischen Drehzahl, $n = n_{krit,\,g}$, überträgt, bei welcher diese Leistung gerade der Freß-Grenzleistung gleichkommt. Die obere Grenze des sicheren Betriebsbereiches ist durch die schraffierte, geknickte Linie in Bild 1 dargestellt.

Es ist ersichtlich, daß oberhalb der kritischen Drehzahl das Fressen kritischer ist als Zahnburch, da ja diese den Benutzer davon abhält, das Getriebe bis zur Zahnbruchleistung zu belasten, d. h. davon voll die Möglichkeiten in Bezug auf Zahnbruch auszunutzen. Mit dem Rückgriff auf ein Öl mit besseren freßhemmenden Eigenschaften nun kann eine solche Situation erleichtert werden; dann wird wegen des Anstiegs des Freßfaktors C_f (siehe Formel (3a)) die Freßlinie in

Bild 1 nach oben verschoben, sich selbst parallel, und das Ergebnis ist, daß die kritische Drehzahl erhöht wird (vergleiche Formel (6)). Wenn nie von dem Getriebe verlangt wird, daß seine Drehzahl über ihren kritischen Wert hinaus erhöht wird (wie sie durch das benutzte oder in Aussicht genommene Öl bestimmt ist), besteht kein Grund, auf ein Öl mit besseren freßhemmenden Eigenschaften überzuwechseln.

Verschiedene andere Folgerungen können noch aus diesem Diagramm und den passenden Formeln gezogen werden. Wenn z. B. ein gegebenes Getriebe unter Betriebsbedingungen laufen muß, die veränderlicher sind als ursprünglich vorgesehen, kann die Zahnbruchlinie in Bild 1 nach oben verschoben werden, die Freßlinie jedoch nicht. Falls N in Bild 1 nicht die zulässige Maximalleistung sondern die im Zeitdurchschnitt zulässige Leistung darstellen soll, soll die Freßlinie sogar nach unten verschoben werden.

Das Ergebnis jeder der beiden Verschiebungen ist, daß sich die kritische Drehzahl verringert, was in einem Ausmaß auftreten kann, daß bessere freßhemmende Eigenschaften erforderlich werden.

Schließlich folgt die Leistung $N_{krit,\,g}$, charakteristisch für das Getriebe bei seiner kritischen Drehzahl (s. Bild 1), durch Austausch gegen $n_{krit,\,g}$ aus Formel (6) in einer der beiden Formeln (1 a) oder (3 a), nämlich

$$N_{krit,\,g} = (C^3_f/C_b)^{1/2} \cdot l \tag{7}$$

Genau wie die kritische Drehzahl wird auch die für ein Einzelgetriebe kritische Leistung, die, wie wir gesehen haben, von C_f und C_b abhängt, durch das ausgewählte Öl und die Veränderlichkeit der Betriebsbedingungen beeinflußt.

Die vorstehenden Betrachtungen sollen nun auf eine ganze „Klasse" von Getrieben ausgedehnt werden; das ist eine Reihe geometrisch ähnlicher Getriebe, die an entsprechenden Stellen aus den gleichen Werkstoffen hergestellt sind, alle mit dem gleichen Öl geschmiert werden und alle unter dem gleichen Veränderlichkeitsgrad der Betriebsbedingungen laufen. In einer solchen „Klasse" kann ein bestimmtes Getriebe durch ein charakteristisches Baumaß, seine lineare Baugröße l, definiert werden. Wieder findet Formel (6) Anwendung und es folgt, daß bei jeder gegebenen Drehzahl n eine kritische Getriebe-Baugröße besteht:

$$l_{krit} = (C_f/C_b)^{3/4} \cdot n^{-1/2} \tag{8}$$

bei welcher die Freß-Grenzleistung der Bruch-Grenzleistung gleichkommt.
Da die Formeln (6) und (8) auf den Formeln (1 a) und (3 a) basieren, können wir die gegenseitige Beziehung zwischen Freß-Grenzleistung N_f oder Bruch-Grenzleistung N_b auf der einen Seite und der Baugröße l auf der anderen vermittels des logarithmischen Diagramms (Bild 2) im einzelnen studieren.

Gemäß den Formeln (1 a) und (3 a) haben die Zahnbruchlinie und die Freßlinie verschiedene Neigungen und somit schneiden sie sich an einem Punkt, der jene Baugröße des betreffenden Getriebes einer gegebenen Klasse darstellt, bei welchem, unter gegebener Drehzahl, die Freß-Grenzleistung der Bruch-Grenzleistung gleich wird. Die obere Grenze des Bereiches der sicheren Betriebsbedingungen ist in Bild 2 durch eine schraffierte, geknickte Linie gekennzeichnet.

Wir sehen, daß oberhalb der kritischen Größe l_{krit} das Fressen kritischer als Zahnbruch ist. Tatsächlich wird in diesem Bereich der verhältnismäßig großen Baugrößen der Getriebekonstrukteur (bei vorgegebener Drehzahl und solange er bei der betreffenden Klasse bleibt) durch das Fressen daran gehindert, die der Klasse vom Standpunkt des Zahnbruchs innewohnenden Möglichkeiten bezüglich Gedrängtheit und Leichtigkeit voll auszunutzen. Wiederum kann diese Beschränkung durch Einführung eines Öles mit besseren freßhemmenden Eigenschaften erleichtert werden. Jedoch kann dies auch dadurch erreicht werden, daß man auf Getriebe mit einer Verzahnungsform und/oder aus einem Werkstoff, deren Verwendung zu einer weniger großen Freß-Empfindlichkeit des Getriebes führen würde, zurückgreift.

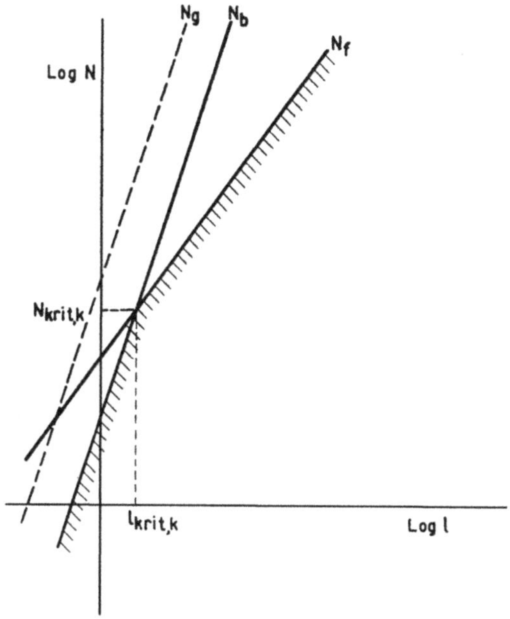

Bild 2: Sicherer Betriebsbereich, kritische Größe und kritische Leistung der Getriebe einer gegebenen „Klasse", die alle bei gleicher Drehzahl laufen

Wenn die kritische Baugröße in Formel (8) entweder in Formel (1 a) oder (3 a) eingesetzt wird, sehen wir, daß sie einer kritischen Leistung N_{krit}, entspricht, die sich auf die entsprechende Klasse K bezieht.

$$N_{krit,\,k} = (C_f^9/C_b^5)^{1/4} \cdot n^{-1/2} \qquad (9)$$

Wir sehen, daß die kritische Baugröße und die kritische Leistung einer Klasse mit steigender Drehzahl n fällt. Wenn wir uns weiterhin die Definition des Zahnbruchfaktors C_b (vgl. Formeln (3 a) und (3 b)) ins Gedächtnis zurückrufen, stellen wir fest, daß die kritische Baugröße proportional $(T_f - T_m)f_f$ ist, wohingegen die kritische Leistung proportional der 3. Potenz dieses Ausdrucks ist. Hieraus ist der merkliche Einfluß einer Verbesserung der freßhemmenden Eigenschaften auf die kritische Leistung deutlich erkennbar.

Genau wie in Bild 1 können auch in Bild 2 die Wirkungen der Änderungen in Faktoren, die die Freß-Grenzleistung und Bruch-Grenzleistung beeinflussen, durch Betrachtung der entsprechenden parallelen Verschiebungen der betreffenden Linien bequem studiert werden. Auf diese Art zum Beispiel kann man verstehen, wieso bei Hypoidgetrieben, besonders bei solchen, die im Fahrzeugbau unter hoch veränderlichen Betriebsbedingungen laufen, EP-Öle sich als nützlich erweisen bei Leistungen und Baugrößen, die weit unter denen der Schiffsgetriebe liegen, welche unter konstanteren Betriebsbedingungen laufen.

Die Gesamtwirkungen der gleichzeitigen Änderungen von Baugröße und Drehzahl innerhalb einer gegebenen Klasse können mittels der passenden Formeln oder, was noch geeigneter ist, mittels Kombination der beiden Diagramme (Bild 1 u. 2) studiert werden. Die Kombination hat ein ganz allgemeines Diagramm zum Ergebnis. Das kombinierte Diagramm ist ein dreidimensionales, und wenn es wiederum logarithmisch ausgelegt wird, sind sowohl die Bruch-Grenzleistung wie auch die Freß-Grenzleistung, als Funktionen der Drehzahl und der Größe, mittels ihrer eigenen, schrägen Ebene darstellbar. Die Schnittlinie dieser Ebenen gibt die kritische Drehzahl bei den verschiedenen zu betrachtenden Baugrößen oder, umgekehrt, die kritische Baugröße bei verschiedenen Drehzahlen an.

Eine andere, der dreidimensionalen gleichwertige Darstellungsweise bekommt man, wenn sowohl die N_b (oder N_g) -Kurve wie auch die N_f-Kurve in dem Bild 2 zu einer ganzen Schar solcher Kurven, mit der Drehzahl n als Parameter, erweitert wird. Es läuft im Prinzip auf dasselbe hinaus, wenn man Bild 1 auf derartige Weise mit der Baugröße l statt der Drehzahl n als Parameter ergänzt.

Sollte es sich herausstellen, daß in einer gegebenen Getriebeklasse die Grübchenbildung kritischer als Zahnbruch ist, treffen ähnliche Betrachtungen als die vorerwähnten zu. Vermöge der Ähnlichkeit im Aufbau der Formel (1 a) für die Bruch-Grenzleistung und der Formel (2a) für die Grübchen-Grenzleistung genügt es, in den vorstehenden Formeln (5) — (9) und Diagrammen, N_b durch N_g und C_b durch C_g zu ersetzen.

Zusammenfassung

In einer früheren Niederschrift aus dem Jahre 1951 [7] hat der Verfasser gezeigt, wie die Grenze, die der übertragbaren Leistung bei Getrieben mit Linienberührung durch die Freßgefahr auferlegt ist, von der Drehzahl und Baugröße des einzelnen zu betrachtenden Getriebes beeinflußt wird, ebenso wie durch die dem Fressen entgegenwirkenden Eigenschaften des Öles in Bezug auf das Material der zu schmierenden Zahnflanken (Formel 9). Die gegenwärtige Niederschrift stellt somit eine logische Fortsetzung der früheren insofern dar, als sie darauf hinzielt, nicht nur für ein einzelnes Getriebe, sondern auch für eine Reihe geometrisch ähnlicher, jedoch in ihrer Größe verschiedener Getriebe darzustellen, unter welchen Umständen die betreffende Grenze vom Standpunkt des Getriebekonstrukteurs aus kritisch wird, d. h. unter welchen Umständen diese „Freß-Grenzleistung" geringer wird als die durch Zahnbruch und Grübchenbildung auferlegten Grenzen. Solche Umstände bedeuten für den Getriebekonstrukteur eine Einschränkung bei seinem

Versuch, das Getriebe so gedrängt und leicht zu konstruieren, wie er es für wirtschaftlich gerechtfertigt hält, und darüber hinaus so, daß es, vom Standpunkt des Zahnbruchs aus gesehen, als sicher angesprochen werden kann. Der Zahnbruch stellt ein unüberwindliches Hindernis dar, an welches er der Natur der Sache nach aber so nahe wie möglich vorzustoßen versucht.

Der Getriebekonstrukteur wird jedoch in seinen Versuchen gehemmt sein und sich wohl empfänglich für die Klage der Überdimensionierung fühlen, wenn sich die Situation ergibt, daß sich die „Freß-Grenzleistung" kleiner als die „Bruch-Grenzleistung" erweist. Auf Grund gegenwärtiger Richtungen in der Getriebekonstruktion tritt eine solche Situation zunehmend auf. Deshalb dürfte dieser Vortrag wohl zu einem günstigen Zeitpunkt gehalten werden.

Das mögliche Auftreten anderer Verschleißarten als Fressen oder Grübchenbildung ist in diesem Vortrag nicht eingeschlossen. Erstens ist über solche Verschleißarten zu wenig bekannt, als daß eine fruchtbare Diskussion hierüber geführt werden könnte, und nicht zuletzt würden sie als weitaus weniger kritisch erscheinen als Fressen und Grübchenbildung.

Die durch die Ausbreitung der Reibungswärme vom Getriebekasten auf seine Umgebung bedingte Leistungsbegrenzung ist ebenfalls nicht behandelt worden, da eine solche wenigstens grundsätzlich dadurch beseitigt werden kann, daß man auf eine künstlich verstärkte Kühlmethode zurückgreift.

Folgerungen

1. In erster, jedoch vernünftiger Annäherung sind die Grenzen, die der übertragbaren Leistung eines Getriebes, welches zu einer Reihe geometrisch ähnlicher Getriebe gehört, durch Grübchenbildung und Fressen auferlegt sind, proportional der Drehzahl und dem Volumen bzw. Gewicht, ohne Rücksicht darauf, ob die Zahnräder dieser Reihe Linien- oder Punktberührung haben. Charakteristisch für die Reihe ist ebenfalls die Verwendung des gleichen Werkstoffes an entsprechenden Stellen sowie der gleiche Veränderlichkeitsgrad der Betriebsbedingungen.

2. Wenn bei einem einzelnen Zahnrad einer Reihe, wie oben definiert, die Grübchenbildung anstatt Zahnbruch sich als der Begrenzungsfaktor erweist, dann schließt die Folgerung 1 ein, daß dies auch bei jedem anderen Zahnrad dieser Reihe der Fall ist, ohne Rücksicht auf seine Baugröße und Drehzahl.

3. Öle wurden in Folgerung Nr. 1 nicht erwähnt, da sie im Vergleich mit den anderen angeführten Faktoren nur einen geringfügigen Einfluß auf die Grübchenbildung ausüben. Was den Zahnbruch anbetrifft, so kann hierbei das Öl in der Regel gänzlich außer acht gelassen werden.

4. Auf Grund des Merkmales, daß bei einer gegebenen Drehzahl die Freß-Grenzleistung proportional einer Potenz der linearen Baugröße gesetzt werden kann die Potenz $^{5}/_{3}$ für Getriebe mit Linienberührung und die Potenz eins für Getriebe mit Punktberührung, die kleiner ist als die Potenz drei (Volumen) der Folgerung Nr. 1, kann jeder Reihe eine kritische Baugröße zugesprochen werden, wie in

Folgerung Nr. 1 definiert ist. Die „kritische Bau-Größe" ist hier als die Baugröße zu verstehen, charakteristisch für die betreffende Reihe, über welche hinaus Fressen schon auftreten wird, bei Leistungen, die kleiner sind als die Bruch- und Grübchen-Grenzleistung.

5. Die Existenz einer kritischen Baugröße hat zur Folge, daß bei Übertragung von Leistungen — die Baugrößen entsprechend größer als die kritische Baugröße der ausgewählten Reihe — die Möglichkeiten bezüglich Gedrängtheit und Leichtigkeit, die dieser Reihe vom Standpunkt des Zahnbruches oder der Grübchenbildung aus innewohnen, nicht voll ausgenutzt werden können.

6. Die kritische Baugröße kann merklich variieren, nicht nur zwischen verschiedenen Getriebearten, sondern auch bei einer gegebenen Getriebeform in Bezug auf Faktoren wie Zahnwerkstoff, Veränderlichkeit der Betriebsbedingungen und — nicht zu vergessen — freßhemmende Eigenschaften des Öles unter Berücksichtigung der zu schmierenden Zahnflächen. Nur zwei, ziemlich extreme Kombinationen von Getriebeformen und Veränderlichkeit der Betriebsbedingungen seien hier erwähnt: Hypoidgetriebe haben unter den sehr veränderlichen Betriebsbedingungen in Kraftfahrzeugen eine kritische Baugröße, die wesentlich kleiner ist als die der Stirnräder, wie sie bei den wesentlich stationären Betriebsbedingungen im Schiffsantrieb Verwendung finden.

7. Es mag scheinen, daß der Getriebekonstrukteur, bei Verwendung eines Öles mit angemessenen freßhemmenden Eigenschaften, die kritische Baugröße von Getrieben jeder Verzahnungsform und jedes Typus bis zu einem Ausmaß erhöhen kann, um vom Standpunkt des Zahnbruchs oder der Grübchenbildung aus das Äußerste in Bezug auf Gedrängtheit und Leichtigkeit erreichbar sind.

8. Im Prinzip kann sich der Getriebekonstrukteur durch Härtung der Zahnflanken fast immer von den durch Grübchenbildung bedingten Leistungsgrenzen befreien. Auf Grund solcher praktischer Faktoren, wie das Fehlen von ausreichend großen Schleifmaschinen — für große Schiffsgetriebe — ist er nicht immer in der Lage, dieses Ziel zu erreichen. Sonst wäre er ständig in der Lage, alle Leistungsgrenzen auf jene zu reduzieren, die durch Zahnbruch, dieses unüberwindliche Hindernis, bedingt sind, und er könnte das äußerst Erreichbare in Bezug auf Gedrängheit und Leichtigkeit verwirklichen.

Schrifttum:

[1] Acker, G. H., 1944: "Worm Gear Contact Temperatures"; Proc. Am. Gear Manuf. Assoc., S. 41 usw.

[2] Black, A. R. & Havely, T. W., 1953: "Development and Application of Antiwear Turbine Oils"; Am. Soc. Mech. Eng., Vordruck Nr. 53-A-125.

[3] Blok, H., 1937a: "Les Températures de Surface dans les Conditions de Graissage sous Pression Extrême"; Verhandl. 2. Welt-Petroleum-Kongr., Paris (der Text ist wegen der vielen Druckfehler unverständlich; für Interessenten ist aber eine berichtigte englische Übersetzung beim Verfasser erhältlich).

[4] Blok, H., 1937b: "Measurement of Temperature Flashes on Gear Teeth under Extreme-Pressure Conditions"; Proc. Gen. Disc. Lubrication, Inst. Mech. Eng. (London), Bd. 2, S. 14—20.

[5] Blok, H., 1939: "Seizure Delay Method for Determining the Protection against Seizure afforded by Extreme Pressure Lubricants"; Journ. Soc. Autom. Fng., Bd. **44**, S. 193—201.

[6] Blok, H., 1950: "Gear Wear as Related to Viscosity of Oil", Mechanical Wear, Am. Soc. Metals (Cleveland); pp. 199—217; Disk. S. 217—227.

[7] Blok, H., 1951: „Getriebeschmierstoff — Ein Getriebebaustoff"; Fachtagung Zahnradforschung 1950, Schriftenreihe Antriebstechnik, Heft 1, 153—187; Vieweg & Sohn, Braunschweig, 1951.

[8] Borsoff, V. N., Accinelli, J. B. & Cattaneo, A. G., 1951: "The Effect of Oil Viscosity on the Power Transmitting Capacity of Spur Gears"; Trans. Am. Soc. Mech., Eng., Bd. **73**, S. 687.

[9] Borsoff, V. N. & Younger, F. C., 1953: "Scoring and Wear of Spur Gears"; Lubric. Eng., Bd. 9, Nr. 5, S. 259—262.

[10] Buckingham, E., 1949: "Analytical Mechanicas of Gears"; McGraw-Hill, N. York.

[11] Fosberry, R. A. C. & Mansion, H. D., 1949: „The Effect of Material and Heat Treatment on Gear Scuffing"; Motor Ind. Res. Ass. (England), Report No. 1949/8.

[12] Fosberry, R. A. C. & Mansion, H. D., 1950; "Factors Influencing the Scuffing of Gears"; Motor Ind. Res. Ass. (England), Report No. 1950/8.

[13] Goodier, J. N., 1950: "Dimensional Analysis"; Handbook of Experimental Stress Analysis (Redakteur: M. Hetényi), S. 1035—1045; Wiley and Sons, N. York.

[14] Hutt, E. T., 1952: "Lubrication and the Load-Carrying Capacity of Gears"; Lubr. Eng., Bd. 8, Nr. 4; S. 180—182.

[15] Jandasek, J., 1920: "Gear Tooth Sizes from the Standpoint of Durability"; Autom. Ind., Bd. 42, S. 1305 bis 1308, 1402—1406, 1412.

[16] Kelly, B. W., 1952: "A New Look at the Scoring Phenomenon of Gears"; Soc. Autom. Eng., Vordruck Nr. 804.

[17] Lane, T. B. & Hughes, J. R., 1951: "Practical Application of Flash Temperature Hypothesis"; Verhandl. 3. Welt-Petr.-Kongr., Section VII, S. 320—327.

[18] Lewis, W., 1893: "Investigation of the Strength of Gear Teeth"; Proc. Eng. Club Philadelphia, Bd. **10**; S. 2a: Am. Machinist, Bd. **16**, 4. Mai, S. 3—4.

[19] Logue, C. H., 1910: "American Machinists' Gear Book".

[20] McBride, J. & Mansion, H. D., 1946: "The Effect of Oil Viscosity on Gear Scuffing"; Motor Ind. Res. Assoc. (England), Report No. 1946/R/2.

[21] Manhajm, J. D. & Mansion, H. D., 1945: „Effect of Electro-deposited Metallic Coatings on Gear Scuffing"; Inst. Autom. Eng. (London), Report No. 1945/R/1.

[22] Mansion, H. D., 1943: "The Effect of Chemical Surface Treatments on the Scuffing of Gears"; Inst. Autom. Eng. (London), Report No. 1943/15.

[23] Merritt, H. E., 1954: "Gears"; Pitman and Sons, London.

[24] Niemann, G., 1942: „Schneckentriebe mit flüssiger Reibung. Abhängigkeit der übertragbaren Leistung und des Reibwertes von Zahnform, Abmessung, Drehzahl und Schmierölzähigkeit. Mit einem Anhang mathematischer Ableitungen von C. Weber"; VDI-Forschungsheft, Nr. 412.

[25] Pohl, W., 1954: "Quelques Aspects de la Lubrification des Engrenages dans l'Industrie"; Rev. Univ. Mines (Belgien), 9. Ser., Bd. **10**, Nr. 6, S. 331—340.

H. BRUGGER

Laufversuche an gehärteten Zahnrädern als Grundlage für ihre Bemessung

Gehärtete Zahnräder werden seit jeher überall dort benutzt, wo auf kleinem Raum große Leistungen übertragen werden müssen. Sieht man von der Luftfahrt ab, in der Leichtbau oberstes Gebot ist, so sind gehärtete Zahnräder in Bezug auf die zu übertragende Leistung wirtschaftlicher als ungehärtete, denn durch die Härtung wird die beste Werkstoffausnutzung erzielt.

Die steigende Einführung gehärteter Zahnräder in Aggregaten, die ohne Rücksicht auf ihr Gewicht konstruiert werden können, wie beispielsweise im Werkzeugmaschinenbau, bestätigt diese Aussage.

Zwei Hauptgruppen gehärteter Zahnräder sind im Kraftfahrzeugbau zu unterscheiden. Es sind dies die Zahnräder aus leicht legiertem Vergütungsstahl mit einem C-Gehalt von 0,30—0,45 % und die Zahnräder aus leicht bis mittel legiertem Einsatzstahl mit einem größten C-Gehalt von 0,22 %.

Die Vergütungsstähle werden in der Regel an der Oberfläche cyaniert bzw. carbonitriert und bei Temperaturen über 800 ° C in Öl oder im Warmbad gehärtet. Die Einwirkungstiefe der aufkohlenden bzw. aufkohlenden und nitrierenden Medien geht in der Regel kaum über 0,2 mm. Die Oberflächenhärte liegt über 58° HRc, was für das günstige Verhalten gegenüber Roll- und Gleitverschleiß Bedingung ist. Je nach Größe der Werkstücke werden Kernfestigkeiten zwischen 150 und 190 kg/mm² erzielt, wobei der obere Grenzwert bei kleinen Werkstückabmessungen erreicht wird. Zahnräder aus Einsatzstahl hingegen werden wesentlich tiefer von dem Aufkohlungsmedium beeinflußt. Je nach der Zahngröße werden Aufkohlungstiefen von 0,6 bis 1,5 mm verlangt. Die Oberflächenhärte hat den gleichen Ansprüchen zu genügen wie die der cyanoberflächengehärteten Räder, d. h. sie liegt über 58 ° HRc. Die Kernfestigkeit jedoch liegt in den Grenzen von 110—140 kg/mm².

Beide Gruppen gehärteter Zahnräder haben ihre Vor- und Nachteile, weshalb ihre Benutzung in jedem Fall nach konstruktiven, beanspruchungsmäßigen und fertigungstechnischen Gesichtspunkten entschieden wird. Ganz allgemein kann über ihre Besonderheiten folgendes ausgesagt werden:

Zahnräder aus cyanoberflächengehärtetem oder carbonitriertem Vergütungsstahl mit geringer Einsatzhärtetiefe und hoher Kernfestigkeit erleiden durch die Wärmebehandlung einen geringeren oder, besser gesagt, einen einheitlichen Verzug. Grund hierfür sind die kürzeren Behandlungszeiten bei niedrigerer Temperatur und die geringere Eindringtiefe der Oberflächenhärtezone. Sie brauchen in den meisten Fällen nach der Wärmebehandlung nicht mehr geschliffen zu werden; sie können aber auch an den Verschleißstellen nicht geschliffen werden, weil sonst der größte

Teil der Oberflächenhärteschicht abgetragen würde. Die Anwendung dieses Härteverfahrens ist auf relativ kleine Zahnräder beschränkt.

Zahnräder aus Einsatzstahl mit größerer Einsatzhärtetiefe und geringerer Kernfestigkeit sind infolge der längeren Behandlungszeit in ihrem Verzug weniger gut beherrschbar. Der Härteverzug ist durch nachträgliches Schleifen, das allerdings mit hohen Kosten verbunden ist, korrigierbar. Einschränkungen durch die Werkstückgröße bestehen nicht, obgleich bei Durchmessern über 400 mm zweckmäßigerweise andere Härteverfahren mit partieller Erwärmung angewendet werden. Zufolge des geringen C-Gehaltes ist die Standzeit der spanabhebenden Werkzeuge beim Einsatzstahl höher als beim Vergütungsstahl.

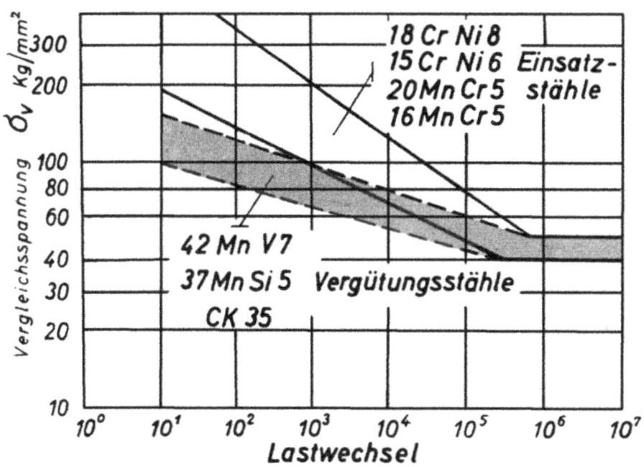

Bild 1: Wöhlerschaubild von Zahnrädern m = 3; b = 10 mm aus cyanoberflächengehärtetem Vergütungsstahl (gestrichelter Bereich) und einsatzgehärtetem Einsatzstahl

Der Hauptvorzug des Einsatzstahles liegt jedoch in der hohen Bruchsicherheit gegenüber seltener vorkommenden hohen Beanspruchungen, wie es aus Bild 1 hervorgeht. Es sind zwei Streubänder von Wöhlerschaubildern eingezeichnet, wobei drei Vergütungsstähle und vier Einsatzstähle zusammengefaßt sind. Die zu den Streubereichen gehörenden Wöhlerpunkte wurden an Zahnrädern mit den Abmessungen m = 3; b = 10; z = 19 im Laufversuch ermittelt. Bemerkenswert ist, daß die Übertragungsfähigkeit aller sieben Stähle im Dauerfestigkeitsbereich konstant ist, während im Zeitfestigkeitsgebiet, also im Gebiete kleiner Lastwechselzahlen, eine starke Überlegenheit der Einsatzstähle in Erscheinung tritt. Diesem Umstand ist es zuzuschreiben, daß im Kraftfahrzeuggetriebe sowie in der Hinterachse aller Fahrzeuggattungen ausschließlich das einsatzgehärtete Zahnrad Anwendung findet, weil dort neben der verlangten Dauerbiegefestigkeit gelegentlich auftretende Belastungsspitzen ohne Bruch aufgefangen werden müssen. Die Überlastungsfähigkeit ist durch das Verhältnis Zeitfestigkeit bei 100 Lastwechseln : Dauerfestigkeit gekennzeichnet. Dieses Verhältnis ist bei cyanoberflächengehärtetem Vergütungsstahl 2,5 bis 3, bei einsatzgehärtetem Einsatzstahl 4,5 bis 6.

Die im folgenden aufgeführten Versuchsergebnisse erstrecken sich nur auf Zahnräder aus Einsatzstahl, weil dieses Gebiet im Fertigungsprogramm der Zahnradfabrik Friedrichshafen mit besonderer Sorgfalt gepflegt wird. Seit langem haben wir erkannt, daß als Bemessungsgrundlage für einsatzgehärtete Zahnräder nur exakt bestimmte Versuchsergebnisse dienen können. Die Ergebnisse müssen unter betriebsnahen Verhältnissen ermittelt werden. Die Belastung muß genau meßbar und die Versuchspunkte müssen in gewissen Streuungsgrenzen reproduzierbar sein.

Wöhlerlinien, welche auf diese Art ermittelt werden, zeigen nicht selten Abweichungen von denjenigen, die im Schwingungsversuch bei konstantem Zahneingriff gemessen werden. Zu einem Teil sind die unterschiedlichen Ergebnisse darauf zurückzuführen, daß beim Schwingungsversuch jeweils der schwächere von höchstens zwei gleich beanspruchten Zähnen, beim Laufversuch eines Prüfrades mit 25 Zähnen der schwächste von insgesamt 25 Zähnen ins Ergebnis eingeht. Dies ist der Grund, weshalb beim Zahnradlaufversuch die Dauerfestigkeit in der Regel niedriger ausfällt als bei den Schwingungsversuchen auf dem Pulsator, insbesondere auch deshalb, weil für die Wöhlerlinie des Laufversuches die Minimalwerte und nicht die Mittelwerte der Versuchspunkte bestimmend sind. Zum anderen Teil spielt die Veränderung der Verformung über den Zahneingriff eine gewisse Rolle, insbesondere bei hohen Belastungen. Bis zur endgültigen Abklärung dieser verschiedenen Versuchsergebnisse hat die ZF als Bemessungsgrundlage von neu zu konstruierenden Zahnrädern nur die durch Zahnradlaufversuche ermittelten Werte herangezogen.

Die Rechnung hat dabei nur die Aufgabe, die Übertragung von Versuchsergebnissen auf andere Größen zu ermöglichen, deshalb ist in der Berechnungsmethode bewußt auf die Hineinnahme zu vieler Einflußgrößen verzichtet worden. Es geschah dies deshalb, weil eine Anzahl theoretisch berechtigter Einflüsse zum Zeitpunkt der Festlegung des Rechnungsverfahrens nicht genügend klar war, andererseits die Anwendbarkeit des vereinfachten Rechnungsverfahrens in dem uns interessierenden Bereich einsatzgehärteter Zahnräder durch Versuche belegt war.

Als Beanspruchungsvergleichsgröße wird eine Vergleichsspannung σ_V benützt, die unter den in Bild 2 festgelegten Bedingungen errechnet ist. Wie aus der bildlichen Darstellung zu entnehmen ist, nehmen wir für die Rechnung an:

1. Die Normalkraft greife in ihrer vollen Größe am Kopfeckpunkt des Zahnes an;
2. der gefährliche Zahnfußquerschnitt sei durch die Entfernung der beiden Berührungspunkte der 30°-Tangenten an den Zahnfußradius gegeben;
3. die Vergleichsspannung sei die auf der Zugseite des Zahnes ermittelte Biegespannung vermindert um die Druckspannung, welche aus der Radialkomponente herrührt.

Die Rechnung ist sehr einfach, läßt sich relativ gut graphisch darstellen und gewährleistet in dem den Kraftwagenbau interessierenden Anwendungsbereich (m = 2 bis m = 7, in den Breiten von 10 bis 100 mm) eine gute Übertragbarkeit.

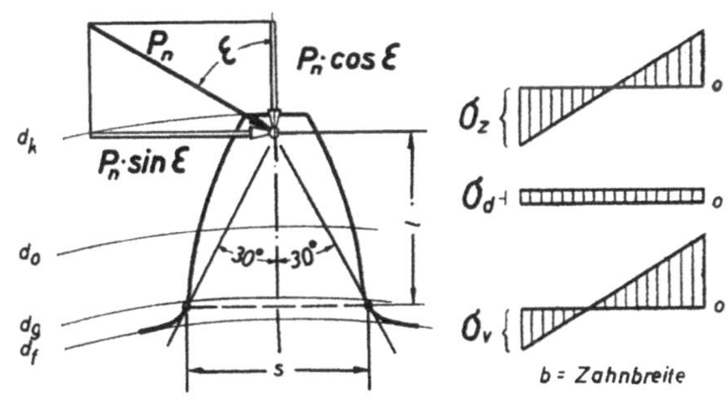

$$\sigma_V = \frac{P_n \cdot \sin \varepsilon \cdot l \cdot 6}{b \cdot s^2} - \frac{P_n \cdot \cos \varepsilon}{b \cdot s}$$

Bild 2: Annahmen zur Berechnung der Zahnfußvergleichsspannung δ_V

Größeneinfluß auf die Belastbarkeit einsatzgehärteter Zahnräder

Wöhlerlinien aus Laufversuchen an gehärteten Zahnrädern liegen in großer Anzahl vor. Aus Gründen des versuchstechnischen Aufwandes wurden diese Versuche bislang nur an verhältnismäßig kleinen Zahnrädern durchgeführt. Wenn auch in Getriebeversuchen an größeren Zahnrädern immer wieder Einzelpunkte ermittelt wurden, die praktisch die am Kleinzahnrad gefundenen Werte bestätigt haben,

Bild 3: Größenvergleich der Zahnräder zur Bestimmung des Größeneinflusses auf die Belastbarkeit
a) Großzahnrad $m = 5$; $z = 19$; $\alpha = 20°$; $b = 30$ mm; $x = 0$
b) Kleinzahnrad $m = 3$; $z = 19$; $\alpha = 15°$; $b = 10$ mm; $x = +0{,}2$

so bestand doch der Wunsch, durch eine umfassende Meßreihe an geometrisch ähnlichen Zahnrädern verschiedener Größe über den ganzen Bereich der Wöhlerlinie, also von 100 bis 10 Millionen Lastwechsel festzustellen, ob die Übertragungsfähigkeit dem obigen Rechnungsansatz folgt. Für den Vergleich benutzten wir Zahnräder mit $m = 3$ und $m = 5$ bei der gleichen Zähnezahl von 19 mit den Radbreiten 10 und 30 mm. Der Größenvergleich ist in Bild 3 dargestellt. Am Zahnrad mit $m = 3$ liegen bereits über 20 Wöhlerlinien vor. Es hat einen Eingriffswinkel von 15° und eine positive x-Verschiebung von 0,2 mal Modul. Das Vergleichsrad mit $m = 5$ hat einen Eingriffswinkel von 20° und keine x-Verschiebung, so daß die Zahnform weitgehend mit der des Versuchs-

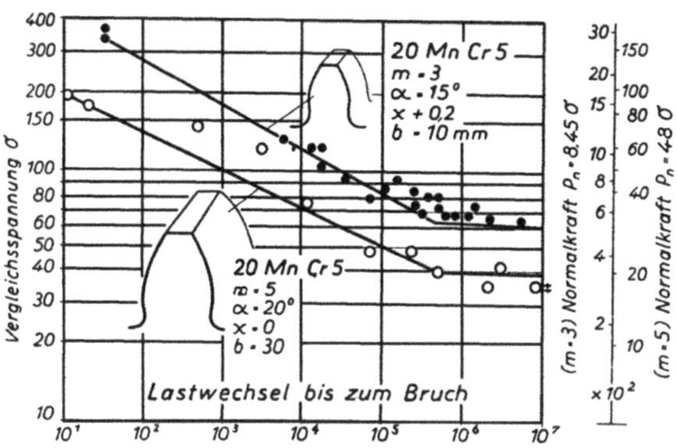

Bild 4: Wöhlerlinien von einsatzgehärteten Zahnrädern verschiedener Größe und verschiedenen Ausgangszustandes

rades m = 3 übereinstimmt. Als Material wurde der gebräuchliche Einsatzstahl 20MnCr 5 benutzt. Da sämtliche Werte früherer Versuchsreihen am Kleinzahnrad mit Stangenmaterial ermittelt wurden, so wurde als Ausgangswerkstoff für das Vergleichsrad mit m = 5 und b = 30 mm ebenfalls gewalztes Stangenmaterial benutzt. Das Ergebnis ist in Bild 4 wiedergegeben.

Es entsprach durchaus nicht den Erwartungen, weshalb wir die Ursache in Unterschieden im Werkstoff vermuteten. Bei der Untersuchung war am Mikrogefüge keine Beanstandung zu entdecken. Die Makro-Struktur zeigte jedoch auffällige Unterschiede, die durch den verschiedenen Verschmiedungsgrad verursacht wurden. Aus diesen Gründen haben wir den Versuch wiederholt. Bei dieser Wiederholung wurde das Vormaterial im Gesenk geschmiedet, wie es üblicherweise für hochbeanspruchte Räder dieser Größenordnung geschieht, jedoch wurden an Stelle der Räder mit m = 5 solche mit m = 4-Normalverzahnung gewählt. Die Zähnezahl ist wie bei dem Kleinrad 19. Das Ergebnis an den geschmiedeten Rädern von m = 4 und 30 mm Breite stimmt mit demjenigen der Kleinzahnräder praktisch überein, wie es in Bild 5 durch die stark ausgezogene Linie zum Ausdruck kommt. Für die Praxis kann hieraus entnommen werden, daß Zahnräder aus Stabmaterial ohne zusätzliche Verschmiedung beim Überschreiten einer bestimmten Größe sowohl im Zeit- wie im Dauerbiegefestigkeitsgebiet weniger übertragen können. Der Abfall der Belastungswerte von Zahnrädern aus Stangenmaterial ist weitgehend von der Materialbeschaffenheit abhängig. Steigerungsarme Stähle werden im allgemeinen einen weniger erheblichen Abfall aufweisen. Weiter ergibt sich, daß in den durch den Versuch abgesteckten Grenzen ein Größeneinfluß nicht zu erkennen ist. Durch eine Anzahl weiterer Messungen am Getriebeprüfstand wurde bestätigt, daß man durchaus die Versuchsergebnisse von Zahnrädern mit m = 3 und 10 mm Breite auf solche mit m = 4 bzw. m = 5 und 30 mm Breite übertragen kann.

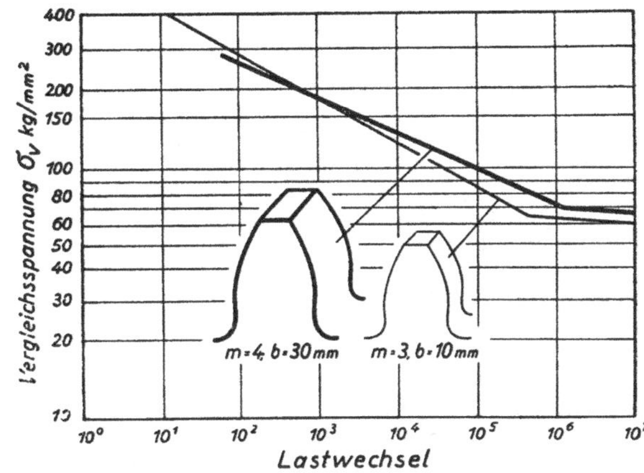

Bild 5: Wöhlerlinien von einsatzgehärteten Zahnrädern verschiedener Größe

Einfluß der Korrektur auf die Übertragbarkeit

Die x-Verschiebung wird zur Erhöhung der Biege- und Flankenbelastbarkeit vielfach angewendet. Während die Abhängigkeit der Flankenbelastbarkeit ziemlich eindeutig ist und die rechnerischen Ergebnisse mit den Versuchswerten gut übereinstimmen, liegen die Verhältnisse bei der Biegefestigkeit nicht gar so einfach. Aus der Praxis ist bekannt, daß die nach der Rechnung zu erwartende Verbesserung der Übertragbarkeit, insbesondere bei größeren Korrekturen, nicht in vollem Umfang eintritt. Dies mag auch der Grund dafür sein, daß erfahrene Spezialisten nie +-Korrekturen über x = 0,6 anwenden, obwohl sie nach der Berechnung eine bessere Beanspruchbarkeit erbringen müßten.

Durch eine Versuchsreihe mit Zahnrädern der Abmessungen m = 4, b = 30 mm und z = 19, jedoch mit verschiedener Korrektur, sollte im Laufversuch der Zusammenhang zwischen der rechnerisch ermittelten und der wirklich vorhandenen Belastbarkeit geklärt werden. Die Korrektur wurde gemäß Bild 6 mit x = + 0,32 und x = + 0,86 im Vergleich mit der Normalverzahnung x = 0 gewählt. Die Räder entstammen aus der gleichen Materialcharge, der Werkstoff ist 20 MnCr 5. Als Ausgangszustand wurde ein gesenkgeschmiedetes Schmiedestück verwendet, wie es im Kraftfahrzeugbau üblich ist. Im oberen Bildteil sind die Profilschnitte dargestellt, im unteren Bildteil die im Laufversuch ermittelten Wöhlerlinien. In dem Bild sind zwei Ordinaten-Maßstäbe verwendet, in der linken Bildhälfte die nach dem vereinfachten Rechnungsverfahren in Bild 2 ermittelte Vergleichsspannung σ_V, in der rechten Bildhälfte die im Versuch gemessene Normalkraft P_n. Würden die rechnungsmäßigen Voraussetzungen stimmen, so müßten im linken Diagramm alle Versuchspunkte auf einer Linie liegen. In weitem Maße ist dies zwar bei der Normalverzahnung und der mäßig korrigierten Verzahnung der Fall, bei der starken Korrektur ist jedoch der Zahnbruch sowohl im Zeitfestigkeits- wie im Dauerfestigkeitsgebiet bei einer geringeren Vergleichsspannung eingetreten. Darüber hinaus fällt die verhältnismäßig starke Streuung im Dauerfestigkeitsgebiet bei dem stark korrigierten Rad auf. Der Grund für dieses Verhalten ist nicht so sehr das geänderte Verhältnis von Biegehebelarm zu Zahnfußquerschnitt, wie vielfach angenommen, sondern die Veränderung des Zahnfußausrundungshalbmessers. In der rechten Bildhälfte ist als Ordinate die Normalkraft benutzt. Aus ihr läßt sich, da Modul und Zahnbreite hierbei gleich sind, die Steigerung der Übertragungsfähigkeit durch die Korrektur in kg ablesen. Für die Dauerfestigkeit sind die Werte mit einer Normalkraft von 2200 kg für Normalverzahnung, 2800 kg für mäßige Korrektur und 3400 kg für starke Korrektur angegeben. Letzterer Wert streut nach oben bis 4100 kg. Es darf daher angenommen werden, daß bei einer gesunden Zahnfußausrundung die Dauerbiegefestigkeitswerte in dieser Größenordnung liegen und demzufolge die σ_V-Werte aller 3 Verzahnungen zur Deckung kommen. Eine Korrektur der durch den Rechnungsansatz gemäß Bild 2 ermittelten σ_V-Werte ist bei einwandfreier Zahnfußausrundung in dem Bereich der untersuchten x-Verschiebungen nicht notwendig.

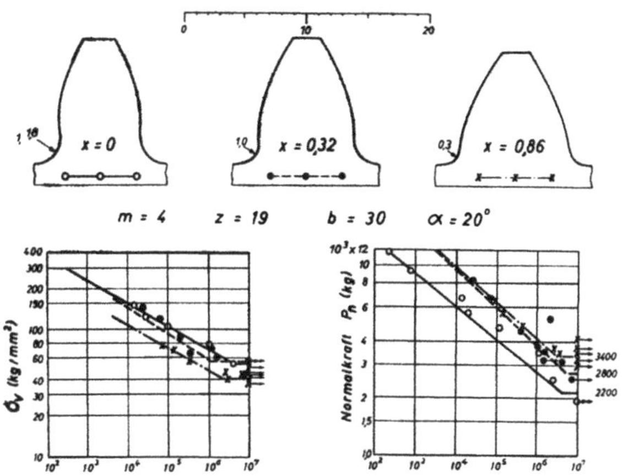

Bild 6: Wöhlerlinien von Zahnrädern verschiedener Korrektur
links: Darstellung mit der Ordinatenteilung σ_V in kg/mm²
rechts: Darstellung mit der Ordinatenteilung P_n in kg

Einfluß der Zahnfußausrundung auf die Dauerbiegefestigkeit

Die Zahnfußausrundung von gehärteten Zahnrädern ist noch häufig Gegenstand von ausgiebigen Diskussionen unter Fachleuten. Bekanntlich ist sie in erster Linie abhängig von der Werkzeugabrundung des Schneidwerkzeuges. Bei geschliffenen Zahnflanken wird jedoch diese Ausrundung, wie sie durch die Herstellung mit Abwälzwerkzeugen bedingt ist, nicht selten verkleinert.

Über den Einfluß des Ausrundungsradius am Zahnfuß wurden von H. Klein Untersuchungen angestellt, die einen klaren Zusammenhang zwischen dem Ausrundungsradius und der Dauerbiegefestigkeit lieferten. Die Ergebnisse wurden von Thum und Richard[1]) u. a. veröffentlicht und zeigen mit zunehmendem Ausrundungsradius eine Erhöhung der Dauerbiegefestigkeit.

Dieser konsequente Zusammenhang bis zu einem Ausrundungsradius am Zahnfuß von 3 mm, also 1,0 mal Modul, ist in der ZF bis jetzt nicht gefunden worden; vielmehr wurde von einer bestimmten Größe der Ausrundung ab keine Besserung mehr erzielt.

Eine Auswertung von Laufversuchen, die in anderem Zusammenhang an der Forschungsstelle für Zahnräder und Getriebe, München (Professor Niemann), durchgeführt wurde, brachte nun Ergebnisse, welche die Zusammenhänge zwischen Zahnfußausrundung und Dauerbiegefestigkeit bei Ausschaltung aller Nebeneinflüsse erneut herausstellen. Als Versuchszahnrad diente wiederum ein 19-zähniges Rad mit den Abmessungen $m = 3$; $b = 10$; $z = 19$; $\alpha = 20^\circ$ und $x = +0{,}75$. Insgesamt wurden vier Versuchsreihen durchgeführt. Es wurde für alle Versuche eine einheitliche Charge des Stahles 16 MnCr 5 benutzt. Die Wärmebehandlung wurde jeweils einheitlich bzw. gemeinsam für die in Bild 7 unter a und b und die unter c und d angeordneten Versuchswerte durchgeführt.

In der oberen Bildhälfte sind die Zahnfußausrundungsverhältnisse zu ersehen, in der unteren Bildhälfte die dazugehörigen im Luftversuch ermittelten Dauerbiegefestigkeitswerte. Da es sich um die gleiche Verzahnung handelt, wurde als Beanspruchungsvergleichsgröße die Zahnnor-

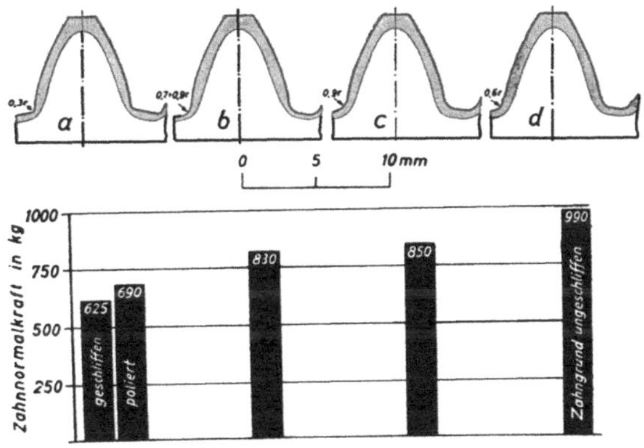

Bild 7: Dauerbiegefestigkeit in Abhängigkeit der Zahnfußausrundung,

a) Herstellung mit scharf ausgeschliffenem Zahnfuß
b) Vergrößerung der Ausrundung durch Nachschleifen von a,
c) Herstellung der Zahnfußausrundung mit Werkzeugradius 0,3 mal Modul und geschliffen im gefährlichen Querschnitt
d) Herstellung der Zahnfußausrundung mit Werkzeugradius 0,2 mal Modul und nicht geschliffen im gefährlichen Querschnitt

[1]) Thum und Richard, Schweizer Archiv, 19. Jahrgang (1953), Heft 9, Seite 269 bis 270.

malkraft benutzt. Für die Ausführung a mit ziemlich stark ausgeschliffener Zahnfußausrundung von r = 0,3 mm wurde ein Dauerbiegefestigkeitswert von 625 kg ermittelt. Dieselben Räder wurden in der Ausrundung nachträglich poliert. Die Dauerbiegefestigkeit wurde dadurch, wie der zweite Balken der Abbildung zeigt, nur unwesentlich erhöht. Im weiteren Verfolg wurden Räder entsprechend der Ausführung b erzeugt. Zu diesem Zweck sind die Räder der Ausführung a in der Weise nachgeschliffen worden, daß ein Radius von 0,7 bis 0,9 mm entstand. Das Nachschleifen erfolgt im Teilverfahren mit einer von Hand abgezogenen Schleifscheibe, weshalb die Formtreue der Ausrundung nur innerhalb der angegebenen Toleranz von 0,7 bis 0,9 mm möglich war. In der Abbildung sollte angedeutet werden, daß durch das Nachschleifen die Einsatzhärteschicht erheblich abgetragen wurde. Trotzdem konnte eine beachtliche Dauerfestigkeitssteigerung von 33 % erzielt werden, wie aus der Höhe des unterhalb angeordneten Balkens ersichtlich ist. Ähnliche Verhältnisse wurden vor vielen Jahren bei Versuchen mit Lufträdern von Professor Ulrich an der MPA-Stuttgart erzielt. Schließlich interessierten Werte, wie sie bei normal gefertigten Rädern sich einstellen unter Verwendung des gleichen Abrundungshalbmessers, aber unversehrter Ausrundung, wie Ausführung c in Bild 7 darstellt. Das Verzahnungswerkzeug wurde in diesem Falle stärker abgerundet als nach Norm vorgesehen und zwar mit 0,3 mal Modul. Beim Verzahnungsschleifen wurde die Ausrundung gerade noch etwas angeschliffen ohne bemerkenswerte Abtragung. Die Dauerbiegefestigkeit der so hergestellten Versuchsräder war kaum verändert gegenüber der Ausführung b, bei welcher bereits ein erheblicher Teil der Einsatzhärteschicht am Zahngrund abgetragen war.

Als abschließender Versuch wurden Räder mit normgerechter Werkzeugabrundung und zwar 0,2 mal Modul = 0,6 mm hergestellt. Beim Schleifen der Verzahnung wurde darauf geachtet, daß in der durch das Schneidwerkzeug hergestellten Ausrundung nicht geschliffen wurde. Durch dieses Verfahren wurde ein Schleifabsatz erzeugt, wie er in der Ausführung d dargestellt ist. Die Dauerfestigkeit dieser Räder war gegenüber den vorausgegangenen Versuchen wiederum um einen erheblichen Betrag besser. Der Grund liegt in der Hauptsache in der Vergrößerung der Zahnfußstärke „s". Bei der Nachrechnung auf den Vergleichsspannungswert σ_v ist die Beanspruchung bei Versuchsreihe c und d praktisch gleich.

In die Praxis übertragen, stellen sich obige Ergebnisse im Gegensatz zu denjenigen in der angezogenen Veröffentlichung folgendermaßen dar:

Für jeden Modul ist eine Mindestgröße der Zahnfußausrundung einzuhalten. Dieser Mindestwert deckt sich mit dem im Abwälzverfahren mit genormten Werkzeugabrundungen erzielbaren Radius. Eine Vergrößerung über diesen Wert hinaus bringt nur unbedeutenden Gewinn. Die Oberflächenrauhigkeit spielt gegenüber der makrogeometrischen Form der Ausrundung eine untergeordnete Rolle.

Diese Aussagen haben nur Gültigkeit für einsatzgehärtete Zahnräder mit definiertem Verhältnis von Einsatzhärtetiefe zur Zahnfußstärke.

Ergänzend zu diesen Ergebnissen sind Erfahrungen der Praxis von Interesse. Bei zwei verschieden stark korrigierten Zahnrädern, wie sie im Profilschnitt in Bild 8 zu sehen sind, tritt beim einen Zahnrad der Bruch am Zahnfuß, beim anderen Zahnrad im oberen Drittel des Zahnes ein, obwohl bei dem links gezeigten Profil nach der Rechnung eher der Zahnbruch oberhalb des Zahnfußes zu erwarten wäre, wie bei dem weniger korrigierten Rad rechts der Abbildung. Die Ursache für dieses Verhalten ist in der relativ scharfen Zahnfußausrundung bei dem stark korrigierten Zustand zu suchen. Der rechts abgebildete Zahn stellt nach unserer Erfahrung das Optimum der Korrektur dar, wenn die Zahnfußausrundung richtig ist. Bei den Versuchen sind nämlich 50 % der Wöhlerpunkte sowohl im Zeit- wie im Dauerfestigkeitsgebiet durch Bruch im oberen Drittel und 50 % durch Bruch am Zahnfuß entstanden.

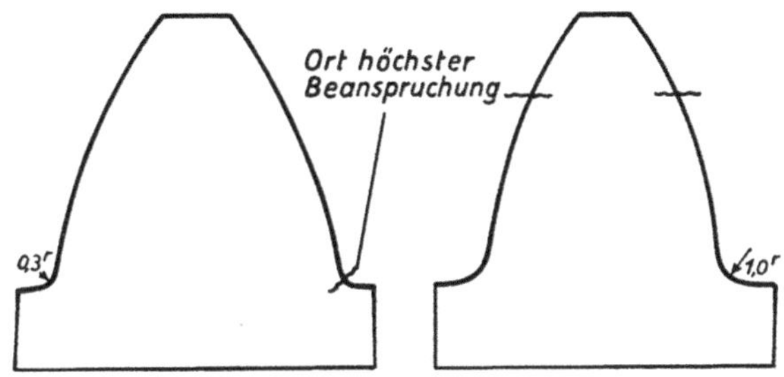

Bild 8: Verschiebung des Ortes höchster Beanspruchung am Zahn durch Vergrößerung der Zahnfußausrundung

Dabei spielte natürlich die Kernfestigkeit des Einsatzstahles ebenfalls eine Rolle. Durch Erhöhung der Kernfestigkeit ließe sich die Grenze für die zulässige x-Korrektur noch etwas nach oben schieben. Die Erscheinungsform der Zahnbrüche oberhalb des Zahnfußes ist in Bild 9 gezeigt. Insbesondere bei bogenverzahnten Kegeltrieben handelt es sich beim Bruch der Zähne oberhalb des Zahnfußes um eine übliche Erscheinung. Die Korrektur ist nach diesen Erfahrungen nicht nur durch die Zahnkopfstärke begrenzt, sondern durch die Materialanstrengung oberhalb des gut ausgerundeten Zahnfußes.

Bild 9: Erscheinungsform von Zahnbrüchen bei Überschreitung der sinnvollen Korrektur

Ergebnisse an Schrägverzahnungen

Festigkeitsrechnungen für Schrägverzahnungen werden häufig auf solche an Geradverzahnungen zurückgeführt, indem der Stirnschnitt in die Rechnung einbezogen wird. Dieses Vorgehen hat sich stark eingeführt, ohne daß die Grenzen seiner Anwendbarkeit festgestellt worden wären. Hinreichende Versuchsergebnisse, die eine Übereinstimmung zwischen Rechnung und Dauerhaltbarkeit erwiesen hätten, fehlen bis heute. Deshalb war es angebracht, an Zahnrädern mittlerer Größe

Festigkeitsversuche durchzuführen. Eine Gegenüberstellung von solchen Versuchsergebnissen, die an Zahnrädern mit einem Normalmodul 3,0 und 20°-V-Null-Verzahnung ermittelt wurden, ist in Bild 10 dargestellt. Es wurden die Schrägungswinkel 17° und 37° untersucht. Die Zähnezahl der Räder war 25 bzw. 21 und die

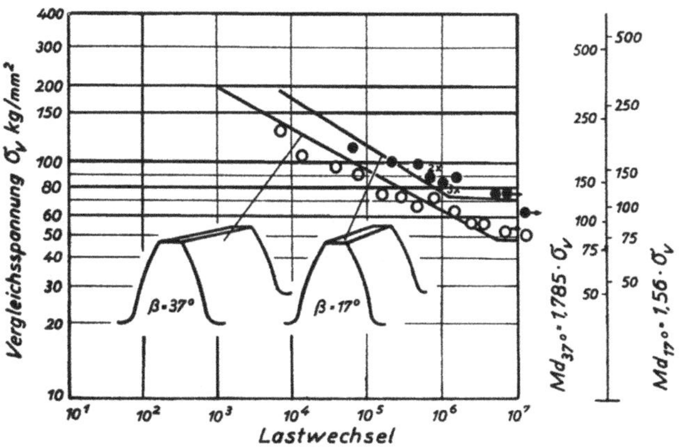

Bild 10: Wöhlerlinien von Schrägzahnrädern, $m_n = 3{,}0$; $b = 31$; $d_0 = 79$ mm; $\alpha = 20°$. + x -- 0,30

Radbreite 31 mm. Die Versuche wurden an gemeinsam hergestellten Zahnrädern einer Charge vorgenommen; das Vormaterial war il Gesenk geschmiedet, und in bezug auf die Wärmebehandlung wurden alle Vorsichtsmaßnahmen getroffen, um die Einheitlichkeit der Versuchsbedingungen sicherzustellen. Die Unterschiede im Übertragungsvermögen, wie es in Bild 10 dargestellt ist, sind demzufolge nur der Änderung des Schrägungswinkels zuzuschreiben. Zu einer Ordinatenteilung der Wöhlerlinien ist zu sagen, daß die Vergleichsspannung σ_v nicht mit der Stirnschnittmethode errechnet wurde, vielmehr wurde der Normalschnitt in die Rechnung einbezogen und die Kräftewirkung nach den geometrischen Zusammenhängen errechnet. Auf diese Art und Weise war es überhaupt möglich, eine gewisse Annäherung der beiden Wöhlerlinien herbeizuführen. Da es sich um Räder gleichen Durchmessers handelt und um gleichen Normalmodul, haben wir als zweiten Maßstab auf der rechten Bildhälfte das Drehmoment eingeführt. Diese Skalen zeigen im umgekehrten Sinne, wie die bisherige Rechnung ausgewiesen hat, eine Verschlechterung des Übertragungsvermögens von Schrägrädern bei 37° Schrägungswinkel gegenüber solchen von 17° Schrägungswinkel. Dieses Ergebnis wird zum mindesten bei Anwendung der Festigkeitsrechnung von Schrägungswinkeln über 25° und bei großen Sprungüberdeckungen zu äußerster Vorsicht mahnen.

Eine Klärung der Zusammenhänge wird erst durch Ergänzungsversuche möglich sein. Vorläufig muß die Frage nach der besten Rechnungsmethode für die Zahnfußbeanspruchung von Schrägrädern mit großem Schrägungswinkel bzw. großen Sprungüberdeckungen auf Grund der vorliegenden Versuchsergebnisse noch offen bleiben.

Die Wöhlerlinie als Konstruktionsunterlage für Fahrzeuggetriebe

Aus zahlreichen Versuchen, wie sie zum Teil hier beschrieben, zum Teil in fertigen Fahrzeuggetrieben auf dem Getriebeverspannungsprüfstand durchgeführt wurden, läßt sich der gesamte Streuungsbereich der Wöhlerlinie von einsatzgehärteten Zahnrädern von m = 3 bis m = 5 und Breiten von 10 bis 30 mm angeben. Er ist in Bild 11 durch die untere und obere Begrenzungslinie dargestellt. Der Streubereich umfaßt auch Werte von fehlerhaft hergestellten Rädern mit schlechter Zahnfußausrundung, wie auch solche aus Rädern, die aus der Stange ohne Verformung hergestellt wurden. Wenn diese Werte ausgeschieden würden, so könnte die Streuung auf etwa die Hälfte der dargestellten Größenordnung vermindert werden.

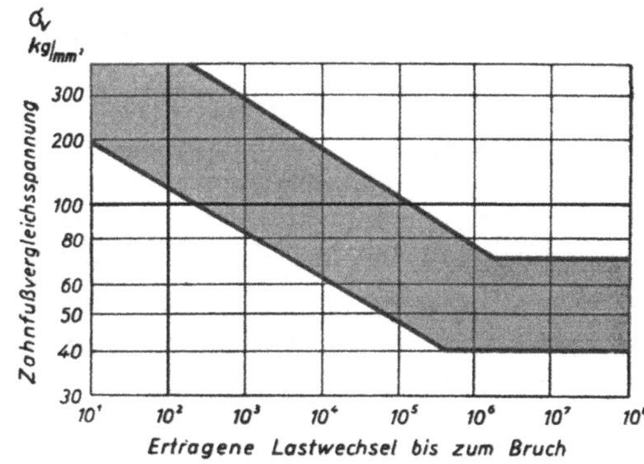

Bild 11: Streufeld von Wöhlerpunkten einsatzgehärteter Zahnräder von m = 3; m = 4,5 und m = 5 in den Breiten von 10, 19, 24, 30 und 31 mm

Für eine wirtschaftliche Fertigung ist es jedoch wichtig, den Herstellungsspielraum nicht zu stark einzuengen, weil auch unvermeidliche Streuungen im angelieferten Werkstoff und kleine Abweichungen in der Wärmebehandlung nach Möglichkeit noch aufgefangen werden sollen. Deshalb empfiehlt sich als Bemessungsgrundlage die untere Begrenzungslinie des Streufeldes für die Normalteile.

Auf Grund von Fahrzeugmessungen wissen wir, daß die Beanspruchung in den Übertragungsgliedern nicht allein vom Motormoment abhängig ist, sondern in der Hauptsache durch die Kupplung mitbestimmt wird. Wir unterscheiden 3 Beanspruchungshöhen:

1. Beanspruchung, herrührend vom Motormoment (schwarze Balken in Bild 12). Diese Beanspruchung muß unter allen Umständen bei den oberen Gängen unterhalb der Dauerfestigkeitsgrenze, also unter σ_V = 40 kg/mm² liegen.

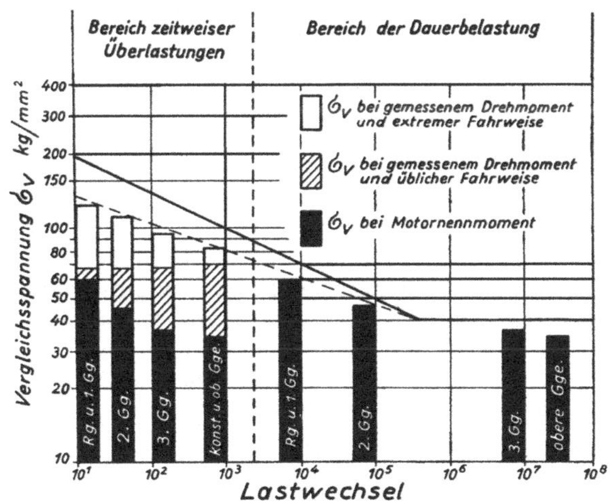

Bild 12: Zulässige Vergleichsspannungen im Fahrzeuggetriebe

2. Beanspruchung, herrührend von der Summe aus Motormoment und Massenmoment beim Schaltvorgang in üblicher Fahrweise. In der Abbildung ist diese Beanspruchung in der schraffierten Balkenfortsetzung zu erkennen. Die Beanspruchungserhöhung ist abhängig von der Übersetzung im Getriebe und vom übertragbaren Moment der Kupplung. Da die Anzahl der Momenterhöhung durch die Schalthäufigkeit gegeben ist, kann über ihre zulässige Höhe keine konkrete Angabe gemacht werden. Bei den oberen Gängen ist dieser Momentüberhöhung beim Gangwechsel erhöhte Bedeutung beizumessen, weil im Fahrzeug kein Stoß mehr empfunden wird, der zu einem weicheren Einkuppeln Veranlassung geben würde.
3. Beanspruchung bei ausgesprochenen Notzuständen. Sie ist im Schaubild durch die weiße Balkenfortsetzung dargestellt. Diese Höchstbeanspruchung darf in keinem Falle über die Schadenslinie, welche als gestrichelte Linie unter dem Zeitfestigkeitsteil der Wöhlerlinie eingezeichnet ist, hinausgehen.

Während im linken Bildteil die Überlegungen zur zeitlich begrenzten Überlastung angestellt wurden, ist im rechten Bildteil nur die aus dem größten Motormoment errechnete Dauerbelastung maßgebend. Wir finden in dem Beispiel der Abbildung oberhalb des 3. Ganges die Voraussetzungen der Dauerfestigkeit erfüllt. Der 2. Gang befindet sich hart an der Grenze, während der erste und Rückwärtsgang beim vollen Motormoment nicht halten können. Diese Aussagen beziehen sich auf ein Getriebe mit sechs Gängen, wie sie in Lastwagen der mittleren und schweren Bauklassen verwendet werden. Die Verlegung der unteren Gänge in das Zeitfestigkeitsgebiet ist nur möglich, wenn die Höhe und Häufigkeit der Beanspruchung bekannt sind. Als Regel kann gelten: Je schwerer das Fahrzeug, desto mehr müssen auch die unteren Gänge auf Dauerfestigkeit gerechnet werden.

Wie aus der letzten Abbildung deutlich hervorgeht, spielt die Berechnung auf Biegefestigkeit im Kraftfahrzeuggetriebe die Hauptrolle. Nur in den oberen Fahrgängen wird die Dimensionierung von der Flankenhaltbarkeit gegenüber Grübchenbildung bestimmt. Für die Berechnung dieser Beanspruchungsgröße wird nur das Motormoment eingesetzt, weil gelegentliche hohe Beanspruchungen die Flankenhaltbarkeit nicht beeinflussen.

Zusammenfassung

Der Vergleich von Wöhlerlinien an Zahnrädern aus Vergütungsstählen mit Oberflächenhärtung im Cyanbad mit einsatzgehärteten Zahnrädern hat die Überlegenheit der Einsatzstähle im Überlastungsbereich gezeigt. Die Überlastungsfähigkeit ist durch das Verhältnis Zeitfestigkeit bei 100 Lastwechseln : Dauerfestigkeit gekennzeichnet. Bei gleicher Dauerbiegefestigkeit ist das Verhältnis bei cyanoberflächengehärtetem Vergütungsstahl 2,5 bis 3 und bei einsatzgehärtetem Einsatzstahl 4,5 bis 6.

Bei gesenkgeschmiedetem Vormaterial ist ein Einfluß der Radgröße innerhalb von $m = 3$ und $b = 10$ bis $m = 5$ und $b = 30$ mm nach den Ergebnissen der Laufversuche nicht feststellbar.

Die durch die x-Verschiebung eintretende Erhöhung der Biegefestigkeit folgt der Rechnung mit den vereinfachten Annahmen nur unter der Voraussetzung, daß die

Zahnfußausrundung nicht unter die günstigste Größe fällt. Der Einfluß der Formtreue der Zahnfußausrundung übersteigt bei weitem den der mikro-geometrischen Form und den des Härtezustandes an der Zahnfußausrundung.

Die Grenze der positiven x-Verschiebung am Ritzel ist nicht allein durch das Spitzwerden des Zahnkopfes gegeben, sondern bei gesunder Zahnfußausrundung durch Brechen des Zahnes oberhalb des Zahnfußquerschnittes.

Die bis jetzt häufig angewendete Rechnungsweise zur Ermittlung der Zahnfußbeanspruchung von Schrägrädern führt bei gehärteten Rädern mit großer Sprungüberdeckung und großem Schrägungswinkel zu erheblichen Fehlbeurteilungen. Deshalb ist es dringend erforderlich, ausreichende Versuchsunterlagen für dieses Gebiet zu erarbeiten.

Die Ausnutzung der im Zeitfestigkeitsgebiet liegenden Reserve von einsatzgehärteten Zahnrädern ist dann möglich, wenn über die Beanspruchungshöhe und ihre Häufigkeit brauchbare Unterlagen vorhanden sind.

Aussprache

Weinhold: Mir scheint, als ob zwischen den Schlußfolgerungen, die Herr Brugger gezogen hat, und einem Diskussionshinweis von Herrn Dr. Winter ein Gegensatz besteht. Es ist gesagt worden, daß bei Zahnrädern mit großem Eingriffswinkel — es waren wohl 38° genannt — die Flanken sehr schräg in den Fußkreis einlaufen und dann die Fußabrundungen gegenüber diesen Einflüssen praktisch vernachlässigbar seien. Demgegenüber haben wir jetzt gehört, daß es irgendeine Grenze gibt, unter die dieser Abrundungsradius keinesfalls heruntergehen darf, weil er dann den überwiegenden Einfluß hat.

Winter: Ein größerer Eingriffswinkel α ist im allgemeinen mit einer kleineren Fußausrundung verbunden. Das ist natürlich nachteilig für die Tragfähgkeit. Nach unseren Erfahrungen wirkt sich aber der — mit zunehmendem α — flacher werdende Ansatz der Zahnflanke am Fuß in stärkerem Maße günstig aus als die kleinere Fußausrundung im ungünstigen Sinne.

Dietrich: Ich habe einmal eine Reihe von Ergebnissen aus derartigen Versuchen in der Weise verglichen, daß ich die Quadrate aus den Zahnfußstärken den Verbesserungen der Tragfähigkeit gegenübergestellt habe, die mit zunehmender Profilverschiebung erzielt werden. Wenn man von dem Einfluß der Zahnfußausrundung absieht, müßten doch die Tragfähigkeiten im Quadrat der Zahnfußstärke zunehmen. Diese Gegenüberstellung zeigt dann, daß durch die Verminderung der Zahnfußausrundung mit wachsender Profilverschiebung die Zunahme bei weitem nicht im Verhältnis der Quadrate erfolgt.

Niemann: Der heutige Stand unserer Erfahrungen über Zahnfuß-Tragfähigkeit und Flanken-Tragfähigkeit läßt sich etwa so zusammenfassen:

1. Ein größerer Eingriffswinkel vergrößert beide Tragfähigkeiten, und zwar übereinstimmend nach Theorie, Versuch und Praxis. Hieraus hat man in England bereits die Konsequenz gezogen und für hochbelastete Flugzeuggetriebe eine 26°-Normalverzahnung eingeführt. Die Angabe von Dr. Dietrich, daß theoretisch die Zahnfuß-Tragfähigkeit etwa im Quadrat der Zahnfußdicke s_f zunehmen müßte und praktisch weit weniger herauskäme, ist heute nicht mehr zutreffend. Denn auch theoretisch nimmt die Tragfähigkeit (Umfangskraft U) weit weniger als mit dem Quadrat von s_f zu. Man muß hierbei nur außer der Biege- und Druckspannung auch die Schubspannung gebührend berücksichtigen, wie wir es 1950 auf Grund von Spannungsmessungen und Grundversuchen empfohlen haben[1]). Man vergleiche hierzu nur die Angaben in Tafel 1 vom Vortrag Niemann und Winter. Hier ist für gleiche Spannung σ_v und gleichen Modul m die Umfangskraft U proportional dem Beiwert $\frac{1}{q_m}$ und

[1]) siehe Z VDI 1950, S. 930, ferner Hütte, Bd. II A, 28. Aufl., S. 176 und Klingelnberg, Techn. Hilfsbuch, 13. Aufl., 1953, S. 726.

$$q_m = \frac{m_0 \cdot \cos\alpha_0 \cdot \cos\alpha'}{s_f \cdot \cos\alpha_b} \sqrt{\left(\frac{6 \cdot e}{s_f} = \mathrm{tg}\alpha'\right)^2 + 6{,}25}$$

und somit U nicht mehr proportional s_f^2. Die praktischen Ergebnisse stimmen also mit dieser Rechnungsweise gerade bei Umrechnung auf andere Zahnformen (andere Eingriffswinkel und Überdeckungsgrade) weit besser überein als die frühere Berechnung auf Biegespannung, bei der U etwa proportional dem Quadrat von s_f ist. Weiter ist zu berücksichtigen, daß bei größerem Eingriffswinkel der Überdeckungsgrad kleiner wird und somit in der Eingriffsstellung die Zahnkraft näher an der Spitze angreift (größerer Hebelarm e). Auch dieser Umstand wirkt dahin, daß U weniger als proportional s_f^2 wird, was ebenfalls bei der obigen Rechnungsweise berücksichtigt ist.

2. Die über den Einfluß des Zahnfuß-Übergangs vorliegenden Variationsversuche [1] [2] zeigen bisher, daß gerade bei gehärteten Zahnrädern scharfe Absätze (Schleifstufen und Riefen) und sehr kleine Ausrundungen die Zahnfuß-Tragfähigkeit stark herabwerfen können, und daß umgekehrt durch größere Fußausrundung und noch mehr durch Glättung oder Verdichtung des Zahnfußübergangs die Tragfähigkeit erheblich gesteigert werden kann.

   Macht man nun die Zahnfußausrundung so groß wie möglich (volle Ausnutzung des Zahngrundes für die Ausrundung) und hält die Oberflächengüte gleich, so ist die Tragfähigkeit für Verzahnungen mit größerem Eingriffswinkel bei weitem größer, trotz der hierbei nur kleiner ausführbaren Ausrundungen. Der Grund liegt darin, daß hierbei der Winkel zwischen Zahnflanke und Zahngrundkreis größer ist und dieser Umstand die Kerbwirkung der kleineren Ausrundung überwiegt [3].

   Bei ungehärteten Zahnrädern ist jedoch die Steigerungsfähigkeit der Tragkraft durch größere Ausrundung und Glättung der Oberfläche geringer.

   Die Versuche zeigen eindringlich, daß man bei der Fertigung, besonders bei gehärteten Zahnrädern, auf glatte und genügend ausgerundete Zahnfußübergänge achten muß, wenn man Zahnbrüche vermeiden will.

Dietrich: Ich beziehe mich bei meinen vorherigen Ausführungen darauf, daß die Tragfähigkeiten ausgeglichen wurden und nicht die Spannungen. Das möchte ich noch ergänzend hervorheben.

Niemann: Der angegebene Beiwert q_m ist auch für den Vergleich auf Tragfähigkeiten maßgebend.

Dietrich: Die Traglasten wurden verglichen, nicht die errechneten Spannungen.

Niemann: Die Schubspannung geht nur linear, und nur die Biegespannung im Quadrat mit der Tragfähigkeit.

---

1) siehe Vortrag Brugger.

2) siehe Z VDI 1950, S. 927.

3) siehe Z VDI 1950, S. 927.

Brugger: Es scheint, als ob unsere Ansichten weit voneinander entfernt wäron. Das ist aber nicht der Fall. Ich habe extrem kleine Zahnfußausrundungen gezeigt, die nicht einmal mit dem Normwerkzeug erreicht werden, denn damit würden sich größere ergeben. Diese extrem kleinen Zahnfußausrundungen bringen natürlich verschiedene Werte zustande, und man sieht daraus, was verbessert werden kann, vor allen Dingen vom Betrieb. Denn ob es nun richtig ist, die ganze Korrektur rechnungsmäßig als Verbesserung des Spannungswertes zu erreichen, kann dahingestellt bleiben. Daß sie aber etwas bringt, ist sicher. Und wenn man nicht solche extrem kleinen Zahnfußausrundungen wählt, wird der Vorteil doch schon ganz beachtlich sein. Die Werte, die als Zahnfußausrundungsradius angegeben worden sind, waren sehr klein und haben deshalb zu solch großen Unterschieden in den Ergebnissen geführt.

Rettig: Aus der Versuchserfahrung ist zu diesem Problem noch folgendes zu sagen. Es hat sich bei den Versuchen gezeigt, daß Verzahnungen mit größeren Eingriffswinkeln an sich eine etwas flachere Form haben, wenn sie in den Zahnfuß übergehen. Diese flacheren Formen wirken sich spannungsmäßig sehr günstig aus. Wenn man es nun erreicht, daß an den Stellen des Überganges keine Kerbwirkung vorhanden ist, also daß man nicht eine extrem ungünstige Fußausrundung erzielt, dann zeigt sich nach den Versuchen, daß man tatsächlich Spannungen, das heißt also Festigkeiten, erreicht, wie sie durch die Rechnung bedingt sind. Durch die Profilverschiebung wird also tatsächlich eine entsprechende Erhöhung der Zahnfußfestigkeit erzielt. Vorausgesetzt ist dabei — um es noch einmal zu betonen —, daß man keine absoluten Kerben in die Ausrundung hineinbringt, daß also praktisch keine Ausrundung vorhanden ist. Wahrscheinlich würden auch Versuche ergeben, daß nicht viel mehr zu erreichen wäre, selbst wenn noch günstigere Ausrundungen erzielt werden könnten.

Unbekannt: Ich glaube, der Grund für die unterschiedlichen Werte von Herrn Dr. Winter und Herrn Brugger liegt in der Berechnungsart. Herr Dr. Winter geht bei seiner Spannungsberechnung vom äußeren Einzeleingriffspunkt aus, und die Herren von ZF rechnen mit dem Zahneingriffspunkt am Zahnkopf. Dadurch ist bei dem kleinen Eingriffswinkel die Überdeckung zu gering bewertet worden, und deshalb sind die Streuungen, d. h. die Abweichungen der Wöhlerlinien, bei dem größeren Eingriffswinkel so groß zwischen den erreichten Spannungen. Wenn aber die ZF in derselben Theorie gerechnet hätte, dann würden wahrscheinlich die Wöhlerlinien besser zusammenfallen.

Heyes: Ich möchte kurz berichten über die Verbesserung der Reibungs- und Verschleißwerte insbesondere von Zahnrädern, die durch elektroytisches Polieren zu erreichen ist. Den Vorgang des elektrolytischen Polierens selbst möchte ich, da es zu weit führen würde, nicht näher erläutern; ich möchte mich beschränken auf die dadurch erreichbare Verbesserung der Oberflächengüte.

Über den Vorgang ist zu sagen, daß es sich um einen elektrochemischen Prozeß handelt, bei dem die zu behandelnden Werkstücke in einer Flüssigkeit besonderer Zusammensetzung geglättet werden. Dabei wird der Durchmesser des Werkstückes etwa um 1 my pro Minute abgetragen.

Bild 1 zeigt Interferenzaufnahmen von geschliffenen Oberflächen vor der Behandlung. Die Oberflächengüte der einzelnen Proben war verschieden. Das linke obere Bild gibt die Oberfläche einer Probe wieder, die mit Korn 80 geschliffen wurde, das rechte obere eine solche, bei der zum Schleifen Korn 220 Verwendung fand, während die unteren mit noch feineren Korngrößen bearbeitet wurden.

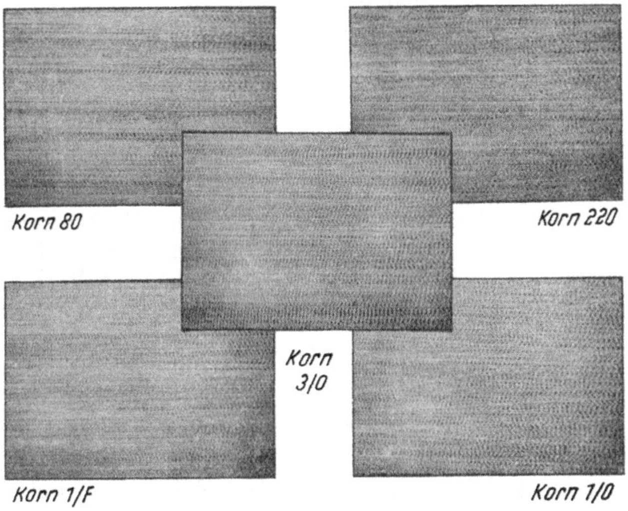

Bild 1: Interferenzaufnahmen von geschliffenen Oberflächen vor dem Elektropolieren

In Bild 2 sind Interferenzaufnahmen der Probenoberflächen nach dem elektrolytischen Polieren wiedergegeben. Es ist interessant zu beobachten, daß die mit

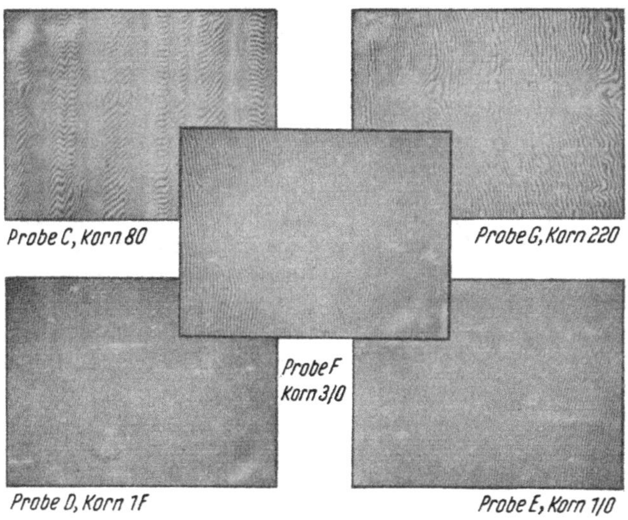

Bild 2: Interferenzaufnahmen von elektropolierten Oberflächen

der gröbsten Körnung des Schleifmittels geschliffene Probe keine Mikrorauhigkeiten mehr aufweist. Man erkennt aber noch die tiefer gehenden Spuren der Bearbeitung in den wellenförmigen Auslenkungen der Interferenzstreifen. Bei den feineren Korngrößen hingegen, also bei 1 F, 1/ und 3/0, verlaufen die Interferenzlinien fast parallel. Man sieht allerdings auch noch einige Vertiefungen, die durch das Herauslösen der Einschlüsse im Stahl hervorgerufen werden.

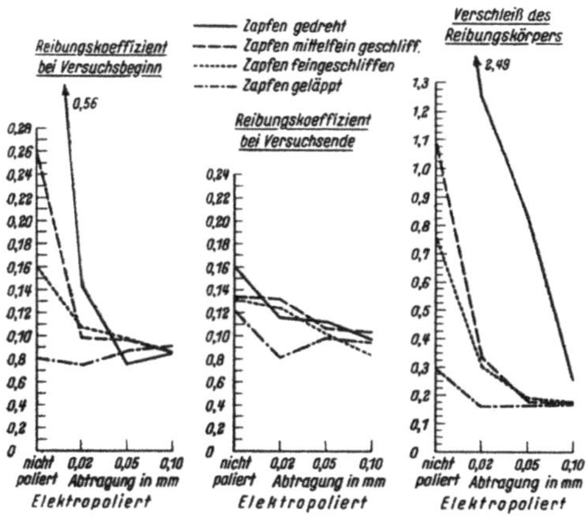

Bild 3: Einfluß des Oberflächenzustandes auf Reibung und Verschleiß

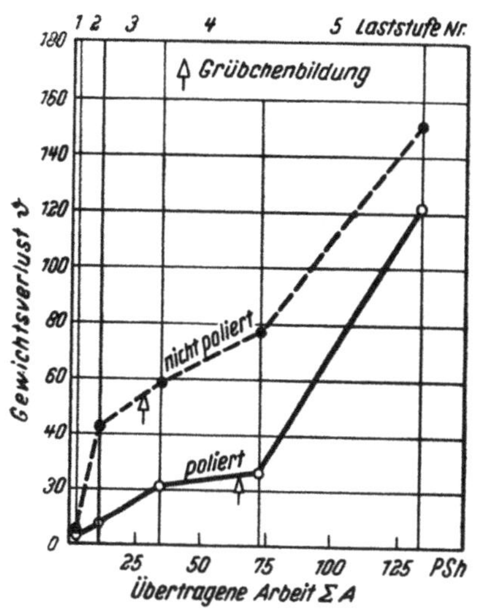

Bild 4: Verschleiß eines elektrolytisch polierten und eines nicht polierten Zahnrades

Bild 3 zeigt, wie sich die durch diese Behandlung erreichbare Verbesesrung der Oberflächengüte auf Verschleiß und Reibung auswirkt.

Mondon hat bei Reibungs- und Verschleißversuchen die durch das elektrolytische Polieren erreichbare Verbesserung an gedrehten, mittelfein und feingeschliffenen und geläppten Zapfen untersucht. Auf der Abszisse ist die elektrolytisch abgetragene Schicht, auf der Ordinate der Reibungskoeffizient aufgetragen.

Bei der gedrehten Probe liegt der Wert anfänglich bei 0,56, geht dann aber nach Abtragung von etwa 0,05 mm auf einen Wert zurück, der dem Anfangswert der geläppten Probe entspricht. Es ist deutlich zu erkennen, daß sowohl bei dem gedrehten als auch bei den geschliffenen Proben der Reibungskoeffizient durch diese Behandlung wesentlich verbessert wird. Besonders bemerkenswert ist die Tatsache, daß selbst die gedrehte Probe bei noch deutlich erkennbaren Bearbeitungsspuren den Reibungskoeffizienten der geläppten Probe fast erreicht. Am Ende des Versuchs weisen alle Proben fast den gleichen Reibungskoeffizienten auf.

Es ist dies eine Folge des Einlaufvorganges. Auf der rechten Seite der Abbildung ist der Verschleiß der Proben dargestellt. Man sieht, daß der Verschleiß von einem Wert von 2,49 auf etwa 0,3 zurückgeht und damit in die Nähe des Verschleißwertes der geläppten Probe kommt.

Bild 4 gibt Ergebnisse von Verschleißversuchen wieder, die im Institut für Maschinenelemente von Prof. Niemann, Braunschweig, vorgenommen wurden. Geprüft wurden ungehärtete Zahnräder, um auch bei geringen Belastungen schon ein deutliches Ergebnis zu erhalten. Die Kurven geben den Gesamtverschleiß von Rad und Ritzel wieder, wobei die obere den Verschleiß der unbehandelten, die untere den der elektrolytisch polierten Probe zur Darstellung bringt. Die elektrolytisch polierte Probe weist einen bedeutend geringeren Verschleiß auf, und die Grübchenbildung tritt hier auch erst eine Laststufe später ein.

Kotthaus: Es wäre interessant zu erfahren, wie groß der Vergrößerungsmaßstab bei den Interferenzbildern gewesen ist. Man hätte dann einen Anhaltspunkt darüber, was durch das Elektropolieren erreicht worden ist, d. h. Ausgangsrauhtiefe zu Endrauhtiefe nach dem Elektropolieren. Interferenzbilder sind ja sehr einfach darstellbar durch das verwendete Licht. Daraus ergibt sich auch der Maßstab.

Heyes: Die Abstände der Interferenzlinien betragen etwa 0,25 my. Bei den feiner bearbeiteten Proben lag die Rauhtiefe nach dem elektrolytischen Polieren bei etwa 0,1 my.

Fischer: In dem Vortrag von Herrn Rettig wurde gesagt, daß die induktionsgehärteten Räder gegenüber den gehärteten einen wesentlich günstigeren Verschleiß aufwiesen. Es würde interessieren zu erfahren, aus welchem Stahl diese Räder gefertigt wurden, wie sie gehärtet worden sind, und welche Oberflächenhärten die Räder aufwiesen.

Rettig: Die induktionsgehärteten Räder waren aus Ck 45 hergestellt. Die Härtung bei diesen Rädern war nicht sehr gut gelungen, da die Zahnform sehr spitz ist. Die Oberflächenhärten betrugen am Zahnkopf etwa 600 Vickers; zum Zahnfuß nahm die Härte zu, sie betrug dort etwa $H_V = 720$ kg/mm². Verschleißmäßig lagen die Räder mit einem spezifischen Verschleiß $v_t = 0{,}6$ bis 1,0 mg/PSh nicht günstig, der spezifische Verschleiß war sogar höher als bei einsatzgehärteten Rädern. Das Wesentliche jedoch war, wie hervorgehoben wurde, die große Tragfähigkeit, d. h. die Grenzbelastung gegen Fressen.

Fischer: Ich habe selbst auch Versuche mit Ck 45-Rädern im Vergleich mit einsatzgehärteten gemacht. Es stellte sich doch heraus, daß der Verschleiß dieser Räder erheblich höher war.

Axer: Wenn ich recht verstanden habe, mißt Herr Dr. Cameron das Zusammenbrechen des Ölfilms mittels Stromdurchgang. Ich möchte hierzu kurz an einige Versuche anknüpfen, die an der TH Aachen durchgeführt wurden, und zwar am Verschleiß der Werkzeuge. Wir konnten feststellen, daß sich bei einem Stromdurchgang durch den Stromkreis Maschine — Werkstück — Meißel schon bei etwa 100 Milli-Ampere — also schon bei einem sehr geringen Strom — das Verschleißverhalten des Werkzeuges ändert. Dabei ändert sich auch das Verschleißverhalten zwischen Werkstoff und Werkzeug. Analog zu den Versuchen von Herrn Dr. Cameron ist zu sagen: Besteht nicht die Möglichkeit, daß sich durch den Stromdurchgang, den Herr Dr. Cameron im Öl hervorruft, auch das Verschweißverhalten zwischen den beiden Zahnrädern, außerdem die Ionenkonzentration im Öl ändert, und daß schließlich durch die bei der Ladungsübertragung notwendige Absetzung der Ionen an der Metalloberfläche die Zahnräder selbst verändert werden?

Cameron: Man kann drei Gesichtspunkte hierzu anführen. Wir versuchten, mit dieser sehr hohen Stromstärke zwei Scheiben — die Untersuchung wurde mit Scheiben durchgeführt — zusammenzuschweißen. Wir verwendeten dazu das stärkste Schweißgerät mit 350 Ampere. Es gelang nicht, die Scheiben mit 350 Ampere zusammenzuschweißen. Wenn man zwei Scheiben mit verschiedener Geschwindigkeit zusammenpreßt, kann man den rein mechanischen Energieverlust in kW ausdrücken bei Null Strom. Dann fängt man an, Strom durchzuschicken. Am Freßpunkt erhält man den Durchgangswiderstand sp : Strom Ampere = Energie. Wir haben gefunden, daß die Zunahme dieser Energie die mechanische Energie, die für das Fressen notwendig ist, sinkt. Die Summe dieser zwei Energien ist immer eine Konstante. Wir konnten diese These natürlich nicht absolut prüfen, glauben aber, daß diese Versuche genügend erwiesen haben, um diese Theorie von dem „Kaltschweißen" zu erklären. Die Energie beim Fressen ist konstant, gleichgültig ob elektrisch oder mechanisch.

Dobrinkat: Zu den Ausführungen von Herrn Prof. Blok hinsichtlich der Grübchenleistung möchte ich fragen, ob bei Zahnrädern in Bezug auf die Dauerwälzfestigkeit, bedingt durch Drehmomentenerhöhung, über die Dauervollast hinaus eine augenblickliche Leistungsteigerung zugestanden werden kann. Wenn ja, welche zulässige Lastüberhöhung kann — vielleicht auf Grund von Versuchen — angegeben werden?

Blok: Die Antwort ist abhängig von der Lebensdauer, ausgedrückt in geforderten Wechsellastzahlen oder Zahneingriffen. Wenn die geforderten Zahneingriffe die Grenzwechselzahl übersteigen — so wie das Wöhlerdiagramm einen Knick hat —, dann macht das nichts mehr aus. Aber wenn man sich mit der Lebensdauer oder — allgemeiner — mit der äquivalenten Lebensdauer im Bereich des Wöhlerdiagramms befindet, wo die Linie noch eine Neigung hat, dann kann sich die zulässige Flankenpressung tatsächlich mit der geforderten Lebensdauer ändern. Weil also diese zulässige Flankenpressung einer der sogenannten „verborgenen" Faktoren in diesem Grübchenfaktor ist — ich habe ihn in der Formel genannt —, sollte man auch den Einfluß der Lebensdauer auf die zulässige Flankenpressung, auf diesen Grübchenfaktor, einbeziehen. Das heißt, daß z. B. für eine gegebene Baugröße dieser Grübchenfaktor noch von der Drehzahl abhängig ist — nur schwach, bezogen auf die Abhängigkeit, die schon in der Formel gezeigt wurde. Schwach heißt hier 0,1 oder 0,2, aber man sollte auch diese Abhängigkeit berücksichtigen.

Rettig: Die gestellte Frage könnte — die Ausführungen von Herrn Prof. Blok ergänzend — auch wie folgt beantwortet werden:

Eine kurzzeitige Überlastbarkeit oberhalb der Dauerwälzfestigkeit, ohne daß Grübchen auftreten, ist natürlich möglich; sie führt in vielen Fällen sogar zu einer Kaltverfestigung des Werkstoffes. Die Wöhlerkurve der Wälzfestigkeit gibt für jede Last eine bestimmte Anzahl Überrollungen an, bei der Grübchenbildung auftritt. Bleibt man unterhalb dieser Grenzlastwechselzahl, so tritt keine Grübchenbildung auf, auch wenn die Wälzpressung höher als die Dauerfestigkeit ist. Bis zur Ermüdungsgrenze, d. h. dem Auftreten von Grübchen, besitzt jeder Werkstoff ein für ihn charakteristisches Formänderungsvermögen. Die bei Belastungen oberhalb der Dauerwälzfestigkeit vorhandene konstante Energie kann beliebig verbraucht werden, nur darf eine bestimmte Summe nicht überschritten werden, wenn Grübchenbildung vermieden werden soll.

Gauer: Wir haben vieles Interessante über die Schmierung von Zahnrädern gehört. Ich nehme an, daß es sich dabei immer um ideale Schmierverhältnisse gehandelt hat, d. h. daß das Schmiermittel in genügendem Maße in den Zahneingriffen eintreten konnte. Es laufen nun aber viele Getriebe mit ungenügenden Schmierverhältnissen, also z. B. Drehöfenantriebe, Kugelmaschinen, Hebezeuge u. dgl. Hier wird die Schmierung durch Fett bewerkstelligt, sie dürfte also ziemlich ungenügend sein. Liegen Versuchsergebnisse vor, die den Einfluß dieser schlechteren Schmierung oder im Extremfall sogar das Laufverhalten der Zähne bei überhaupt ausbleibender Schmierung erklären?

Weinhold: Wir kommen hier zu der Frage der Grenzschmierung. Auch Herr Dr. Cameron hat in seinem Vortrag von Schmiermitteln gesprochen, in denen keine polaren Gruppen vorkommen.

Cameron: Mit normaler Grenzreibung verhält es sich etwas anders. Ich habe mich bemüht zu zeigen, daß die Schmierung bei Zahnrädern nicht gleichbleibend ist. Es gibt eine Öldicke, ungefähr 200stel mm, die zu groß ist für Grenzreibung.

Rettig: Zur Klärung dieser Frage ist zu sagen, daß eine Schmierung zumeist zwei Voraussetzungen zu erfüllen hat: sie muß den Reibwert niedrig erhalten und für eine gute Wärmezufuhr sorgen. Untersuchungen, bei denen die Zahnflanken mit Molybdän-Disulfid eingepinselt wurden und demnach sehr gute Reibungsverhältnisse geschaffen waren, führten ohne Öl nach ganz kurzer Zeit zur Verbrennung der Flanken. Somit darf die Eigenschaft des Öls als Wärmeabfuhrmittel auf keinen Fall unterschätzt werden; sie ist in den meisten Fällen sogar die Grundbedingung für einen Dauerbetrieb.

Gauer: Die Schwierigkeit ist, daß in den Beispielen, die ich genannt habe, eine Schmierung in dieser Form, d. h. also unter Wärmeabfuhr, gar nicht möglich ist. Die erwähnten Maschinen würden sich dann erheblich verteuern. Man ist also darauf angewiesen, eine Schmierung zu wählen, bei der eine Wärmeabfuhr praktisch nicht möglich ist. Nur das Schmiermittel schmiert, das zufällig auf der Zahnflanke sitzt.

Weinhold: Solche Überlegungen sind vielleicht mehr Fragen der Konstruktion des Getriebegehäuses. Sie hier zu behandeln, würde uns vom Thema zu sehr abführen.

Fleischer: Von Prof. Niemann wurde darauf hingewiesen, daß das Rollen die Hauptsache am Zahn ist. Damit entsteht die Frage, warum in dem Freßwert von Almen die Gleitgeschwindigkeit an Stelle der Rollengeschwindigkeit ausgedrückt wird. Zur reinen Schmierdruckerzeugung sind beide Werte erforderlich. Selbstverständlich ist die Rollgeschwindigkeit oben am Zahnkopf relativ klein, denn sie nimmt ja ab zu den Grenzpunkten E_1 und E_2; aber warum überlagert man nicht beide, denn beide wirken nach demselben hydrodynamischen Gesetz.

Der andere Hinweis, daß das Rollen überhaupt günstig ist, dürfte auch noch nicht restlos befriedigen, da gerade dort, wo das größte Rollen auftritt, auch die meisten Pittings erscheinen.

Es würde zudem interessieren, wie schwer die Zahnräder bei den Versuchen bezüglich des Verschleißes waren, und wieviel Milligramm das etwa absolut ausmacht. Die Messung dieser Milligramm bei einem etwa 1 oder 2 kg schweren Rad dürfte ja nicht ganz einfach sein.

Und noch ein Drittes: Herr Dr. Cameron sprach von Temperaturen des Kaltschweißens von 250°. Herr Prof. Blok erwähnte Wälztemperaturen bis zu 1000°. Selbstverständlich sind diese Werte auch Fragen der Meßtechnik. Man wird nicht die absoluten Temperaturen an den Oberflächen messen können. Es wäre aber vorstellbar, daß die von Dr. Cameron angegebenen Werte auf Temperaturen von 1000° lauten könnten, wenn man direkt im Augenblick oder bei der leisesten Berührung der Oberfläche messen könnte. Also das Kaltschweißen muß nicht unbedingt ein Kaltschweißen sein.

In welchen Quellen kann man etwas Genaueres zu den von Herrn Prof. Blok erwähnten Faktoren C_b, C_g usw. finden?

Winter: Die Formel von Almen zur Bestimmung der Freßgrenze ($p_K \cdot v_G \cdot e$) wurde rein empirisch auf Grund umfangreichen Erfahrungsmaterials aufgestellt. Eine physikalische Erklärung der Vorgänge beim Fressen war von Almen nicht beabsichtigt.

Cameron: Bei Zahnrädern bildet die Wälzgeschwindigkeit den Ölfilm, während Gleiten Energieverlust und Erwärmung bringt. Die Temperaturdarstellungen von Prof. Blok und Almen beruhen auf dem Gleitvorgang. Ich sehe, daß man in Deutschland, ebenso wie in England, wegen der Ölfilmbildung immer an das Gleiten denkt. Das ist aber bei Zahnrädern falsch.

Dietrich: Die von Herrn Rettig erwähnte Formel nach Almen lautet $p \cdot v_G \cdot e$. Ich habe den Wert v_G so verstanden, daß er die Gleitgeschwindigkeit an den Flanken bedeutet. Diese Gleitgeschwindigkeit ist nun wiederum $e(\omega_1 + \omega_2)$, wobei ω_1 und ω_2 die Winkelgeschwindigkeiten sind. So könnte man dann, wenn diese Annahme stimmt, die Formel auch schreiben:

$$p \cdot e^2 (\omega_1 + \omega_2)$$

Dadurch würde der Einfluß von e noch viel stärker hervorgekehrt. Wenn aber diese meine Annahme, daß die Formel so richtig ist, stimmt, dann wäre diese Schreibweise vorzuziehen, weil sie noch mehr vor einem großen e warnt.

Rettig: Der Ausdruck $p \cdot e^2 (\omega_1 + \omega_2)$ stimmt mit dem Almen-Wert $p \cdot v_G \cdot e$ überein. Wie weit ist er aber zutreffend? Wir haben uns bemüht, durch Auswertung von

Versuchsergebnissen eine Übereinstimmung zwischen dem Abstand e, der Gleitgeschwindigkeit v und auch der Drehzahl n zu finden. Eine einfache Vertauschung dieser Größen deckt aber nicht die Resultate. Um hierzu noch genauere Aussagen als in meinem Vortrag zu machen, müssen erst die Ergebnisse weiterer Untersuchungen abgewartet werden. Zur Beantwortung der Frage der Wiegegenauigkeit bei Zahnradverschleißprüfungen ist folgendes zu sagen: Das Ritzel hat ein Eigengewicht von ca. 600 g, es ist auf einer 1 kg-Tragkraftwaage wägbar und kann mit einer Genauigkeit von 0,5 mg gewogen werden. Beim Rad, das etwa doppelt so schwer ist und auf einer 2 kg-Tragkraftwaage gewogen werden muß, beträgt die Genauigkeit 1 mg.

Büttner: Herr Dr. Cameron hat in der Diskussion zum Ausdruck gebracht, daß man Getriebe beispielsweise mit einer Leistung von 30 000 PS ohne jegliche Einspritzung betreiben könnte. Wir haben z. Zt. solche Getriebe im Bau die mit über 200 m Umfangsgeschwindigkeit im Teilkreis pro Sekunde laufen. Ich möchte aber nicht riskieren, ein solches Getriebe ganz und gar ohne Zahnschmierung laufen zu lassen.

Lein: Wie erklärt Herr Dr. Cameron physikalisch die von ihm festgestellte Tatsache, daß auch bei der Geschwindigkeit Null ein Ölfilm von mind. 0,2 mm oder 200stel mm Stärke bestehen soll?

Cameron: Es ist immer genügend Öl in Tropfen von dem Lagerölstrom vorhanden. Ich habe in meinem Vortrag über Schmierstoff und Zahnradschäden mehr über diese Frage gesagt.

H. K. HELLMICH

Wirtschaftlichkeitsfragen der Zahnradherstellung

Im Rahmen einer Betrachtung der Voraussetzungen und Kennzeichen der Wirtschaftlichkeit in der Zahnradfertigung kommt den Zusammenhängen zwischen Kapazität und Beschäftigungsgrad, Substanz- und Leistungserhaltung, Finanzierung und Investition eine entscheidende Bedeutung zu.

Kapazität

Jeder, der mit einem Industriezweig in Berührung tritt, wird sich zunächst die Frage nach seiner Produktionskraft, seiner Größe, seinem Umfang, seiner wirtschaftlichen Potenz stellen. Wir sprechen dabei von der Kapazität. Sie wird meßbar in der insgesamt erzielbaren (Voll-) Leistung, d. h. der in der Zeiteinheit (Minute, Stunde, Schicht, Woche, Rechnungszeitraum) überhaupt erzeugbaren, durchsetzbaren, umsetzbaren Arbeitsmenge oder einer entsprechend ersatzweisen Wertgröße. Die Kapazität eines bestimmten Betriebes bzw. Betriebsteiles kann somit auch durch den Anlagebestand, die Betriebszeit, die dadurch bestimmte Belegschaft oder eine Kombination dieser Größen ausgedrückt werden.

So wie nun ein einzelner Betrieb durch eine bestimmte Kapazität, d. h. „seine Kapazität" gekennzeichnet ist, ergibt die Summation aller Teilkapazitäten einer Zahl von Betrieben die Gesamtkapazität eines Industriezweiges. Für die Zahnräder- und Getriebeindustrie im Bundesgebiet ist sie mit folgenden Tatbeständen verbunden.

Trotz des wahrlich wechselvollen politischen und wirtschaftlichen Geschehens der letzten Jahrzehnte, trotz Kriegszerstörungen und Demontagen, trotz der Strukturkorrekturen, die durch die Trennung des alten, organisch zusammengewachsenen deutschen Wirtschaftsraumes unumgänglich wurden, ist das Gefüge dieses Industriezweiges im Vergleich der Jahre 1937 und 1954 in seiner charakteristischen Mischung von kleinen, mittleren und größeren Betriebseinheiten gleich geblieben. Eine geringfügige Zunahme der unteren Größenklassen, d. h. der kleineren Betriebe auf Kosten der Großbetriebe, ändert dabei die Proportionen nur unwesentlich. In dieser Optik spiegelt sich die im Zuge der fortschreitenden Spezialisierung des Maschinenbaues wirksam gewordene Arbeitsteilung wider, die jedem Betrieb seine „Größe" zumißt. Jene These, nach der mit fortschreitender Technisierung die Kleinbetriebe zum Absterben verurteilt seien und die Produktion zwangsläufig auf eine Konzentration in Großbetrieben tendiere, findet in diesem Industriezweig — wie allgemein im Maschinenbau — bis heute also weder ihre Bestätigung, noch läßt sie sich im Trend erkennen.

In erster Linie bestimmen nun aber im allgemeinen die Anlagen die Kapazität eines Betriebes. Die sich in ihnen ausdrückende Kapazität kann in der Regel nur auf längere Sicht entscheidend beeinflußt und geändert werden durch Betriebserweiterungen bzw. Abstoßen nicht ausnutzbarer Anlagen. Sie ist aber auch keine Größe, die für längere Zeit konstant bleibt: durch Neuinstallationen, durch die Aufwendung fortschrittlicher Arbeitsmethoden, die Auswertung der Erfahrungen unterliegt das in den Anlagen repräsentierte Produktionsvermögen einer ständigen Vergrößerung. Ein Überblick, in welchem Tempo und Umfang die Installation von Verzahnungsmaschinen im ehemaligen Reichsgebiet in den Jahren 1927—42 vor sich gegangen ist — spätere statistische Übersichten fehlen leider — vermittelt Bild 1. Es sind hierin allerdings nur die Zugänge und nicht die Abgänge an diesen Maschinen verzeichnet.

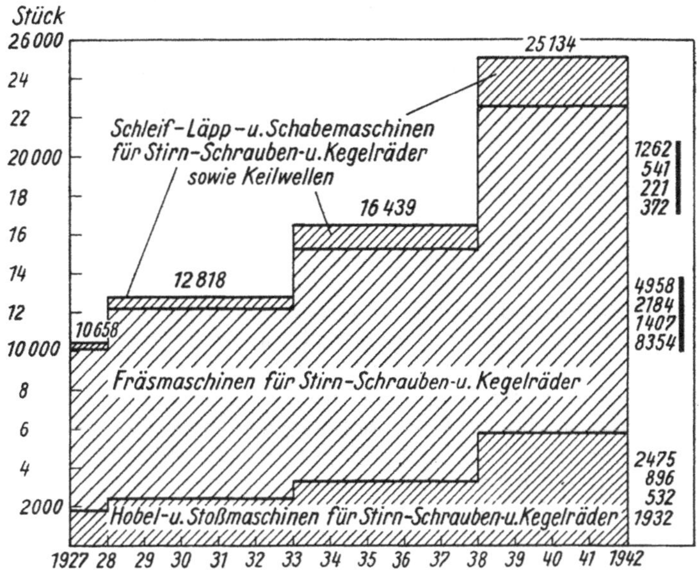

Bild 1: Gesamtzahl der bis 1942 im ehem. Reichsgebiet installierten Verzahnungsmaschinen

Da nach dem Vorhergesagten also das Leistungsvermögen der Maschinenanlagen in diesem Industriezweig als eine besondere Bestimmungsgröße für die Kapazität angesehen werden kann, ergibt sich daraus sofort folgender Hinweis. Wir sprechen heute gern von der Vollbeschäftigung und wissen, daß manche Betriebe unzureichend beschäftigt sind. Es sind aber zwei grundverschiedene Dinge, wenn heute im Bundesgebiet einzelne Betriebe wegen Unwirtschaftlichkeiten und Unausgeglichenheiten der verschiedensten Art inmitten eines allgemeinen Aufschwunges und eines Beschäftigungshochstandes stilliegen oder nur zum Teil arbeiten. In einer solchen Lage ist es gerade die „unausgenutzte Kapazität", in der und durch deren Folgen sich ein überaus dringlicher Anpassungs- und Rationalisierungsprozeß vollziehen muß. Wenn sich allerdings in einer Volkswirtschaft solche Unwirtschaftlichkeiten häufen, dann bekommt auch die so beliebte „Vollbeschäftigung" ein anderes Gesicht. Die dogmatischen Anhänger der „Vollbeschäftigung" verkennen oft, daß

Arbeitslosigkeit in bestimmten Gegenden und Branchen mit Arbeitsmangel in andern Gegenden und Branchen, unausgenutzte Kapazitäten hier mit einem Mangel an oder einer Überforderung der Kapazitäten dort einhergehen kann. Die Politik der „Vollbeschäftigung" dürfte demnach auf einer allzu mechanischen Totalrechnung beruhen:

Beschäftigungsgrad

Wenn sich nun die betriebliche Kapazität eines Betriebes als die optimal mögliche Leistung oder Bestleistung — statisch — kennzeichnet, dann gibt die jeweilige Ausnutzung dieser Kapazität den Beschäftigungsgrad oder Ausnutzungsgrad — dynamisch an. Die Kapazität in dem hier umschriebenen Sinne entspricht also der „Vollbeschäftigung", dem maximalen Leistungsvermögen des Betriebes. Und die jeweilige Kapazitätsausnutzung, die Inanspruchnahme des Leistungsvermögens, also der Beschäftigungsgrad ist gegenüber der Kapazität im Wechselspiel gekennzeichnet durch:

geänderten Einsatz der Anlagen oder

vorübergehende Abweichung von der normalen Betriebszeit oder

zeitweise Anpassung des Belegschaftsstandes an die vorerwähnten Änderungen.

Eine Fertigung ist nun besonders anfällig gegen Beschäftigungsschwankungen, wenn das investierte Kapital groß ist. In diesem Fall können bei sinkender Beschäftigung besonders die Zinsen und Abschreibungen gefährlich drückend werden. Es ist deswegen erstaunlich, wie wenig heute noch diese Zusammenhänge bei Selbstkosten- und Wirtschaftlichkeitsrechnungen Berücksichtigung finden. Die Beurteilung, ob für eine neu zu erstellende Anlage eine ausreichende Beschäftigung vorhanden sein wird, ist zunächst Sache des Kaufmanns. Der Ingenieur muß aber bei der Ermittlung der Kosten dann den Fall berücksichtigen, daß die Kapazität der Anlage evtl. ungenügend ausgenutzt wird. Denn dann wirken sich die Anschaffungen mit ihren Kosten nicht unwesentlich auf die Kalkulation des Erzeugnisses aus.

Bei Betrieben, in denen die Arbeit vorwiegend von Maschinen geleistet wird, bestimmt sich das Leistungsvermögen in erster Linie nach der Anzahl und der optimalen Leistungskraft der vorhandenen Anlagen. Man hat aber in den letzten Jahren zunehmend erkannt, daß nicht die Fiktion der festen Kosten, sondern die Kenntnis der Kosten der jeweils nicht oder ungenügend ausgenutzten Kapazität das für die Betriebsführung Entscheidende ist. Es scheint allerdings, daß in der Beurteilung und Bewertung der jeweils „produktiv" genutzten und der ungenutzten, stillgelegten oder leerlaufenden Kapazitäten noch wenig Erfahrungen vorliegen. Firmen, die sich am Anfang solcher Überlegungen befinden, ist zu empfehlen, von Zeit zu Zeit einen sehr simplen Vergleich für den gesamten Maschinenpark durchzuführen, indem sie die theoretisch mögliche Maschinenstundenzahl der effektiv ausgenutzten Maschinenzeit für jede Maschine und den ganzen Betrieb gegenüberstellen.

Diese Methode läßt erkennen, welch entscheidende Bedeutung der Beschäftigungsgrad zweifelsohne als Kostenbeeinflussungsfaktor hat. Nur stößt seine Berücksichtigung auf Schwierigkeiten, wenn die Kosten ein eigenwilliges Verhalten zeigen und in keiner mathematischen Beziehung zu einer meßbaren dritten Größe stehen. Dabei sind die Wirkungen der betriebsindividuellen Kostenbeeinflussungsfaktoren von Rechnungsperiode zu Rechnungsperiode und von Betrieb zu Betrieb umso unterschiedlicher, je vielgestaltiger das Fertigungsprogramm und je komplizierter der Produktionsprozeß ist. Es ist aber in weitem Maße eine Frage der Verfeinerung des rechentechnischen Instrumentariums, ob es einem Betrieb gelingt, die verschiedenen Einflüsse zu isolieren und dadurch den Aussagewert seiner Kostenrechnung zu erhöhen.

Im Zusammenhang mit den Problemen des Beschäftigungsgrades sind Vergleiche über die Nutzung der Anlagen und die Errechnung der Wirtschaftlichkeit von neuen Anlagen besonders bedeutungsvoll. Ihr Ergebnis zeigt der Betriebsleitung, ob das Kapital für die Investitionen bereitgestellt werden soll oder nicht.

Substanz und Leistung

Die bis hierhin angestellten Überlegungen bewegten sich — gleichgültig ob es sich dabei um Probleme der Kapazität oder des Beschäftigungsgrades handelte — immer um die Betriebsanlagen als das Fundament der Produktion in diesem Industriezweig. Neben den persönlichen Produktionsfaktoren bilden die Verzahnungsmaschinen eben die Substanz dieser Industrie, deren Erhaltung damit jedem Unternehmen zur besonderen Aufgabe wird. Die Substanz wird aber in ihrer Problematik gekennzeichnet und in ihrer Erhaltung garantiert durch die Begriffe „Abschreibung" und „Investition". Sie verdienen in der Zahnrad- und Getriebeindustrie besondere Behandlung.

Ein Industriebetrieb wird errichtet und ausgerüstet, um Rohstoffe mit Hilfe von Menschen und Maschinen in ein neues Produkt zu verwandeln. Materialien, Löhne und allgemeine Unkosten sind hierbei also gleichwertige Kostenfaktoren. Die aktivierten Betriebsanlagen sind an der Produktion mit Kostenanteilen beteiligt, deren Gegenwert man Abschreibungen nennt. Beim Absatz des Produktes auf dem Markt soll der Verkaufspreis alle Kosten und einen Gewinn enthalten. Mit dem Verkauf schließt sich der Zyklus, der mit dem Kauf der Rohstoffe, der Anstellung der Arbeiter und der Erstellung von Gebäuden und Maschinen beginnt.

Während jedoch Materialien und Löhne, allgemein gesehen, verhältnismäßig schnell diesen Zyklus durchlaufen, benötigen die Betriebsanlagen oft viele Jahre. Den richtigen Anteil der Abschreibung zu finden, wird damit eine Hauptaufgabe der betriebswirtschaftlichen Überlegungen.

Die Praxis fordert, daß Abschreibungen nicht nur die Erhaltung des Kapitals garantieren, sondern auch die Mittel für die Erstellung neuer Anlagen hergeben sollen, wenn die bestehenden Anlagen verbraucht oder technisch überholt sind. Ob die Abschreibungen die eine und die andere Aufgabe erfüllen sollen, ist immer schon diskutiert worden. Heute aber ist das Problem besonders akut, weil die Maschinenpreise in den letzten Jahren ständig angestiegen und mit dem Kauf neuartiger Maschinen immer Änderungen der Kapazität und der Kostenlage verbunden sind.

Für die Nichtbetriebswirte bedeutet dies, daß sie anfangen müssen zu verstehen, daß Abschreibung und Abschreibungsmethoden zu einem wichtigen Instrument der

Unternehmungsleitung werden können. Abschreibungen sind wohl Kostenfaktoren wie die anderen Fertigungsgemeinkosten. Was sie von jenen aber trennt, ist ihre Zeitdauer; was sie mit ihnen verbindet, ist der Anschaffungswert.

Es wurde bereits gesagt, daß die Verrechnung von Abschreibungen auf einen Zeitabschnitt oder eine Produktionseinheit eines der umstrittensten Probleme des betrieblichen Rechnungswesens ist. Die Grundlagen zur Feststellung der Abschreibungen sind der Ausgangswert des Anlagegutes und seine Lebens- oder Nutzungsdauer. Der Ausgangswert — gleichgültig ob man dabei den Anschaffungs- oder den Wiederbeschaffungswert wählt — stellt aber in dieser Rechenoperation keine eindeutige und zuverlässige Größe dar. Und der zweite Faktor der Abschreibungsberechnung, die Nutzungs- oder Lebensdauer, hängt von nicht exakt meßbaren Einflußgrößen ab. In allen Fällen muß die Lebensdauer geschätzt werden. Damit steht aber die Abschreibungsbemessung auch heute noch auf umstrittenen und unsicheren Grundlagen. Und man kann die Problematik unserer betriebswirtschaftlichen Rechnungen in gewissem Grade als die Problematik der Erfassung und Verrechnung der Abschreibungen bezeichnen.

In der Praxis werden solche Überlegungen vielfach nur bis zu dem Zeitpunkt angestellt, zu dem die Anlagen-Investitionen beschlossen sind. Ist eine Anlage oder Maschine erst einmal beschafft, so kümmern sich meistens die Stellen, die hierfür zuständig waren, nicht mehr um die ausschlaggebende Amortisation, im Gegenteil, sie haben dann vielfach das Interesse, für ihre speziellen Abteilungen durch geringere Abschreibungen entsprechend kleine Werkstatt- oder Abteilungszuschläge und höhere Erträge auszuweisen. Meistens werden die Abschreibungen auch vom Buchhaltungschef festgesetzt, der die wahrscheinliche Nutzungsdauer der Anlage ausschlaggebend sein läßt und nicht den wahrscheinlichen und tatsächlichen Verbrauch. Die Verbuchung der Abschreibungen, wie man sie in Industriebetrieben häufig vorfindet, stimmt dann formal „bis auf den Pfennig", sachlich jedoch ist sie grundfalsch.

Die in der eisen- und metallverarbeitenden Industrie für Werkzeugmaschinen der verschiedensten Art üblichen Abschreibungssätze schwanken zwischen 7 und 15%. Ihnen zufolge müssen die Maschinen, deren Baujahr vor dem Beginn des 2. Weltkrieges liegt, längst abgeschrieben, vor allen Dingen aber auch unbrauchbar sein. Sie sind aber offensichtlich alle noch im Betrieb. Allgemein verlangt die Forderung nach hoher Oberflächengüte und Austauschbau stetig engere Toleranzen und Fertigungsgenauigkeiten. Damit wird aber die Lebenszeit der Bearbeitungsmaschinen verkürzt. Sie werden zwar nach einigen Jahren nicht wertlos oder unbrauchbar, sie können sicher noch viele Jahre laufen, aber für hohe und höchste Ansprüche ist ihr Wert in Frage gestellt.

In einer Veröffentlichung aus dem Jahre 1953 hat „Wirtschaft und Statistik" die Bilanzen der Aktiengesellschaften des Maschinenbaues von 1948—1951 analysiert (Bild 2). Es handelt sich um die Ausweise von 114 Unternehmungen mit 535 Mill. DM Grundkapital für Ende 1951, die ca. 69% der Zahl und 87% des Kapitals aller Maschinenbau-Aktiengesellschaften, die Ende 1952 im Bundesgebiet tätig waren und ihre Kapitalverhältnisse bereits neu festgesetzt hatten, ausmachen. Gemessen an den Personalkosten, stellen die hier erfaßten Firmen ein knappes Drittel aller

Maschinenbau-Unternehmungen mit 10 und mehr Beschäftigten im Bundesgebiet dar. Es muß dabei berücksichtigt werden, daß für die Geschäftsjahre, die dieser Untersuchung zugrunde liegen, der Wiederaufbau der gewerblichen Wirtschaft und ihrer Produktionsstätten vom Staat weitgehend durch die Gewährung steuerlicher Abschreibungserleichterungen gefördert worden ist.

Vorgang	Grundstücke und Gebäude	Maschinen und maschinelle Anlagen	Abschreibungen auf Maschinen und Anlagen %	Werkzeuge, Betriebs- u. Geschäftsausstattung	sonstige Sachanlagen	im Bau befindlich. Anlagen	Sachanlagen insgesamt (netto)
Stand 21.6.1948	170,1	232,1		44,5	12,6	6,1	465,4
Zugang	41,1	48,1		26,0	5,9	8,9	130,0
Abgang	1,0	6,8		0,9	0,1	—	8,8
Umbuchungen	+ 1,7	+ 1,2		+ 0,3	—	·/· 3,2	—
Berichtigungen	—	—		—	—	—	—
Abschreibungen	16,4	67,1	24,5 %	27,6	5,4	0	116,5
Stand Ende 1949	195,5	207,5		42,3	13,0	11,8	470,1
Zugang	35,1	52,4		23,2	2,9	7,0	120,6
Abgang	1,5	2,9		0,5	0,2	0,1	5,2
Umbuchungen	+ 4,1	+ 2,2		+ 0,6	·/· 0,1	·/· 6,8	—
Berichtigungen	+ 0,9	+ 0,2		+ 0,1	—	+ 0,1	+ 1,3
Abschreibungen	15,2	62,2	24,4 %	25,0	4,0	0,6	107,4
Stand Ende 1950	218,9	196,8		40,7	11,6	11,4	479,4
Zugang	51,4	78,7		32,2	3,6	16,3	182,2
Abgang	1,1	2,1		0,8	0,4	0	4,4
Umbuchungen	+ 4,0	+ 2,0		+ 1,3	·/· 0,1	·/· 7,2	—
Berichtigungen	+ 0,1	—		—	—	—	+ 0,1
Abschreibungen	15,6	68,3	24,9 %	24,9	4,7	1,1	114,6
Stand Ende 1951	257,7	207,1		48,5	10,0	19,4	542,7

Bild 2: Abschreibungen bei 114 Aktiengesellschaften des Maschinenbaues Geschäftsjahr 1948/49—1950/51 — Millionen DM

Von dem mit 432,8 Mill. DM beachtlichen Bruttozugang an Sachanlagen ist der größte Teil der Zugänge mit 179,2 Mill. DM auf Maschinen und maschinelle Anlagen, weitere 127,6 Mill. DM auf Grundstücke und Gebäude entfallen. Die Abschreibungen betrugen im verlängerten Geschäftsjahr 1948/49 rund 116 Mill. DM oder, auf 12 Monate umgerechnet, rund 85 Mill. DM; sie stiegen — entsprechend dem Anwachsen der Anlagen — 1950 auf 107,4 Mill. DM und im Jahre 1951 weiter auf 114,6 Mill. DM. Bezogen auf die Anfangsbestände der DM-Eröffnungsbilanz ergibt sich für 1948/49 ein durchschnittlicher Abschreibungssatz von fast 18 v. H. jährlich. Bezogen auf Anfangsbestand plus Zugang 1948/49, ergibt sich auch für 1950 noch ein gleich hoher Satz, während im Jahre 1951, wohl nach Vollabschreibung eines Teiles der Altanlagen, die durchschnittliche Abschreibungsquote unter 15 v. H. zurückgegangen ist. Der Saldo aus Zugängen einerseits sowie Abschreibungen und Abgängen andererseits ergibt den buchmäßigen Nettozugang. Er ist in der Summe der drei Geschäftsjahre mit rund 77 Mill. DM nur gering; der größte Teil der Neuanlagen ist demnach aus den Abschreibungen finanziert worden. Für die einzelnen Teile des Anlagevermögens haben sich dabei allerdings erhebliche Unterschiede ergeben. Bei den Gebäuden hat sich infolge der langen Nutzungsdauer und der daraus berechneten geringen Abschreibungsquote eine

Zunahme um 52 v. H. gegenüber dem Anfangsbestand ergeben; dagegen ist der Bilanzwert der Maschinen und maschinellen Anlagen — obwohl hier absolut die stärksten Zugangsziffern zu beobachten waren — im Saldo noch um 11 v. H. zurückgegangen.

Finanzierung und Investition

Der richtige Ansatz der Abschreibungen dient also der Sicherung der Substanz und der Möglichkeit zu Investitionen. Diese interne Selbstfinanzierung ist heute — im Hinblick auf die Verhältnisse auf dem Kapitalmarkt — von ausschlaggebender Bedeutung. Dabei hat sich das Verhältnis von Eigenkapital zum Fremdkapital und zur Bilanzsumme ständig verschlechtert.

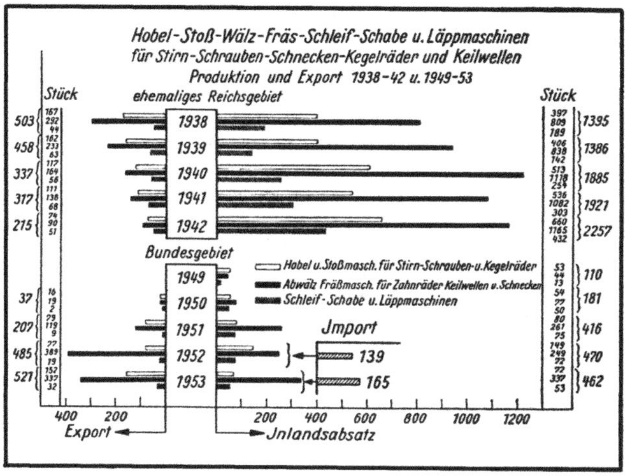

B i l d 3 : Hobel-, Stoß-, Wälz-, Schleif-, Schabe- und Läppmaschinen für Stirn-, Schrauben-, Schnecken-, Kegelräder und Keilwellen Produktion und Export 1938—42 und 1949—53

Über die Höhe der Investitionen in der Industrie läßt sich nichts Genaues sagen. Und auch von der Finanzierungsseite her läßt sich kein zutreffendes Urteil über die Investitionstätigkeit der Wirtschaft gewinnen. Im Vergleich zum Umsatz ergibt sich für die gesamte Industrie eine Investitionsrate von 8,5 v. H. für das zweite Halbjahr 1950. Bei der Eisen- und Stahlindustrie machen diese Investitionen 3.7 v. H. des Umsatzes für das ganze Jahr 1950 aus. In dem Verhältnis von Umsatz zu Anlagevermögen drückt sich die Kapitalintensität aus.

Einen gewissen Anhaltspunkt für den Umfang der Investitionen in der Zahnradfertigung — wenigstens soweit sie die Installation von neuen Verzahnungsmaschinen betreffen — ergeben die Zahlen, die sich auf die Neu-Produktion dieser Maschinen beziehen. Hierbei sind natürlich die entsprechenden Werte für den Export und Import solcher Maschinen zu berücksichtigen. In B i l d 3 sind diese

Angaben für das Bundesgebiet und den Zeitraum von 1949—53 enthalten und ihnen zum Vergleich die Zahlenwerte für die Jahre 1938—42 und das ehemalige Reichsgebiet gegenübergestellt.

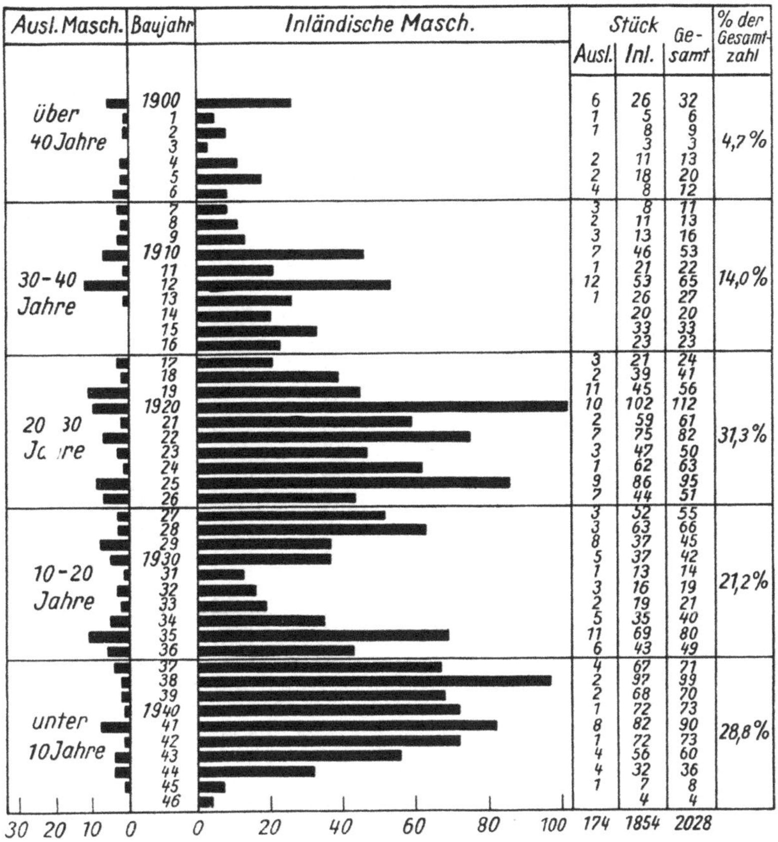

Bild 4: Hobel-Stoß-Fräs-Schleif-Schabe- und Läppmaschinen für Stirn-Schrauben-Schnecken-Kegelräder und Keilwellen, Altersaufbau Mitte 1946 Nordrhein-Westfalen

In der Investitionspolitik haben die letzten Jahre einen Wandel erkennen lassen. Während man in den ersten Jahren nach der Währungsreform vor allem bemüht war, die Engpässe in der Wirtschaft zu beseitigen, wird nunmehr eine allgemeine Produktivitätssteigerung durch Modernisierung des Produktionsapparates angestrebt. Die Wiederaufbaubank bezeichnet diese Situation im Jahre 1953 als ein „Normalisierungsstadium". Nachdem bis zum Jahre 1952 Produktionserhöhungen in allen Bereichen dem erheblichen Nachholbedarf der Gesamtwirtschaft Rechnung trugen, hat sich die Wirtschaftstätigkeit nunmehr auf ein gewisses Niveau eingespielt. Infolgedessen werden für die Zukunft grundsätzlich weniger Investitionen zur Kapazitätserweiterung gefordert. Dagegen werden Investitionen zur Rationalisierung und Modernisierung der Produktion als dringend notwendig angesehen, um die Industrie an die internationale Konkurrenz heranzuführen oder die bereits gewonnenen Wettbewerbsmöglichkeiten zu erhalten. In besonderer Weise sind aber die Neuinvestitionen zur Verjüngung und Modernisierung des vielfach überalterten Maschinenparks verwendet worden, um die Gestehungskosten der Industrie zu senken.

Mitte 1952 hat der Verein Deutscher Maschinenbau-Anstalten, VDMA, in einer Repräsentativ-Erhebung die Altersgliederung des Maschinenbestandes im Durchschnitt des deutschen Maschinenbaus in der Bundesrepublik festgestellt. Die Umfrage wurde beantwortet von 208 Maschinenfabriken aus fast allen Fachgebieten

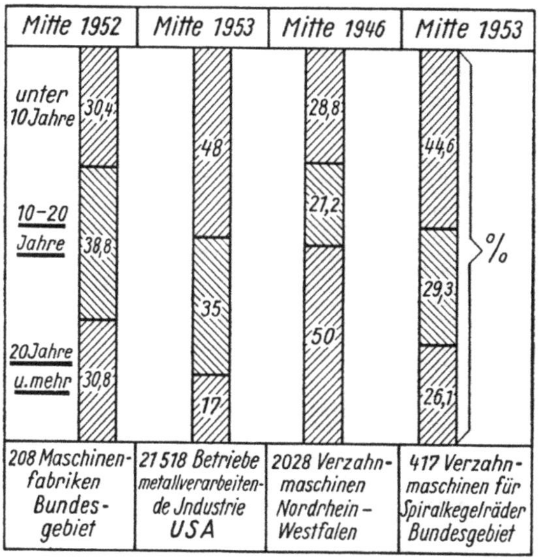

Bild 5: Altersaufbau-Vergleiche verschiedener Maschinen-Bestands-Erhebungen

des Maschinenbaus und aus allen Ländern des Bundes mit einer Gesamt-Beschäftigtenzahl von 151 875 Personen und einem Gesamtbestand von 100 778 Maschinen, unter denen 72 018 Werkzeugmaschinen waren. Der beteiligte Firmenkreis konnte durchaus als repräsentativ für den gesamten Maschinenbau angesehen werden, denn nach der Anzahl der Beschäftigten wurden in dieser Erhebung mehr als 25 % der gesamten Maschinen-Industrie erfaßt.

Mitte 1953 hat der „American Machinist" die Ergebnisse einer umfassenden Untersuchung über den Bestand, das Alter und die Verteilung der Werkzeugmaschinen und sonstigen Produktionsausrüstungen in der metallverarbeitenden Industrie der USA veröffentlicht. In 21 518 Betrieben der metallverarbeitenden Industrie der USA mit 6,1 Mill. Beschäftigten waren demnach insgesamt 3 393 563 Maschinen vorhanden.

Im Jahre 1946 sind in Rheinland-Westfalen in einer Repräsentativ-Erhebung insgesamt 2028 Verzahnungsmaschinen für die Herstellung von Stirn-, Schrauben-, Schnecken- und Kegelrädern sowie Keilwellen ihrer nationalen Herkunft und ihrem Baujahr nach erfaßt worden, woraus sich eine Übersicht über den Altersaufbau dieser Verzahnungskapazität ergab, wie sie in Bild 4 wiedergegeben ist.

Die statistischen Ergebnisse der vorgenannten Untersuchungen sind nun in Bild 5 gegenübergestellt und ihnen eine entsprechend gegliederte Darstellung der Mitte des Jahres 1953 im Bundesgebiet insgesamt installierten 417 Verzahnungsmaschinen für Spiralkegelräder zugefügt worden. Hieraus sind die Fortschritte, die in der Modernisierung des Maschinenparks für die Zahnradfertigung in den letzten Jahren in der Bundesrepublik gemacht werden konnten, mit genügender Deutlichkeit zu erkennen.

Rationalisierung

Es ist sinnvoll, abschließend diese Probleme noch einmal vom Standpunkt der Rationalisierung aus zu beleuchten, als einer Aufgabe, die dem Ingenieur ja schlechthin gestellt ist. Die meisten Betriebe arbeiten an der Rationalisierung routinemäßig, fast unbewußt. Sie beginnen mit ihren Maßnahmen natürlich dort, wo die Verhältnisse einfach und übersichtlich sind. Daher wird die Fertigung bevorzugt. Auf den Gebieten der technischen Rationalisierung wird ununterbrochen gearbeitet.

Gegenüber dieser „Verfahrens-Rationalisierung" muß man jedoch feststellen, daß auf anderen Gebieten — und zu ihnen gehört auch die Überwachung des Beschäftigungsgrades — Rationalisierungsbestrebungen viel seltener anzutreffen sind und viel weniger intensiv betrieben werden. Ein Rationalisierungserfolg ist eben nicht ohne weiteres mit der Wirtschaftlichkeit oder ihrer Steigerung zu identifizieren. Denn Rationalisierung heißt in erster Linie Einsparung, unter „Wirtschaftlichkeit" versteht man aber eine Verbesserung der Leistung durch Senkung der Kosten bei gleicher erzeugter Menge oder eine Erhöhung der erzeugten Menge bei gleichen Kosten. Nur in der Erkenntnis dieser Zusammenhänge besteht heute auch der Ingenieur in seiner Aufgabe oder er versagt.

Die Erfolge der Rationalisierung können bisweilen erhebliche Einsparungen im Aufwand ausmachen; das sind aber seltene Fälle. Die Praxis lehrt, daß demgegenüber im allgemeinen die Ergebnisse aus der Rationalisierung nur in vielen kleinen Schritten zu erzielen sind, und daß sie geringe Verbesserungen der Aufwandsrechnung beinhalten, wenn man von den Erfolgen, die aus Zahlen nicht ablesbar sind, wie z. B. die grundsätzliche Verbesserung der Arbeitsbedingungen, absieht. Darin liegt aber der Schlüssel für die eigentliche Bewertung des Effektes der Rationalisierung, wenn man ihn den Auswirkungen anderer Maßnahmen zur Steigerung der Ergiebigkeit unternehmerischer und betrieblicher Tätigkeit gegenüberstellt. Hier muß die Hellhörigkeit und Beweglichkeit des Technikers einsetzen. Er hat auch als Forscher, Konstrukteur und Organisator den Faktor des wirtschaftlichen Nutzens in alle Überlegungen einzustellen und abzuwägen, was seine Ideen einbringen, und wie sich ihnen gegenüber andere Einflüsse auf das Betriebsergebnis auswirken. Die Bedeutung der modernen Technik verlangt von ihm Verständnis und gespannte

Aufmerksamkeit insbesondere für Dinge, die ihm in den rechnungsmäßigen Bezirken des Unternehmens wohl eng benachbart, dafür aber nicht immer gleich verständlich sind. Das ist besonders bezüglich des Beschäftigungsgrades und bestimmter Kostenarten der Fall, die unter kalkulatorischen Gesichtspunkten eingesetzt werden, aber gerade für den wirtschaftlichen Gesamtnutzen ausschlaggebend sind. Jedes Vorhandensein und jede Beschaffung einer rationell arbeitenden Maschine werfen nicht nur technische Probleme auf. Sie betreffen die Frage, ob die neue Maschine mit ihrer Mehrleistung voll ausgenutzt werden kann, und sie sind gekennzeichnet durch das Maß der kapazitiven Nutzung und der Auswirkung hiervon auf die Kosten.

Es wird zu wenig darauf hingewiesen, daß vielfach 80 bis 90% der Kosten eines Betriebes so oder so gebunden sind, durch Löhne, Sozialabgaben, Steuern, Kohle, Strom, Frachten oder Bankzinsen, und daß sich letzten Endes der Konkurrenzkampf oft nur auf dem Anteil von 10 bis 20% der Verarbeitungskosten infolge der Übersetzung von Kapazitäten austoben muß. Es sollte deswegen auch in Zeiten des Wirtschaftsaufschwunges, in einer Periode der Mengenkonjunktur das „Gesetz von der zunehmenden Wichtigkeit des Unwichtigen" nicht vergessen oder bagatellisiert werden. Im Gegenteil, gerade wenn es „gut geht", sollten alle im Betrieb wissen, wie sehr es bei der Fülle der verschiedenen Kostenanteile immer auf das letzte Prozent ankommt. Natürlich haben viele Unternehmen das Pech, den richtigen Zeitpunkt hierfür immer wieder zu verpassen. In guten Zeiten fehlt ihnen das Interesse, in schlechten das Geld. Sie sollten einsehen, daß es bei einer kapitalintensiven Fertigung entscheidend darauf ankommt, klug zu disponieren und eine weitsichtige Kapazitäts-, Beschäftigungs-, Abschreibungs- und Investitionspolitik zu betreiben. Sie sollten auch begreifen, daß unser Wirtschaften leider so entartet ist, daß manchmal der Rat eines Steuersachverständigen „wertvoller" sein kann als der beste Vorschlag eines technischen Experten oder Erfinders. Wir stehen in einer Entwicklung, die Elastizität und modernes Denken fordert, um erfolgreich zu sein. Die bei dem Wiederaufbau der Betriebe auf Grund früherer Erfahrungen erreichten Vorkriegsleistungen sind kein Maßstab mehr für unsere Konkurrenzfähigkeit auf dem Weltmarkt. Die gegenseitige Bedingtheit und das Ineinandergreifen von betriebstechnischen, organisatorischen und kaufmännischen Gegebenheiten einerseits mit gesamtwirtschaftlichen Tatbeständen andererseits sind heute so offensichtlich geworden, daß die wechselseitige Einflußnahme dieser Faktoren bei der Bildung von Beschlüssen und Planungen, wie sie tagtäglich in den Betrieben getroffen werden müssen, jede einseitige Betrachtungsweise etwa aus der Enge der eigenen Unternehmung geradezu verbietet.

Das Grundprinzip unserer Zeit ist der technische und wirtschaftliche Fortschritt. In dieser Erkenntnis sollten sich Ingenieure und Kaufleute ihrer Verantwortung bewußt sein, dieses Zusammenspiel der Kräfte organisch zu gestalten, sie sollten sich dieses Bewußtsein aber auch ständig wachhalten.

Quellenangaben:

Dr. P. J. Deckers:
Abschreibungsprobleme vom Standpunkt der deutschen Wirtschaft.
Bericht über die Arbeitstagung der Schmalenbach-Gesellschaft am 26. 3. 1954 in Düsseldorf.

Dr.-Ing. e. h. Gustav Frenz, Düsseldorf:
Ruhendes Kapital.
Der Volkswirt Nr. 29/1951.

Dr. J. Gast, Bonn:
Investitionsbedarf und Besteuerung in der deutschen Industrie.
Deutsche Steuer-Rundschau 2. Mai-Heft 52, Nr. 10, 2. Jahrgang.

Dipl.-Ing. W. Gebhardt:
Wirtschaftspraxis und Rationalisierung.
Rationalisierung Heft 9, September 1953.

Direktor Dipl.-Ing. K. P. Harten, Düsseldorf:
Messung der Produktivität.
Rheinischer Merkur Nr. 28 v. 11. 7. 52.

Dr. H. Krönke:
Kapazität, Beschäftigungsgrad und Plankosten.
Zeitschrift für Betriebswirtschaft Nr. 12, 21. Jahrg. 1951.

Dr. Alfred Luca, Frankfurt/M.:
Ausgewogene Betriebsgrößen.
Der Volkswirt Nr. 29/1951.

Prof. Dr. A. Matz:
Abschreibungsprobleme vom Standpunkt der amerikanischen Wirtschaft.
Bericht über die Arbeitstagung der Schmalenbach-Gesellschaft am 26. 3. 1954 in Düsseldorf.

Dr. Meier:
Das Abschreibungsproblem in den verschiedenen Branchen.
Bericht über die Arbeitstagung der Schmalenbach-Gesellschaft am 26. 3. 1954 in Düsseldorf.

Heinz Papistok und Gotthard Forbig:
Ein Beitrag zur Kapazitätsermittlung im Betriebsplan für den Industriezweig Maschinenbau.
Die Technik, 7. Jahrg., Heft 1, Jan. 1952.

Dr. Hans Roeper:
Hinter den Fassaden.
Frankfurter Allgemeine Zeitung v. 5. 8. 1952.

Prof. Kurt Rummel, Düsseldorf:
Probleme der Produktivitätssteigerung in der deutschen Industrie.
Der Betrieb Nr. 14 v. 2. 4. 1952.

Dr. Wilhelm Salewski, Düsseldorf:
Finanzierungsaufgaben der Eisen schaffenden Industrie.
Stahl und Eisen 71 (1951), Heft 23, S. 1243/45.

Prof. Dr. Albert Schmettler, Universität Münster:
Kostenverlauf und Ertragsentwicklung bei schwankender Beschäftigung.
Zeitschrift für handelswissenschaftliche Forschung, Heft 8/1954.

Prof. Dr. F. Schmidt:
Die relative Erhaltung der Betriebe.
Zeitschrift für Betriebswirtschaft v. 4. 4. 1954.

Die Bilanzen der Aktiengesellschaften des Maschinenbaues 1948—1951.
Wirtschaft und Statistik, 5. Jahrg., Heft 5, Mai 1953.

G. NIEMANN

Getriebevergleiche

Gewichte, Leistungen und Preise von typisierten einstufigen, zweistufigen und Planeten-Stirnradgetrieben, von Kegelrad-Getrieben, von Kegel-Stirnradgetrieben und Schneckengetrieben

Die Untersuchung geht von der Frage aus: Welche Zusammenhänge bestehen bei den verschiedenen Zahnradgetrieben zwischen Leistung, Baugröße, Gewicht und Preis? Wie hoch liegen diese Werte vergleichsweise bei den verschiedenen Getrieben, und in welchen Bereichen (Leistung und Übersetzung) sind diese Werte für die eine Getriebeart günstiger als für die anderen?

Angaben zu den untersuchten Getrieben

Für den Vergleich wurden die von bekannten deutschen Getriebefirmen gemachten Wertangaben über ihre serienmäßig gebauten und für den regulären Bedarf des Maschinenbaus angebotenen stationären Zahnradgetriebe ausgewertet. Die angegebenen Gewichte und Preise gelten für die Getriebe einschließlich Getriebekasten, Lager und Wellen, ohne Wellenkupplungen und bei den Getrieben mit Einspritzschmierung einschließlich der Ölpumpe. Die angegebenen Preise sind Listenpreise (Jan. 1954)[1]) und gelten für Einzellieferung ab Werk. Die angegebenen Leistungen gelten für Dauerbetrieb bei gleichmäßiger Belastung ohne Stöße.

Die Bezeichnungen in den nachfolgenden Bildern und Tafeln bedeuten:

A	Achsstand in cm	i	Übersetzung n_1/n_2
G	Gewicht in kg	n_1	Antriebsdrehzahl in U/min
P	Preis in DM	n_2	Ausgangsdrehzahl in U/min
N_1	Antriebsleistung in PS	~	proportional

K Kurven für einstufige Kegelradgetriebe (Bild 2) mit spiralverzahnten, gehärteten Kegelrädern, mit Wälzlagern und Lage der Wellen in der horizontalen Teilebene des Getriebekastens

S, SE (S_1, S_4, S_5, S_3, SE_7) Kurven für einstufige Stirnradgetriebe (Bild 2) mit Wälzlagern, mit schrägverzahnten Stirnrädern aus Vergütungsstahl (statische Zugfestigkeit des Ritzelwerkstoffs etwa 70 bis 80 kg/mm²), Lage der Wellen in der horizontalen Teilebene des Getriebekastens, Radbreite etwa 0,5 A (Lieferfirmen 1, 4, 5, 6 und 7)[2]).

[1]) Es bleibt zu beachten, daß der Listenpreis ein Richtpreis ist und der Verkaufspreis hiervon entsprechend der Marktlage mehr oder weniger abweicht.

[2]) Bei vertikaler statt horizontaler Lage der Wellen und bei Gleitlagerung statt Wälzlagerung ergeben sich bei den Stirnradgetrieben nach den Firmenangaben höhere Gewichte und Preise; ebenso bei den zweistufigen Stirnradgetrieben, wenn die Eingangs- und Ausgangswelle nicht gleichachsig angeordnet sind.

SG (SG$_1$) Kurven für einstufige Stirnradgetriebe in schwerer Ausführung mit Gleitlagern, mit Doppelschrägverzahnung (Lieferfirma 1), sonst wie vorher.

SZ Kurven für **zweistufige Stirnradgetriebe** (Bild 2) mit Wälzlagern, mit schrägverzahnten Stirnrädern aus Vergütungsstahl wie vorher, Lage der Wellen in der horizontalen Teilebene des Getriebekastens, wobei die Eingangs- und Ausgangswelle gleichachsig liegen, Radbreite der 1. Stufe etwa A/3, der 2. Stufe etwa A 2/3.[2])

SP **Stirnrad-Planetengetriebe** (Bild 2) mit Schrägverzahnung mit umlaufendem Planetenträger, Ritzel und Planetenräder geschabt und gehärtet, Radkranz aus Vergütungsstahl.

KS **Kegelrad-Stirnradgetriebe** (Bild 2) mit Kegeltrieb in der 1. Stufe entsprechend K und Stirntrieb in der 2. Stufe entsprechend SE.

Sch_{Bl} **Schneckengetriebe** (Bild 2) mit Kühlrippen und Blasflügel auf der Schneckenwelle, mit untenliegender Zylinderschnecke, gehärtet und geschliffen, Rad aus Bronze und beiden Wellen in Wälzlagern; Leistungsangabe für Dauerbetrieb (Wärmegrenze).

Sch_0 Ausführung wie bei Sch_{Bl}, aber **ohne** Blasflügel, Preisangabe unverändert von Sch_{Bl} übernommen.

(Sch_7) Wie Sch_0 (Lieferfirma 7).

Sch_K Wie Sch_{Bl}, aber mit zusätzlicher Ölkühlung, Leistungsangabe für Dauerbetrieb (Verschleißgrenze); Preisangabe unverändert von Sch_{Bl} übernommen.

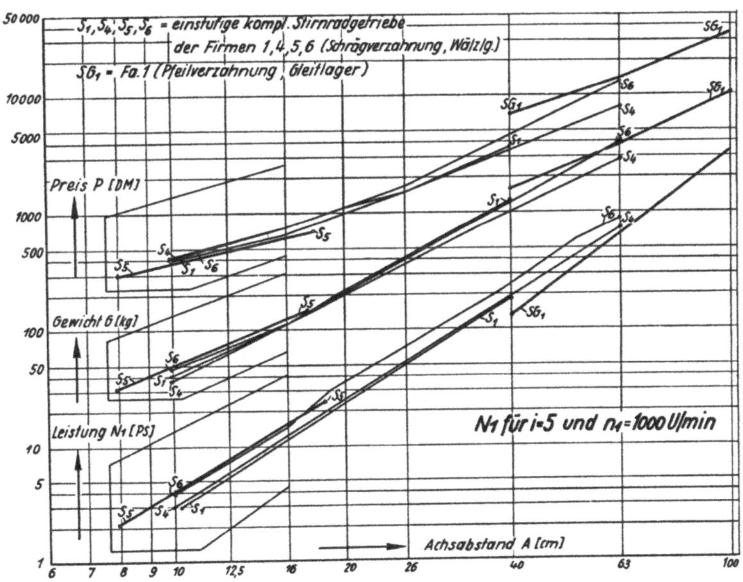

Bild 1: Einstufige Stirnradgetriebe N_1, G und P über A

Angaben zu den Bildern

In sämtlichen Schaubildern sind die Werte in beiden Achsrichtungen (waagerecht x, senkrecht y) im logarithmischen Maßstab aufgetragen, um einen großen Zahlenbereich mit gleicher prozentualer Genauigkeit im ganzen Gebiet zu erfassen.

Bei dieser Auftragung liegen Normzahl-Werte im gleichen Abstand (Bild 4). Ein geradliniger Kurvenverlauf bedeutet: $y = c.x^e$, wobei c und e Konstante sind. Ein steilerer Kurvenanstieg bedeutet: größeres e. Eine höhere Kurvenlage bedeutet: größeres c.

Leistung, Gewicht und Preis über dem Achsabstand für einstufige Stirnradgetriebe (Bild 1)

Dieses Bild soll zeigen, wie die von den Lieferfirmen zu den einzelnen Getriebegrößen angegebenen Werte (N_1 G und P) zunächst über dem Achsabstand A aufgetragen und dann durch Geraden zu Linienzügen verbunden wurden. In gleicher Weise wurden auch die Werte für die weiteren Getriebearten aufgetragen und bei gleichwertigen Getrieben verschiedener Lieferfirmen ggf. noch gemittelt. Hieraus wurden dann die für die nachfolgenden Vergleiche benutzten Werte entnommen.

Derartige Auftragungen sind sehr geeignet, um ganze Getriebeserien auf Unstetigkeiten in den Wertangaben zu überprüfen (s. Zickzackverlauf der N_1-Kurve S_6) und außerdem, um für weitere noch nicht vorhandene Baugrößen die hierfür zu erwartenden Werte vorherzubestimmen.

Verlauf der Kurven: Man sieht zunächst, wie weit die Wertangaben der verschiedenen Lieferfirmen für gleichartige Getriebeserien voneinander abweichen. Davon abgesehen, ist aber der gleichartige Charakter im Verlauf der 3 Wertkurven trotz verschiedener Herkunft der Angaben unverkennbar.

Zu den N_1-Kurven: Sie verlaufen im Mittel als Gerade: $N^1 \sim A^3$.

Zu den G-Kurven: Von A = 63 bis 16 cm verlaufen sie im Mittel als Gerade, aber je nach der Herkunft der Werte etwas unterschiedlich in der Neigung; im Mittel ist $G \sim [A^3]^{0.8}$. Unterhalb A = 16 cm verlaufen die Kurven durchweg etwas flacher, vermutlich, weil hier die Wanddicke des Gußgehäuses aus Gießrücksichten nicht mehr proportional mit dem Achsabstand abnimmt.

Zu den P-Kurven: Mit zunehmendem Achsabstand nähern sie sich zunehmend einer Parallelen zur G-Kurve, d. h., der kg-Preis P/G nähert sich zunehmend einem konstanten Wert. Umgekehrt wird mit abnehmendem A und G der kg-Preis erwartungsgemäß zunehmend größer.

Leistung N_1 über i bei $n_1 = 1000$ und $P = 1000$ DM (Bild 2)

Für diese Darstellung wurde aus den vorhergehenden Auftragungen für jede Getriebeart die Baugröße für den Preis 1000 DM entnommen und dann für die verschiedene Übersetzung i die Leistung N_1 bei $n_1 = 1000$ nach den Angaben der

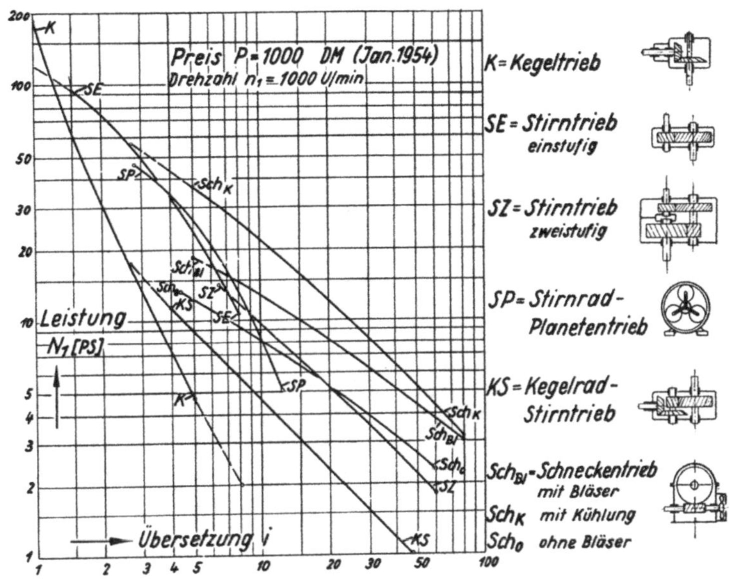

Bild 2: Getriebevergleich N_1 über i bei $n_1 = 1000$ U/min

Lieferfirmen bestimmt. Bild 2 zeigt das Ergebnis: Man sieht, wie die Leistungskurve bei den einzelnen Getriebearten mit zunehmendem i ganz verschieden abnimmt, und ferner, von welcher Übersetzung ab etwa die eine Getriebeart bei gleichem Preis leistungsgünstiger ist als die anderen. Im einzelnen:

a) Vergleich Kegeltrieb (K) mit einstufigem Stirntrieb (SE): bei i = 1 ist K noch überlegen, fällt dann aber in der Leistung steil ab, so daß bereits ab i = 1,2 SE günstiger wird.

b) Vergleich (K) mit Kegel-Stirntrieb (KS): bereits ab i = 2,7 wird KS günstiger.

c) Vergleich (SE) mit zweistufigem Stirntrieb (SZ): ab i = 7,3 wird SZ günstiger. Es ist möglich, daß dieser Schnittpunkt der beiden Kurven bei kleineren Ausführungen zu kleinerem i hin und bei größeren Ausführungen zu größerem i hin sich verschiebt (Untersuchung fehlt noch).

d) Vergleich Stirnrad-Planetentrieb (SP) mit SE und SZ: ab i = 4 wird SP etwas günstiger als SE und ab i = 8,5 SZ günstiger als SP. (Bei größeren Baugrößen liegt umgekehrt die SP-Kurve etwas niedriger als die SE-Kurve.)

e) Vergleich Schneckentriebe (Sch_{Bl}, Sch_0 und Sch_K) mit Stirntrieben (SE und SZ): bereits ab $i = 6{,}5$ wird Sch_{Bl} günstiger als SE und SZ. Die zum Vergleich eingetragene Kurve Sch_0 für den gleich großen Schneckentrieb ohne Bläser (gleicher Preis angenommen) und die Kurve für den Schneckentrieb mit Ölkühlung zeigen, daß die Ausführung Sch_0 im ganzen i-Bereich nur etwa 61,5 % der Leistung von Sch_{Bl} erreicht und die Ausführung Sch_k erheblich mehr Leistung als Sch_{Bl}, besonders bei kleinem i, überträgt; z. B. bei $i = 7{,}5$ etwa 185 % von Sch_{Bl}, während bei großer Übersetzung, z. B. $i = 50$, der Leistungsgewinn von Sch_K nur gering ist[3]).

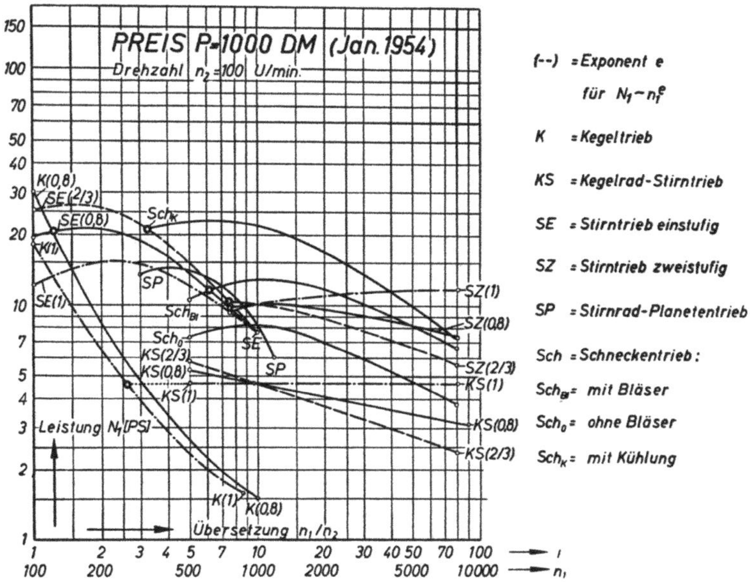

B i l d 3: Getriebevergleich N_1 über I bei $n_2 = 100$ U/min

Leistung N_1 über i bei $n_2 = 100$ und $P = 1000$ DM (Bild 3)

Gegenüber der Darstellung in Bild 2 ist hier die Ausgangsdrehzahl n_2 konstant gehalten. Wie man sieht, ergeben sich für diesen Fall ziemlich flach liegende Kurven (abgesehen vom Kegeltrieb). Das bedeutet: Die übertragbare Leistung und die Getriebekosten werden kaum verändert, wenn man eine größere Übersetzung, also höhere Antriebsdrehzahl, vorsieht, so daß ein billigerer Antriebsmotor verwendet werden kann.

Exponent e: Die mehr oder weniger flache Lage der Kurven K, SK, SE und SZ ist abhängig von der Wahl des Exponenten e in der Beziehung $N_1 \sim n_1^e$. Den Leistungsangaben der Lieferfirmen für verschiedene Drehzahl entspricht bei den Stirn-

[3]) Entsprechende Versuchsergebnisse und Leistungsberechnung für gekühlte Schneckentriebe siehe Diskussionsbeitrag Niemann zum Vortrag Walker (S. 233). Die Ölkühlung lohnt sich umso mehr, je größer die Baugröße und je kleiner die Übersetzung und die Antriebsdrehzahl ist.

r a d getrieben durchweg e = 2/3 und bei den gehärteten K e g e l trieben durchweg e = 0,8 bis 1. Welcher Wert ist nun berechtigt? Da die Wälzpressung k an den Zahnflanken (berechnet aus der Nennleistung) $k \sim (1/n_1)^{1-e}$ ist, ergibt e = 1, daß k unabhängig von n_1 konstant gehalten ist, während für e = 2/3 mit zunehmendem n_1 der k-Wert erheblich abnimmt.

Da für d a u e r f e s t e Getriebe der k-Wert unterhalb der Dauerwälzfestigkeit liegt und somit bei geänderter Drehzahl nur die Änderung der zusätzlichen dynamischen Kraft und die Änderung der Ölzähigkeit (Einfluß auf K_{eD} s. Hütte, 28. Aufl. Bd. IIA S. 174) zu berücksichtigen sind, erscheint e = 0,8 bis 0,9 angemessen, während für zeitfeste Getriebe ein kleineres e (z. B. e = 2/3) mit Rücksicht auf den hierbei sich stärker ändernden Wert der Zeit-Wälzfestigkeit anzusetzen ist.

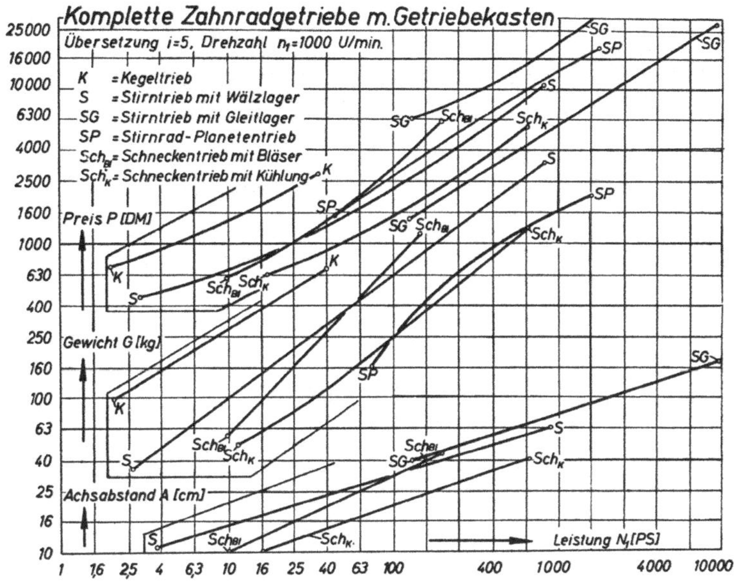

B i l d 4 : Getriebevergleich für i = 5; A, G und P über N_1

Achsabstand, Gewicht und Preis über der Leistung bei i = 5 bzw. 10 bzw. 25 und n_1 = 1000 für sämtliche Getriebe (B i l d 4 bis 6)

Diese Auftragung läßt unmittelbar erkennen, für welche Leistungsbereiche und Übersetzungen die eine oder andere Getriebeart kleiner, leichter oder billiger baut als die andere. So erkennt man z. B., daß die e i n s t u f i g e n S t i r n t r i e b e (SE) erheblich leichter und billiger bauen als die K e g e l t r i e b e (K), und zwar im ganzen untersuchten Bereich; ebenso bauen die z w e i s t u f i g e n S t i r n r a d t r i e b e (SZ) kleiner, leichter und billiger als die K e g e l r a d - S t i r n r a d g e t r i e b e (KS). Weiterhin sieht man, daß die P l a n e t e n t r i e b e (SP) zwar erheblich leichter, aber nicht billiger als die Stirntriebe werden.

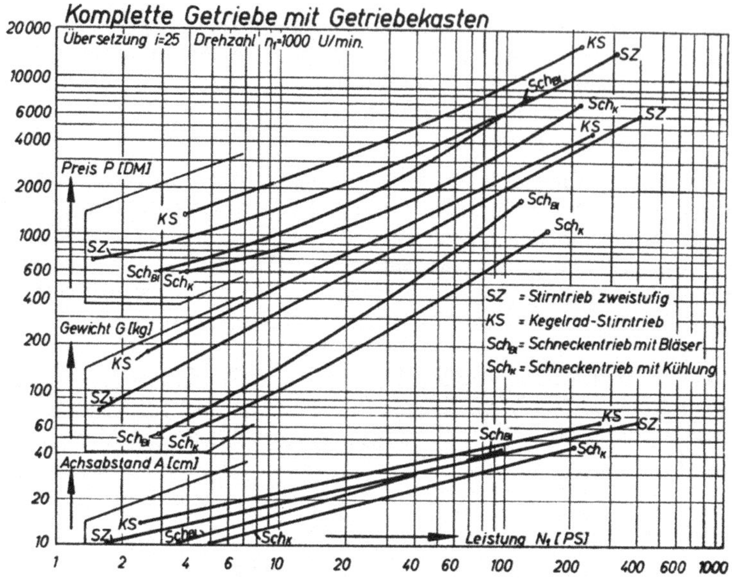

Bild 5: Getriebevergleich für i = 10; A, G und P über N_1

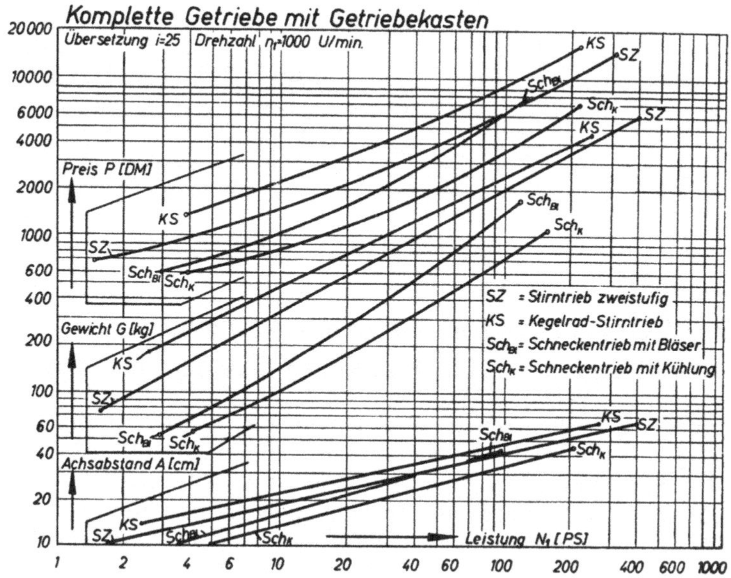

Bild 6: Getriebevergleich für i = 25; A, G und P über N_1

Noch kleiner, leichter und billiger als die Stirntriebe sind bis zu gewissen Grenzleistungen die Schneckentriebe (z. B. für Sch_{Bl} etwa 100 PS bei i ≧ 10 billiger); durch Ölkühlung (s. die Kurven Sch_K) läßt sich der günstigere Bereich der Schneckentriebe noch bis etwa 500 PS und darüber erweitern. Weiter ergaben die Untersuchungen, daß Schneckentriebe mit ungehärteten Schnecken für die gleiche Leistung und Übersetzung größer und schwerer und durchweg auch teuerer werden als die Ausführung mit gehärteten Schnecken.

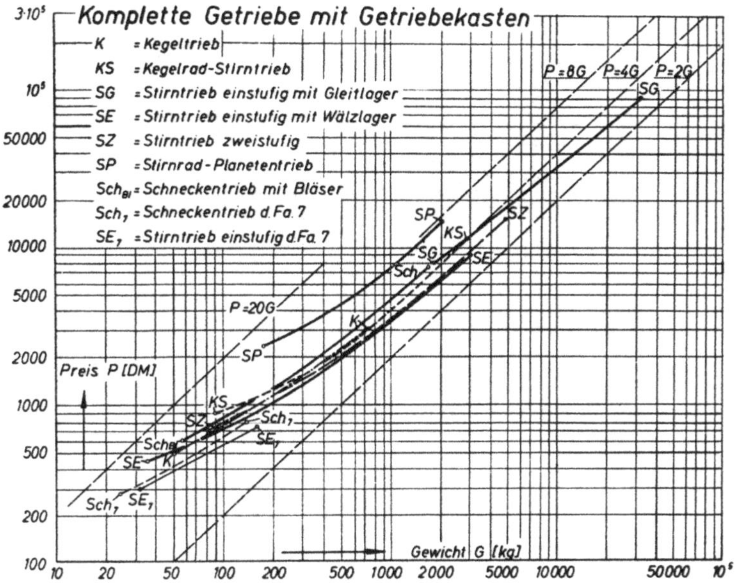

Bild 7: Getriebevergleich P über G

Listenpreise der kompletten Getriebe über dem Baugewicht (Bild 7)

Hier sind die aus Bild 4 bis 6 entnommenen Getriebepreise über dem Baugewicht aufgetragen und zu einem Gesamtbild vereinigt. Man sieht vor allem, daß die Preiskurven für sämtliche Getriebearten gleichartig verlaufen, wobei die Höhenlage der Kurven erwartungsgemäß verschieden ist. Die zusätzlich eingetragenen gestrichelten Geraden (P = 2G, = 4G usw.) lassen erkennen, daß die Preiskurven mit zunehmendem G jeweils einer Endtangente P = c · G, also einem konstanten kg-Preis P/G zustreben. Dieser Endwert P/G beträgt für die Planetentriebe etwa 7,5 DM/kg, für die Schneckentriebe Sch_{Bl} etwa 4,6, für die Kegeltriebe etwa 4,3, für die Kegel-Stirntriebe etwa 4 und für die Stirntriebe etwa 2,9 bis 2,95. Mit abnehmendem G liegen dagegen die Preiskurven zunehmend oberhalb der Endtangenten, d. h., die kg-Preise nehmen mit abnehmendem G erheblich zu.

Die zusätzlich eingezeichneten Preiskurven für die einstufigen Stirnradgetriebe SE_7 und für die Schneckentriebe Sch_7 der Firma 7 lassen erkennen, wie weit die Preiskurven gerade im Gebiet der kleinen Baugrößen (größere Stückzahlen) durch technische und wirtschaftliche Maßnahmen noch herabgedrückt werden können.

Allgemein:

1. Achsabstand A [mm]

$$A[mm] = 71 \cdot \sqrt[3]{\frac{A}{b} \cdot (i+1)^2 \cdot \frac{N_1}{n_1 \cdot B}} \quad (1)$$

$$B[kg/mm^2] = \frac{U}{b \cdot d_1} = \frac{K}{y} \cdot \frac{i}{i+1} = \frac{\sigma_V}{z_1 \cdot q} \quad (2)$$

$N_1[PS]$ = Antriebs-Nennleistung
$b[mm]$ = Zahnbreite
$n_1[U/min]$ = Drehzahl
$i = n_1/n_2$ = Übersetzung
$B[kg/mm^2]$ = Lastwert
$K[kg/mm^2]$ = Walzpressung
$y(z_1, z_2)$ = Beiwert
$\sigma_V[kg/mm^2]$ = Zahnfußbeanspruchung
$q(z_1, z_2)$ = Beiwert

2. Gewicht G [kg]

$$G[kg] = C_1 \cdot \left[\left(\frac{A}{100}\right)^3 \cdot \frac{b}{A}\right]^{e_1} \quad (3)$$

3. Listenpreis P [DM]

$$P[DM] = C_2 \cdot G \cdot \left(1 + \frac{C_3}{C_4 + G}\right) \quad (4)$$

C_1, C_2, C_3, C_4 und e_1 Beiwerte

Ausgewertete Seriengetriebe:

1. Achsabstand A [mm]

Schrägverzahnung, $\sigma_B \approx 75\, kg/mm^2$, $b/A \approx 0{,}5$

$$A[mm] = 72{,}7 \cdot \sqrt[3]{\frac{A}{b} \cdot \frac{(i+1)^3}{i} \cdot \frac{N_1}{n_1^{2/3}}} \quad (1a)$$

Aus (1) (2) (1a)

$$\frac{K}{y} = 0{,}093 \cdot \left(\frac{1000}{n_1}\right)^{1/3} [kg/mm^2]$$

2. Gewicht G [kg]

$$G[kg] = 66 \cdot \left[\left(\frac{A}{100}\right)^3 \cdot \frac{b}{A}\right]^{0{,}8} \quad (3a)$$

3. Listenpreis P [DM] (Jan. 1954)

$$P[DM] = 2{,}95 \cdot G \cdot \left(1 + \frac{160}{15 + G}\right) \quad (4a)$$

4. Beispiel

$N_1 = 375$ PS
$n_1 = 1000$ U/min
$i = 5$
$b/A = 0{,}5$

(1a) → A = 500 mm
(3) → G = 1800 kg
(4) → P = 5780 DM

Tafel 1: Einstufige Stirnradgetriebe Gleichungen für A, G und P

Allgemein:

1. Achsabstand A [mm]

$$A[mm] = 71 \cdot \sqrt[3]{\frac{A}{b} \cdot (i_I + 1)^2 \frac{N_1}{n_1 B_I}} \quad (1)$$

$$\frac{b_{II} K_{II} y_I}{b_I K_I y_{II}} = \frac{i_I^2}{i_{II}} \left(\frac{i_{II} + 1}{i_I + 1}\right)^3 \quad (2)$$

Index I → I Stufe   Index II → II Stufe
$N_1[PS]$ = Antriebs-Nennleistung
$b[mm]$ = Zahnbreite
$n_1[U/min]$ = Drehzahl
$i = n_1/n_2$ = Übersetzung $= i_I \cdot i_{II}$
$B[kg/mm^2]$ = Lastwert
$K[kg/mm^2]$ = Walzpressung
$y(z_1, z_2)$ = Beiwert

2. Gewicht G [kg]

$$G[kg] = C_1 \cdot \left[\left(\frac{A}{100}\right)^3 \cdot \frac{b}{A}\right]^{e_1} \quad (3)$$

3. Listenpreis P [DM]

$$P[DM] = C_2 \cdot G \cdot \left(1 + \frac{C_3}{C_4 + G}\right) \quad (4)$$

C_1, C_2, C_3, C_4 und e_1 Beiwerte

Ausgewertete Seriengetriebe:

1. Achsabstand A [mm]

Schragverzahnung $\sigma_B \approx 75$ kg/mm $b_{II}/b_I = 2$
$b_I = A/3$ $b = b_{II} + b_I = A$

$$A[mm] = 74{,}7 \cdot \sqrt[3]{\frac{A}{b_I} \cdot \frac{(i_I + 1)^3}{i_I} \cdot \frac{N_1}{n_1^{2/3}}} \quad (1a)$$

Aus (1) (2) (1a) fur $b_{II}/b_I = 2$ und $y_I/y_{II} = 1$.

$$\frac{K_{II}}{K_I} = \left(\frac{n_1}{n_{II}}\right)^{1/3} = i_I^{1/3} \text{ und } i_I \approx 0{,}78 \cdot i^{0{,}6225} \quad (2a)$$

2. Gewicht G [kg]

$$G[kg] = 67 \cdot \left[\left(\frac{A}{100}\right)^3 \cdot \frac{b}{A}\right]^{0{,}8} \quad (3a)$$

3. Listenpreis P [DM] (Jan. 1954)

$$P[DM] = 2{,}9 \cdot G \cdot \left(1 + \frac{192}{15 + G}\right) \quad (4a)$$

4. Beispiel

$N_1 = 375$ PS
$n_1 = 1000$ U/min
$i = 10$
$b/A = 1$
$b_I = A/3$

(2a) → $i_I = 3{,}28$ $i_{II} = 3{,}05$
(1a) → A = 480 mm
(3a) → G = 2910 kg
(4a) → P = 8920 DM

Tafel 2: Zweistufige gleichachsige Stirnradgetriebe Gleichungen für A, G u. P

Beziehungen zwischen N_1, A, G und P für Stirnradgetriebe (Tafel 1 und 2)

Die hier für die untersuchten einstufigen und zweistufigen Stirnradgetriebe aufgestellten Beziehungen (links in allgemeiner Form und rechts mit den Konstanten für die hier untersuchten Getriebe) sollen abschließend zeigen, wie man die in Bild 1—7 in Kurven dargestellten Getriebewerte in Gleichungen fassen kann. Sie bieten für gleichartige Getriebeserien die Möglichkeit, aus der jeweils gewünschten Nennleistung, Drehzahl und Übersetzung den hierfür erforderlichen Achsabstand A und hieraus das zu erwartende Gesamtgewicht G und dann den Preis P mit guter Annäherung vorher zu bestimmen. Auch bei Änderung der verwendeten Werkstoffgüte oder der zulässigen Belastungswerte gelten die angegebenen Gleichungen, wenn man die Konstanten den geänderten Bedingungen anpaßt. Bei Änderung der Preislage ändert sich durchweg nur der Beiwert C_2.

Allgemeine Bedeutung der Preisgleichung (4). Der in Bild 7 auch für die anderen Getriebearten aufgezeigte gleichartige Verlauf der Preiskurven läßt sich allgemein auch bei sonstigen in sich gleichartigen technischen Erzeugnissen verschiedener Baugröße beobachten, z. B. bei Halbzeugen, wie Schrauben, bei Stahlkonstruktionen, bei Wälzlagern, bei Elektromotoren usw. Entsprechend scheint die hier für Stirnradgetriebe angegebene Preisgleichung (4) allgemeinere Bedeutung zu haben, wobei sich — je nach dem Gegenstand, den Erzeugungsbedingungen und der Marktlage — jeweils nur die Konstanten C_2 bis C_4 ändern.

E. HAMMESFAHR

Mehrteilige Kegelradsätze

Mehrteilige Kegelradsätze erfordern eine größere Sorgfalt als zweiteilige, weil Fehler während der Fertigung oder beim Einbau stärkere Wirkungen haben.

Die Auslegung der Spiralkegelräder geschieht wie üblich nach der Berechnungsanleitung, die als bekannt vorausgesetzt wird. Dabei wird eine gute Überdeckung mit $\varepsilon = 2{,}65$ angestrebt, damit auch tatsächlich 2 Zähne an der Übertragung der Kräfte teilnehmen.

Nun werden die Räder aufgezeichnet und die Form der Räder und ihre Lagerung festgelegt. Auf genügende Lagerabstände und geeignete Lager wird dabei besonders geachtet, weil die Tragfähigkeit hiervon in starkem Maße abhängt. Einzelheiten werden noch bei den Beispielen besprochen.

Die Form der Räder kann für die Fertigung vorteilhaft gemacht werden, indem man die Radformen der gleichliegenden Räder symmetrisch hält, d. h. die Anlageflächen beim Verzahnen und die Aufnahmesitze jeweils gleich macht, bei einem dreiteiligen Satz z. B. also die beiden Tellerräder vollkommen gleich hält.

Das hat zur Folge, daß diese beiden Räder, die ja genau gleiche Verzahnung haben sollen, mit unveränderter Einstellung der Verzahnungsmaschine verzahnt werden und gleiche Tragbilder erhalten.

Wenn sich unsymmetrische Formen nicht vermeiden lassen, muß an dem kürzeren Rad eine vorläufige verlängerte Anlage vorgesehen werden, die nach dem Verzahnen wieder entfernt wird; das gilt besonders bei kleinen Satzzahlen.

Zur Verbesserung der Genauigkeit gibt man in der Werkstattzeichnung für jedes Rad den Aufnahmesitz, die Anlagefläche und die radiale Kontrollstelle an. Beim Drehen, Verzahnen, Schleifen und Läppen werden dann die gleichen Stellen benutzt. Besonders bei gehärteten Rädern werden die Arbeitsgänge im einzelnen genau ausgearbeitet und festgelegt. In Zweifelsfällen sollten sie mit der Zahnradfabrik besprochen werden.

Vor dem Läppen werden die Räder satzweise zusammen ausgesucht und mit der gleichen Satznummer versehen.

Um den Härteverzug gering zu halten, muß der Werkstoff spannungsfrei gemacht werden, weil Spannungen sich bei der späteren Wärmebehandlung als Härteverzug bemerkbar machen.

Der Härteverzug muß vermieden werden, ja, selbst das Abdrehen der Einsatzschicht nach dem Einsetzen ist zu vermeiden, weil es den Härteverzug vergrößert.

Nun legt man fest, in welcher Reihenfolge der Einbau der Räder vorgenommen werden und wie die Einstellung nach dem richtigen Tragbild erfolgen soll.

In den meisten Fällen wird heute die Einstellung nach dem Einbaumaß vorgenommen. Während der Räderfertigung wird das Maß von der vorderen Stirnfläche des

Ritzels bis zur Radachse ausgemessen und die Abweichung vom Sollmaß daraufgeschrieben. Dazu kommen die Satznummer, die Zahnluft und die Kennzeichnung der dabei im Eingriff zu haltenden Zähne. Beim Einbau wird zuerst das Einbaumaß des Ritzels wieder ausgemessen und das Ritzel mit Endmaßen oder besonderer Meßvorrichtung danach eingestellt; dann werden die beiden Tellerräder einzeln auf richtige Zahnluft herangeschoben. Als Schlußkontrolle markiert man noch die Tragbilder in beiden Richtungen, um festzustellen, ob keine Fehler gemacht wurden.

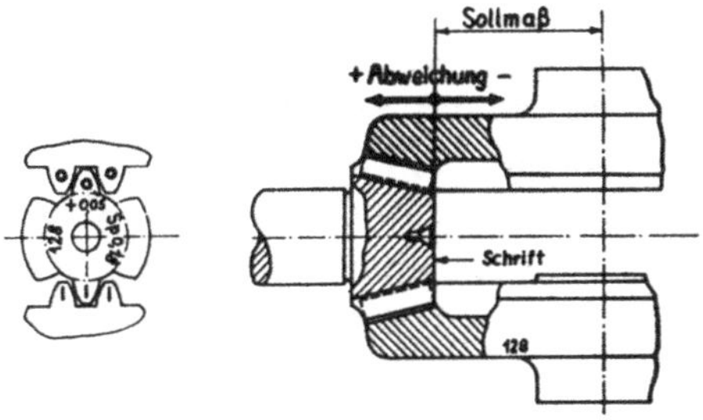

... Gekennzeichnete Zähne
128 Satznummer
0,05 Ritzelabweichung
Sp 0,18 Zahnluft

Bild 1: Einbaumaße

Einzelne Sätze werden nur nach den Tragbildern eingestellt. Dazu gibt es entsprechende Vordrucke.

Bei der Lagerung kann zwischen der Einstellung durch Beilageringe oder durch Gewindeverstellung gewählt werden. Bei größeren Mengen wird überwiegend die Einstellung durch Beilageringe vorgenommen.

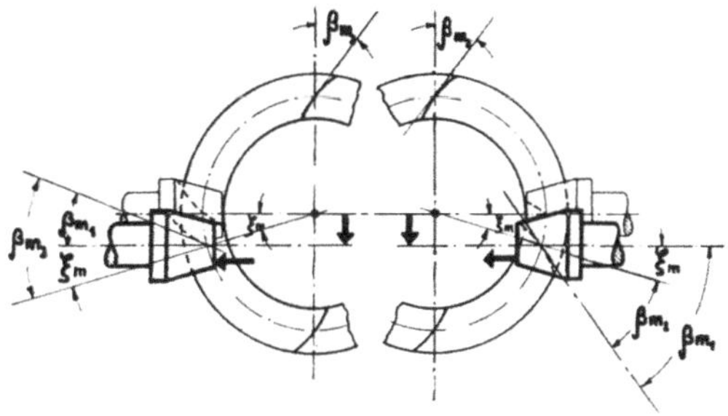

Annahme: Ritzelachse tiefer

Folge:

$\beta m_1 = \beta m_2 - \xi m$ Ritzel heraus

$\beta m_1 = \beta m_2 + \xi m$ Ritzes hinein

Bild 2: Wirkung verschiedener Achshöhen

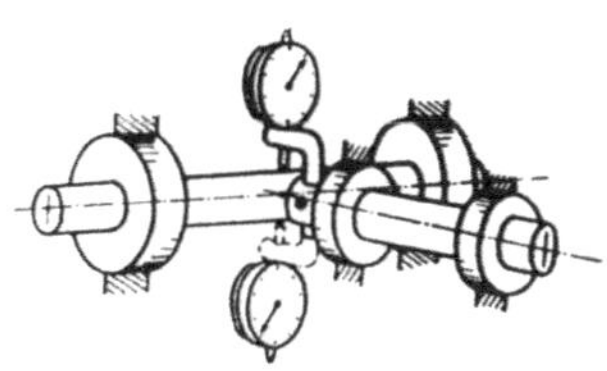

Achshöhe

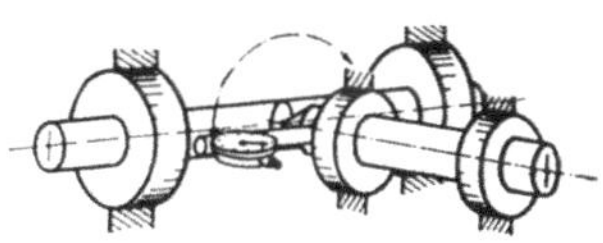

Rechtwinkligkeit

Bild 3: Gehäusekontrolle

Die Kegelräder werden in der Zahnräderfabrik mit einer Prüfmaschine auf richtige Tragbilder geprüft. Diese Maschine wird regelmäßig auf genaue Rechtwinkligkeit und Höhenlage der beiden Achsen untersucht.

Auch die Gehäuse müssen bei mehrteiligen Kegelradsätzen genauer als bei zweiteiligen hergestellt werden, denn Abweichungen von der Rechtwinkligkeit und der Höhenlage lassen sich nicht durch Einstellung korrigieren. Zum Beispiel entstehen bei tieferliegender Ritzelachse zwei entgegengesetzt achsversetzte Räderpaare, die es erforderlich machen würden, das Ritzel einmal aus der Mittelstellung herauszuschieben und das andere Mal hineinzuschieben.

Das Gehäuse muß auch mit Meßuhren und Kontrolldornen sowohl auf Mittellage als auch auf Rechtwinkligkeit geprüft werden.

Die Abweichungen der Achsenlage sollen einige hundertstel Millimeter nicht überschreiten. Die Rechtwinkligkeit der Achsen darf nicht mehr als 5 Minuten abweichen. Die Exzentrizität der Lagerbüchsen, die die Wälzlager tragen, muß ebenfalls nachgeprüft werden, da gleiche Wirkungen wie bei fehlerhaften Gehäusen entstehen.

Bei den 5- und 6-teiligen Sätzen muß nach dem Schema geprüft werden, ob jeweils ein Zahn des einen Rades auf eine Lücke des Gegenrades fällt.

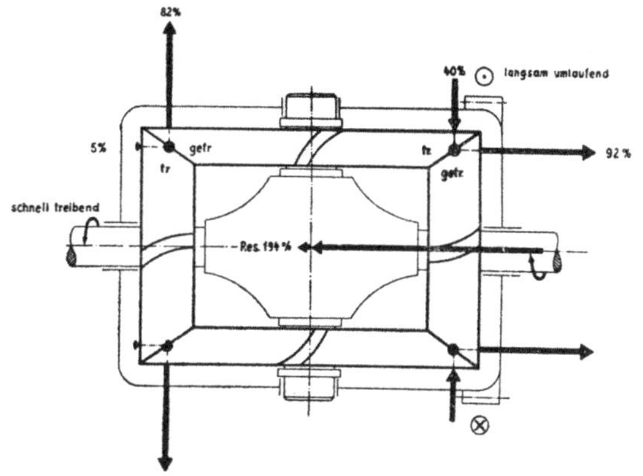

Bild 4: Axialkräfte n % der Umfangskraft

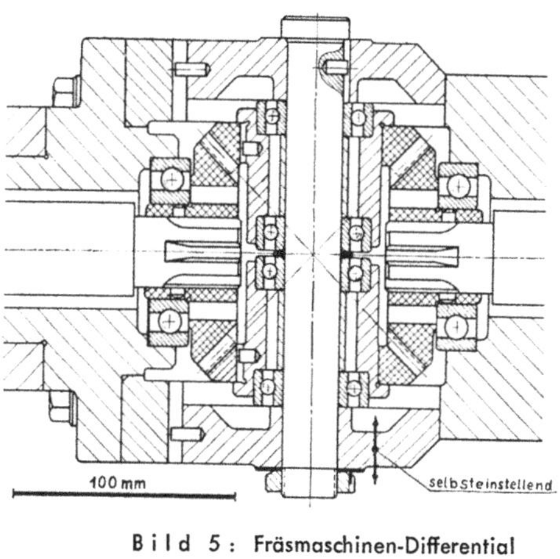

Bild 5: Fräsmaschinen-Differential

Die Tragfähigkeit wird verbessert durch günstige Auslegung der Verzahnungsdaten, härtetechnisch günstige Querschnitte und spannungsfreie Radkörper, stabile Lagerung mit guten Lagerabständen und durch starke Ritzelwellen.

Um volle Tragbilder mit höchster Tragfähigkeit anwenden zu können, dürfen sich die Tellerräder nicht seitlich abbiegen. Je weicher das Gehäuse, umso kürzer müssen die Tragbilder gewählt werden. Starke Verrippung und große Lagerabstände sind notwendig.

Auf die Kippwirkung der verschieden gerichteten Axialdrücke auf beiden Seiten der Trabantenräder bei Schräg- oder Spiralverzahnung ist Rücksicht zu nehmen (statische Ausbiegungsmessung bei Serien).

Ausgleich der Zahnbelastungen, also gleichmäßige Verteilung auf die einzelnen Ausgleichsräder durch konstruktive Maßnahmen, Verstärkung durch große Fußausrundung, genaue Herstellung und Einstellung der Räder.

Es folgen nun einige Anwendungsbeispiele.

Fräsmaschinendifferential. (Bild 5). Der von links nach rechts durchgehende Hauptantrieb erfährt durch einen zusätzlichen Antrieb des umlaufenden Gehäuses noch eine Zusatzbewegung. Der Abstand der Lager für jedes Ausgleichsrad ist so groß wie möglich gewählt worden. An beiden Enden der feststehenden Welle sind Zentrierscheiben mit zylindrischem Außendurchmesser vorgesehen, die einen Ausgleich der an den Zahnflanken auftretenden Umfangskräfte durch Selbsteinstellung gestatten. Die Tragfähigkeit wird hierdurch erheblich verbessert.

Normales Ausgleichsgetriebe aus einer Lastwagenhinterachse. Als Ausgleichsräder werden Geradzahn-Kegelräder mil balliger Flankenanlage verwendet. Es genügt Gleitlagerung. Eine gleichmäßige Verteilung der Zahnlast wird durch radiales Spiel der Naben beider Seitenwellenräder erreicht, so daß diese sich etwas radial verschieben oder kippen können.

Dieser Fall ist ein seltenes Beispiel dafür, wie durch größere Ungenauigkeit eine Verstärkung erreicht werden kann. Die Anwendung dieser Methode ist allerdings nur bei Hinterachsen-Differentialen möglich, weil die Drehzahl sehr gering ist.

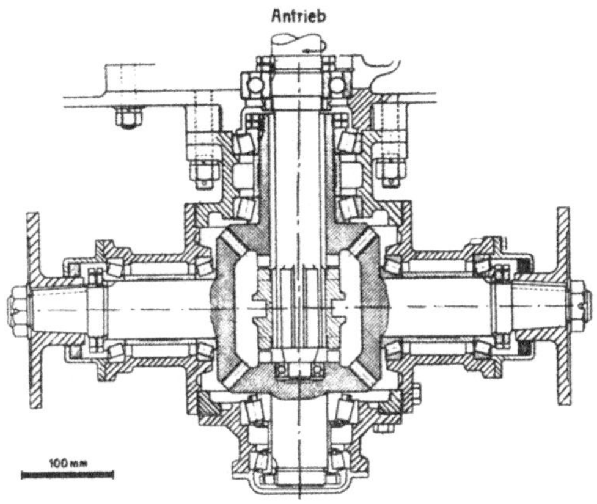

Bild 6: Verteilergetriebe für Dieseltriebwagen

Verteilergetriebe für einen Dieseltriebwagen (Bild 6). Ein Ausgleich der Belastungen ist nicht vorgesehen. Die Einstellung erfolgt bei jedem Rad durch entsprechende Beilagen. Nach links und rechts geht der Antrieb weiter zu den beiden Antriebsachsen.

Als Wälzlager werden verspannte Kegelrollenlager angewendet.

Wendegetriebe für Schienenfahrzeuge. In Bild 7 ist ein Wendegetriebe für eine Draisine gezeigt. Die Ritzellagerung hat genügend große Lagerabstände, während die beiden Tellerräder nur geringe Abstände der Lager aufweisen, so daß eine gewisse Ausbiegung der Tellerräder zu erwarten ist. Auf einen genügend großen Lagerabstand an dieser Stelle muß geachtet werden. Der Axialschub der Tellerradwelle wird je nach Fahrtrichtung vom oberen oder unteren Kegelrollenlager aufgenommen. Einstellung durch Beilagen!

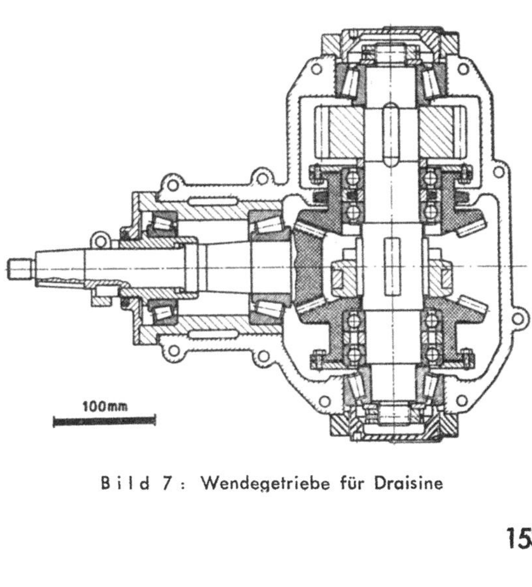

Bild 7: Wendegetriebe für Draisine

W e n d e g e t r i e b e f ü r e i n e D i e s e l l o k o m o t i v e (Bild 8). Diese Lagerung stellt eine vorbildliche Lösung einer Lagerung der Tellerräder dar. Die Kippkräfte werden durch die beiden Zylinderrollenlager mit verhältnismäßig großem Abstand aufgenommen, während die Axialkräfte von einem Pendelrollenlager getragen werden.

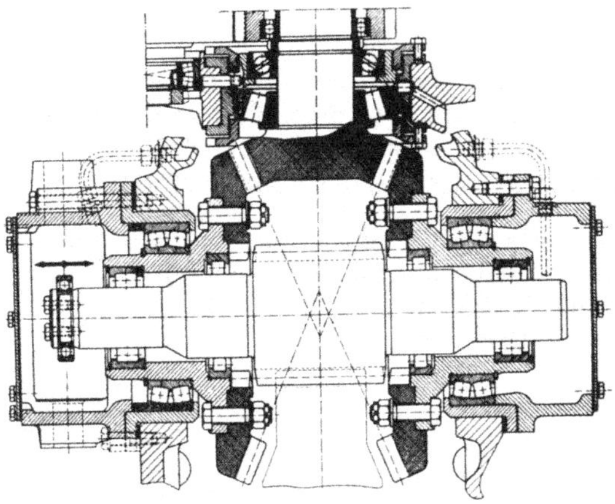

B i l d 8 : Diesel-Lokomotive

Die Befestigung der Tellerräder auf dem Flansch ist ebenfalls interessant, weil die Befestigungsschrauben das Drehmoment nicht zu übertragen brauchen.

H. ZICKEL

Untersuchungen an Kunststoff-Zahnrädern

Die Vorteile der Kunststoff-Zahnräder sind ihr großes Geräuschdämpfungsvermögen und die Möglichkeit, unter gewissen Verhältnissen ohne Schmierung laufen zu können. Weiter können sie auch bei sehr staubigem Betrieb mit relativ geringer Abnutzung ihren Dienst verrichten. Ihre Nachteile sind die gegenüber Stahl wesentlich geringeren Festigkeiten, so daß man normalerweise ein Stahlzahnrad in einer gegebenen Konstruktion nicht durch ein Kunststoff-Zahnrad ersetzen kann.

Als Baumaterial für Kunststoff-Zahnräder werden in der Hauptsache drei verschiedene Kunststoffsorten verwendet:

1. Preßschichthölzer. Sie haben eine höhere Biegefestigkeit als die übrigen verwendeten Kunststoffe und somit die Möglichkeit einer höheren Leistungsübertragung. Ihr Nachteil ist ihre Empfindlichkeit gegenüber Wasser, Feuchtigkeit und dünnflüssigem Öl. In diesen Fällen kann Preßschichtholz nicht als Zahnradbaustoff verwendet werden.

2. Hartgewebe. Dieses ist unempfindlich gegenüber Wasser und Öl, jedoch liegt es in seiner Biegefestigkeit unter den Preßschichthölzern.

3. Polyamide, die unter den Namen Nylon, Perlon etc. bekannt sind. Die Biegefestigkeit liegt allerdings hier noch unter der von Hartgewebe, jedoch ist die Geräuschdämpfung ein Optimum. Der Elastizitätsmodul beträgt bei Polyamid A 15000 kg/cm^2, bei Polyamid B 7500 kg/cm^2. Die Geräuschdämpfung, die ja mit dem Elastizitätsmodul eng zusammenhängt, ist also hier bedeutend größer als bei den vorher erwähnten Kunststoffen, bei denen der Elastizitätsmodul etwa 100.000 beträgt. Bei diesem Baustoff kann man zudem zwei Zahnräder zusammen laufen lassen und erzielt hierdurch eine optimale Geräuschdämpfung. Diese Möglichkeit der paarweisen Anordnung von Kunststoff-Zahnrädern besteht bei Preßschichtholz und Hartgewebe nicht.

Die Berechnung von Kunststoffzahnrädern erfolgt bisher nach Erfahrungswerten einzelner Firmen und nach Berechnungen, die sich in der Hauptsache auf die Biegefestigkeit der verwendeten Kunststoffe stützen. Es war seit langem von der Kunststoffindustrie erkannt worden, daß diese DIN-Werte, die für die einzelnen Materialien festliegen und genormt sind, für die Zahnradberechnung nicht die ausschlaggebende Rolle spielen können, da es in einem viel höheren Maße auf die Wechselbiegefestigkeit und die Verschleißfestigkeit der Baustoffe ankommt. Die deutsche Kunststoffindustrie hat deshalb in einer Gemeinschaftsarbeit mit dem Institut von Prof. Niemann versucht, neue Werte festzulegen, die über die Wechselbiegefestigkeit bei den verschiedenen Beanspruchungen und über die Verschleißfestigkeit bei verschiedenen Geschwindigkeiten und Belastungen Aufschluß geben.

Zunächst sind diese Untersuchungen nur an Hartgewebe vorgenommen worden, da dieser Werkstoff von der Mehrzahl der Kunststoffe herstellenden Firmen fabriziert wird. Ähnliche Untersuchungen mit anderen Werkstoffen sind in Aussicht genommen. Bei den Untersuchungen hat es sich gezeigt, daß die Güteeigenschaften verschiedener Werkstoffe, die sämtlich den DIN-Werten entsprechen, in bezug auf die wesentlichen Werte, die für die Zahnradherstellung wichtig sind, sehr stark variieren. So sind z. B. Verschleißfestigkeitsunterschiede wie 1:15 festgestellt worden. Die Aufgabe der Untersuchung ist es nun, diese Unterschiede auszugleichen, so daß dem Markt ein einheitliches Material mit den höchsterreichbaren Werten für Wechselbiegefestigkeit und Verschleißfestigkeit angeboten wird. Es ist die Absicht der Kunststoffindustrie, diese Werte zu veröffentlichen und sie der Praxis so aufzubereiten, daß mit ihrer Hilfe Kunststoffzahnräder ähnlich berechnet werden können wie Metallräder. Darüber hinaus soll durch die Normung dieser Werte jede einzelne Kunststoffirma angehalten werden, nur noch Materialien herzustellen, die diesen Normwerten entsprechen.

H. WINTER

Untersuchungen an Kunststoff-Zahnrädern

Versuchsdurchführung und Ergebnisse

Die im Auftrag des Kunststoffverbandes durchgeführten Untersuchungen hatten das Ziel, Unterlagen für eine vergleichende Beurteilung der Kunststoffe verschiedener Lieferfirmen hinsichtlich ihrer Eignung als Zahnradwerkstoffe zu schaffen. Hierzu wurden aus den angelieferten verschiedenen Kunststoffen Zahnräder hergestellt und

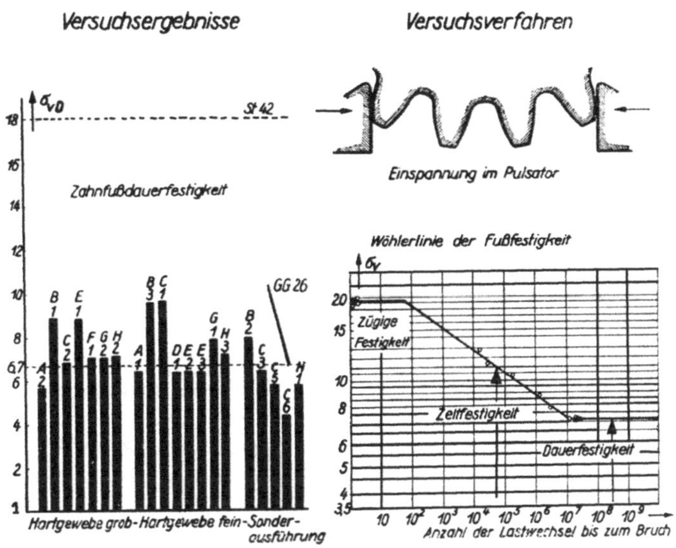

Bild 1: Zahnfußfestigkeit von Zahnrädern aus verschiedenen Kunststoffen, ermittelt im Pulsator.

hiervon zunächst die Zahnfußfestigkeit im Pulsator ermittelt und dann in Laufversuchen ihr Verschleiß- und sonstiges Verhalten bei verschiedenen Belastungen.

Pulsatorversuche

Bild 1 zeigt oben rechts, wie die Prüfräder bei den Versuchen zwischen den Backen des Pulsators eingespannt waren. Dabei wurden so viel Zähne umfaßt, daß die Druckstellen an den äußeren Zähnen etwa in Teilkreisnähe lagen. Man setzt nun die Zähne einer pulsierenden Belastung aus und bestimmt hierfür die Anzahl der bis zum Zahnbruch ertragenen Lastwechsel. Der Versuch wird in gleicher Weise für andere Laststufen wiederholt. Man erhält so eine Lebensdauerkurve der Zahnfußfestigkeit des jeweiligen Werkstoffes. Das Ergebnis einer solchen Versuchsreihe zeigt Bild 1 unten rechts. Hier ist die aus der jeweiligen Belastung berechnete Zahnfußspannung σ_v über der bis zum Bruch ertragenen Lastwechselzahl aufgetragen. Das Gebiet der Dauerfestigkeit ist durch den rechten waagerechten Ast der Kurve gegeben. Die zügige Festigkeit, die im Diagramm durch den linken waagerechten Ast dargestellt ist, wurde mit derselben Backenanordnung in der Zerreißmaschine bestimmt. An die Stelle der Schwellbelastung tritt dabei die einmalige bis zum Bruch zügig gesteigerte Belastung.

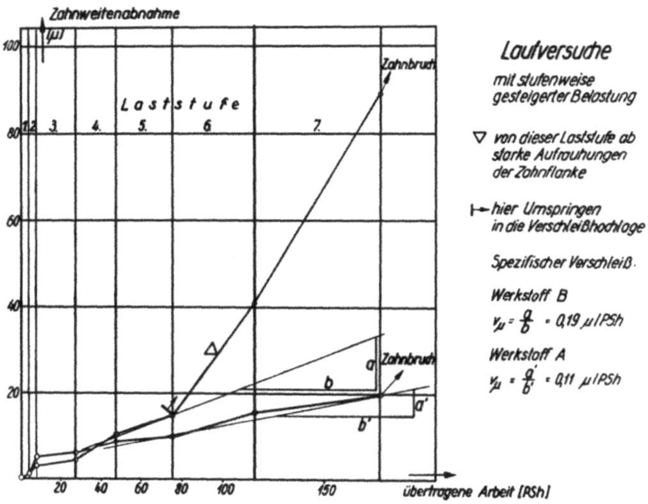

Bild 2: Bestimmung der Verschleißfestigkeit von Kunststoffzahnrädern

Links auf dem Bild sind die von den geprüften Kunststoffen erreichten Werte der Zahnfuß-Dauerfestigkeit dargestellt, und zwar in 3 Werkstoffgruppen geordnet: Hartgewebe grob, Hartgewebe fein und Sonderausführungen. Bei der letzten Gruppe handelt es sich zum Teil um Hartgewebe besonderer Herstellung, zum Teil um ganz andere Kunststoffe.

Man sieht, daß im Mittel etwa die Zahnfuß-Dauerfestigkeit von Grauguß GG 26 ($\sigma_{vD} = 6{,}7\ \mathrm{kg/mm^2}$) erreicht wird und nur bestimmte Erzeugnisse höhere Werte erzielen (bis $9{,}6\ \mathrm{kg/mm^2}$). Ferner ist zu erkennen, daß die Ausrüstung mit feinem statt grobem Gewebe die Fußfestigkeit kaum beeinflußt.

In beiden Gruppen liegen die Hartgewebe B_1 und B_3 der Lieferfirma B an der Spitze, sind also sehr günstig bezüglich Fußfestigkeit; die entspr. Werkstoffe G_1 und G_2 der Firmt G stellen gute Mittelwerte dar. — Bei der späteren Gegenüberstellung der Verschleißeigenschaften werden wir wieder auf diese 4 Werkstoffe zurückkommen.

Laufversuche mit gesteigerter Belastung

a) Versuchsverfahren:

Das Verschleißverhalten der Kunststoffzahnräder wurde durch Laufversuche im Verspannungsprüfstand ermittelt. Die Kunststoffräder laufen gegen Stahlräder und werden einer stufenweise gesteigerten Belastung ausgesetzt. In jeder Laststufe werden 350 000 Umdrehungen gefahren, und im Anschluß an jede Laststufe wird die Zahndickenabnahme gemessen (durch Zahnweitenmessung oder mit Hilfe eines anderen Meßverfahrens).

Bild 2 zeigt die Auftragung und Auswertung der Versuchsergebnisse: Der Verschleiß, gemessen als Zahnweitenminderung in η, wurde über der übertragenen

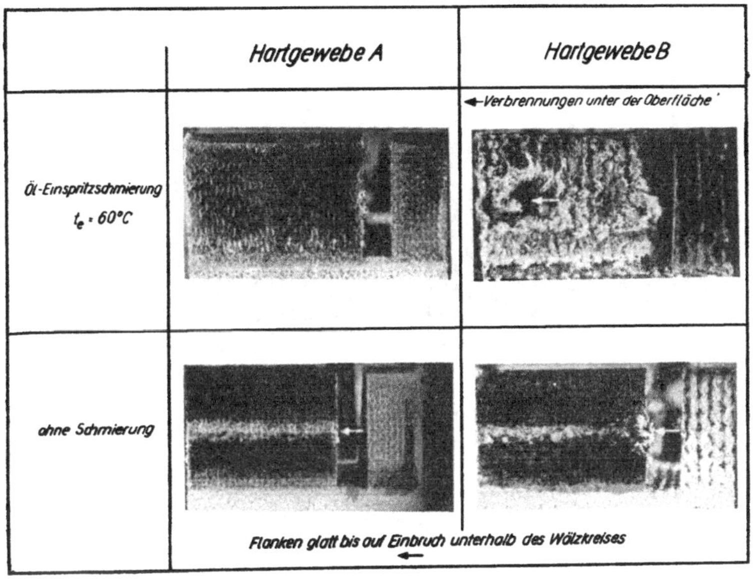

Bild 3: Flankenbild zweier Werkstoffe bei gleicher Belastung

Arbeit [PSh] aufgetragen. Man sieht, daß bei dem Werkstoff A der Verschleiß bis zum Zahnbruch etwa linear mit der übertragenen Arbeit zunahm; das Flankenbild zeigte keine nennenswerte Veränderung. Beim Werkstoff B dagegen traten in der 7. Laststufe starke Aufrauhungen an der Zahnflanke auf (hier durch das Dreieck angedeutet). Gleichzeitig wurde der Verschleiß um ein erhebliches Maß größer. Wir bezeichnen dies als „Umspringen in die Verschleißhochlage". — Frühere Versuche von Niemann und Glaubitz hatten nun ergeben, daß bei allen Belastungen unterhalb des Umknickpunktes im allgemeinen auch ein Dauerlauf des Kunststoffrades möglich ist, ohne daß sich grobe Beschädigungen der Zahnflanken einstellen. Die so festgestellte Belastungsgrenze, also die Last, bei der der Verschleiß in die Hochlage umspringt, ist ein für den Werkstoff wichtiges Kennzeichen. Bei dem zuerst genannten Werkstoff A liegt die Grenze so hoch, daß vorher die Zahnbruchgrenze erreicht wird. Ein Maß für die zu erwartende Verschleißlebensdauer gibt uns die Neigung (Tangens) der Verschleißkurven; wir bezeichnen sie als spezifischen Verschleiß v_μ. Für den Werkstoff A ergab sich z. B. ein v_μ von 0,11 und bei Werkstoff B von 0,19 μ/PSh. Der Werkstoff A ist demnach bezüglich Verschleiß (d. h. Lebensdauer) günstiger. Bild 3 zeigt das Aussehen der Flanken dieser beiden

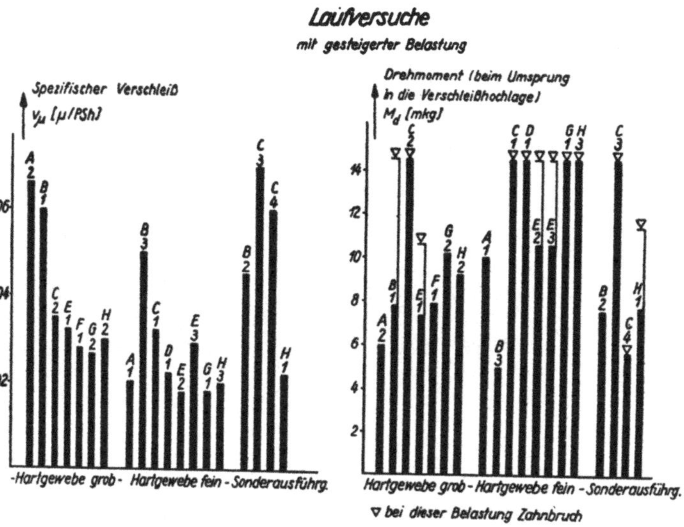

Bild 4: Verschleiß und Belastbarkeit von ölgeschmierten Kunstoffzahnrädern — Werkstoffeinfluß —

Kunststoff-Zahnräder. Die beiden oberen Bilder stammen aus dem eben besprochenen Versuch, und zwar nach dem Lauf in der höchsten Laststufe, bei der dann Zahnbruch eintrat. Werkstoff A blieb spiegelglatt, bis auf geringfügige Kratzer am Zahnfuß. Die Oberfläche des Werkstoffs B war dagegen völlig zerfasert und zeigte Verbrennungen unter der Oberfläche. — Diese beiden Versuche, die mit Öleinspritzschmierung durchgeführt wurden, ergaben also ein stark unterschiedliches Verhalten der beiden Werkstoffe.

Ganz anders war das Ergebnis bei den Laufversuchen ohne Schmierung. Bei beiden Werkstoffen zeigte sich ein Umspringen in die Verschleißhochlage. Die Flanken blieben jedoch in beiden Fällen glatt, bis auf Einbruchszonen unterhalb des Wälzkreises (auf beiden unteren Bildern durch Pfeile bezeichnet); und der Unterschied der Belastungsgrenzen war hier bei weitem nicht so groß, wie bei dem Lauf mit Ölschmierung.

Diese Gegenüberstellung zeigt uns, daß sich die Bewertung der Werkstoffe bei veränderten Schmierverhältnissen erheblich verschieben kann.

b) Vergleich der Werkstoffe:

Bild 4 zeigt die Ergebnisse der Laufversuche (mit Ölspritzschmierung) bei den verschiedenen Werkstoffen. Links ist der spezifische Verschleiß und rechts die Belastungsgrenze, d. h. das Drehmoment, aufgetragen, bei dem der Verschleiß in die Hochlage umspringt; das Dreieck kennzeichnet die Belastung, bei der Zahnbruch eintrat.

Man sieht, daß bezüglich des Verschleißverhaltens erheblich größere Unterschiede zwischen den einzelnen Kunststoffen bestehen, als das bei der Fußfestigkeit der Fall war.

Vergleichen wir nun wieder die Werkstoffe B 1 und B 3, für die wir die höchste Fußfestigkeit gefunden hatten, mit den Werkstoffen G 1 und G 2 (geringere Fußfestigkeit als bei Werkstoff B)! Das Bild sieht völlig anders aus:

Der spezifische Verschleiß der beiden Werkstoffe B ist mehr als doppelt so groß wie der von G 1 und G 2 und das Umspringen in die Verschleißhochlage (rechtes Bild) tritt bei den Werkstoffen G erst bei sehr viel höheren Belastungen ein. Bezüglich des Verschleißverhaltens sind also die Werkstoffe G 1 und G 2 den Werkstoffen B 1 und B 3 stark überlegen.

Und das alles sind Werkstoffe, die den gleichen DIN-Vorschriften genügen.

Einfluß von Schmierung und Temperatur

Zum Schluß noch einige Ergebnisse über den Einfluß von Schmierung und Temperatur. Sie stammen aus Versuchen, die im Auftrage der Firma BOSCH mit Resitex-Hartgewebe durchgeführt wurden. Zahlenmäßig läßt sich folgendes angeben:

Ohne Schmierung ist der spezifische Verschleiß im Mittel etwa 10 mal so groß wie bei Einspritzschmierung (Einspritztemperatur $t_e = 60°$ C).

Legt man die Belastung zugrunde, bei der Verschleiß in die Hochlage umspringt, so ist die Tragfähigkeit ohne Schmierung nur $1/3$ bis $1/5$ der Tragfähigkeit bei Öleinspritzschmierung ($t_e = 60°$ C).

Ferner konnten wir feststellen, daß sich der spez. Verschleiß auf das Zwei- bis Dreifache erhöht, wenn die Öltemperatur von 35° auf 60° erhöht wird. Der Temperatureinfluß ist also erheblich.

Dieses sind zwar keine allgemein gültigen Gesetze, da die Daten ja nur für einen Werkstoff und unter ganz bestimmten Versuchsbedingungen gefunden wurden. Man hat aber doch einen gewissen Anhalt zur Beurteilung der genannten Einflüsse.

H. v. OEHSEN

Erfahrungsaustausch über neuzeitliche Oberflächenhärteverfahren für Zahnräder

In den bisherigen Vorträgen und Diskussionen sind konstruktive, schmiertechnische, fertigungstechnische und wirtschaftliche Fragen der Zahnradherstellung behandelt worden. Sie alle hatten letzten Endes das Ziel, Wege aufzuzeigen, die Belastbarkeit und die Lebensdauer der Zahnräder zu erhöhen und damit gleichzeitig die Kosten zu senken. Ein wesentliches Mittel hierzu ist die Härtung der Zahnräder. Die Belastbarkeit der Zahnräder ist begrenzt durch die Wälzfestigkeit, Zahnfußfestigkeit, Verschleißfestigkeit und Freßfestigkeit. Alle diese Werte können durch geeignete Härtung wesentlich erhöht werden.

Als Einleitung zu den im Rahmen dieses Themas folgenden Referaten über „Neuzeitliche Oberflächenhärteverfahren für Zahnräder" soll es meine Aufgabe sein, die bis heute bekannten und in der Praxis zur Anwendung gelangenden Härteverfahren für Zahnräder zusammenhängend aufzuzeigen.

Eine Gliederung der Härteverfahren kann nach verschiedenen Gesichtspunkten erfolgen; z. B. nach der Zusammensetzung der verwendeten Stähle oder der Allzahnhärtung, d. h. der Härtung sämtlicher Zähne eines Rades in einem Arbeitsgang, und der Einzelzahnhärtung, bei der ein Zahn oder eine Zahnlücke nach der anderen gehärtet werden.

Ich habe es für zweckmäßig gehalten, eine Gliederung nach dem erreichbaren Härtebild vorzunehmen.

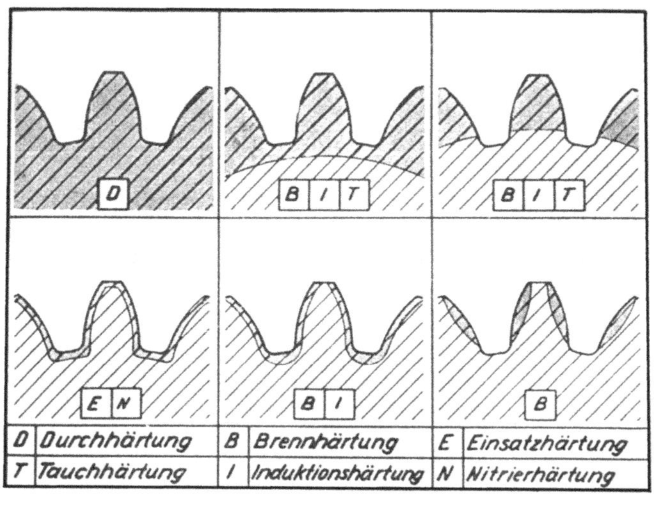

Durch die damit gekennzeichneten Härteverfahren werden die Wälzfestigkeit, die Verschleißfestigkeit und die Freßfestigkeit im wesentlichen Maße erhöht, die Zahnfußfestigkeit jedoch nur da, wo der Zahnfuß oder besser der Zahnfußradius mit von der Härtung erfaßt worden ist.

Es stehen also die verschiedensten Möglichkeiten zur Verfügung, die Belastbarkeit und die Lebensdauer der Zahnräder durch Härtung zu erhöhen. Welches Verfahren man wählt, hängt von der Größe der Zahnräder, der konstruktiven Ausbildung, dem Verzugsverhalten und der Beanspruchung ab.

So scheiden — um einen Extremfall herauszuziehen — bei der Härtung eines Zahnrades von 1500 mm ∅ und mehr alle Allzahnhärteverfahren aus, da die notwendigen Öfen oder Härteeinrichtungen so groß werden, daß eine wirtschaftliche Durchführung der Härtung nicht mehr möglich ist. Räder sehr kleiner Module unter Modul 3 dagegen können mit den Einzelzahnhärteverfahren nicht mit der notwendigen Treffsicherheit gehärtet werden, da die Zahnlücken für das Heranbringen eines gasbeheizten Brenners oder einer Heizschleife zu klein sind.

Abgesehen von diesen Extremfällen bestehen jedoch in der Praxis unterschiedliche Auffassungen und Erfahrungen über die Wahl des zweckmäßigsten Härteverfahrens. Gewisse Aufschlüsse und Hinweise zu diesem Problem werden die anschließenden Referate geben.

H. RETTIG

Werkstoff- und Härtungseinflüsse auf Festigkeit und Verschleiß von gehärteten Zahnrädern

Allgemeine Aussagen:

Aus bisher vorliegenden Versuchsergebnissen von gehärteten Zahnrädern[1]) lassen sich allgemeine Tendenzen der die Fuß- und Flankenfestigkeit beeinflussenden Faktoren angeben:

1. Einwirkungen auf Zahnfußfestigkeit

a) Mithärtung des Zahngrundes: Bei gleichbleibenden Härteverfahren und gleichen Werkstoffen liegt die Zahnfußfestigkeit wesentlich höher, wenn der Zahngrund mitgehärtet ist.

b) Flankenhärte: Nach vorliegenden Untersuchungen zeigt es sich, daß von einer Oberflächenhärte von etwa HV = 350 kg/mm² Vickers ab die Zahnfußfestigkeit mit der Härte kaum noch ansteigt.

c) Kernfestigkeit: Die Kernfestigkeit des Zahnes ist, solange ein genügender Härteunterschied zwischen Rand und Kern besteht, möglichst hoch zu wählen. Aus Versuchen mit einsatzgehärteten Rädern geht hervor, daß die Dauerschwellfestigkeit bis zu Kernhärten von HV = 160 kg/mm² ansteigt. Bei schlagartiger Beanspruchung ist die Kernzähigkeit von Bedeutung, die auch durch Zusatz geeigneter Legierungsbestandteile erhöht werden kann. Maßgebend für die Größe der Kerbschlagfestigkeit ist die bis zum Bruch aufgenommene Formänderungsarbeit, die bei einem Stahl geringer Festigkeit und hoher Zähigkeit (Dehnung) ebenso groß sein kann wie bei einem Stahl mit hoher Festigkeit, aber geringer Dehnung.

d) Einhärtetiefe im Zahngrund: Mit der Einhärtetiefe im Zahngrund steigt bis zu einer günstigsten Tiefe auch die Zahnfußdauerfestigkeit. Darüber hinaus nimmt sie ab, da der Anteil der Randschichten zum Gesamtquerschnitt so groß wird, daß die Druckvorspannungen in der Oberfläche sich verringern und die Kerbspannungen wieder mehr zur Wirkung kommen.

Die Zahnfuß-Schlagfestigkeit fällt bei gleichbleibender Kernfestigkeit mit zunehmender Einhärtetiefe ab.

e) Durchhärtung: Eine vollkommene Durchhärtung des Zahnes führt zu einer Verringerung der Zahnfußdauerfestigkeit um ca. 20 bis 25% gegenüber oberflächengehärteten Rädern.

---

[1]) Die Untersuchungen wurden an der Forschungsstelle für Zahnräder u. Getriebebau, München, durchgeführt.

2. Einwirkungen auf Wälzfestigkeit

a) **Flankenhärte**: Die Hertzsche Pressung p, die dauernd ohne Grübchenbildung ertragbar ist, wächst etwa linear mit der Brinellhärte der Flankenoberfläche.

b) Härtetiefe: Da nach Beobachtungen an Zahnrädern von Fahrzeuggetrieben die Grübchentiefe zumeist kleiner als 0,5 mm ist, erscheint somit eine Einhärtetiefe etwas über 0,5 mm bereits ausreichend. Allgemein empfiehlt sich, eine Härtetiefe von Modul mal 0,2 bis 0,3 anzustreben.

c) Durchhärtung: Bei durchgehärteten Rädern konnte kein unterschiedliches Verhalten gegenüber Grübchenbildung festgestellt werden.

3. Einwirkungen auf Verschleiß

a) Flankenhärte: Verschleißversuche an Zahnrädern mit stufenweise gesteigerter Belastung haben gezeigt, daß der spezifische Verschleiß (mg/PSh) mit einem Ansteigen der Härte bis ca. 58 Rockwell abfällt, eine Steigerung der Flankenoberflächenhärte darüber aber keine merkliche Verschleißminderung bringt.

b) Werkstoff und Härtungsart: Beide sind bei Zahnrädern über $HR_c = 58$, gleiche Oberflächen-Herstellungsgüte und ausreichende Einhärtetiefen vorausgesetzt, nahezu ohne Einfluß auf den spezifischen Verschleiß.

Über Radpaarungen ungleichen Werkstoffes und stark unterschiedlicher Oberflächenhärte können nach bisherigen Feststellungen noch keine allgemein gültigen Aussagen gemacht werden. Hier empfiehlt sich von Fall zu Fall eine versuchsmäßige Klärung des grundsätzlichen Paarungsverhaltens.

Versuchsergebnisse bei unterschiedlichen Härtungen und Werkstoffen

1. Angaben zu den Versuchen

Die folgenden Ausführungen geben einen Überblick über die Ergebnisse der bei uns in den letzten Jahren durchgeführten Versuche über Werkstoff- und Härtefragen bei Zahnrädern. Geprüft wurden einsatzgehärtete, flammen- und induktionsgehärtete Räder mit Modul 3 und 80 bis 100 mm Durchmesser.

Neben den im Einzelzahn-Teilverfahren gehärteten Rädern wurden auch umlaufgehärtete Räder geprüft. Dabei wurde besonders das Festigkeitsverhalten durchgehärteter Zahnräder aus Salzbad-, Flammen- und Induktionshärtung untersucht. Die verwendeten Werkstoffe Ck 45,37 Mn Si 5,42 Cr Mo 4 und 50 Cr V. 4 entsprachen in ihrer Zusammensetzung den im Stahl und Eisen Werkstoffblatt 830 bis 850 gegebenen Richtlinien; darüber hinaus wurden auch Sonderstähle wie der R-B-H.-Stahl (Röchling) und der CV 58 (Gußstahlwerke Witten) in die Untersuchungen einbezogen. Die Ergebnisse der einsatzgehärteten Räder aus 16 Mn Cr 5, 20 Mn Cr 5 und C 10 wurden in zahlreichen Vergleichsversuchen überprüft und können als Vergleichsmaßstab für die übrigen Härtungen gewertet werden. Die Angaben der Cyanbadhärtung stammen noch aus Vorkriegsuntersuchungen [1].

2. Versuchsverfahren

Die Zahnfußdauerfestigkeit wurde durch Aufnahme von Wöhlerkurven im Zug-Druck-Pulsator ermittelt. Die Berechnung der Zahnfußvergleichsspannung erfolgte im äußeren Einzeleingriffspunkt unter Zugrundelegung des Bruchquerschnittes im Abstand 2 · m vom Zahnkopf.

Die zügige Bruchlast [kg/cm] wurde in der Zerreißmaschine durch Abdrücken der Zähne ermittelt. Es wurden jeweils 4 Zähne umfaßt. Die angegebenen Zahlen sind Mittelwerte mehrerer Messungen.

Die Kerbschlagfestigkeit (mkg/cm²) wurde im Pendelschlagwerk bestimmt. Bei Versuchsstreuungen wurden die Mittelwerte aus mehreren Messungen zugrunde gelegt.

Die Zahnflankenfestigkeit und der spezifische Verschleiß wurden in Laufversuchen mit stufenweise gesteigerter Last ermittelt. Die genannten Flankenfestigkeitswerte geben die Wälzpressungen an, bei denen eindeutige Grübchenbildung festgestellt wurde; sie dürfen nicht mit der Flankendauerfestigkeit verwechselt werden.

3. Vergleich der Zahnfuß-festigkeits-Ergebnisse (Tafel 1)

a) Zahnfuß-Dauerfestigkeit: Die Ergebnisse der Einsatzhärtung wurden durchschnittlich von den anderen Härteverfahren erreicht. Die Induktionshärtung übertrifft beim 37 Mn Si 5 und Ck 45 vorvergütet sogar die Zahnfuß-Dauerfestigkeit des 20 Mn Cr 5 einsatzgehärtet. Die umlaufbrenngehärteten Räder waren z. T. durchgehärtet und liegen daher etwas ungünstiger als die induktionsgehärteten.

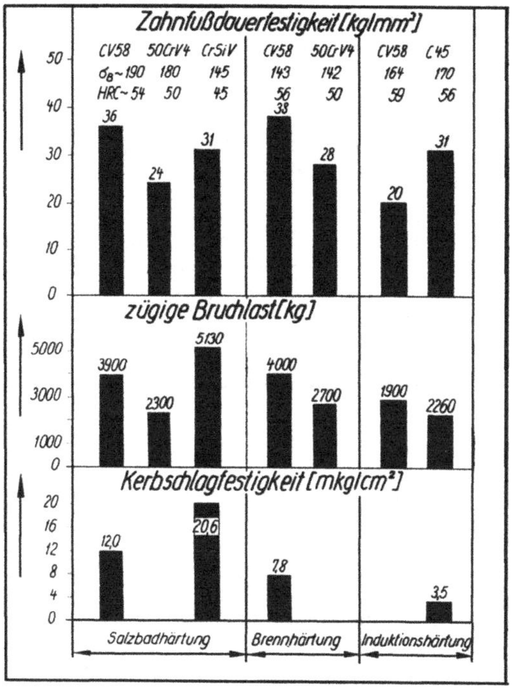

Bild 1: Zahnfußfestigkeit durchgehärteter Zahnräder
Versuchsräder: Modul 3, Zähnezahl 27/34, Zahnbreite 10 mm

Die in Bild 1 dargestellten Versuchsergebnisse über nach unterschiedlichen Verfahren durchgehärtete Zahnräder zeigen, daß die Zahnfuß-Dauerfestigkeiten etwa bei 75 % der nur oberflächengehärteten Räder liegen. Besonders ist als durchgehärteter Werkstoff der CV 58 geeignet, der neben einer hohen Zahnfuß-Dauerfestigkeit und zügigen Bruchlast auch eine große Kerbschlagfestigkeit besitzt.

T a f e l 1 **Einfluß des Härteverfahrens auf die Zahnfuß- und Zahnflankenfestigkeit**

Härteverfahren	Lfd. Nr.	Werkstoffbezeichnung	Versuchsräder: Zähnezahl	Härte: Zahnflanke HR$_c$	Härte: Zahnkern σ_B [kg/mm²]	Härte: Einhärtetiefe im Zahngrund [mm]	Zahnfußfestigkeit: Zügige Bruchlast P_Z [kg/cm]	Zahnfußfestigkeit: Zahnfuß-Dauerfestigkeit σ_{vUrD} [kg/mm²]	Zahnfußfestigkeit: Kerbschlagfestigkeit A_S [mkg/cm²]	Zahnflankenfestigkeit: Beginn der Grübchenbildung k_e [kg/mm²]	Zahnflankenfestigkeit: spezif. Verschleiß v_s [mg/PSh]
Einsatzhärtung	1	16 Mn Cr 5	27/34	60	101	1,1	3620	31	4,8	3,48	0,06
	2	20 Mn Cr 5	27/34	62	112	1,1	3850	38	9,4	4,31	0,11
	3	C 10	27/34	60	56	1,0	2900	43	11,6	1,96	0,10
Cyanbad	4	42 Cr Mo 4	22/32	61	174	0,35	2500	34	4,7	3,93	0,05
	5	37 Mn Si 5	22/32	60	172	0,3	2300	44	7,8	6,58	0,18
	6	Ck 45	22/32	63	179	0,4	1490	37	1,6	6,11	0,05
Brennhärtung U. H.	7	CV 58	27/34	56	142		3870	38	7,8	> 4,31	0,03
	8	RBH, Verg.	22/32	66	110		2940	37,3	4,3	6,58	0,05
E. H.	9	Ck 45	22/32	58	101	1,2	2180	28	8,5	3,93	0,1
Induktionshärtung E. H.	10	42 Cr Mo 4	27/34	60	118	1,0	3410	44	5,3	3,48	0,14
	11	37 Mn Si 5	27/34	53	85	1,2	2930	51,5	8,4	4,31	0,14
	12	50 Cr V 4	27/34	60	97	0,8	2940	28	8,0	6,58	0,08
	13	Ck 45, Verg.	27/34	55	90	0,7	1680	47,5	6,1	> 4,31	0,06

Es bedeuten: U. H.: Umlaufhärtung
E. H.: Einzelzahnhärtung

b) Zügige Festigkeit: Die gemessenen Werte der einsatzgehärteten Werkstoffe 16 Mn Cr 5 und 20 Mn Cr 5 werden mit Ausnahme des CV 58 brenngehärtet von anderen Werkstoffen und Härteverfahren nicht erreicht. Besonders hinzuweisen ist auf die hohe zügige Bruchlast des durchgehärteten Cr Si V-Materials (Bild 1) mit $P_z = 5130$ kg.

c) Kerbschlagfestigkeit: Die Kerbschlagfestigkeit der legierten Einsatzstähle wird von den übrigen oberflächengehärteten Werkstoffen nicht erreicht; jedoch stellen die erzielten spezifischen Schlagarbeiten von 8 mkg/cm² bereits gute Durchschnittswerte dar.

Der in Bild 1 gezeigte durchgehärtete Cr Si V-Stahl zeichnet sich durch eine besonders große Kerbschlagfestigkeit von 20,6 mkg/cm² aus.

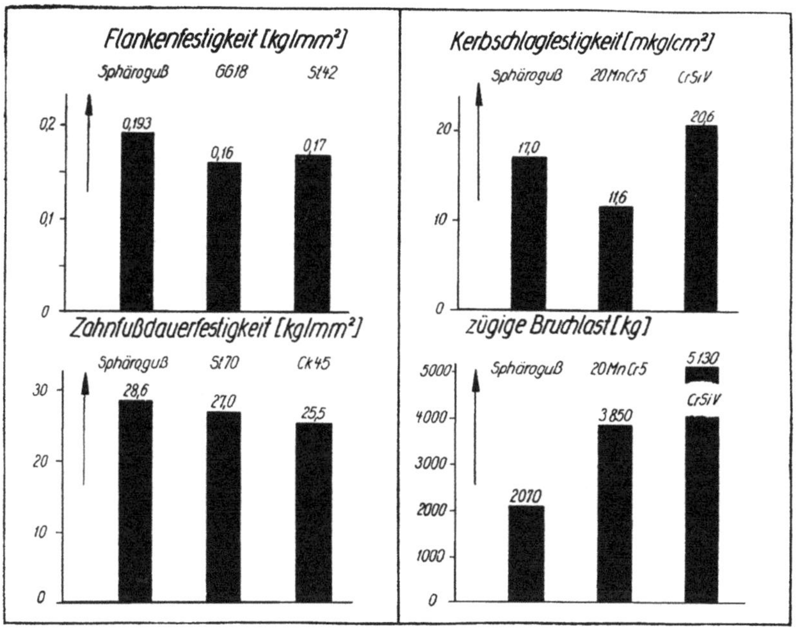

Bild 2: Versuchsergebnisse mit Sphärolithguß
Vergleichende Gegenüberstellung der Zahnfuß- und Flankenfestigkeit mit anderen Zahnradwerkstoffen

4. Vergleich der Wälzfestigkeit (Tafel 1)

Die Versuchsergebnisse zeigen, daß die Wälzfestigkeit der einsatzgehärteten Räder von allen anderen Härtungsarten erreicht und z. T. sogar übertroffen wird. Höher als die Wälzfestigkeit des 20 Mn Cr 5 liegen 37 Mn Si 5 cyanbadgehärtet, CV 58 und RBH brennumlaufgehärtet und 50 Cr V 4 induktionsgehärtet.

5. Vergleich der Verschleißfestigkeit (Tafel 1)

Der spezifische Verschleiß sämtlicher untersuchter Paarungen liegt in einem Streufeld von 0,03 bis 0,18 mg/PSh. Neben Werkstoff- und Härtungseinflüssen muß hierbei beachtet werden, daß nicht in allen Fällen gleiche Herstellungsgenauigkeit, Flankenoberflächengüte und Schmierung gegeben war. Bei der Auswertung weiterer Versuche kommt man zu der Feststellung, daß der spezifische Verschleiß bei Flankenhärten über 58 HR_c von der Härtungsart nahezu unabhängig ist.

Versuchsergebnisse mit Sphärolithguß

Abschließend werden einige Versuchsergebnisse von aus Sphärolithguß hergestellten Zahnrädern mitgeteilt (Bild 2). Es handelt sich um ein ungehärtetes Gußgefüge, in dem der Graphit kugelförmig ausgebildet ist.

Besonders beachtlich ist die hohe Zahnfußfestigkeit dieses ungehärteten Werkstoffes (HV = 170 kg/mm²); sie ist mit $\sigma_{v\ UrD} = 28{,}6$ kg/mm² etwa vergleichbar mit Stahl St 70 bzw. Ck 45.

Vergleichsweise erreicht Grauguß GG 26 etwa eine Zahnfuß-Dauerfestigkeit von $\sigma_{v\ UrD} = 6{,}6$ kg/mm².

Die zügige Bruchlast wurde mit $P_Z = 2070$ kg gemessen, und die Kerbschlagfestigkeit übertraf mit $A_s = 17{,}0$ mkg/cm² sogar diejenige von 20 Mn Cr 5.

Die Wälzfestigkeit mit $k_{eD} = 0{,}193$ kg/mm² (Wälzfestigkeit nach Stribeck) ist jedoch noch unbefriedigend. Hier sind Möglichkeiten zur Erhöhung durch Induktions- bzw. Flammenhärtung gegeben, deren Ergebnisse aus Zahnradversuchen abgewartet werden müssen.

Schrifttum:

[1] Glaubitz, H.: Oberflächenhärtung und Bauteilfestigkeit von Zahnrädern, Werkstatt und Betrieb, Jg. 80 [1947], S. 249 und 277.

K. KEGEL

Die Durchführung der induktiven Zahnradhärtung und ihre betrieblichen Voraussetzungen

Zur Härtung von Zahnrädern sind verschiedene Verfahren gebräuchlich. Im folgenden wird nur das Verfahren der induktiven Härtung behandelt. Der Ausdruck „induktiv" läßt erkennen, daß zur Erwärmung eines Werkstückes elektrische Energie durch Transformation übertragen wird. Speziell bei der induktiven Zahnradhärtung werden heute zwei verschiedene Verfahren benutzt:

1. die Zahnlückenhärtung
2. die Allzahnhärtung

Früher wurde auch die Einzelzahnhärtung benutzt, die heute wegen des besonderen Härtezonenverlaufes nicht mehr verwendet wird. Hierbei wurden die Zahnköpfe meist durchgehärtet. Die Härte verläuft weiter über die Zahnflanken und endet am Übergang der Zahnflanke in den Zahnfuß, also an der kritischen Stelle mit der höchsten Beanspruchung, was bei Rädern besonders mit kleinem Modul wegen der Bruchgefahr durch Kerbwirkung am Auslauf der Härteschicht schädlich ist.

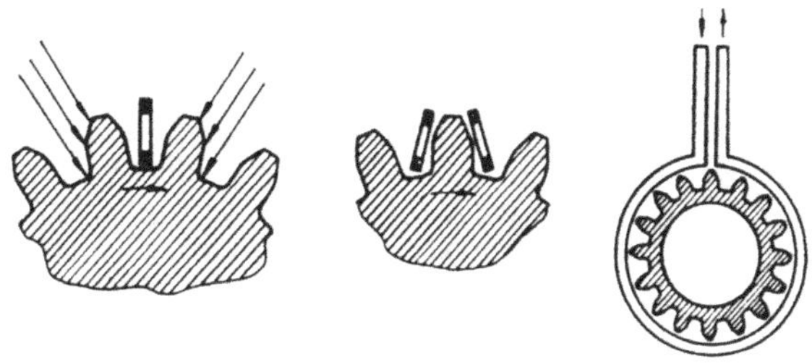

Bild 1: Prinzip der induktiven Zahnradhärtung:

a) Allzahnhärtung.
Das Zahnrad wird in einem konzentrischen Heizleiter mit oder ohne Rotation aufgeheizt und abgeschreckt. Bei breiten Zahnrädern wird meist mit Vorschub gehärtet.

b) Einzelzahnhärtung.
Dabei wird der Zahngrund nicht erfaßt. Diese Art der Härtung wird heute nicht mehr verwendet.

c) Zahnlückenhärtung.
Die Härteschicht geht über die Zahnflanken und durch den Zahngrund. Es wird mit Vorschub gearbeitet; die Härteschicht ist konturentreu bis auf eine ungehärtete Stelle im Zahnkopf.

Bei der Zahnlückenhärtung [1]) hat man ein vom Zahnkopf über die Zahnflanke nach dem Zahngrund und der gegenüberliegenden Zahnflanke bis zum Zahnkopf durchgehendes Härtebild. Die Härteschicht ist an allen Stellen des Zahnes nahezu gleich stark. Die Zahnlückenhärtung ist eine Vorschubhärtung für jede einzelne Zahnlücke, und daher ist der Energiebedarf nur vom Modul abhängig und nicht von den Dimensionen des Rades. Begrenzt wird das Verfahren der Zahnlückenhärtung allein durch den Heizleiter oder Induktor, der in die Zahnlücke eingeführt wird und sie durchfährt. Die Grenze ist mechanisch bedingt. Ein Modul

[1]) DBP 886 462 und 904 804.

kleiner als 2 ist nach diesem Verfahren nicht mehr härtbar, selbst bei Modul 2 treten gewisse Schwierigkeiten auf. Nach oben ist keine Grenze gesetzt; die Handhabung des Verfahrens wird mit größer werdendem Modul immer einfacher.

Für die Allzahnhärtung werden ringförmige Heizleiter verwendet, in denen die Räder entweder im Stand auf einmal erwärmt und abgeschreckt werden, oder man arbeitet bei breiten Rädern mit dem Vorschubverfahren, d. h. man heizt eine Zone bestimmter Breite auf und schiebt diese mit kontinuierlicher Geschwindigkeit in Achsrichtung über den Umfang des Rades. Eine konturentreue Härtung läßt sich bei der Allzahnhärtung kaum erzielen. Die notwendige Leistung hängt vom Raddurchmesser ab.

Die Erwärmung muß für beide Verfahren, die Zahnlücken- und Allzahnhärtung, schnell erfolgen. Es sind daher hohe Energiedichten erforderlich, etwa 1,2 bis 1,5 kWs/cm². Je kleiner der Modul ist, umso schneller muß die Erwärmung erfolgen

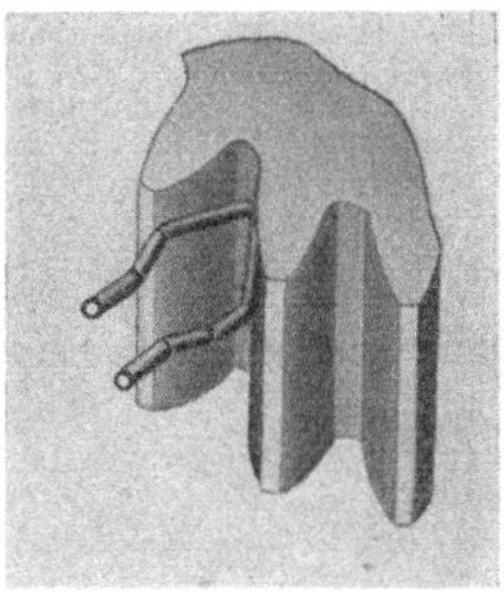

Bild 2: Prinzip des Heizleiters und der Heizleitereinstellung zum Zahnrad bei der induktiven Zahnlückenhärtung

Bild 3: Schleifeneinstellung bei einem geradverzahnten Rad Mod. 3 in der Maschine

und umso höher muß die Energiedichte sein. Bei kleinem Modul ist vor allem bei der Zahnlückenhärtung Hochfrequenz zweckmäßig. Bei der Allzahnhärtung kann Mittel- oder Hochfrequenz eingesetzt werden, ebenso kann man bei großem Modul auch bei der Zahnlückenhärtung Hoch- oder Mittelfrequenz anwenden.

Die Heizleiter bestehen bei der Zahnlückenhärtung aus Kupferrohr, das entweder runden gleichen Querschnitt hat oder als Rundrohr mit veränderlichem Querschnitt verwendet wird. Da im Heizleiter Ströme bis zu 5000 Amp. fließen, muß Druckwasserkühlung angewendet werden. Man kann deshalb die Heizleiter auch nicht beliebig dünn machen, um kleine Moduln zu härten. Es ergibt sich daher aus rein baulichen Gründen eine untere Grenze für den kleinsten Modul, die bei m = 2 liegt.

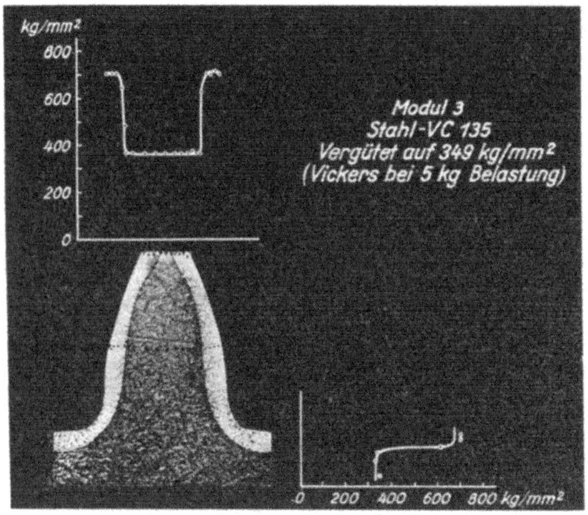

Bild 4: Härteverlauf bei der Zahnlückenhärtung. Ausschnitt aus einem Zahn des Rades mit den dazugehörigen Härtekurven.

Hierbei hat der Heizleiter im Zahngrund einen Durchmesser von nur 1,2 mm, die Bohrung im Heizleiter hat 0,8 mm Durchmesser, und es sollen durch die Bohrung noch mindestens 800 cm³ Wasser in der Minute fließen. Das Kühlwasser muß dann frei von Verunreinigungen und vor allem gasfrei sein. Bild 2 zeigt im Prinzip einen derartigen Heizleiter, und in Bild 3 ist der Heizleiter innerhalb der Zahnlücke eines Rades Modul 3 zu sehen.

Die Zahnlückenhärtung ist eine Vorschubhärtung, d. h. der Heizleiter durchläuft mit gleichbleibender Geschwindigkeit eine Zahnlücke nach der anderen, wobei jeweils die Zahnflanken und der Zahngrund aufgeheizt und abgeschreckt werden. Das Abschrecken erfolgt bei kleinem Modul, etwa 2—6, mit Rückenkühlung: die rückwärtigen Zahnflanken werden mit Wasser gekühlt, wobei die Wärme infolge des hohen Temperaturgradienten schnell abgeführt wird, außerdem ist dies ein Schutz für schon gehärtete Zahnflanken gegen Anlassen[1]). Bei größerem Modul (6 und größer) wird noch zusätzlich in der zu härtenden Zahnlücke direkt abgeschreckt. Bild 4 zeigt den Schnitt durch einen Zahn und die Härtekurven. Bild 5 zeigt den Schnitt durch einen Radausschnitt, an dem die Zähne mit verschiedenen Geschwindigkeiten bei gleichbleibender Leistung durchfahren sind.

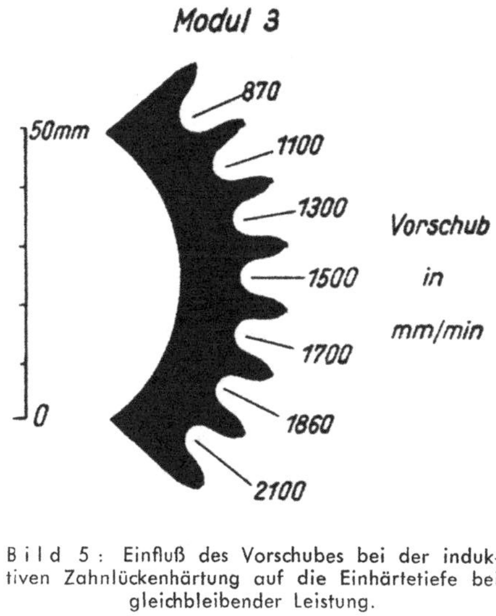

Bild 5: Einfluß des Vorschubes bei der induktiven Zahnlückenhärtung auf die Einhärtetiefe bei gleichbleibender Leistung.

[1]) DBP 767 227.

Für die Allzahnhärtung werden kreisrunde Heizleiter benutzt. Sie können je nach Breite der Zahnräder eine oder mehrere Windungen haben. Die Aufheizung erfolgt bei schmalen Rädern im Stand, d. h. zwischen Heizleiter und Rad findet keine Relativbewegung statt. Oft läßt man aber die Räder umlaufen, um etwaige Symmetriefehler der Heizleiter auszugleichen. Nach dem Aufheizen werden die Räder dann durch eine Brause in ein stark bewegtes Wasserbad gestoßen. Bei breiten Rädern wird im Vorschub gehärtet und dann sofort abgeschreckt, wobei der Abstand zwischen Erwärmungs- und Kühlzone konstant bleibt. Um konturentreue Härtungen zu erreichen, sind im In- und Auslande sehr viele Versuche durchgeführt worden. Sie hatten alle das gleiche mehr oder weniger unbefriedigende Ergebnis. Während des Krieges sind in Deutschland Räder mit Modul 1,75 allzahngehärtet worden. Die dazu aufgewendete Leistung war bei diesen Rädern mit 126 mm Teilkreisdurchmesser 250 kW, die Aufheizzeit allerdings nur 90 ms. Man hat hier nahezu eine konturentreue Härteschicht erzeugt. Dieses Verfahren erfordert große Investierungen, und es gibt kaum ein Werk, das die Kapazität einer solchen Anlage bei derartigen Rädern auch nur einigermaßen ausnutzen könnte. Es hat sich aber in der Zwischenzeit gezeigt, daß eine Durchhärtung der Zähne, sofern bis in den Zahngrund gehärtet wird, längst nicht die Folgen im Betrieb hat, die man erwartet hat. Gerade bei Zahnrädern mit kleinem Modul hat man überraschende Erfolge mit durchgehärteten Zahnhränzen gehabt. Auch im Fahrzeugbau werden heute schon versuchsweise auf diese Art gehärtete Räder benutzt und haben sich selbst in Schaltgetrieben bewährt. Es laufen z. Z. noch eine Reihe Versuche, und ein abschließendes Urteil kann noch nicht gefällt werden.

Für die Induktionshärtung sollen Vergütungsstähle verwendet werden, die bereits so viel Kohlenstoff enthalten, daß eine genügende Härte erreicht wird, also etwa Stähle wie: C 35, C 45, Cf 56 oder C 60. Außerdem kommen leicht legierte Stähle in Frage. Die Stähle werden meist bis auf 80—95 kg/mm² vergütet, bearbeitet und dann gehärtet. Gute Erfahrungen liegen mit Stählen der Sorte C 45, CK 45, 42 Mn V 7, 53 Mn Si 4 und Cf 56 vor. Werden höhere Kernfestigkeiten gefordert, so müssen Einsatzstähle genommen und nach den althergebrachten Verfahren gehärtet werden.

Beim Härten tritt Verzug auf. Auch beim Induktionshärten. Der Verzug ist aber meist so klein, daß der Mann der Praxis von verzugsfreier Härtung spricht. Um einem übermäßigen Verzug entgegenzuwirken, muß schon bei der Konstruktion Rücksicht genommen werden. Die Räder sollen möglichst symmetrisch sein, vor allem der Zahnkranz zum Radkörper selbst. Je schneller die Härtung erfolgt, um so kleiner ist der Verzug. Außerdem ist der Verzug bei vergütetem Material auch kleiner als bei geglühtem.

Bild 6 zeigt das Rundlaufdiagramm eines Rades mit Modul 1,5 und 99 mm Teilkreisdurchmesser nach dem Stoßen, dem Vergüten und Schaben und nach der Allzahnhärtung. Die Härtedaten sind 24 kW, 460 kHz und 4 sec. Aufheizung. Die Härte ist 62 ± 2 R_C, das Material 53 Mn Si 4.

Für die Allzahnhärtung sind einfache Vorrichtungen erforderlich, in welche die Räder zentrisch zum Heizleiter aufgenommen und gedreht werden, und die eine Abschreckeinrichtung, Brause und Abschreckbad enthalten. Das wichtigste ist dabei ein genau schaltendes Zeitschaltwerk zur Dosierung der Energie und zum Einleiten des Abschreckvorganges.

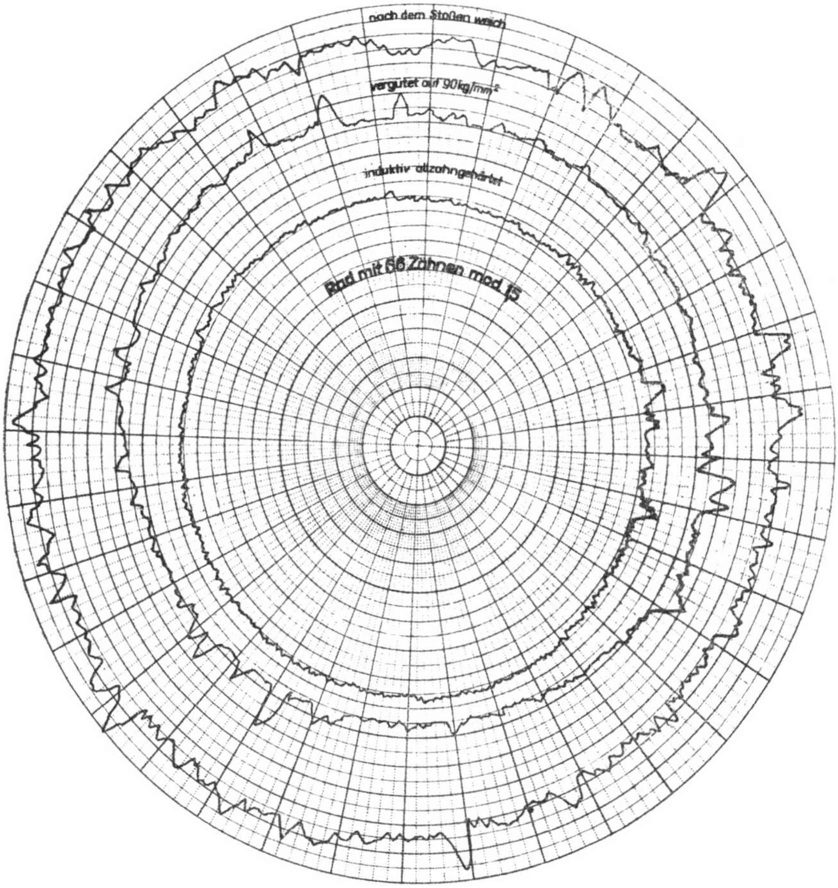

B i l d 6 : Rundlaufdiagramm eines allzahngehärteten Getrieberades mit Mod. 1,5.

Die Zahnlückenhärtung erfordert eine genau schaltende Maschine mit stufenlos regelbarer Vorschubeinrichtung und automatischer Schaltung für die Hochfrequenz (B i l d 7 und B i l d 8). Mit dieser Maschine können Räder mit Modul 2—6 und einem Durchmesser von 30—350 mm und Radbreiten von 10—100 mm gerad- bis 30° schrägverzahnt gehärtet werden. Es sind bereits Maschinen nach diesem Prinzip für Räder bis 1500 mm ⌀ gebaut worden. Die Härtung eines Rades Modul 3 mit 100 Zähnen bei 15 mm Breite dauert etwa 2 Min.

Zur Wirtschaftlichkeit ist zu sagen: Räder, an denen nur die Zahnkränze gehärtet werden, sind auf jeden Fall wirtschaftlich induktiv härtbar. Um wieviel billiger es gegenüber anderen Verfahren ist, kann man nur schwer angeben, denn die Einsparungen liegen nicht nur im kleinen Energieverbrauch, sondern im einfacheren Arbeitsablauf. Eine induktive Härteanlage kann direkt im Fertigungsfluß eingebaut sein. Es kann fortlaufend gearbeitet werden, und die Lose sind nicht mehr zu sammeln, um dann in die Härterei transportiert zu werden. — Hat man aber Räder, an denen außer dem Zahnkranz auch die Bohrung oder Rollenlaufbahnen zu härten sind, so ist dies wirtschaftlich noch tragbar. Sind aber außerdem noch Schaltklauen und noch einiges mehr zu härten, so soll man besser bei der Einsatzhärtung bleiben. Was man aber mit der induktiven Härtung erreichen kann, liegt nicht zu einem geringen Teil in den Händen des Konstrukteurs.

Bild 7: Ansicht einer Zahnradhärteanlage mit einem regelbaren 25 kW-Hochfrequenzgenerator und der zugehörigen Maschine für Radgrößen von 40-360 mm ⌀ und 10-100 mm Breite bei Mod. 2 bis 6.

Bild 8: Anordnung des Zahnrades zum Härten nach dem Zahnlückenverfahren in der Maschine nach Bild 7.

W. MALMBERG

Die induktive Allzahnhärtung von Zahnrädern mit Modul 3 und kleiner

Wenn in einem Betrieb, dessen Räderbedarf im Bereich um m = 2 liegt, die offensichtlichen Vorteile der Brenn- oder Induktionshärtung genutzt werden sollen, so erscheint die Umlaufhärtung hier als das einzig mögliche Verfahren. Drei Gründe sind dafür entscheidend:

1. Zahnlücken von der Größe m = 3 und kleiner erfordern so winzige Heizgeräte, daß schon ihre Herstellung auf Schwierigkeiten stößt. Die Verwendung von Härtebrennern ist m. W. in dieser Größenordnung nicht üblich. Ein Heizleiter für die induktive Härtung einer Zahnlücke von m = 2,5 besitzt einen kleineren Querschnitt als ein Streichholz. Das Material ist ein dünnwandiges Kupferrohr, das zur ausreichenden Kühlung mit Druckwasser von mindestens 12 atü beaufschlagt werden muß. Jedem Betriebsingenieur wird ein derartiges Gerät bei einer Serienfertigung nur wenig Vertrauen einflößen.
2. Die Führung eines Heizleiters erfolgt am einfachsten und sichersten immer auf der zu härtenden Fläche selbst. Das ist bei diesen kleinen Moduln nicht möglich, weil die Zahnlücke neben dem Heizleiter keine zusätzliche Unterbringung von Führungsorganen gestattet. Es muß daher von einer um mehrere Teilungen versetzten Lücke aus geteilt und geführt werden. Diese Anordnung erfordert einen hohen Aufwand von Präzision in der Aufnahmevorrichtung. Die gehärteten Zähne erfahren einen Verzug. Von dem Augenblick ab, wo die bereits gehärteten Lücken die Teilvorrichtung erreichen, wird der Heizleiter unter anderen Bedingungen geführt. Außerdem wird die erste Lücke stets unter anderen Bedingungen gehärtet als alle übrigen und ergibt dadurch einen abweichenden Verzug.
3. Schaltnasen werden bei der Lückenhärtung nicht erfaßt. Sie erfordern einen zusätzlichen Aufwand je Zahn, d. h. das Rad muß 2mal oder bei beiderseitigen Schaltnasen sogar 3mal aufgenommen werden. Es gibt im Werkzeugmaschinenbau Schaltgetriebe mit überwiegend geometrischen Aufgaben — für Vorschübe und Gewindesteigungen beispielsweise —, bei denen die mechanische Beanspruchung der Schaltnasen größer sein kann als die der Zähne.

Ausgehend von vorerwähnten Tatsachen wurden Versuche mit induktiver Umlaufhärtung durchgeführt unter Benutzung einer vorhandenen Hochfrequenz-Härteanlage. Die im Laufe von 5 Jahren mit der Anwendung der Induktionshärtung gesammelten guten Erfahrungen im allgemeinen sowie die aus den Zahnradhärteversuchen gewonnenen Ergebnisse insbesondere sind der Anlaß dafür, daß die Umstellung von Salzbadhärtung auf Umlaufhärtung bereits eingeleitet ist.

Die Vorzüge der Umlaufhärtung sind: einfache, stabile Heizleiter, einfache unempfindliche Vorrichtungen, kürzeste Fertigungszeiten, da alle Zähne und Schaltnasen gleichzeitig gehärtet werden, sowie geringste Verzüge als Folge der rotationssymmetrischen Wärmeverteilung, die für dieses Verfahren charakteristisch ist.

Bild 1 zeigt die bei den Untersuchungen verwendeten Radformen. Es handelt sich einmal um glatte Scheibenräder einerseits und um Schulterräder mit gleicher Verzahnung andererseits. Die Härtung des Zahngrunds bei den Schulterrädern mit hoher Schulter stieß deswegen auf Schwierigkeiten, weil die Schulter sehr dicht an den Zahngrund herangezogen ist und eine starke Ableitung der dem Zahngrund zugeführten Wärme bewirkt. Aus diesem Grunde wurde bei den Rädern für Laufversuche die Schulterhöhe vergrößert, was auf die Versuchsergebnisse und ihre Vergleichbarkeit keinen Einfluß haben dürfte.

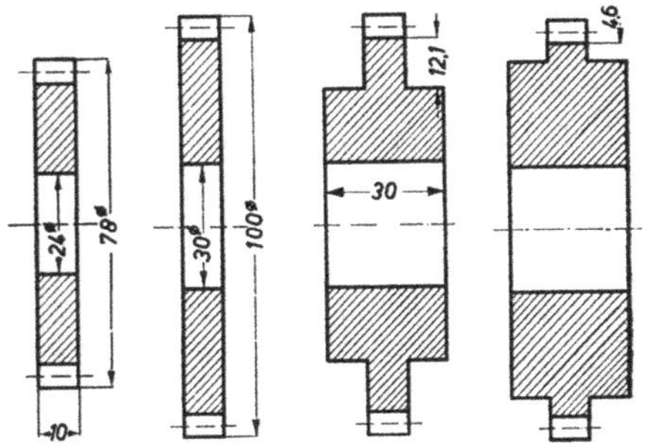

Werkstoffe	C 45		C45 CV58Z	CV58Z Ge	CV 58Z
m	1,5	3	2,5		
N [kW]	14 — 21		14 — 25	17 — 21	
t [sec]	4-6	6-10	8 — 22		

Bild 1: Radformen, die induktiv umlaufgehärtet wurden (250 kHz)

Bild 2. Die Zahnsegmente zeigen in ihrer rechten Hälfte den Verlauf der Einhärtung, in ihrer linken Hälfte die bei der Erwärmung aufgetretenen Anlauffarben. Mit kleiner werdendem Modul verringert sich bei gleichem Außendurchmesser der Zeit- und Energiebedarf. Die beiden Zahnsegmente Modul 2,5 zeigen, daß es bei gleicher Zahngröße möglich ist, durch Wahl anderer Aufheizbedingungen das Einhärtebild grundlegend zu ändern. Die erreichten Härtewerte auf der Zahnflanke und im Zahngrund liegen je nach den gewählten Erwärmungsbedingungen verschieden. Neben einer ausgesprochenen Flankenhärtung sind 2 Zahngrundhärtungen mit verschiedener Härtetiefe des Zahngrundes gezeigt. Die Kurve der tiefsten Zahngrundhärtung entspricht einer Härtung, wie sie am zweiten Segment von rechts gezeigt ist.

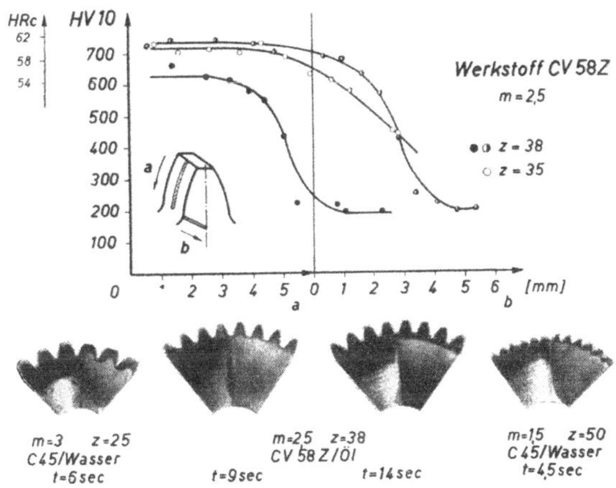

Bild 2: Härteverlauf an Stirnrädern nach induktiver Umlaufhärtung

Die Wahl der Härtebedingungen muß so erfolgen, daß der Zahnkopf nicht überhitzt wird, der Zahngrund aber noch genügend tief einhärtet.

Bild 3 zeigt Evolventen- und Zweiflankenabroll-Diagramme von ungehärteten und gehärteten Rädern gleicher Abmessungen. Die untersuchten Räder wurden vor dem Verzahnen auf den Flanken geschliffen. Zwei induktiv gehärteten Rädern ist ein durchgehärtetes gegenübergestellt. Bei allen gehärteten Rädern, auch bei den durchgehärteten, fällt sofort der noch erhaltene gute Rundlauf auf. Die Veränderung der Teilkreisdurchmesser wurde aus den Außendurchmessern ermittelt. Danach hat sich d_0 bei der Durchhärtung vergrößert und bei den induktiv gehärteten Rädern verkleinert. Die Zahnweite (über 5 Zähne gemessen) zeigt bei dem durchgehärteten Rad eine Zunahme, bei dem flankengehärteten Rad keine Veränderung und bei dem grundgehärteten Rad eine kleine Abnahme. Entsprechend haben sich etwa die Bohrungen verhalten. Bei dem durchgehärteten Rad war eine Vergrößerung festzustellen, die jedoch noch im zulässigen Toleranzfeld lag. Die Ausschußlehre ließ sich nicht einführen. Die kleiner gewordenen Bohrungen der Scheibenräder sind durch Nachreiben leicht wieder auf Maß zu bringen. Der Verzug der längeren Bohrung bei den Schulterrädern war geringer. Sie blieben durchweg lehrenhaltig, d. h. Vergrößerungen und Verkleinerungen traten auch auf, jedoch im Rahmen der zulässigen Toleranzen. Die Evolventen-Diagramme zeigen die symmetrische Veränderung beider Zahnflanken in allen Fällen.

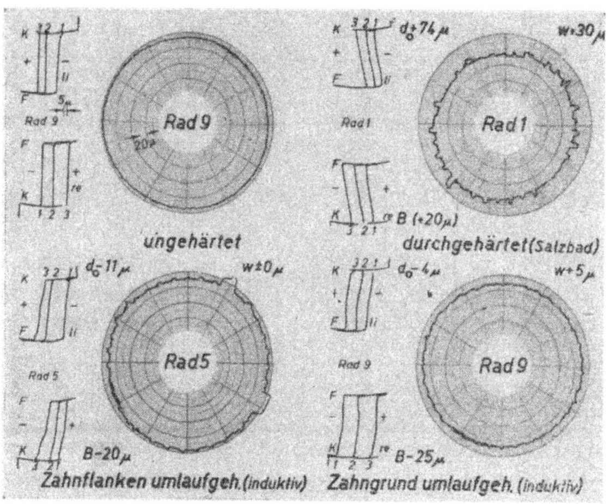

Bild 3: Formänderung an gehärteten Stirnrädern CV 58 Z
$m' = 2{,}5$ $z = 38$ 20° normal

Bei der Salzbadhärtung zeigt der Zahn einen Überhang des Zahnkopfes über den Zahnfuß. Derartige Räder neigen zum Kantenlauf und zur Geräuschbildung und sind ohne Nachschliff nur bedingt verwendbar.

Den induktiv gehärteten Zähnen ist gemeinsam, daß der Kopf gegenüber dem Zahnfuß zurücktritt. Während im Falle der Zahngrundhärtung die Evolvente vom Grundkreis bis zum Teilkreis noch fast unverändert erhalten ist, zeigt sie bei der Flankenhärtung bereits vom Grundkreis ab eine Veränderung.

Offensichtlich bewirkt die im gehärteten Zahngrund infolge Martensit-Bildung auftretende Druckspannung eine Korrektur des Flankenverzugs. Es ist danach im Hinblick auf geringsten Verzug der Verzahnung zweckmäßig, den Zahngrund mitzuhärten.

Die gezeigten Bilder stammen alle von gleichartigen Rädern. Es sei erwähnt, daß das Verhalten der Verzahnung an Schulterrädern und auch bei anderen Werkstoffen sich im gleichen Rahmen bewegt.

Auf Bild 4 ist der Kostenaufwand für die Anwendung der HF-Energie einerseits und der MF-Energie andererseits gegenübergestellt. Bereits in der Anschaffung liegt der Preis für die installierte Ausgangsleistung bei der HF etwa doppelt so hoch wie bei der MF. Der Stromverbrauch ist naturgemäß bei der Anlage mit der größeren Leistung auch größer. Die eingetragenen Werte beziehen sich auf die max. Leistung, die keinesfalls immer benötigt wird. Hinzu kommt für die HF-Anlage der Verschleiß der kurzlebigen Röhren, der nicht unerheblich ist. Die maximal angegebenen Kosten beziehen sich auf die garantierten Brennzeiten. Die Ist-Kosten liegen bereits erheblich niedriger, da die Röhren z. Z. die doppelte Anzahl der garantierten Brennstunden erreicht haben. Betrachtet man den Aufwand für ein gleich großes Rad bei HF und MF, so tritt der erheblich geringere Aufwand bei der MF-Erwärmung deutlich hervor. Ausgehend von gleicher Heizzeit gestattet die MF-Erwärmung die Härtung eines Rades, das rd. 30 mal schwerer ist. Die Nebenzeiten bei diesen Beispielen sind als gleich angenommen. Die Zeit von 45 sec. läßt sich in einer geeigneten Vorrichtung ohne weiteres verwirklichen. Der Vorteil der Umlaufhärtung wird mit größer werdendem Raddurchmesser immer deutlicher.

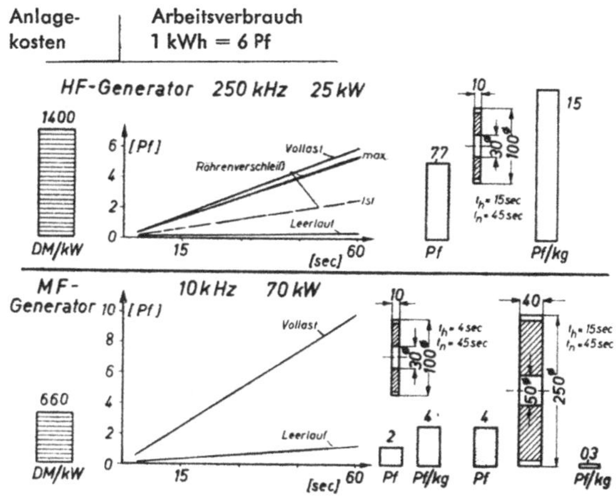

Bild 4: Kostenbild für induktive Umlaufhärtung von Umfangsprofilen

Der Vergleich zwischen der Anwendung dieser beiden Energiearten zeigt die ganz klare wirtschaftliche Überlegenheit der MF. Wenn auf einen ausgesprochenen Oberflächeneffekt, wie er den hohen Frequenzen eigen ist, verzichtet werden kann, d. h. wenn die Durchhärtung des Zahnes tragbar ist, sollte unbedingt der MF der Vorzug gegeben werden.

Weitere Einsparungsmöglichkeiten ergeben sich durch Aufstellung der Anlage im Fertigungsfluß, wodurch unnötige Transporte vermieden werden. Ganz erheblich auswirken wird sich der Ausfall der Kosten für das Schleifen der Bohrung sowie der Nacharbeit des Mehrkeilprofils. Die weichen Bohrungen oder Nuten können durch Reiben oder Kalibrieren leicht von Hand korrigiert werden.

H. W. GRÖNEGRESS

Arbeitsmethoden beim Brennhärten von Zahnrädern

Die vorhergehenden Ausführungen, insbesondere die zu dem Thema Werkstoff- und Härtungseinflüsse auf Festigkeit und Verschleiß von gehärteten Zahnrädern haben gezeigt, daß unter bestimmten Voraussetzungen alle heute bekannten Härteverfahren Zahnräder ergeben, die hinsichtlich ihrer Festigkeitseigenschaften gleichwertig sind [1].

Welches Härteverfahren daher im Einzelfall für eine gegebene Fertigung zu bevorzugen ist, ergibt sich:

1. aus der Abhängigkeit der Anwendungsmöglichkeit der verschiedenen Härteverfahren von der Form und Größe der zu härtenden Zahnräder,
2. aus den Betriebskosten und
3. aus den erforderlichen Anlagekosten, deren Amortisation abhängig ist von den zu härtenden Stückzahlen.

Unter diesen Gesichtspunkten soll der gegenwärtige Stand des Brennhärtens, insbesondere von Zahnrädern, untersucht und die erreichbare Wirtschaftlichkeit geschildert werden.

Härtemethoden beim Brennhärten:

Grundsätzlich gilt, daß das Brennhärten um so wirtschaftlicher anwendbar ist, je kleiner der Anteil der zu härtenden Oberfläche an der Gesamtoberfläche ist, d. h. auf das Zahnrad übertragen, daß das Brennhärten immer dann vorteilhaft ist, wenn nur die Verzahnung zu härten ist. Muß gleichzeitig die Bohrung hart sein, so erfordert das einen zweiten Arbeitsgang, der technisch nur dann durchführbar ist, wenn der Bohrungsdurchmesser im Vergleich zum Fußkreisdurchmesser der Verzahnung klein ist. Andererseits muß der Bohrungsdurchmesser mindestens 25 mm betragen, damit ein Pilzbrenner hindurchgeführt werden kann.

Sind zusätzlich zur Verzahnung und Bohrung noch Kupplungszähne, Schaltnuten usw. zu härten, so daß der Anteil der zu härtenden Oberfläche an der Gesamtoberfläche sehr hoch liegt, erweist sich das Einsatzverfahren als zweckmäßiger.

Auf der anderen Seite wird die Anwendung des Brennhärtens um so günstiger, je größer die Abmessungen des zu härtenden Zahnrades werden. Das Brennhärten ist vielfach schon ausgeführt worden bei Zahnrädern von 600 mm Zahnlänge und

Durchmessern bis zu 8000 mm, für die ein anderes Verfahren weder aus technischen noch aus wirtschaftlichen Gründen in Frage käme (Bild 1).

Zahnradform	Härtung der Verzahnung			zusätzliche Härtung der Bohrung
	sehr gut wenn:	gut wenn.	schlecht wenn:	möglich wenn.
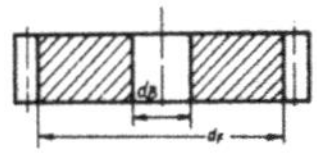	$\frac{d_F}{d_B} \geq 2{,}5$	$\frac{d}{d_B} \geq 1{,}7$		$d_F - d_B \geq 20$ mm
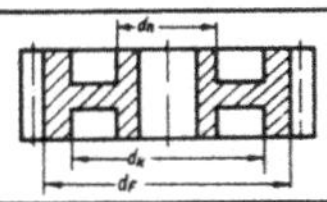		$d_F - d_K \geq 4 \times m$	$d_F - d_K \leq 12$ mm	$d_n - d_B \geq 20$ mm
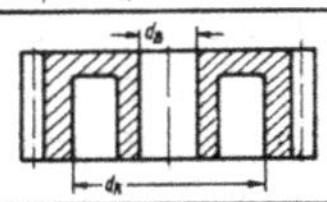		$d_F - d_K \geq 6 \times m$	$d_F - d_K \leq 16$ mm	$d_n - d_B \geq 20$ mm
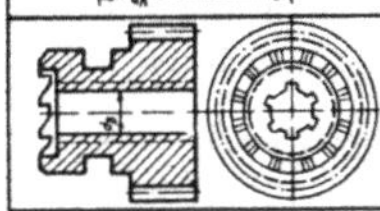	nur Verzahnung	Verzahnung und Kupplung	Verzahnung Kupplung Bohrung und Schaltnut	$d_B \geq 25$ mm

Bild 1: Einfluß der Zahnradform auf die Anwendungsmöglichkeit des Brennhärtens

Die Größe und Form der zu härtenden Verzahnung selbst hat zur Entwicklung verschiedener Arbeitsmethoden geführt (Bild 2), und zwar:
a) der Beidflankenhärtung, b) der Zahngrundhärtung und c) der Umlaufhärtung.

Modul	Verfahren	Werkstoff	Härtung	Verwendungszweck
1–5	Umlauf	Ck 45 37MnSi5		allgemeiner Maschinenbau anst. verg. Räder
		RBH 50CrV4 58CrV4		Werkzeugmaschinenbau anstelle EC, ECMo und ECN
5 und größer	Beid-flanken	Ck45 53MnSi4	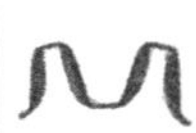	allgem. Maschinenbau anstelle weich. Räder
	Zahn-grund	53MnSi4 50CrV4	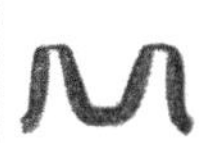	Lok.- u. Straßenbahnantriebe anstelle einsatzgehärteter Räder

Bild 2: Einfluß des Moduls auf die beim Brennhärten anzuwendende Arbeitsweise

Die Beidflankenhärtung ist das älteste Verfahren, das schon vor 20 Jahren mit verhältnismäßig behelfsmäßigen Mitteln (z. B. tragbaren Brennschneidmaschinen) an Zahnrädern ab Modul 5 vorgenommen wurde, die wegen ihrer Größe im Einsatzverfahren nicht mehr zu härten waren.

Da die beiden Flanken des Zahnes mit Brennern gleicher Leistung gleichzeitig erhitzt werden, ist der Verzug so gering, daß das brenngehärtete Zahnrad in der Güteklasse verbleibt, der es auf Grund seiner mechanischen Fertigung zugehört.

Bei Verwendung von Werkstoffen mit 0,45 bis 0,50 C ergibt sich eine Härte auf der Zahnflanke von 60 ÷ 2 Rc, die die Tragfähigkeit derselben auf das 5- bis 10fache erhöht. Demgemäß wurde die Lebensdauer der so gehärteten Zahnräder vervielfacht, für Kegelräder an Rollgangswellen wurde z. T. eine bis zu 7fache Lebensdauer gegenüber den bisher ungehärteten Kegelrädern erreicht.

Diese Erfolge führten dazu, auch solche Zahnräder brennzuhärten, die bisher im Einsatz gehärtet wurden. Diese Umstellung ergab aus Gründen, die eingehend im Abschnitt C. besprochen werden, in einigen Fällen Schwierigkeiten. Es erwies sich als notwendig, bei solchen Zahnrädern den Zahngrund mitzuhärten, um gleiche Festigkeitseigenschaften wie bei der Einsatzhärtung zu erzielen.

Die für die Zahngrundhärtung entwickelten Spezialbrenner, die mit einer zusätzlichen Vorwärmung des Zahngrundes arbeiten, müssen der zu härtenden Zahnlücke sorgfältig angepaßt werden, so daß bei großem Unterschied in den Zähnezahlen für Ritzel und Rad trotz gleichen Moduls verschiedene Brenner erforderlich werden. Je größer die Zahnlücke, desto leichter ist die Zahngrundhärtung durchführbar, so daß die untere Grenze, für die die Zahngrundhärtung noch wirtschaftlich ist, etwa bei Modul 8 oder 9 liegt.

Die Vorteile der Einzelzahnhärtung gegenüber der Einsatzhärtung erwiesen sich als so groß, daß versucht wurde, das Brennhärten auf immer kleinere Module auszudehnen.

Die dabei zu beobachtenden Schwierigkeiten zwangen zur Entwicklung eines anderen Verfahrens für das Brennhärten kleiner Module. Seit mehr als 12 Jahren durchgeführte Versuche erwiesen, daß bei Verwendung geeigneter Werkstoffe Zahnräder kleiner Teilung im Umlaufverfahren erwärmt und anschließend in Wasser, Emulsion oder Öl abgeschreckt werden können.

Die ursprünglichen Bedenken, daß infolge der Durchhärtung der Zahn zu spröde werden würde, erwiesen sich als unbegründet, im Gegenteil ergaben sich Festigkeitseigenschaften, die zum Teil höher liegen als bei der Einsatzhärtung, bei einem Verzug, der wesentlich geringer ist.

Da die erzielbaren Festigkeitseigenschaften im wesentlichen materialbedingt sind, wurde eine ganze Anzahl von Werkstoffen auf ihre Eignung untersucht, von denen nach den bisher vorliegenden Ergebnissen der CV 58 Z die günstigsten Werte sowohl hinsichtlich der Festigkeitseigenschaften als auch des Verzuges ergibt.

Praktische Durchführung des Brennhärtens:

Gleichmäßige Härteergebnisse können nur erwartet werden, wenn der Härtevorgang weitgehend automatisiert und von menschlichen Fehlerquellen freigemacht wird.

Bei der Einzelzahnhärtung erwies es sich als naheliegend, den Härtevorgang zu automatisieren, da sich derselbe so oft wiederholt, wie Zähne am Zahnrad vorhanden sind. Für die Automatisierung ist daher nicht die Anzahl der zu härtenden Zahnräder, sondern die der zu härtenden Zähne maßgebend, so daß selbst für kleine Stückzahlen die automatische Härtung vorzuziehen ist, wenn die Rüstzeiten tragbar bleiben.

Bild 3: Zahnrad-Härteautomat ZV 1000 für die automatische Beidflanken- und Zahngrundhärtung

Der Zahnradhärteautomat ZV 1000, (Bild 3), steuert den Arbeitsvorgang:

Anwärmen des Zahnanfanges,
Härten mit gleichmäßiger Vorschubgeschwindigkeit über die Zahnflanken,
Beschleunigung des Brenners am Zahnende zur Vermeidung der Überhitzung,
Nachkühlen,
Abheben des Brenners und
Teilen des Zahnrades

mit Hilfe einer leicht auswechselbaren Steuerkurve, die allerdings für jede Zahnbreite angefertigt werden muß.

Die vom Modul abhängige Vorschubgeschwindigkeit ist mit Hilfe eines PIV-Getriebes stufenlos regelbar. Die Teilvorrichtung, die in Anlehnung an bewährte Vorbilder an Verzahnungsmaschinen entwickelt wurde, läßt sich ebenfalls mit wenigen Handgriffen auf Zahnräder unterschiedlicher Durchmesser einstellen, so daß die Rüstzeiten selbst für eine Einzelfertigung tragbar bleiben.

Die Maschine wird in drei Größen gebaut

für Zahnräder bis max. 1,0, 1,5 oder 1,8 m ⌀ und 220 mm Zahnbreite.

Wird zusätzlich der Gas- und Sauerstoffverbrauch durch eine vorgeschaltete Mengenmeßanlage kontrolliert und konstant gehalten, so ist Gewähr dafür gegeben, daß sämtliche Zähne in gleicher Weise unter gleichbleibenden Bedingungen und mit demselben Ergebnis gehärtet werden.

Mit Hilfe einer Zusatzvorrichtung können auch Kegelräder, (Bild 4), gehärtet werden, für die in jedem Falle die Zahnlückenhärtung vorgesehen wird, da diese die senkrechte Führung des Brenners ohne Rücksicht auf die Weite der Zahnlücke ermöglicht.

Während die Beidflankenhärtung, wie schon ausgeführt, zur Not auch auf behelfsmäßigen Einrichtungen noch mit befriedigendem Ergebnis durchgeführt werden kann, verlangt die Zahngrundhärtung eine sehr präzise Führung des der Zahnlücke genau angepaßten Brenners, so daß diese Härtemethode nur auf einem Zahnrad-

Bild 4: Zahnlückenhärtung eines Kegelrades auf dem Zahnrad-Härteautomaten ZV 1000

härteautomaten durchführbar ist, der eine sehr genaue Teilung des Zahnrades gewährleistet. (Bild 3 und 4.)

Für die Umlaufhärtung von Zahnrädern wurde die Zahnradhärtemaschine ZH 82 S (Bild 5), entwickelt. Das zu härtende Zahnrad wird auf einen Dorn aufgelegt, der mit Hilfe einer Zahnradpumpe auf- und abbewegt werden kann, und dessen Drehzahl mit 40 n/min konstant ist.

Für die Erwärmung des Zahnrades werden 2 bis 6 Brennermundstücke verwendet, die radial in gleichmäßigem Abstand rings um das zu härtende Zahnrad angeordnet sind. Die an der rechts eingebauten Meßanlage einzustellende Gas- und Sauerstoffmenge hängt ab von der Umfangsfläche der zu härtenden Verzahnung.

Bild 5: Umlaufhärtemaschine für Zahnräder ZH 82 S kleinen Moduls mit eingebauten Meßgeräten und Rückkühlanlage

Der Erwärmungsvorgang wird durch das trägheitslos arbeitende Temperaturmeßgerät „Milliskop“ überwacht. Sobald am Zahnkopf die Härtetemperatur erreicht wird, schaltet das Milliskop einen Teil der Brennerleistung ab. Die verringerte Brennerleistung läßt die zugeführte Wärmemenge tiefer in den Zahn eindringen ohne

Überhitzung des Zahnkopfes. Sollte die Härtetemperatur zu weit abfallen, wird automatisch die ursprüngliche Brennerleistung wieder zugeschaltet. Das Spiel wiederholt sich so lange, bis der Zahn gleichmäßig bis etwa 2 mm unter den Fußkreisdurchmesser auf Härtetemperatur erwärmt ist.

Diese Zeit ist für jeden Modul und jeden Durchmesser experimentell festgelegt und an einem eingebauten Zeitrelais einzustellen.

Diese Pendelerwärmung hat den Vorteil, daß auch höher legierte Werkstoffe verwendet werden können, bei denen eine längere Austenitisierungszeit Voraussetzung für ein einwandfreies Härtegefüge ist. Sie ermöglichte fernerhin, die Umlaufhärtung auf Zahnräder bis Modul 12 auszudehnen.

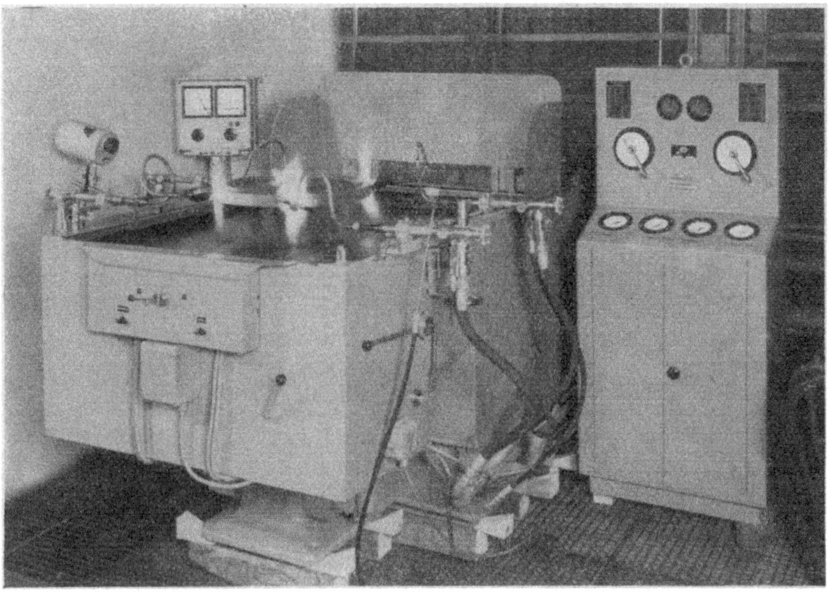

Bild 6: Umlaufhärtemaschine ZH für Zahnräder kleinen Moduls bis 1000 mm ⌀ mit getrennter Meßanlage links für die Temperatur und rechts für die Gasmenge

Als Abschreckmittel kann Wasser, Emulsion oder Öl verwendet werden, je nach dem Werkstoff, der zu härten ist. In der Mehrzahl der Fälle benutzt man für die Umlaufhärtung legierte Werkstoffe mit Ölabschreckung, so daß die laufende Rückkühlung des Abschreckmittels erforderlich wird. Zu diesem Zweck ist rückseitig ein Röhrenkühler eingebaut mit einer Umwälzpumpe, die das Öl in ständiger Bewegung hält.

Die Temperatur des Öles sowie des aus dem Kühlaggregat ablaufenden Kühlwassers kann über ein Fernthermometer kontrolliert und so einem übermäßigen Kühlwasserverbrauch vorgebeugt werden.

Damit vereint diese Maschine, die für Zahnräder bis 450 bzw. 600 mm ⌀ gebaut wird, alle Meß- und Regelgeräte, die notwendig sind, um auch bei einer Serienfertigung gleichmäßige Ergebnisse zu garantieren.

Sind in einer Härterei mehrere Brennhärtemaschinen zusammengefaßt, ohne daß diese gleichzeitig arbeiten müssen, so können die Anschaffungskosten dadurch ermäßigt werden, daß die Meß- und Regelinstrumente nur einmal beschafft werden. Die Umlaufhärtemaschine für Zahnräder wird daher auch in einer einfacheren Ausführung (Bild 6) gebaut für Zahnräder bis 300, 450, 600 oder 1000 mm ∅.

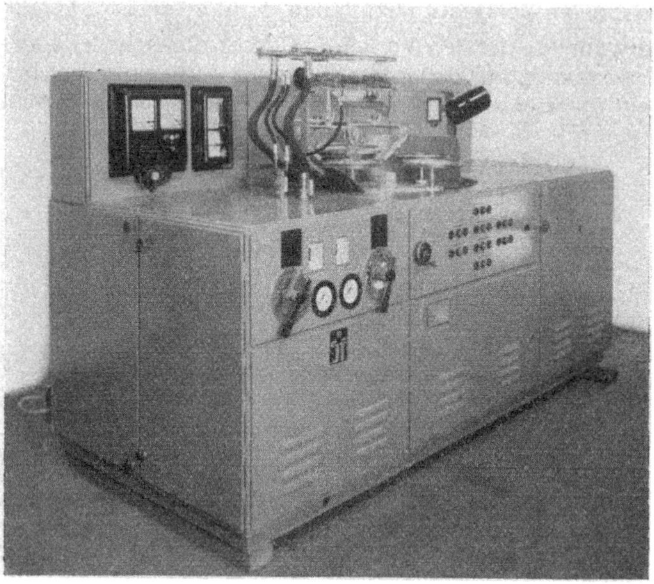

Bild 7: Härteautomat für Starterkränze mit eingebauter Meß- und Rückkühlanlage

Die zu härtenden Stückzahlen sind schon beträchtlich, da die Erwärmungszeit nur wenige Sekunden bis einige Minuten beträgt. Sind besonders große Stückzahlen erforderlich, so läßt sich die Maschine in der Weise abwandeln, daß auf einer Station erhitzt, auf der zweiten abgeschreckt und auf der dritten ausgewechselt wird. Der abgebildete Zahnkranzhärteautomat (Bild 7) besitzt eine Leistung von 120 bis 150 Zahnkränzen von 240 mm ∅ pro Stunde, die, wenn es erforderlich wäre, leicht auf das Doppelte vergrößert werden könnte.

Einfluß des Härteverfahrens auf die Ergebnisse

a) Festigkeitseigenschaften:

Berechnet man nach Wissmann [2] die Zahnräder auf Biegung gemäß der Formel:

$$P = c \cdot \sigma_{d\,zul.} \cdot b \cdot m = kg$$

und auf Tragfähigkeit nach der Formel:

$$P = 4{,}7 \cdot \tau^2_{zul.} \cdot b \cdot d_1 \cdot \frac{i}{i+1} \cdot 10^{-6} = kg$$

so ergeben sich für die zulässige Biegebeanspruchung σ_d und Schubbeanspruchung τ die Werte des Bildes 8. Man erkennt deutlich, daß die Ergebnisse der verschiedenen Brennhärtemethoden einander nicht gleichwertig sind. Die Beidflankenhärtung ergibt gegenüber dem ungehärteten Ausgangszustand keine

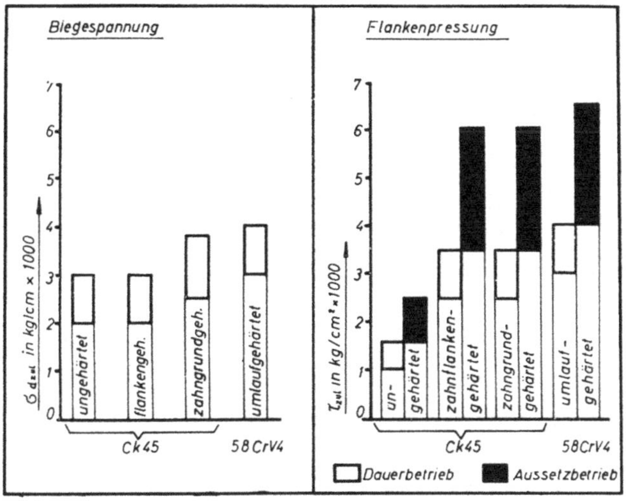

B i l d 8 : Einfluß des Härteverfahrens auf die zulässige Biegebeanspruchung und Flankenpressung

Steigerung der Zahnfußfestigkeit, dagegen eine wesentliche Erhöhung der Tragfähigkeit der Zahnflanken.

Bei der Zahngrund- und Umlaufhärtung wird sowohl die Tragfähigkeit der Zahnflanke als auch die Biegefestigkeit des Zahnfußes erhöht. Darauf ergibt sich für die Konstruktion und Berechnung brenngehärteter Zahnräder folgendes:

Während bei ungehärteten Zahnrädern sich die erforderliche Zahnbreite aus der Tragfähigkeit der Zahnflanken ergibt, wird diese durch Brennhärten so stark erhöht, daß eine Verminderung der Abmessungen auf die Werte, die sich aus der Nachrechnung der Zahnfußfestigkeit ergeben, möglich wird. Der Gewinn wird im Mittel etwa 20% betragen. Durch gleichzeitige Anwendung einer korrigierten Verzahnung, die eine Verstärkung des Zahnfußes zur Folge hat, kann die Verminderung der Zahnbreite bis zu 30% betragen.

Wenn bei der Berechnung einsatzgehärteter Zahnräder die durch Mithärtung des Zahngrundes erzielbare Festigkeitssteigerung bereits einkalkuliert wurde, läßt sich bei der Umstellung auf Brennhärten die Mithärtung des Zahngrundes nicht umgehen, so daß für große Module und Abmessungen die Zahngrundhärtung, für kleine und mittlere die Umlaufhärtung anzuwenden ist. Dabei darf aber der Einfluß der Abrundung und der mechanischen Bearbeitung im Zahnfuß auf die Dauerfestigkeit nicht übersehen werden.

Gegenüber dem ungehärteten Zahnrad ermöglichen Zahngrund- und Umlaufhärtung bei sehr großen Zahnrädern, die nicht mehr im Einsatz gehärtet werden können, eine Verminderung der Abmessung und des Gewichtes bis zu 50%.

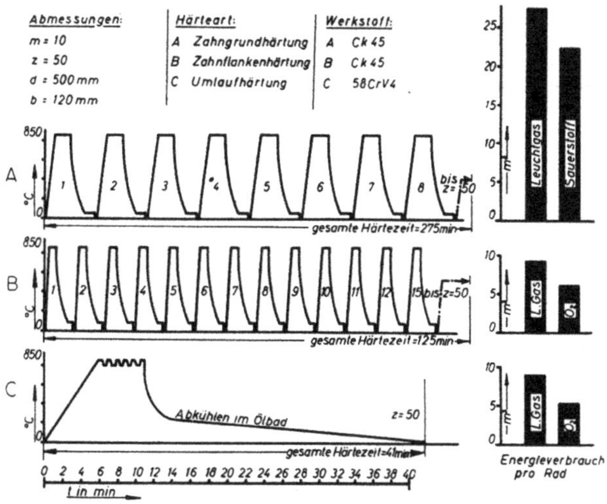

Bild 9: Zeit- und Energieaufwand für das Brennhärten eines Zahnrades Modul 10 mit 50 Zähnen nach verschiedenen Arbeitsmethoden

b) Zeit- und Energieaufwand:

Der Zeit- und Energieaufwand ist bei den verschiedenen Arbeitsverfahren unterschiedlich. Bild 9 zeigt als Beispiel den zeitlichen Ablauf des Härtevorganges bei der Zahngrundhärtung, der Beidflanken- und Umlaufhärtung sowie den Energieaufwand, der für die Härtung eines Zahnrades Modul 10 mit 500 mm Teilkreisdurchmesser erforderlich ist. Es ist verständlich, daß infolge der ungleichen Massenverteilung die Zahngrundhärtung gegenüber der Beidflankenhärtung geringere Vorschubgeschwindigkeit und höheren Energieverbrauch ergibt.

Bei der Umlaufhärtung mit nachfolgender Abschreckung in Öl ist die endgültige Abkühlung auf Raumtemperatur verhältnismäßig zeitraubend. Bei größeren Stückzahlen kann ein solches Zahnrad schon nach 14 Minuten aus der Maschine herausgenommen und in einem Wasserbad endgültig abgeschreckt werden, wodurch die Produktionszeit wesentlich abgekürzt und ein größeres Ausbringen erzielt wird.

Für je 100 Zahnräder

a) mit $z = 31$, $m = 3$, $b = 20$ mm, $d_t = 100$ mm und

b) mit $z = 71$, $m = 4$, $b = 50$ mm, $d_t = 300$ mm

wurde der Energie- und Zeitaufwand gegenüber der Einsatzhärtung ermittelt. Es ergaben sich die Werte der Zahlentafel 1 und man erkennt, daß die Ersparnisse um so größer sind, je größer die zu härtenden Abmessungen. Trotz-

		Energieverbrauch Gas in ltr.		O_2 in ltr.		Energiekosten in DM pro 100 Stck.		
		pro Min.	pro 100 Stck.	pro Min.	pro 100 Stck.	GAS	O_2	GESAMT
C_k 45	A	120	3 500	72	2 000	0,35	2,00	2,35
	B	400	11 500	240	7 000	1,15	7,00	8,15
55 Si7	A	80	16 000	25	5 000	1,60	5,00	6,60
58 CrV4	B	270	67 500	190	19 000	6,75	19,00	25,75
EC 80	A	—	210 000	—	—	21,00	—	21,00
	B	—	1 095 000	—	—	110,00	—	110,00
Einheitspreis: Leuchtgas: 0,10 DM/m³ Sauerstoff: 1,00 DM/m³								

A: Zahnrad Z = 31, m = 3, b = 20 mm, A⌀ = 100 mm Anwärmzeit Ck45 = 10″ ÷ 20″
B: Zahnrad Z = 77, m = 4, b = 50 mm, A⌀ = 300 mm 55Si7 = } 2′ ÷ 2′30″
58CrV4 = } ″

Zahlentafel 2a: Vergleich der Energiekosten bei der Einsatz- und Umlaufhärtung

dem beim Brennhärten die benötigte Wärmeenergie mit reinem Sauerstoff entwickelt wird, sind die gesamten Energiekosten gegenüber der Einsatzhärtung wesentlich geringer, da alle Anheiz- und Leerlaufverluste eingespart werden und die Erwärmung sich nahezu ausschließlich auf die zu härtende Verzahnung beschränkt. Auch der Arbeitsaufwand ist geringer, da beim Brennhärten ein Schutz der weichzuhaltenden Oberfläche gegen Aufkohlung und Härtung unnötig ist und ein Einpacken des Zahnrades in ein Kohlungsmittel entfällt (Zahlentafel 2).

Werkstück	Stück	bezahlte Arbeitszeit in min. bisher Einsatzhärten	heute Brennhärten	Leistungssteigerung
Zahnrad 41 Zähne Modul 9	10	2160	400	5,4x
Kettenrad 15 Zähne Teilkreis ⌀ 137,5	36	2880	240	12,0x
Kegelrad 25 Zähne Modul 6	24	2160	360	6,0x
Schneckenwelle Modul 12	4	2161	136	16,0x

Die Stückzahlen entsprechen einer Ofenfüllung bei der Einsatzhärtung

Zahlentafel 2b: Leistungssteigerung durch Übergang von der Einsatz- zur Brennhärtung

Die Erwärmungsgeschwindigkeit beim Brennhärten ist wesentlich höher als die Aufkohlungsgeschwindigkeit beim Einsatzhärten, selbst unter Berücksichtigung der Tatsache, daß bei der Einsatzhärtung mehrere Zahnräder gleichzeitig gehärtet werden können, während beim Brennhärten jedes Zahnrad einzeln behandelt wird.

c) Härteverzug:

Für die Beurteilung des Brennhärtens ist der auftretende Verzug von großer Bedeutung. Dieser hängt bei allen drei Methoden naturgemäß von der Form der zu härtenden Räder ab. Scheibenräder sind verzugsmäßig am günstigsten; Räder

Zahnradform	Werkst.	Abmessung in mm			Rundlauffehler	Bohrung	Verzug
	Norm Bz.	d_A	b	m	in mm	Φ	in mm
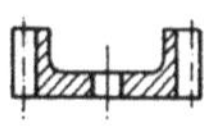	58CrV4	112	24	2,75	0,03 ··· 0,07	55	± 0 ··· – 0,013
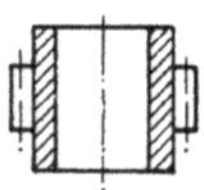	58CrV4	84	26	2,75	0,04 ··· 0,06	44	± 0 ··· – 0,025
	58CrV4	80	39	3,5	0,05 ··· 0,06	44	
	58CrV4	154	22	3,5	0,09 ··· 0,115	22	
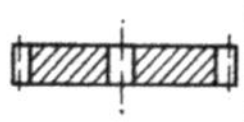	58CrV4	138	24	2,75	0,05	44	–0,06 ··· – 0,195
	58CrV4	101	22	2,75	0,02 ··· 0,07	23	–0,005 ··· –0,04
	58CrV4	122	28	2,75	0,025 ··· 0,05	44	–0,010 ··· – 0,082
	RBH	177	28	275	0,05	60	–0,06 ··· –0,08

Bild 10: Verzugsmessungen an umlaufgehärteten Zahnrädern verschiedener Formen für Werkzeugmaschinen-Getriebe

mit einseitiger Nabe am ungünstigsten (Bild 10). Jede Unsymmetrie wirkt sich bei der Umlaufhärtung naturgemäß am stärksten aus; dennoch bleiben die in einer großen Zahl von Versuchen ermittelten Werte stets innerhalb des Gütegrades des ungehärteten Rades, so daß für die Frage, ob das brenngehärtete Rad geschliffen werden muß oder nicht, nicht der auftretende Härteverzug maßgeblich ist, sondern vornehmlich der Gütegrad, mit dem die Verzahnungsmaschine das Rad herzustellen gestattet [3].

Das Bild 10 gibt Versuchswerte für Zahnräder aus Werkzeugmaschinengetrieben wieder. Über die Formbeständigkeit umlaufgehärteter Zahnräder für Getriebe von Straßenbaumaschinen berichtet Heise [4].

Vergleichsmessungen an Zahnrädern Modul 12 mit 30 Zähnen, die nach dem Umlauf-, dem Tauch- und Zahngrundverfahren gehärtet wurden, gibt das Bild 11 wieder. Der Vergleich der Meßwerte zeigt, daß bei praktisch gleichem Verzug der Verzahnung der Bohrungsverzug beim Umlaufverfahren am günstigsten ist. Da das Umlaufverfahren zugleich den geringsten Arbeitsaufwand erfordert und meßtechnisch am einfachsten zu überwachen ist, wurde diesem Verfahren der Vorzug gegeben.

Zahnrad	m = 12 z = 30	α = 20° b = 50 mm	Bohrung = 210 mm ϕ			
Zahnrad Nr:	1		2		3	
Harteverfahren	Umlauf		Tauchen		Zahngrund	
Werkstoff:	CV58 Z		CV58 Z		CV58 Z	
Härteverlauf Hartewerte in Rc	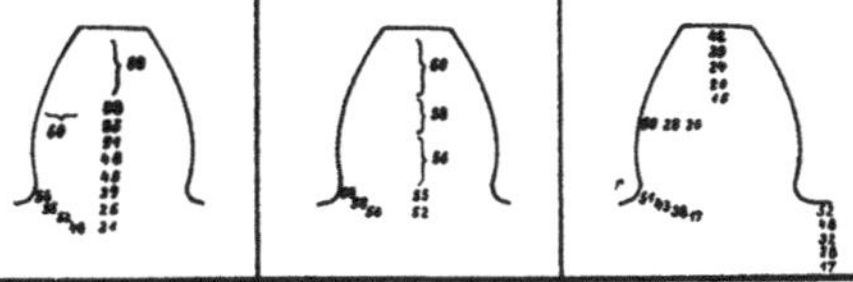					
Zustand	vorher	nachher	vorher	nachher	vorher	nachher
gemessene Werte: a) Zahnhöhe h mm	12,25	±0	12,25	±0	12,25	±0
b) Zahnstärke s mm	18,64	+0,06	18,64	±0	18,56	
c) Zahnweite über z=4	128,82	±0 + 0,05 +0,06	128,82	±0 +0,01 +0,03	128,78 128,74	+ 0,08 + 0,08
d) Bohrung oben mm	+0,010	-0,14	+ 0,2	+0,21 ÷ +0,34	- 0,01 - 0,03	-0,11 -0,13
mitte mm	+0,015 +0,030	-0,04	± 0	+0,30 ÷ +1,80	-0,01	-0,02 -0,08
unten mm	+0,020 +0,030	+0,06	± 0	+0,09 ÷ +0,24	+0,05	-0,04 +0,02
e) Seitenschlag mm	0,015	0,015	±0	+0,1	0	0

Bild 11: Einfluß des Härteverfahrens auf den auftretenden Härteverzug bei Lokomotiv-Getrieberädern Modul 12

Verzugsmessungen an Getrieberädern für Ackerschlepper bringen die Zahlentafeln 3a und 3b.

Man erkennt, daß infolge der Beschränkung der Erwärmung auf die zu härtende Verzahnung der Verzug außerordentlich gering ist und daher die Schleifzeiten gegenüber der Einsatzhärtung wesentlich herabgesetzt werden können.

Die an verschiedenen Stellen durchgeführten Versuche zeigen in Übereinstimmung mit früheren Messungen, daß der Rundlauffehler gleich Null ist (Bild 12), der Teilungsfehler innerhalb der Herstellungsgenauigkeit des Rades

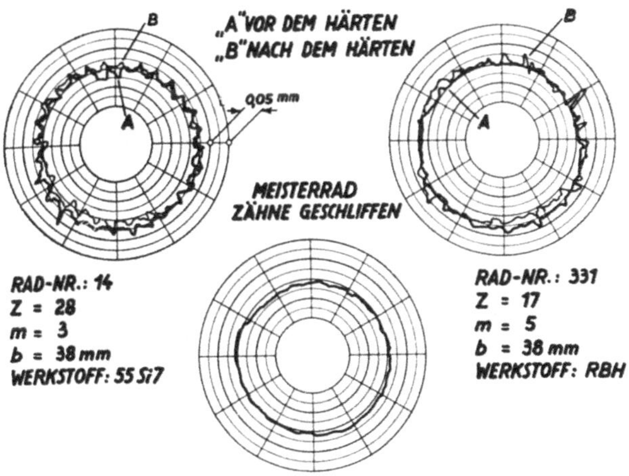

Bild 12: Rundlaufdiagramm von umlaufgehärteten Zahnrädern

Zahlentafel 3a

	Räder im weichen Zustand											Räder gehärtet											
	Meßweite		Wälzfehler				Wälzsprung				Bohrungs-Ø	Meßweite		Wälzfehler				Wälzsprung				Bohrungs-Ø	
Rad Nr.	Soll	Ist	Soll	Q	Ist	Q	Soll	Q	Ist	Q		Soll	Ist	Soll	Q	Ist	Q	Soll	Q	Ist	Q		
Nr. 1	31,72 — 31,67	31,71 — 31,66	71 µ	9	60 µ	9	25 µ	9	20 µ	9	41,85	31,72 31,67	31,72 31,68	71 µ	9	45 µ	8	25 µ	9	22 µ	9	41,845	Vorgelegerad für Gruppengetriebe 320 113 — 128
Nr. 2	31,72 — 31,67	31,69 — 31,65	71 µ	9	25 µ	6	25 µ	9	15 µ	8	41,85	31,72 31,67	31,71 31,66	71 µ	9	45 µ	8	25 µ	9	18 µ	8	41,84	
Nr. 3	31,72 — 31,67	31,70 — 31,65	71 µ	9	45 µ	8	25 µ	9	15 µ	8	41,855	31,72 31,67	31,72 31,67	71 µ	9	145 µ	11	25 µ	9	40 µ	11	41,83	
Nr. 4	31,72 — 31,67	31,69 — 31,64	71 µ	9	55 µ	9	25 µ	9	15 µ	8	41,84	31,72 31,67	31,70 31,67	71 µ	9	65 µ	9	25 µ	9	15 µ	8	41,835	

	Räder im weichen Zustand											Räder gehärtet											
	Meßweite		Wälzfehler				Wälzsprung				Bohrungs-Ø	Meßweite		Wälzfehler				Wälzsprung				Bohrungs-Ø	
Rad Nr.	Soll	Ist	Soll	Q	Ist	Q	Soll	Q	Ist	Q		Soll	Ist	Soll	Q	Ist	Q	Soll	Q	Ist	Q		
Nr. 1	55,35 — 55,29	55,30 — 55,28	80 µ	9	80 µ	9	28 µ	9	25 µ	10	41,85	55,35 55,29	55,30 55,28	80 µ	9	78 µ	9	28 µ	9	30 µ	10	41,83—,86	Antriebsrad für Gruppengetriebe 320 113 — 129
Nr. 2	55,35 — 55,29	55,32 — 55,27	80 µ	9	50 µ	8	28 µ	9	25 µ	8	41,86	55,35 55,29	55,31 55,27	80 µ	9	40 µ	7	28 µ	9	22 µ	9	41,83—,88	
Nr. 3	55,35 — 55,29	55,30 — 55,25	80 µ	9	55 µ	8	28 µ	9	15 µ	8	41,65	55,35 55,29	55,29 55,25	80 µ	9	55 µ	8	28 µ	9	33 µ	10	41,84—,86	
Nr. 4	55,35 — 55,29	55,29 — 55,26	80 µ	9	50 µ	8	28 µ	9	25 µ	10	41,85	55,35 55,29	55,29 55,26	80 µ	9	55 µ	8	28 µ	9	25 µ	9	41,83—,86 kurze Seite lange Seite	

Zahlentafel 3b

Rad Nr.	Räder im weichen Zustand											Räder gehärtet											
	Meßweite		Wälzfehler				Wälzsprung				Bohrungs-Ø	Meßweite		Wälzfehler				Wälzsprung				Bohrungs-Ø	
	Soll	Ist	Soll	Q	Ist	Q	Soll	Q	Ist	Q		Soll	Ist	Soll	Q	Ist	Q	Soll	Q	Ist	Q		
Nr. 1	59,17—59,12	59,16—59 12	80 µ	9	70 µ	9	28 µ	9	20 µ	8	41,85	59,17 59,12	59,15 59.12	80 µ	9	78 µ	9	28 µ	9	36 µ	10	41,84—,86	Vorgelegerad (Antrieb) 320 113 — 201
Nr. 2	59,17—59,12	59,15—59,11	80 µ	9	50 µ	8	28 µ	9	20 µ	8	41,84	59,17 59,12	59,15 59,11	80 µ	9	79 µ	9	28 µ	9	26 µ	9	41,85—,87	
Nr. 3	59,17—59,12	59,15—59 12	80 µ	9	50 µ	8	28 µ	9	20 µ	8	41,84	59,17 59,12	59,15 59,12	80 µ	9	40 µ	7	28 µ	9	23 µ	9	41,82—,86	
Nr. 4	59,17—59,12	59,15—59 12	80 µ	9	55 µ	8	28 µ	9	20 µ	8	41,86	59,17 59,12	59,16 59,11	80 µ	9	42 µ	7	28 µ	9	20 µ	8	41,84—,87 kurze Seite lange Seite	

Rad Nr.	Räder im weichen Zustand											Räder gehärtet											
	Meßweite		Wälzfehler				Wälzsprung				Bohrungs-Ø	Meßweite		Wälzfehler				Wälzsprung				Bohrungs-Ø	
	Soll	Ist	Soll	Q	Ist	Q	Soll	Q	Ist	Q		Soll	Ist	Soll	Q	Ist	Q	Soll	Q	Ist	Q		
Nr. 1	50,32—50,27	50,31—50,27	80 µ	9	130 µ	11	28 µ	9	30 µ	10	41,86	50,32 50,27	50,28 50,26	80 µ	9	88 µ	10	28 µ	9	28 µ	9	41,82—,87	Vorgelegerad II. Gang 320 113 — 202
Nr. 2	50,32—50,27	50,30—50,27	80 µ	9	40 µ	7	28 µ	9	20 µ	8	41,85	50,32 50,27	50,29 50,26	80 µ	9	50 µ	8	28 µ	10	30 µ	9	41,83—,87	
Nr. 3	50,32—50,27	50,30—50,26	80 µ	9	70 µ	9	28 µ	9	15 µ	8	41,86	50,32 50,27	50,28 50,25	80 µ	9	70 µ	9	28 µ	9	17 µ	8	41,82—,87	
Nr. 4	50,32—50,27	50,29—50,25	80 µ	9	80 µ	9	28 µ	9	30 µ	10	41,85	50,32 50,27	50,26	80 µ	9	50 µ	8	28 µ	9	28 µ	9	41,83—,87	

verblieben ist und daß der Bohrungsverzug um so geringer ist, je kleiner der Bohrungsdurchmesser im Verhältnis zum Fußkreisdurchmesser ist. Ist dieses Verhältnis größer als 2,5, so bleibt die Schrumpfung unter 0,02 mm. Bei einem Verhältnis kleiner als 1,7 ist ein Bohrungsverzug von 0,03 mm und mehr zu erwarten. Die Fertigbearbeitung der Bohrung, die ja weich bleibt, läßt sich mit einfachen Hilfsmitteln leicht durchführen (Bild 13).

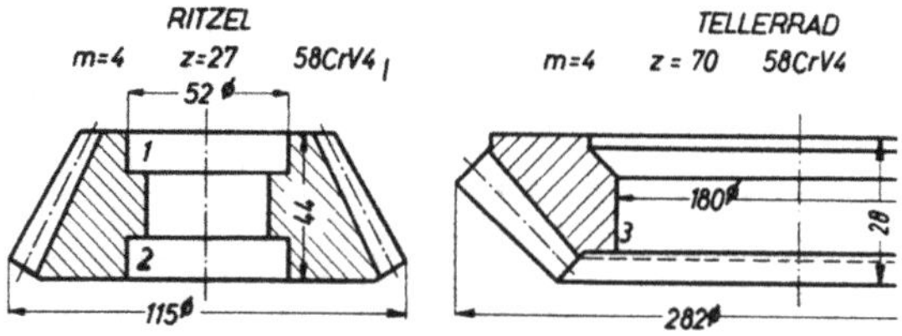

Rad Nr.	Bohrung 1	Bohrung 2
1	±0,0	-0,020
2	-0,025	-0,025
3	-0,040	-0,020
4	-0,035	-0,025
5	-0,035	-0,035
6	-0,020	-0,025
7	-0,010	-0,015
8	-0,030	±0,0

Rad Nr.	Bohrung 3
1	±0,0
2	±0,0
3	±0,0
4	±0,0

Umlaufhärtung 840°C in Öl

Bild 13: Verzugsmessungen an umlaufgehärteten Kegelrädern

d) Verschleißfestigkeit:

Die von Rettig und Winter [1] im Schrifttum und von H. Rettig in seinem Vortrag mitgeteilten Ergebnisse zeigen, daß die Verschleißfestigkeit der nach verschiedenen Verfahren gehärteten Zahnräder praktisch gleich ist. Die von Praktikern vielfach geäußerte Befürchtung, daß infolge des geringeren Kohlenstoffgehaltes der Vergütungsstähle gegenüber den aufgekohlten Einsatzstählen ein größerer Verschleiß zu erwarten sei, hat sich weder nach den bisher durchgeführten Prüfstandversuchen noch nach den Erfahrungen der Praxis als berechtigt erwiesen. Die Kegelräder für Rollgangsantriebe, die bisher ungehärtet eingebaut wurden, unterliegen einer sehr starken Verschleißbeanspruchung. Es hat sich erwiesen, daß durch Brennhärten eine 5- bis 7fache Lebensdauer erreicht werden kann.

Bei den Bergbahnen im Alpengebiet wurde ein zunehmender Verschleiß der vergüteten Triebkränze festgestellt, als der Fahrbetrieb auch auf die Wintermonate ausgedehnt wurde. Inzwischen liegen Erfahrungen vor (Bild 14), die zeigen, daß die brenngehärteten Triebkränze eine Fahrstrecke von 42 000 km ergeben, während bei den ungehärteten nur 6000 km möglich waren, so daß die Beschaffung und Auswechselung von 6 Triebkränzen eingespart werden konnte.

Zusammenfassung:

Die verschiedenen, heute gebräuchlichen Arbeitsmethoden beim Brennhärten gestatten die beanspruchungsgerechte Härtung von Zahnrädern bis zu den größten Abmessungen mit geringstem Energieaufwand und kürzesten Arbeitszeiten.

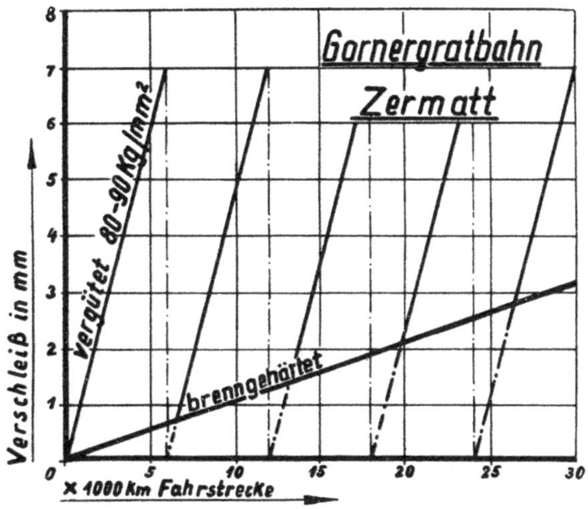

Bild 14: Erhöhung der Lebensdauer von Triebzahnkränzen für Bergbahnen durch Brennhärten

Der auftretende Härteverzug ist so gering, daß für den Entscheid, ob das brenngehärtete Rad nachträglich noch geschliffen werden muß oder ungehärtet eingebaut werden kann, im wesentlichen die mögliche mechanische Herstellungsgenauigkeit maßgebend ist. Wenn geschliffen wird, kann in jedem Falle wegen des Fehlens des Härteverzuges die Schleifzugabe soweit verringert werden, daß 50 bis 70 % der Schleifzeiten eingespart werden können.

Trotz weitgehender Automatisierung und Ausrüstung der Härtemaschinen mit hochwertigen Meßgeräten sind die Anschaffungskosten gering, so daß zu deren Amortisation oft schon wenige Monate ausreichen.

Das Brennhärten hat sich daher neben den älteren Zahnradhärteverfahren für alle die Zahnradformen, für die das Verfahren geeignet ist, bewährt und durchgesetzt.

Schrifttum:

[1] Rettig und Winter: „Erhöhung der Tragfähigkeit von Zahnrädern durch Härtung", Industrie-Rundschau 8 (1953), Nr. 12, S. 55 bis 64.

[2] A. Wissmann: „Konstruktion und Berechnung von brenngehärteten Zahnrädern im allgemeinen Maschinenbau". Peddinghaus Kundendienstmitteilung 8/1953.

[3] Bürger: „Härtevermessungen an Zahnrädern", Schriftenreihe Antriebstechnik Heft 1 (1951), Verlag Friedr. Vieweg u. Sohn, Braunschweig, S. 84—112.

[4] Heise: „Welche Formbeständigkeit haben im Umlauf gehärtete Zahnräder?". Werkstattstechnik und Maschinenbau 44 (Okt. 54) 10, S. 493.

Aussprache

Koech: Das wirksame Biegemoment am Tellerrad müßte doch in einem oewissen Verhältnis zu dem Lagerabstand der Radlagerung stehen. Gibt es darüber konkrete Angaben?

Hammesfahr: Die Ausbiegung des Tellerrades läßt sich leider nicht ganz eindeutig feststellen, weil sie einmal von der Elastizität der Wälzlager, dann von dem Lagerabstand und schließlich von der Ausbiegung des Gehäuses selbst abhängig ist. Das sind Zahlen, die man messen, aber wahrscheinlich sehr schwer vorher bestimmen kann.

Noack: Herr Rettig hat in seinem Vortrag und in den Lichtbildern u. a. eine Aufstellung über die Hertzsche Flankenpressung für die einzelnen Härteverfahren und die einzelnen Werkstoffe in diesen Verfahren gebracht. Die Werte, die er angab, so u. a. für 20 Mn Cr 5 mit 180 kg/mm², wären erzielt worden, bis eine Grübchenbildung eintrat. Herr Rettig sagte auch, daß diese Angaben der Literatur entnommen worden seien über die Versuche von Herrn Prof. Niemann und Herrn Dr. Glaubitz. Ich glaube, mich zu erinnern, daß in diesen Aufsätzen — sie wurden in den Getriebesonderheften der Z VDI veröffentlicht — z. B. 180 kg/mm² als Dauerwälzfestigkeitswert angegeben war. Wenn man sich nun mit der Auslegung eines Getriebes befaßt und besonders für die Wälzfestigkeit, also die Hertzsche Flankenpressung, interessiert, darf man sich dann bis an die 180 kg heranwagen, oder wie weit muß man darunter bleiben?

Rettig: Ich habe erwähnt, daß wir hier nicht die Dauerfestigkeiten angegeben haben, sondern die Flankenpressungen, bei denen im Laufversuch mit stufenweise gesteigerter Belastung Grübchenbildung auftrat. Dieser Laststeigerungsversuch ist nur ein abgekürztes Verfahren, um mit einem Radpaar die Wälzfestigkeit eines Werkstoffes im Vergleich zu anderen zu ermitteln, und um z. B. auch unterschiedliche Härtungen einander gegenüberzustellen. Die genannte Wälzfestigkeit P_{eD} = 180 kg/mm² entspricht etwa der aus der Wöhlerkurve für 20 Mn Cr 5 erhaltenen Dauerfestigkeit. Diese Hertzsche Pressung kann von dem Werkstoff dauernd ertragen werden, ohne daß Grübchenbildung auftritt. Der Konstrukteur bleibt mit einer etwa 1,25fachen Sicherheit unter dieser Beanspruchung.

Fischer: Herr Dr. Kegel sagte bereits, daß die Härtung, und zwar die reine Umlaufhärtung, nur dann wirtschaftlich ist, wenn praktisch nur die Zähne gehärtet werden. Wenn dagegen die Keilnuten und noch die Schaltnuten gehärtet werden müssen, dann ist die Einsatzhärtung vorzuziehen. In der Praxis stehen wir nun vor der Aufgabe, auf der einen Seite Räder zu haben, bei denen nur die Zähne gehärtet werden sollen; außerdem brauchen wir aber noch Schalträder. Das bedeutet, daß wir auf der einen Seite also umlauf- oder induktiv gehärtete Räder zusammen mit einsatzgehärteten Rädern laufen lassen. Ich würde gern wissen wollen, wie sich z. B. ein Ck 45 von 60 Rockwell oder 58 Rockwell im Verschleiß verhält im

Lauf mit einem 20MnCr5-Rad bzw. mit einem CV 58 Z. Liegen hierzu Erfahrungen vor?

Kegel: Ich habe selbst einmal einen solchen Versuch gemacht, allerdings an einer hochtourigen Werkzeugmaschine, die ziemlich stark auf Schlagbeanspruchung beansprucht war. Die Ritzel, die bis dahin einsatzgehärtet waren, wurden gegen induktionsgehärtete Ritzel ausgetauscht. Damit wurden Laufversuche gemacht. Das Resultat sieht größenordnungsmäßig so aus: solange die beiden Räder einsatzgehärtet waren, ging das Ritzel innerhalb von 300 Stunden entzwei. Nach der Induktionshärtung des Ritzels — natürlich mit einem anderen Stahl, wobei das Ritzel mit einem einsatzgehärteten Gegenrad lief — stieg seine Lebensdauer auf das 7fache an. Das sind die einzigen Versuche dieser Art, die ich bisher kenne.

Fischer: Bei uns haben sich Schwierigkeiten ergeben dadurch, daß die schweren Ritzel, die nicht induktiv gehärtet werden können, einen beachtlichen Reibungsverschleiß aufwiesen. Deshalb interessieren evtl. ähnliche Erfahrungen insbesondere bei Schaltgetrieben und Umlaufhärtung CV 28 Z gegen 20 Mn Cr 5 oder 16 Mn Cr 5. Die Praxis kommt ja ohne diese Räder nicht aus.

Rettig: Zu der Frage des Verschleißverhaltens unterschiedlicher Paarungen ist zu sagen: Gehärtete Flanken über 58 Rc zeigen im Werkstoff und von der Härtungsart unabhängig im wesentlichen denselben spezifischen Verschleiß. Da also große Unterschiede bei den gewählten Meßmethoden nicht erkennbar sind, gab ich in meinem Vortrag nur ein Streubild an. Vielleicht ist es später bei prinzipiellen Untersuchungen möglich, gewisse Einflüsse zu finden. Über das Verschleißverhalten gemischter Paarungen, d. h. also hart gegen weich, liegen bisher nur sehr wenig Versucherfahrungen vor. Als Beispiel wäre ein Versuch zu nennen, in dem 20 Mn Cr 5 gehärtet gegen Gußeisen gelaufen ist. Während der Abrieb der Paarung 20 Mn Cr 5 gegen 20 Mn Cr 5 sehr gering war, wurde der Verschleiß bei Lauf gegen Gußeisen wesentlich größer. Nicht nur das ungehärtete Material erlitt starken Abrieb, sondern auch das Einsatzmaterial zeigte viel höheren Verschleiß.

Niemann: Man geht im Ausland dazu über, Turbinengetriebe gehärtet auszuführen. Bei uns werden sie bisher im wesentlichen aus ungehärtetem, vergütetem Material hergestellt. Wo liegen hier die Hemmungen, was kann man tun? Man scheut bei derartig großen, schnell umlaufenden Getrieben das Risiko, zu den gehärteten Zahnrädern, also Rädern in der Größenordnung von 2 m ϕ, 300—400 mm Breite, überzugehen. Kann man das nun empfehlen? Wir haben erklärt, daß es bei der Schrägverzahnung sehr darauf ankommt, keinen Zahneckbruch zu bekommen, also die Zahnfehler zu vermeiden. Um den Härteverzug wegzubringen, sind also Schleifmaschinen für Räder von 2—3 m ϕ notwendig. Welche Firma riskiert es, sich diese Maschinen zuzulegen, bevor sie genau weiß, wie sie wirtschaftlich liegt, ob das also so viel billiger wird für Turbinen- und Schiffsgetriebe. Ein Mittelweg scheint mir zu sein, daß man risikolos bei derartigen Turbinengetrieben zu nitrierten Zahnrädern übergehen kann. Ich habe mir einige Werte besorgt über nitrierte Turbinengetriebe, die seit Jahren einwandfrei ausgeführt werden, für die Erfahrungen also vorliegen. Hier kommt man etwa zu folgendem Bild: Die Tragfähigkeit steigt mit der Nitrierung etwa auf das 1,8fache. Die Nitrierkosten für diese Ausführung betragen etwa 15—20% des Gesamtgetriebepreises. Nun muß man, um die 1,8fache Leistung übertragen zu können, auch noch die Wellen und die Lager entsprechend verstärken. Die Gesamtmehrkosten stellen sich dann auf etwa 25%. Und nun kann man gegenüberstellen: 1,8fache Leistung, aber 25% Mehrpreis. Ist das nicht immer noch billiger, als wenn man ungehärtet ausführt?

Ich möchte noch hinzufügen: der Hauptvorzug bei der Nitrierung ist ja, daß man nicht zu schleifen braucht, weil bei der Nitrierhärtung praktisch kaum Verzug auftritt. Man braucht also keine besonderen Einrichtungen zu beschaffen und kann die Nitrierung zunächst einmal auswärts machen lassen. Das ist aber ein großer Vorzug, vor allem wenn man bedenkt, daß bei ungehärteten Zahnrädern (größere Durchmesser) zu viel größeren Abmessungen und Umfangsgeschwindigkeiten kommt. Ein ähnlicher Vorzug ergibt sich ja auch bei den Planetengetrieben (kleinere Abmessungen und kleinere Umfangsgeschwindigkeiten).

Poppel: Es sind bisher zu Wort gekommen die Leute der Entwicklung, die der Konstruktion und die der Fertigung. Derjenige, der das Getriebe kauft, hat hier noch nicht gesprochen. Ich stelle die sehr simple Frage nach dem Verschleiß. Er ist in Versuchen in den Instituten behandelt worden, aber welche Erfahrungswerte und Anhaltswerte liegen hierzu aus der Praxis vor? Wir wissen, es gibt einen Antrieb, also gibt es einen toten Gang im Getriebe. Es kann sein, daß sich die Achsabstände vergrößern in Zehnteln. Was tut man dann? Und wann ist ein Getriebe so weit, daß es überholt werden muß, wann ist der Achsabstand durch Verschleiß der Lager so groß geworden, daß man es nacharbeiten muß? Arbeitet man die Lager oder die Zahnflanken nach? Ich möchte diese Fragen als Verbraucher stellen.

Zu dem Verschleiß bei ungleicher Oberflächenhärte gibt es ein Beispiel: In der Diamantenbearbeitung wird die Oberfläche mit Zinn bearbeitet, und der Verschleiß ist auf der harten Seite. Die gleiche Erscheinung beobachtet man nun auch bei gehärtetem und ungehärtetem Stahl: der gehärtete verschleißt, der ungehärtete bleibt. Das ist ein Beispiel für ungleichen Verschleiß.

Büttner: Ich wollte noch einmal auf die Anregung von Herrn Prof. Niemann zurückkommen, bei hochtourigen Getrieben mehr und mehr auf gehärtete Räder überzugehen. Es werden heute an den Getriebebauer Aufgaben herangetragen, die bei Verwendung normaler Vergütungsstähle Geschwindigkeiten ergeben, die bei 200 und 300 m/sec liegen. Wir werden in Zukunft gezwungen sein, Leistungen bei großen Kräften und kleineren Geschwindigkeiten zu übertragen, werden also gehärtete oder nitrierte Räder verwenden müssen. Der Ansicht von Herrn Prof. Niemann, daß bei Nitrierstählen überhaupt kein Verzug eintritt, kann ich nicht ganz beipflichten.

Uns wird die Frage vorgelegt, wie hoch man mit der Umfangsgeschwindigkeit bei einem Zahnradgetriebe gehen könne. Die Grenze liegt bei 200 m, oder kann man bis 400 oder vielleicht gar bis 500 m gehen? Rechnerische Untersuchungen haben ergeben, daß man bei etwa 200 m Umfangsgeschwindigkeit, einem Teilungsfehler von etwa 5 μ und normalen Massenverhältnissen Beschleunigungskräfte bekommt, die den normalen Zahndruck schon wesentlich überschreiten. Also wird die Grenze bei Genauigkeiten von 4—5 μ liegen. Ich glaube aber nicht, daß man bei sehr großen Rädern und nitrierter Ausführung solche Genauigkeiten ohne jegliches Nacharbeiten erzielen kann. Ich bin auch der Meinung, daß im Werkzeugmaschinenbau etwas getan werden muß, damit in Zukunft höhere Genauigkeiten durch Schleifen erzielt werden, um solche Geschwindigkeiten, die jetzt bewältigt werden müssen, garantieren zu können.

Weinhold: Zu diesen zwei Forderungen möchte ich aus eigenen Erfahrungen folgendes sagen. Ich habe viele nitrierte Zahnräder ausgemessen, allerdings bis Modul 3 und etwa bis 150 Teilkreisdurchmesser. Dabei hat sich die Änderung durch das Nitrieren sehr gut beherrschen lassen. Sie sind zwar etwas dicker geworden, aber sonst haben sie sich gut gehalten. Über große Zahnräder kann ich nichts sagen.

Clarenbach: Zur Frage der Verwendung von Kunststoffrädern zusammen mit Nitrierstahl möchte ich auf einen Fall hinweisen, der ein interessantes Problem aufwirft, dem man heute in der Praxis gegenübersteht. In einem Fahrradhilfsmotor läuft ein Ritzel aus Nitrierstahl zusammen mit einem Rad aus Kunststoff, Ferrocell. Wenn das Nitrierstahlritzel gehärtet ist, ist der Verschleiß normal auf beiden Flanken. Auf dem Rad und Gegenrad zeigen sich normale Verschleißbedingungen, ein normales Verschleißverhalten. Ist aber das Nitrierritzel ungehärtet, wird das Ritzel vom Novotexrad aufgefressen, und nach verhältnismäßig wenig Betriebsstunden ist von dem Nitrierstahlritzel nichts mehr vorhanden. Diese Tatsache soll mit dem Vorgang, wie er bei einer Schwabbelmaschine besteht, zu erklären sein, nur weiß ich nicht, ob das befriedigend ist.

Zickel :Gewisse Kunststoffe haben eine stark schleifende Wirkung. Wenn ein nicht nitrierter Stahl mit einem derartigen Kunststoff in Berührung kommt, dann zieht der Stahl den kürzeren.

Winter: Bei unseren Prüfstandversuchen (Paarung Hartgewebe gegen geschliffene Stahlzahnräder, Einspritzschmierung, Ölfilterung) war am Stahlrad praktisch kein Verschleiß festzustellen. Starker Verschleiß am Stahlrad ist m. E. dann möglich, wenn Staub zum Getriebe gelangt und sich in die Kunststoffflanken einbettet, so daß diese wie eine Schmirgelscheibe wirken.

Koech: Gibt es Kunststoffe, die man für Zahnräder verwenden, durchvergüten oder oberflächenvergüten kann, und ist schon versucht worden, Zahnräder aus Polyester, evtl. mit Glasfaserarmierung herzustellen?

Zickel: Es gibt keine Kunststoffe, die man nachträglich vergüten kann, etwa so wie Stahl durch Härten.

Polyamide mit Polycerol zu verschneiden, ist allgemein in der Kunststoffindustrie bisher noch nicht bekannt. Die Verwendung von Polyester auf glasfaserverstärkten Polyesterharzen hat bisher zu keinen Ergebnissen geführt, weil die Gleiteigenschaften der eingebetteten Glasfasern sehr schlecht sind und infolgedessen das Gegenrad sehr stark angegriffen wird.

Wintsch: Einsatzgehärtete oder nitrierte Räder ergeben in Bezug auf die Geschwindigkeit praktisch keine Unterschiede. Es wurden Getriebe nitriert ausgeführt für 120 m/sec Geschwindigkeit, andere einsatzgehärtet projektiert für ebenfalls 120 m Geschwindigkeit, und es wurde ein Getriebe ausgeführt mit 1200 PS und 145 m Geschwindigkeit. Der Unterschied liegt vor allem darin, daß einsatzgehärtete Räder etwas höher, also spezifisch etwas höher belastet werden können, weil die Einsatzschicht wesentlich dicker ist als die Nitrierschicht. In Bezug auf die Genauigkeit können kleine geschliffene Räder mit 2—3 μ Genauigkeit ausgeführt werden. Andererseits gibt es natürlich Schleifmaschinen bis 3600 m Durchmesser.

Dietrich: Bezüglich der Kunststoffe haben wir aus den Versuchsergebnissen gesehen, daß die Leistungsfähigkeit von Rädern aus verschiedenen Kunststoffen offenbar sehr von dem Hersteller der Kunststoffe abhängt. Wenn man sich nun auf Grund von Versuchen für die Verwendung eines bestimmten Kunststoffes für weitere Räder entscheidet, gibt es eine Gewähr dafür, daß sie genau der Qualität entsprechen, die einmal bei den Versuchen erprobt worden ist? Gibt es hierfür zuverlässige Meßverfahren, oder ist man auf den Zufall angewiesen, daß die Qualitäten beibehalten werden? Oder mit anderen Worten: Besteht für die Eingangskontrolle des Verarbeitungsbetriebes auch eine Prüfmöglichkeit wie z. B. bei Stahl mit dem Ziel der Feststellung, ob der Kunststoff den einmal festgelegten Bedingungen entspricht, die für seine Lebensdauer bestimmend sind?

Zickel: Das Kunststoff herstellende Werk kann natürlich bei Verwendung gleicher Harze und gleicher Füllmittel wiederum ein gleiches Produkt hervorbringen. Die Differenzierungen, etwa durch Abweichungen in der Herstellung usw., sind nur sehr gering. Die Tatsache, daß alle Kunststoffe den DIN-Normen entsprechen, beweist, daß es den verschiedensten Firmen möglich ist, stets die gleichen Kunststoffe herzustellen. Die Prüfung dieser Kunststoffe bei einem verarbeitenden Werk ist immer recht schwierig, denn Kunststoffe werden ja nicht in der gleichen Art und Weise geprüft wie Metalle. Man kann auch von der Zugfestigkeit eines Kunststoffes nicht etwa z. B. auf seine Verschleißfestigkeit schließen.

Die Versuche am Lehrstuhl von Prof. Niemann sind gemacht worden, um die spezifischen Eigenschaften der Kunststoffe, wie sie für die Zahnradherstellung notwendig sind, überhaupt einmal herauszustellen und zu ermitteln. Die Feststellung bei der Eingangsprüfung, daß die Zugfestigkeit oder die Bruchfestigkeit eines Kunststoffes bei einer gewissen vorgeschriebenen Größe liegt, besagt noch wenig. Die Verschleißfestigkeit ist nicht irgendwie parallel dazu gelagert. Im Augenblick kann also die verarbeitende Industrie nur das Ergebnis dieser Versuche und die Normung der Eigenschaften abwarten. Sie wird danach Werkstoffe mit den garantiert gleichen Eigenschaften auf dem Markt finden.

Weinhold: Wenn jemand von Metallen auf Kunststoffe übergeht, muß er umlernen. Bei Metallen kann der Konstrukteur die angegebenen Zugfestigkeiten und sonstige Werte ohne weiteres in seine Rechnung einsetzen. Bei Kunststoffen sind die Werte sehr formabhängig und von der Preßmasse bis zum Kunststoff auch sehr verarbeitungsabhängig. Man kann sie nicht einfach in die Rechnung einsetzen, sondern es ist ein vollkommenes Umlernen notwendig.

Unbekannt: Bei der Induktionshärtung und der Brennhärtung ist die Höhe der erreichbaren Härte wie auch die Tiefe der erreichbaren Härtezone ja stark abhängig einerseits von der zugeführten Wärmemenge, d. h. der Gasmenge bzw. der Frequenz, und andererseits von der Vorschubgeschwindigkeit und dem Abstand des Heizkörpers von dem Werkstück. Liegen darüber schon hinreichende Erfahrungswerte vor? Bei Serienfertigung wären empirische Feststellungen möglich, bei Einzelfertigung ist man aber praktisch darauf angewiesen, von vornherein schon die richtigen Daten zu erhalten.

Kegel: Bei der Induktionshärtung ist es möglich festzustellen, wieviel Leistung notwendig ist, und zwar bei festliegendem Abstand des Heizleiters. Bei Einzelstücken braucht man eine bestimmte Leistung, um eine bestimmte Einhärtetiefe zu bekommen. Unterschiede in der Frequenz sind verhältnismäßig gering. Es ist die Möglichkeit gegeben, für eine bestimmte Leistungsdichte und eine bestimmte Oberflächentemperatur, die vom Stahl abhängig ist, die Einhärtetiefe zu bestimmen. Aus den Abmessungen des Werkstückes und der Leistungsdichte läßt sich ohne weiteres die Generatoreinstellung ermitteln, und außerdem ist die Vorschubgeschwindigkeit bzw. Aufheizgeschwindigkeit vorgegeben. So kann man mit großer Sicherheit und mit Schwankungen von etwa ± 5% die Einhärtetiefe erreichen, die gewünscht wird.

Grönegress: Es wurde gefragt, ob sich unterschiedliche Härtewerte auf der Flanke bei unterschiedlichen Härtebedingungen ergäben. Wenn man beim Brennhärten die Temperatur mißt — was natürlich Voraussetzung ist —, so kann man diese Temperatur festlegen entsprechend 20° oder 40° über dem oberen Umwandlungspunkt, der bekannt ist. Wenn man dann eine gewisse Zeit die Temperatur hält, wie das dem Legierungsgehalt entspricht, und dann abschreckt, so ergibt sich die erzielbare Oberflächenhärte aus dem Abschreckverhalten des Abschreckmediums. Man kann also durch Abschrecken in Wasser sehr hohe Oberflächenhärte erzielen, durch Abschrecken in Emulsion etwas niedrigere, aber durch die Verwendung von Ölen unterschiedlichen Abschreckverhaltens eine gewünschte Härte erzielen. Da man diese Voraussetzungen konstant halten kann, sind auch konstante Ergebnisse zu erzielen. Ähnlich wie bei der Induktionshärtung ergibt sich auch bei der Brennhärtung abhängig vom Modul und vom Durchmesser eine bestimmte Energiemenge, die aufgebracht werden muß, um die Aufheizung in der wirtschaftlich günstigsten Zeit durchführen zu können. Diese Werte sind festgelegt und werden von Fall zu Fall mit dem Verbraucher besprochen und bekanntgegeben.

A. CAMERON

Versuche an Schiffsgetrieben

(Übersetzung)

Investigation of marine-propulsion-gears

Summary

In the work carried out at Pametrada Research Station full size marine gears were tested in a back to back rig. This was to enable the maximum data of the losses, tooth strength (both breaking, pitting and scuffing), oil flow, etc. to be obtained under carefully controlled conditions. A method was developed for applying known circulating torques during running and a torque meter was used to measure the total driving power.

The results show, on analysis, that the bearings account for about 80% of the total losses. The tooth friction is relatively small. Measured values for the average coefficient of friction were 0.03 for hardened and ground gears, and 0.047 for soft steel hobbed gears.

The tooth losses were obtained by running the gears at constant speed and oil temperature and altering the load rapidly. The measured change in driving torque was therefore due only to alteration in the losses of the teeth. The coefficient of friction can be calculated from this change.

The bearing losses, obtained by subtracting the tooth losses from the total driving force, were compared with the simple Petroff formula. The agreement is reasonable.

Oil flow, as a function of pressure and speed, were also measured and analysed.

A simple quantitative method of measuring pitting was developed. This consisted of counting the number of pits per unit lenght of tooth (1/2 inch). The variation along the tooth was recorded as well as the increase in the number of pits with load. The pitting was found to be a maximum just below — not on — the pitch line.

It will be seen that apart from the measurement of tooth friction and the pitting, which can be determined in service, all the other quantities can be measured in a single gear box test. All that is necessary is to put a driving torque meter and oil flow meters on to the gear box, during the normal light running test which is usual after manufacture.

Grundlegendes

Die Untersuchung großer Getriebe kann auf verschiedene Weise erfolgen.

Erstens können Getriebesätze in seefahrenden Schiffen bei jeder Rückkehr in den Hafen geöffnet und untersucht werden. Die Grenzen dieses Verfahrens sind offensichtlich, man hat wenig Einfluß auf die Betriebsbedingungen während des Versuches, und es ist unmöglich, eine Überlast aufzubringen. Der

Vorteil ist die Billigkeit und die Tatsache, daß die Versuchsbedingungen dem wirklichen Betrieb entsprechen.

Das zweite Verfahren ist, die Getriebe durch ihre Turbinen anzutreiben und sie abzubremsen. Das hat verschiedene Vorteile. Die Getriebe werden wie bei Gebrauch angetrieben, und die Betriebsbedingungen können sehr genau eingehalten werden. Irgendwelche Fehler im Material oder in der Konstruktion kommen auf diese Weise bestimmt zu Tage. Der für eine ordentliche Untersuchung schwerwiegende Nachteil besteht darin, daß die Verluste im Getriebe durch Differenzbildung von Eingangs- und Ausgangsleistung bestimmt werden müssen. Diese Verluste betragen bestenfalls nur 2% der durchgehenden Leistung (Bild 3); daher können kleine Unstimmigkeiten in den Messungen von etwa ± 0,5% die gesuchten Werte schon erheblich fälschen. Auch der Leistungsaufwand ist sehr groß.

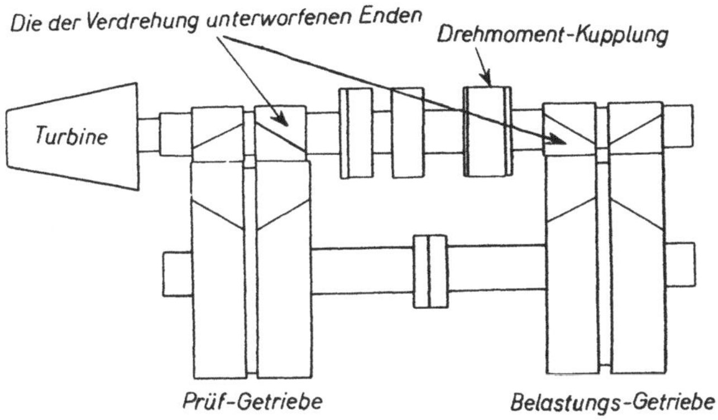

Bild 1: Back-to-back-Versuch

Schließlich ist das Rückarbeitsverfahren zu erwähnen, das — soweit ich feststellen konnte — zuerst von Rikli [6] in der Schweiz und Lewis [2—4] in Amerika verwendet wurde. Der grundlegende Gedanke hierfür ist sehr einfach. Von zwei gleichen Getrieben wird eines rückwärts betrieben (— daher ist der übliche Name „back-to-back"-Versuch entstanden —); die Hauptwellen werden zusammengekuppelt (Bild 1). Die Ritzel werden über einer Vorrichtung gekuppelt, mit deren Hilfe eine Drehvorspannung zwischen ihren Wellen aufgebracht wird. Diese Drehmoment-Belastung ist ein wichtiger Bestandteil des gesamten Systems. In einfacher Weise kann man das durch einen gedrillten Stab erreichen, wobei dann das Moment in der Ruhe aufgebracht wird und der Anlauf unter Last erfolgt. Bei anderen Belastungseinrichtungen kann das Drehmoment während des Laufes aufgebracht werden. Das „umlaufende" Drehmoment muß gemessen werden, was sich ohne weiteres mit einem Torsionsdynamometer in der Ritzel- oder Radwelle erreichen läßt.

In der Pametrada-Forschungsstelle wurde ein Drehmoment-Belaster entwickelt, der ein bekanntes Drehmoment während des Laufes aufzubringen gestattet. Bei dieser Energie-Kreislaufmethode braucht die Turbine nur die Verluste des Systems aufzubringen, so daß das zugeführte Drehmoment die gesamten Verluste in den beiden Getrieben ergibt.

Bei komplizierten Getrieben, z. B. bei solchen mit doppelter Übersetzung oder Tandemanordnung für Niederdruck- und Hochdruckturbinen wurden ebenfalls Untersuchungen ausgeführt. Die Belastungseinrichtungen waren allerdings komplizierter. Von den verschiedenen Möglichkeiten wurde der Antrieb des Satzes

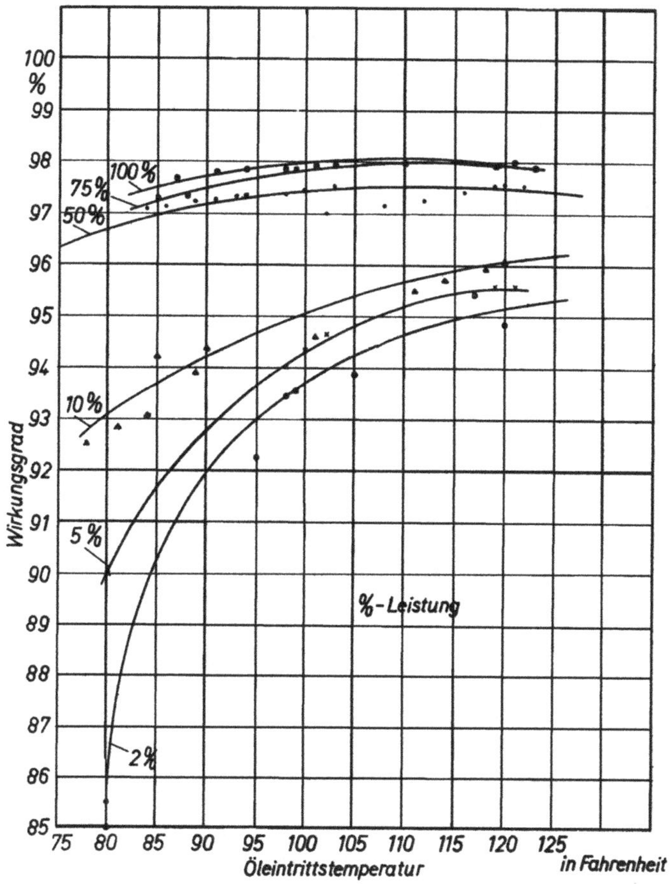

Bild 2: Wirkungsgrad in Abhängigkeit von der Öleintrittstemperatur

durch das Ritzel der Niederdruckturbine gewählt und das Torsionsdynamometer in diese Welle gegeben. Hierbei wurde auf die „back-to-back"-Anordnung verzichtet, es wurden die Ritzelwellen der Hochdruckseiten zusammengekuppelt und ebenfalls die Ritzelwellen der Niederdruckseiten über den Drehmomentbelaster verbunden. Dieser Versuch war also in Wirklichkeit ein „front-to-front"-Versuch; aber der Ausdruck „back to back" ist bereits für diese Art der Untersuchung gebräuchlich geworden, so daß die Unterschiede kaum beachtet werden.

Der Nachteil aller „back-to-beck"-Versuche besteht darin, daß der eine Satz im umgekehrten Drehsinn umläuft. Das trifft sowohl für die „back-to-back"- als auch für die „front-to-front"-Anordnung zu. In dem einen Getriebe wird das Ritzel vom Rad angetrieben und übersetzt daher vom Langsamen ins Schnelle. Dieses Getriebe läuft also unter anderen Bedingungen als im wirklichen Betrieb. Allerdings sind die wirklichen Unterschiede zwischen beiden Sätzen nur gering. Es wurden keine Veränderungen an den Zähnen festgestellt. Ein wesentlich anderes Verhalten zeigten jedoch die Lager, worauf später eingegangen wird.

Hinweise für die praktische Ausführung

Das Aufstellen und der Betrieb bei „back-to-back"-Versuchen muß sorgfältigst erfolgen. Das Ausrichten ist der schwierigste Punkt, weil die Rückwirkung des Drehmomentes in den beiden Getrieben in entgegengesetzter Richtung erfolgt. Die Räder sind so einzubauen, daß die Wellenmitten bei Vollast in einer Flucht liegen. Das macht eine kleine Verschiebung bei der Montage erforderlich; in einem Fall wurden Verschiebungen von $^1/_{10}$ mm vorgenommen. Die Ritzel wurden genau ausgerichtet, weil genügend Beweglichkeit in den Ritzelachsen vorhanden ist, um sich den Bedingungen im Betrieb anzupassen.

Es wurde festgestellt, daß beim Lauf mit Ritzeldrehzahlen über etwa 800 U/min eine schwache Belastung von etwa 5% der Vollast aufgebracht bleiben muß, um ein Schlagen der Ritzelwellen zu verhindern. Dieses äußert sich in einem deutlich klopfenden Geräusch, das sofort aufhört, wenn Last aufgebracht wird.

Manche Sorgen hat die Erscheinung bereitet, daß der Leistungsaufwand plötzlich von 200 auf 300 PS bei einem Satz stieg, ohne daß in den Betriebsbedingungen etwas geändert wurde. Bei diesem „hohen Drehmomentenbereich" stieg die Temperatur des einen Gehäuses um 10° C. Durch Versuche wurde gefunden, daß dies von dem Öl herrührte, welches nicht schnell genug vom Gehäuse zurückfloß und so das Getrieberad zu tief in das Öl eintauchen ließ, was eine Zusatzlast von 100 bis 200 PS erforderte. Es wäre interessant zu wissen, wieviele Getriebe unter solchen Bedingungen laufen mögen. Abhilfe wurde schnell durch den Einbau eines großen Rücklaufes geschaffen. Später wurde festgestellt, daß diese Gehäuse immer mit einer Spülpumpe betrieben werden.

Die Lagertemperatur wurde manchmal durch die umgekehrte Richtung des Drehmomentes erheblich beeinflußt. Ein Ritzellager lief beispielsweise bei der Übersetzung vom Langsamen ins Schnelle mit 95° C, während bei der Übersetzung vom Schnellen ins Langsame die Temperatur auf 85° C zurückging.

Abweichungen bei der Montage

Die Gehäuse für einfache Getriebe wurden in der „back-to-back"-Anordnung gekuppelt und die Lager so unterlegt, daß sie genau fluchteten. Meßuhren, die $^1/_{10\,000}$ Zoll abzulesen gestatteten, wurden fest auf dem Spannbett montiert, so daß die elastischen Deformationen der Gehäuse gemessen werden konnten.

Es bestanden überraschend viele Schwierigkeiten, um eine genügend feste Konstruktion für die Anbringung der Meßuhren zu finden, die auch während des Betriebes unverrückbar festblieb.

Die Getriebe wurden mit dem Vierfachen der Vollast betrieben und erhielten eine horizontale Abweichung der Ritzellager von 12/100 mm, bezogen auf die Radwelle. Diese Verformung verlief genau linear mit der Last. Bei Wegnahme des Drehmomentes nahmen die Gehäuse wieder ihre ursprüngliche Gestalt an.

Ergebnisse

Die erzielten Ergebnisse beziehen sich in erster Linie auf den Gesamtwirkungsgrad. Der Wirkungsgrad ergab sich als Funktion der Öleintrittstemperatur und der Geschwindigkeit (Bild 2). In dem untersuchten Getriebe wurde das Drehmoment im Sinne des üblichen Schiffspropeller-Antriebes eingestellt, wobei das Drehmoment mit dem Quadrat der Geschwindigkeit wächst. Daher ändert sich in diesen Kurven das Drehmoment mit der Geschwindigkeit.

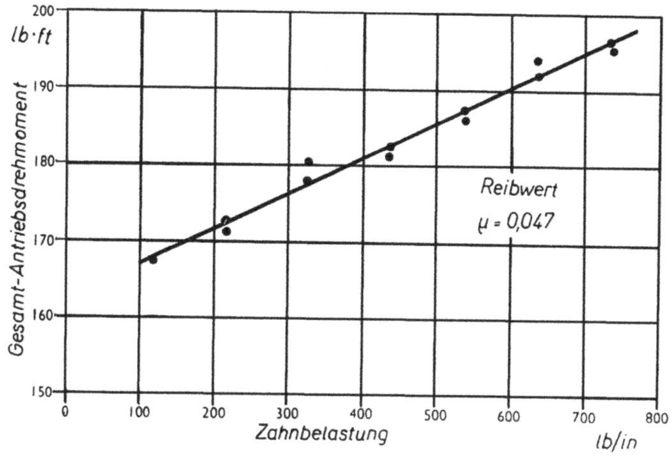

Bild 3: Reibungsversuch. Konstante Drehzahl 4100 U/min.

Man erkennt auch die große Abhängigkeit des Wirkungsgrades bei kleinen Belastungen von der Temperatur. Die Ursache dafür liegt in den Lagerverlusten, worauf später noch eingegangen wird.

Bei hohen Leistungen sind die Ölfilmtemperaturen in den Lagern weitgehend unabhängig von den Eintrittstemperaturen; daher ist der Wirkungsgrad nahezu konstant. Hieraus folgt, daß es nicht einen einzigen „Wirkungsgrad" für ein Getriebe geben kann.

Lager- und Zahnverluste

Es ist wünschenswert, die Verluste in den Lagern von denjenigen, die durch Zahnreibung bedingt sind, zu trennen. Dies kann auf einfache Weise mit dem Drehmoment-Belaster erreicht werden. Dazu läßt man das Getriebe unter konstanten Bedingungen laufen und bringt das Drehmoment zunehmend in Stufen von etwa 5% der Gesamtlast bis zum Höchstwert auf. Die einzige Veränderliche ist die Zahnbelastung, da die Lagertemperaturen und die Drehzahlen konstant gehalten werden.

Ein typisches Ergebnis zeigt Bild 3. Die mittlere Reibungszahl für die Zähne ist nach der Methode von Merritt (1942) berechnet. Die überschlägliche Konstante von 0,8 für Schneckengetriebe wurde durch 0,92 ersetzt, entsprechend der von Harry Walker (1938) gegebenen Lastverteilung.

Es wurde ein Wert von 0,047 für die Reibungszahl bei normal gefrästen Zähnen (Radfestigkeit 50 kg/mm²) festgestellt. Bei einem zweistufigen Getriebe mit gehärteten und geschliffenen Zähnen war der Wert 0,03. Es ergab sich eine Reproduzierbarkeit von etwa ± 10%. Die große Streuung rührt von dem Turbinengetriebe bei leichter Zunahme der Geschwindigkeit her, wenn die Zahnbelastung weggenommen wird und die Verluste in den Zähnen dadurch abnehmen. Das verursacht eine geringe Beschleunigung und eine entsprechende Änderung des Drehmomentes im Torsionsdynamometer.

Der Unterschied zwischen 0,047 und 0,03 entspricht dem erwarteten Wert beim Übergang von gefrästen weichen Zähnen zu gehärteten und geschliffenen Flächen. Interessant ist, daß die Reibungszahl konstant bleibt, wie die lineare Abhängigkeit des Drehmomentes der Zahnleistung von der Eingangsleistung zeigt.

Eine Abhängigkeit der Zahnreibung von der Zeitdauer der Geschwindigkeit oder Öltemperatur konnte nicht festgestellt werden. Wenn solche Abhängigkeiten bestehen, wurden sie durch die Beobachtungsfehler überdeckt.

Lagerverluste

Durch Abzug der gemessenen Zahnreibung von der gesamten zugeführten Leistung ergeben sich die Lager-, Ölstoß- und Ventilationsverluste. Die Ölstoßverluste sind verhältnismäßig klein; ein sehr extremer Versuch zeigt, daß durch Vermeiden der Ölspritzer die Verluste um 5% gesenkt werden konnten. Die Ventilationsverluste sind unbekannt und in der Praxis schwer von den Lagerverlusten zu trennen.

Die verbleibenden Verluste sind mit der Genauigkeit üblicher Versuche den Lagerverlusten gleichzusetzen.

Nun kann der durch die Ölviskosität bedingte Widerstand in den Lagern durch das Petroffsche Gesetz bis auf einige Prozent ermittelt werden. Es ist nicht notwendig, die Theorie des ganzumschließenden Lagers (Walther und Sassenfeld [9]) heranzuziehen. Für ein volles Zylinderlager ist der von der Ölviskosität herrührende Widerstand

$$F = \frac{\eta U}{r^*} \times \text{Fläche}$$

worin

η = die Viskosität,
U = die Umfangsgeschwindigkeit der Welle,
r^* = das mittlere Radialspiel,
Fläche = die benetzte Fläche (mit Ausnahme der Ölnuten und Öltaschen)

bezeichnen.

Das mittlere Radialspiel r* ist das reziproke mittlere Spiel nach dem Integral

$$\frac{2\pi L}{r^*} = \int_0^L \int_0^{2\pi} \frac{dx\, d\Theta}{r}$$

worin

L = die axiale Länge des Lagers,
Θ = die Umfangskoordinate,
x = die axiale Koordinate,
r = das wirkliche Lagerspiel an jeder Stelle

angeben.

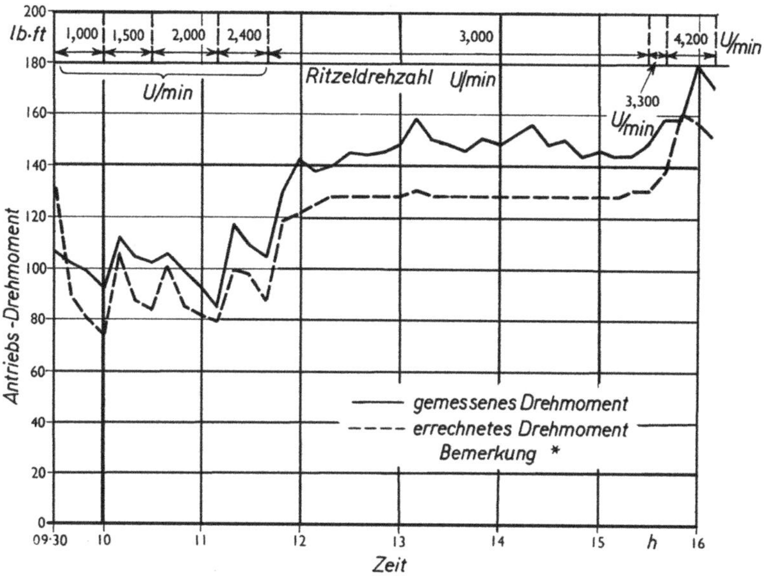

Bild 4: Anmerkung:
Der Zahnreibungsverlust beträgt ungefähr 10 lb · ft.
Die Plantschverluste angenähert 5 . . . . . 10 lb · ft
Diese müsesn von dem gemessenen Drehmoment abgezogen werden,
da das errechnete Drehmoment nur den Lagerverlust darstellt

Die dauernde Unsicherheit bei Lageruntersuchungen besteht im wesentlichen in der richtigen Bestimmung der Viskosität. Hier wurde die Temperatur der Lagerschalen als die mittlere Ölfilmtemperatur angenommen und danach die Viskosität bestimmt.

Mit Hilfe der Petroffschen Formel wurde der Viskositäts-Widerstand aller Lager festgestellt und mit dem gemessenen Eingangsdrehmoment verglichen.

Das Ergebnis zeigt Bild 4, es ist sehr zufriedenstellend. Das Drehmoment ordnet sich hiernach für die verschiedenen Geschwindigkeiten gut ein.

Nicht so gute Erfolge ergaben größere Getriebe. Dabei wichen Rechnung und Versuch bis zum Faktor 2 voneinander ab. Es ergab sich jedoch, daß dieser Fehler von der Eintrittsöltemperatur herrührte. Diese Art der Beziehung in Lagern mit engem Spiel wurde auch auf der Pametrada-Lagerprüfmaschine (von Cameron 1950 beschrieben) festgestellt, es konnten aber noch nicht alle Unstimmigkeiten geklärt werden. In den hier untersuchten Getrieben waren die Lagerverluste viel größer als die Zahnreibungsverluste. Sie machen rund 80 % der Gesamtverluste aus.

Öldurchflußmengen

Ein wichtiger Punkt für den Getriebekonstrukteur ist der Ölfluß zum Lager. Er wurde gemessen, und dabei — wie erwartet — gefunden, daß zu unterscheiden sind: der von der Pumpwirkung des Zapfens herrührende Fluß durch das Lager und der seitliche Ölverlust bei den Öltaschen.

Die durch das Lager fließende Ölmenge wird durch die Beziehung $\varphi_c = k_1 VrL/2$ gegeben, worin k_1 eine Konstante bezeichnet, U, r, L sind die gleichen Größen wie vorher.

Der axiale Fluß ist $Q_a = k_2 P/\eta$, worin k_2 einen Koeffizienten, P = Eintrittsöldruck und η die Viskosität in der Öltasche bezeichnet.

k_2 hängt weitgehend von der geometrischen Form der Öltasche ab, vor allem von deren Abstand vom Rand des Lagers. Der Koeffizient ist nicht einfach zu berechnen.

Es zeigt sich, daß Q_c nur von der Geschwindigkeit abhängt (r und L sind feste Werte), während Q_a mit dem Eintrittsöldruck und der Eintrittstemperatur — von der die Viskosität η abhängt — sich ändern. Daher können diese beiden leicht voneinander getrennt werden: durch Änderung der Drehzahl und durch Änderung des Eintrittsöldruckes während des Laufens oder unmittelbar nach dem Abstellen.

Es kommt oft vor, daß der Eintrittsöldruck abnimmt, wenn die Geschwindigkeit gesteigert wird. Das rührt von dem größeren Ölbedarf Q_c her, den die Umfangsstörung erfordert. Der gesamte Öldurchsatz Q, die Summe von Q_a und Q_c, wurde als konstant bleibend festgestellt. Q_c nahm mit der Geschwindigkeit zu, während Q_a abnahm. Wenn alle Q's in dem ganzen Getriebe zusammengezählt wurden, so ergab sich genau die Fördermenge der Pumpe, wie zu erwarten war. Wenn man also aus dieser Art von Versuchen lernen will, so müssen die einzelnen Ölströme getrennt betrachtet werden.

In den Bildern 5 und 6 sind die Kurven für Q_c und Q_a aufgetragen. Der Eintrittsöldruck für die Q_c-Versuche für $1^1/_3$ atü und Q_a wurde unmittelbar nach dem Abstellen gemessen. Der Wert für k_1 wurde in den meisten Fällen kleiner als 0,8 gefunden, wie es die Theorie voraussagt. Nur bei zwei von etwa 23 untersuchten Lagern war er größer als 0,8; die Gründe hierfür sind nicht völlig klar. Hieraus geht hervor, daß eine Analyse der Zahnreibungs- und Lagerreibungsverluste und des Öldurchflusses möglich war. Die Tatsache, daß die Zahnreibungsverluste verhältnismäßig klein sind, und der Zahnreibungskoeffizient im wesentlichen bekannt ist, erlaubt es, durch einen Laufversuch mit einem einzigen Getriebe mit Hilfe eines Torsionsdynamometers im allgemeinen alle den Wirkungsgrad bestimmenden Größen zu ermitteln. Back to back-Versuche sind nur dann berechtigt, wenn neue Konstruktionen oder Werkstoffe untersucht werden sollen.

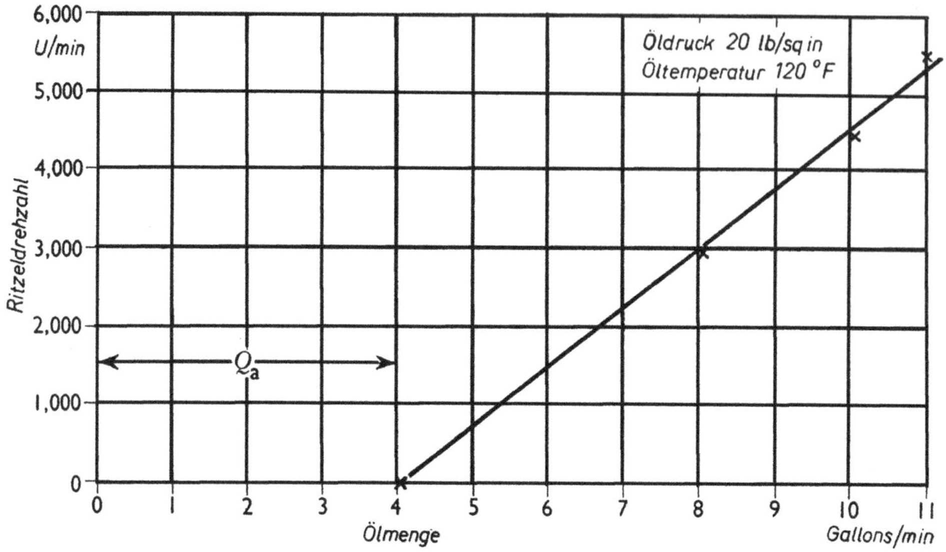

Bild 5: Öldurchfluß

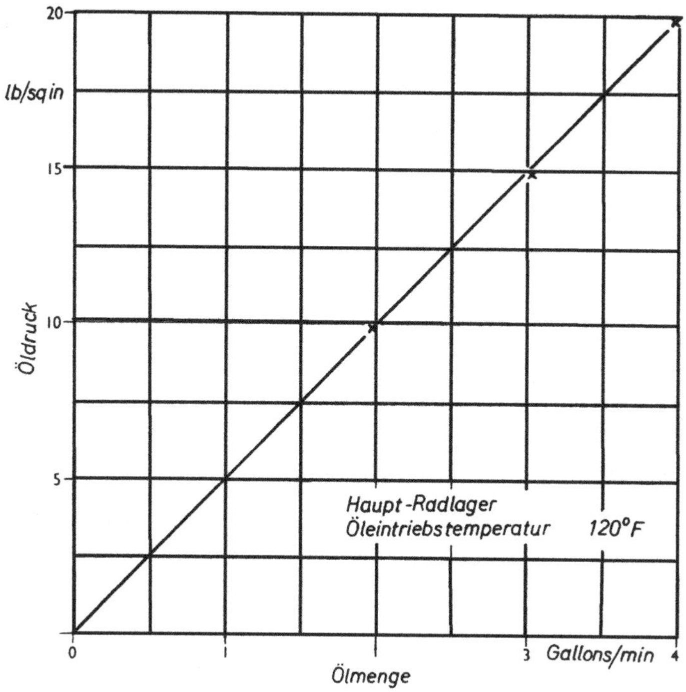

Bild 6: Öldurchfluß

Grübchenbildung

Bei Versuchen mit hoher Belastung trat die Grübchenbildung besonders stark auf.

Eine sehr einfache Methode zur Bestimmung der Grübchenbildung liefert gute Ergebnisse. Sie besteht in dem einfachen Auszählen der Grübchen auf einem halben Zoll Länge auf der Zahnoberfläche. Die Größe und die Form der Grübchen wurde nicht beachtet. Im allgemeinen wurden 5 bis 10 Zähne auf diese Weise ausgezählt und der Mittelwert gebildet. Zur Überprüfung der Methode wurden Plexiglasabdrücke von der Zahnoberfläche genommen, nachdem eine Lösung

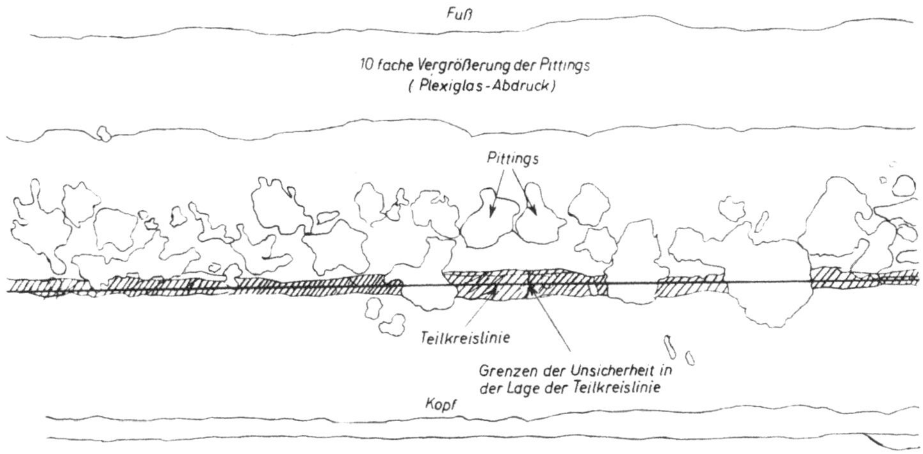

Bild 7: Untersuchung des Zahnabdruckes

von Monomer auf die Zähne aufgetragen worden war. Der Abdruck wurde mit einem Plexiglasstreifen bedeckt und zwölf Stunden lang einer ultravioletten Bestrahlung ausgesetzt. Der Abdruck wurde dann zehnmal vergrößert und auf einen Schirm projiziert, auf dem die Begrenzung der Grübchen leicht nachgezeichnet und festgehalten werden konnte (Bild 7). Es fand sich, daß die Gesamtfläche der Grübchen auf der halben Zahnlänge nahezu mit der Anzahl der ausgezählten Grübchen übereinstimmte. Die Methode gibt somit eine gute Vorstellung von der Schwere der Grübchenbildung.

Die Grübchen-Untersuchung an einem Ritzel bei verschiedenen Belastungen zeigt Bild 8. Es waren 10 Millionen Berührungen bei jeder Belastungsstufe vorhanden. Der Einfluß von Schwingungen ist deutlich erkennbar.

Diese Untersuchungsmethode bietet die Möglichkeit, verschiedenartige Getriebe auf Grund der Stärke der Grübchenbildung zu beurteilen.

Wenn zwei Getriebe der gleichen Bauart vorliegen und die Zähne des einen in besonderer Weise korrigiert sind, so kann man diesen Einfluß unmittelbar vergleichen, wenn die Stärke der Grübchenbildung in Abhängigkeit von der Last aufgetragen wird. Solche Versuche wurden durchgeführt: das Ergebnis zeigt Bild 9. Die korrigierte Verzahnung ist rund 100 % besser als die nicht korrigierte. Die

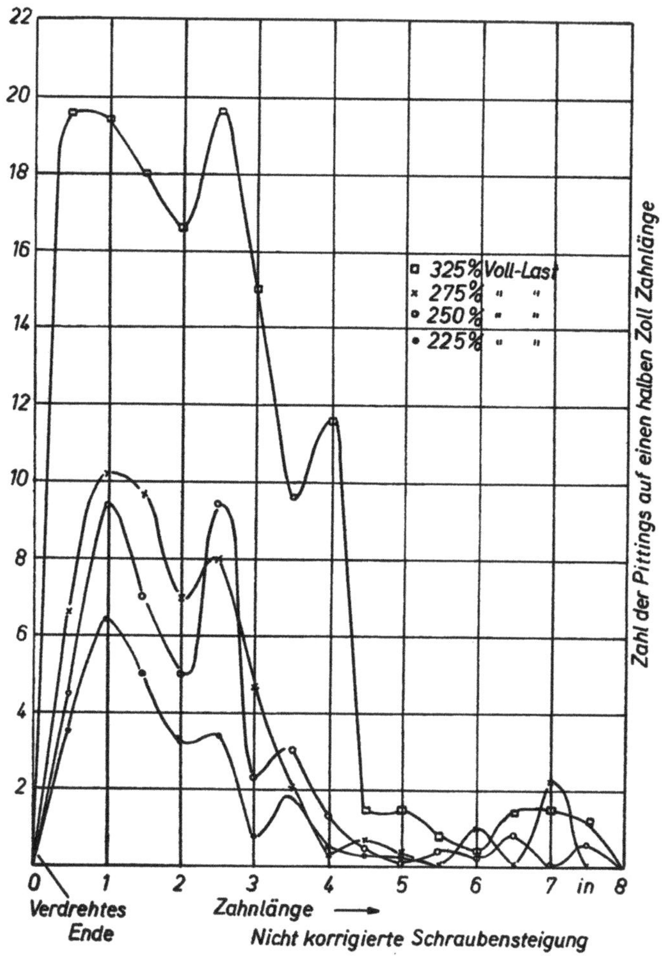

Bild 8: Untersuchung der Pittingsbildung

beiden Ritzel stimmen in allen Einzelheiten überein, nur ist die Verzahnung so korrigiert, daß bei 200 % Belastung das deformierte Ritzel vollständige Berührung erzielt. Unter der Voraussetzung, daß die Stärke der Grübchenbildung an jeder Stelle ein Maß für die örtliche Beanspruchung darstellt, geben diese Kurven ein Bild von der Verminderung der Spannungen durch die korrigierte Verzahnung.

Einen erheblichen Umfang dieser back to back-Versuche nahm das Studium der Grübchenbildung ein. Die Vergrößerung der Plexiglasabdrücke (Bild 7) wurde darauf untersucht, wie die Grübchenbildung den Zahn hinunter verläuft. Dafür wurde zunächst der Teilkreis gezogen. Er wurde in die Mitte des dunklen Bandes verlegt, das deutlich in der Zeichnung zu erkennen ist. Beim Arbeiten mit der zehn-

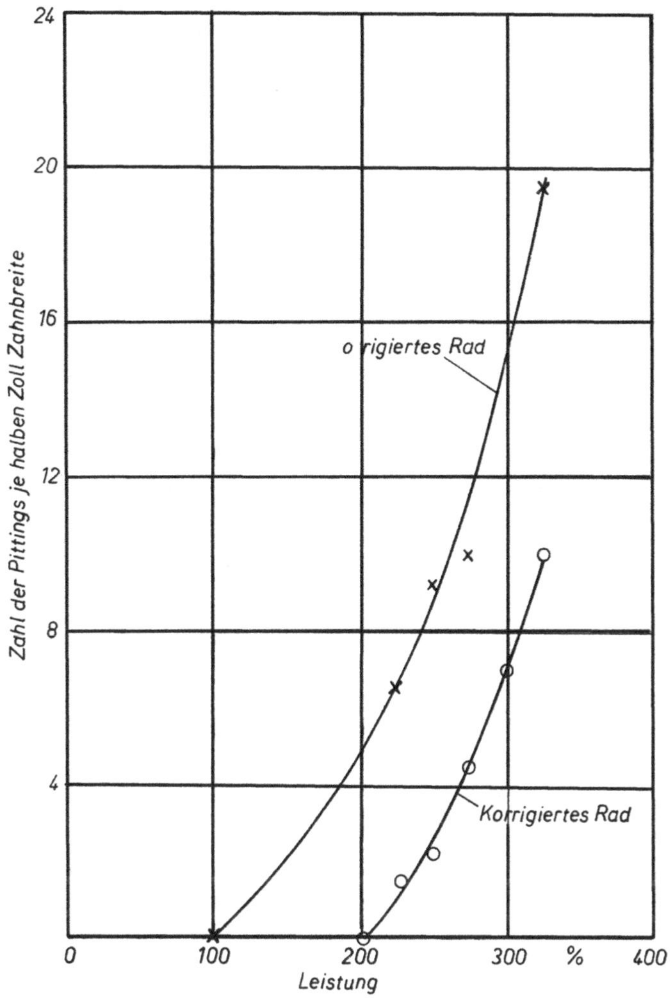

Bild 9: Vergleich von korrigierten und unkorrigierten Schraubenzähnen

fachen Vergrößerung wurden Linien parallel zur Teilkreislinie in 3 mm Abstand gezogen und in 5 cm Längen in Richtung der Zahnlänge unterteilt.

Alle 5 cm-Linien gehen sowohl über grübchenreiche wie grübchenlose Felder der Zahnoberfläche. Um die Stärke der Grübchenbildung abzuschätzen, wurde die Gesamtlänge der Linie über die Grübchen als Prozentsatz, bezogen auf die 5 cm-Länge, ausgedrückt. Dieses Prozentverhältnis wurde für verschiedene Abstände vom

Teilkreis festgestellt. Die Ergebnisse für einen bestimmten Querschnitt zeigt Bild 10. Die stärkste Grübchenbildung 1,9 mm zeigt sich danach unterhalb des Teilkreises.

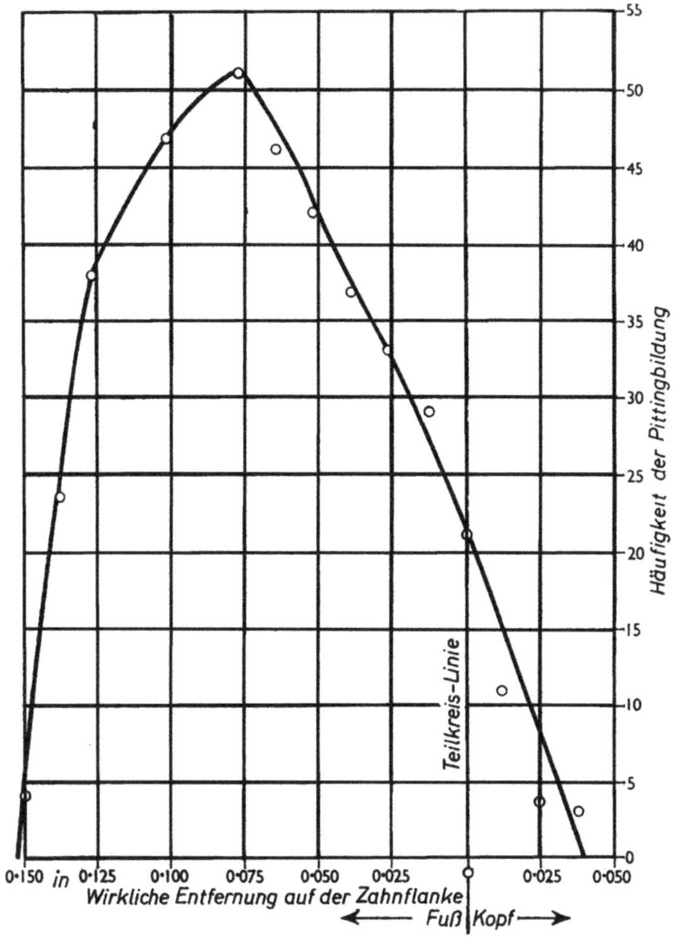

Bild 10: Häufigkeit der Pittingsbildung in Abhängigkeit von der Zahnhöhe

Der genaue Wert von 1,9 mm hat wahrscheinlich keine andere Bedeutung, als daß hierin ein Einfluß der Zahnreibung zu erkennen ist. Dies ist auch der mögliche Fehler in der Festlegung des Teilkreises in dieser Figur mit 1,9 mm. Ein zweites System wurde nach der gleichen Methode untersucht und ergab einen Abstand von 0,6 mm für die Linie des Höchstwertes der Grübchenbildung unterhalb des Teilkreises.

Nach Abschluß der Versuche wurden den Rädern und Ritzeln einige Zähne entnommen und ihre Mikrostruktur untersucht.

Lauf bis zur Zerstörung

In einem dieser Versuche wurden die Getriebe bis zur Zerstörung gefahren. Das Versagen trat durch Abbrechen der Zähne ein. Der Verlauf, den die Risse vor dem Abbrechen der Zähne nahmen, war sehr interessant. Sie begannen im Teilkreis, wo die Grübchenbildung am stärksten war und dadurch die Spannungen erhöht wurden, und dann gingen die Risse an die Zahnwurzel.

Es muß bemerkt werden, daß sich die Risse bei ihrem Beginn in dem Geräusch der Getriebe bemerkbar machten. Nach dem Abbrechen eines Zahnes fiel dieser heraus; es trat sonst kein allgemeiner Schaden am System auf. Der abgebrochene Zahn verbog natürlich die verbleibenden Zähne.

Zusammenfassung

Die technische Ausführung von back to back-Versuchen ist nicht schwer. Die dabei gewonnenen nützlichen Ergebnisse können sehr umfangreich sein. Durch eine Drehmoment-Belastung konnte das Aufbringen einer bekannten Last während des Laufes ermöglicht werden. Auf diese Weise sind die Reibungsverluste getrennt zu ermitteln.

Die Möglichkeit, einen Getriebesatz bis zur Zerstörung zu fahren und die Zähne dann eingehend zu untersuchen, war von außerordentlichem Wert. Dadurch sind erhebliche Unterlagen über die Stärke der Grübchenbildung gewonnen worden.

Diese Art der Untersuchung wird notwendig, wenn die Getriebeverluste im einzelnen festgestellt und die Wirkung der Belastung auf die Zähne studiert werden soll. Die Zahnreibung läßt sich nicht auf irgendeine andere Weise mit besonderer Genauigkeit ermitteln. Da die Lagerverluste den größten Teil der Gesamtverluste ausmachen, gibt bereits die Untersuchung eines einzigen Getriebes die wichtigsten Unterlagen, wenn das Eingangsdrehmoment und der Ölfluß gemessen werden.

Die gewonnenen Ergebnisse vermittelten wertvolle Erkenntnisse über die Grübchenbildung und das Verhalten bei hohen Zahnbelastungen.

Schrifttum:

[1] A. Cameron 1951: Inst. Mech. Eng. Heat Transfer Symposium p. 194.
[2] Wilfred Lewis 1910: Trans. American Society Mech. Eng., Vol. 32 p. 826.
[3] Wilfred Lewis 1914: Trans. American Society Mech. Eng., Vo. 36, p. 231.
[4] Wilfred Lewis 1918: Trans. American Society Mech. Eng., Vol. 40, p. 112.
[5] H. E. Merritt 1946: Gears (Pitman).
[6] H. Rikli, Zeit V.D.I. 1911, Vol. 55, p. 1435.
[7] H. Walker 1938: The Engineer, Vol. 166 pp. 409 & 434.
[8] H. Walker 1940: The Engineer, Vol. 170 p. 102.
[9] A. Walther & H. Sassenfeld 1954: V.D.I. Forschungsheft 441.

Anerkennung

This paper is based on one given jointly by the Authore and A. D. Newman to the Institute of Mechanical Engineers Conference of Steam Turbine Research. 6th March 1953 they would like to thank the Admiralty and the Council of Pametrada for permission to present it.

H. M. HIERSIG

Genormte Schneckentriebe, Ziel und Weg

Es heißt, daß der Ausruf des Archimedes: „Man gebe mir einen festen Standpunkt, und ich werde die Erde bewegen" unter dem frischen Eindruck der Erfindung des Schneckentriebes getan wurde. Diese anfängliche Begeisterung wich im Laufe der Zeit einer etwas kritischeren Beurteilung der Schneckentriebe, als man nämlich erkannte, daß mit der hohen Übersetzung ein Leistungsverlust verbunden war. In den vergangenen Jahrzehnten sind auf dem Wege der Entwicklung besonderer Ausführungsformen erfreuliche Fortschritte gemacht worden, die dazu führten, daß auch der gewöhnliche Schneckentrieb sich wieder einer besseren Beurteilung erfreut und erneut häufiger angewendet wird.

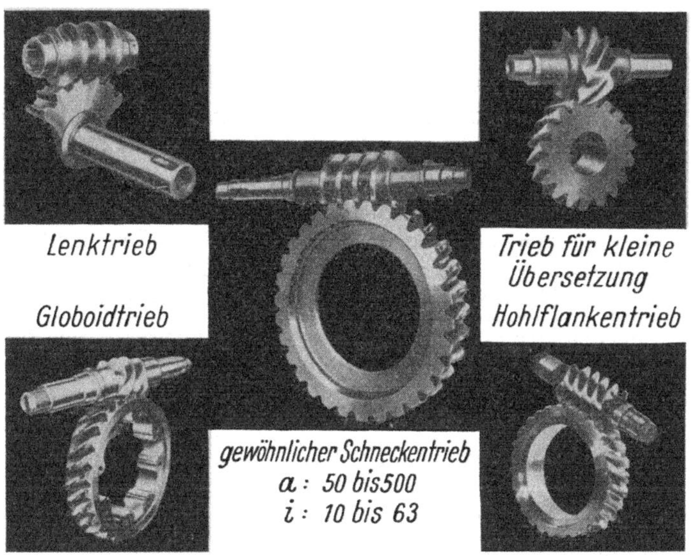

Bild 1: Abgrenzung der zu normenden Schneckentriebe gegen besondere bezw. geschützte Formen

Es sind mannigfache Formen von Schneckentrieben entwickelt worden, von denen Bild 1 einige darstellt. Wir sehen den selbsthemmenden Lenktrieb, wie er für die Lenkung der Kraftfahrzeuge verwendet wird, mit außerordentlich großer Schlagfestigkeit durch Verwendung von gehärteten und geschliffenen Schnecken und Schneckenradsegmenten in Verbindung mit sehr kleinen Eingriffswinkeln, durch die ungeeignete Blindkräfte vermieden werden sollen. Eine andere Ausführung zeigt einen Trieb für sehr kleine Übersetzungen, und zwar wohlgemerkt nicht als Schraubenradtrieb, sondern als Schneckenradtrieb ausgeführt. Diese Triebe werden aus baulichen Gründen mit Vorliebe dort verwendet, wo bei kleiner Übersetzung die gekreuzte Lage der Achsen von besonderem Vorteil ist. Beachtenswert ist auch der Globoidschneckentrieb, bei dem nicht, wie sonst häufig, sich nur das Schneckenrad an die Schnecke anschmiegt, sondern auch die Schnecke an das Schneckenrad. Ein besonders günstiger Eingriff und eine hohe Tragfähigkeit werden diesem Globoidtrieb nachgesagt. Von neuerer Entwicklung ist der Hohlflankentrieb mit Zahnflanken, die nicht eine gerade oder ballige, sondern eine kreisförmige Hohlform

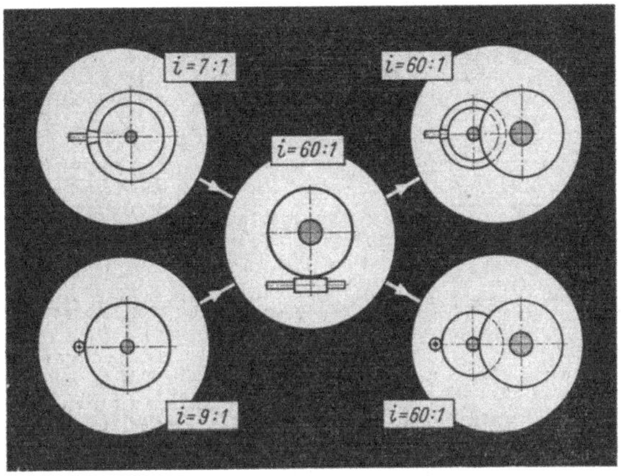

Bild 2: Der Schneckentrieb im Vergleich mit anderen Zahnradtrieben

aufweisen. Hiervon wird in erster Linie die Lage der Berührungslinien zur Bewegungseinrichtung beeinflußt, und auf diese Weise eine günstigere Wirkung der Schmierung herbeigeführt.

Naturgemäß sind jeweils die besonderen Formen einer Normung weniger zugänglich als jene gewöhnlichen Ausführungen, von denen in der Mitte des Bildes ein Beispiel gezeigt wird. Eine ausreichende Übersetzung, zylindrische Schnecke, von Geraden erzeugte Zahnflanken sowie Eingriffswinkel von 20° sind die Kennzeichen dieser Schneckentriebe, die in den Achsabständen von 50—500 mm und in den Übersetzungen von etwa 10 bis etwa 63 vorkommen. Der Vorzug dieser Schneckentriebe liegt besonders in der raumsparenden hohen Übersetzung in einer Stufe (Bild 2). Während man mit dem Kegelradtrieb, dessen Achsen ja auch rechtwinklig zueinander stehen, praktisch kaum mehr als $i = 7$ erreichen kann und mit dem Stirnradtrieb wohl nicht über $i = 9$ hinausgeht, ist eine Übersetzung von $i = 60$ beim Schneckentrieb ohne weiteres möglich. Würde man die gleiche Übersetzung unter Verwendung von Kegelrad- und Stirnradgetrieben erreichen wollen, so müßte man zumindest zweistufig bauen.

Einen weiteren Vorteil des Schneckentriebes finden wir in der Abbremsung rückwirkender Kräfte (Bild 3). Während beim Stirnradtrieb, gleichgültig von welcher Seite aus er angetrieben wird, z. B. der Wirkungsgrad unverändert bleibt, ist beim Schneckentrieb der Wirkungsgrad beim Antrieb vom Schneckenrad auf die Schnecke geringer als umgekehrt. Bei einem Wirkungsgrad des Antriebes von der Schnecke

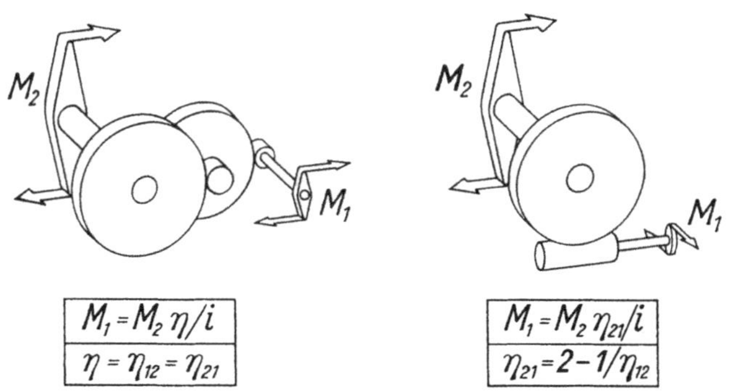

Bild 3: Abbremsung rückwirkender Kräfte beim Schneckentrieb

auf das Schneckenrad in Höhe von 70% beträgt der Wirkungsgrad in umgekehrter Richtung nur 57,5%. Dies kann so weit gehen, daß Selbsthemmung eintritt, die theoretisch bei einem Getriebewirkungsgrad von 50% eintritt, sobald man das Schneckenrad anzutreiben versucht. In vielen Fällen ist diese Eigenschaft des Schneckentriebes nützlich und dient zur Schonung von Teilen des Antriebes oder gar zur Vereinfachung desselben, wenn man die Selbsthemmung ins Auge faßt. Es wäre noch die Geräuscharmut des Schneckentriebes zu erwähnen, die ihm in vielen Fällen gegenüber anderen Antriebsarten den Vorzug verleiht. Jedenfalls ist festzustellen, daß der Schneckentrieb nach wie vor eine nicht unerhebliche Rolle im Maschinenbau spielt und das Verlangen nach der Normung von Schneckentrieben deshalb nur zu gerechtfertigt ist.

So einfach es erscheint, ein Schneckengetriebe für einen besonderen Zweck zu bauen, so schwierig ist die Aufgabe, aus der Vielzahl der möglichen Ausführungen die normenwürdigen herauszufinden. So zeigt z. B. Bild 4 drei Schneckentriebe, die für dieselbe Aufgabe in Frage kommen, bei denen aber drei verschiedene Schnecken mit unterschiedlichen Durchmessern verwendet werden. Man sieht, wie groß der mögliche Bereich der Veränderung ist, wenn man betrachtet, daß die dritte Ausführungsform eine Schnecke aufweist, deren Durchmesser das 1,75 fache des Durchmessers der ersten Ausführung beträgt. Es ist daher nicht verwunderlich, daß ein Auszug aus Werksnormen und Fräserlisten einer Reihe deutscher Werke für eine rechtssteigende Schnecke mit der Zähnezahl 1 und dem Modul 5 nicht weniger als 22 verschiedene Formen im Bereich der Teilkreisdurchmesser von

35—100 mm erkennen läßt (Bild 5), von denen sicherlich nicht alle, sondern nur zwei, höchstens drei Formen benötigt werden, wenn man den Schneckentrieb und seine Aufgabe als Ganzes betrachtet.

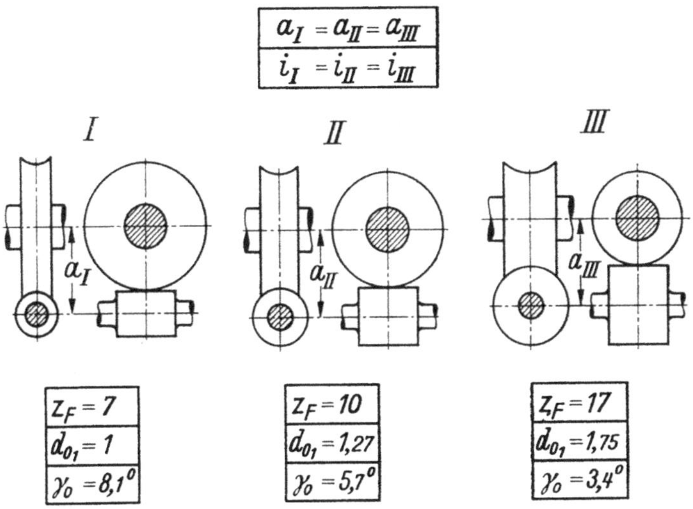

Bild 4: Einfluß der Formzahl auf die Gestalt des Schneckentriebes

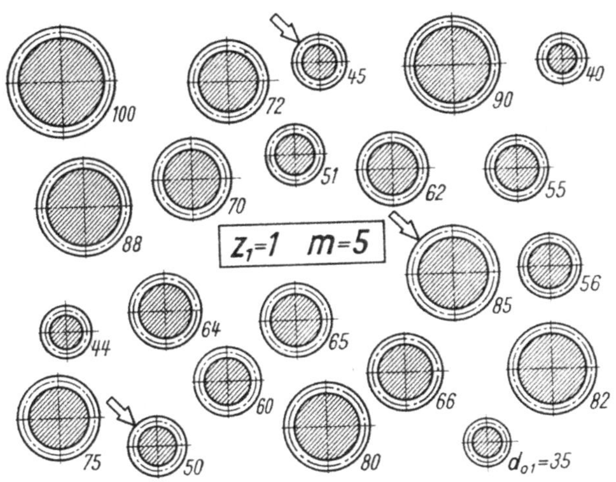

Bild 5: Auszug aus Werksnormen und Fräserlisten von 7 deutschen Werken für rechtssteigende Schnecken

Das Ziel einer Normung für die Schneckentriebe müßte demnach eine Tafel sein, in der zu gewissen gestuften Übersetzungen für jeden Achsabstand die zu verwendende Schnecke in ihren kennzeichnenden Abmessungen aufgeführt ist. In der Normung gibt es hierfür kein Vorbild. Während DIN 868 lediglich allgemeine Begriffe für Schneckengetriebe normt, sind in der HGN 10612 die Beziehungen an Schneckentrieben und die Darstellung derselben genormt worden. Auch die britische Norm BSS 721 befaßt sich nur mit dem Bezugssystem und der Beziehung der Bestimmungsstücke untereinander, gibt allerdings auch Bemessungsgrundlagen. Eine Vorstufe der geplanten Norm bildet die Fachgruppennorm ZN 401, in der eine Reihe von Schneckenabmessungen festliegt, für die jedoch keine Bindung an Übersetzung und Achsabstand herbeigeführt wurde. Es bliebe demnach nichts anderes übrig, als die Frage zu beantworten, welche Schnecken bzw. welche Schneckendurchmesser aus der Vielzahl der möglichen so günstig liegen, daß man sie für die Normung von Schnecken vorschlagen kann.

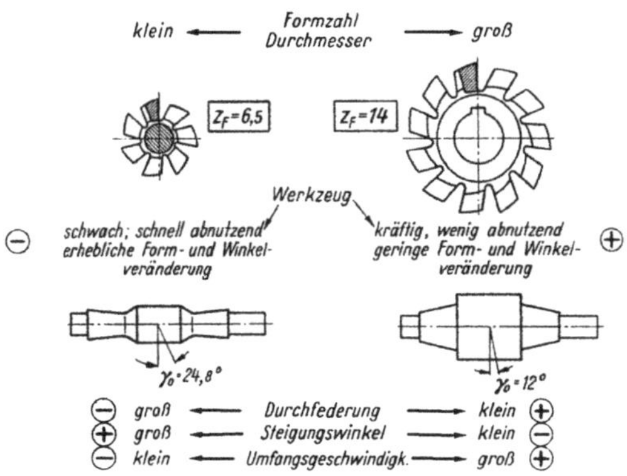

Bild 6: Einfluß der Formzahl auf Schneckenradfräser und Schnecke

Bild 6 zeigt einige praktische Auswirkungen bei extremen Unterschieden in den Schneckendurchmessern. Links ist eine Schnecke mit einem sehr kleinen Durchmesser dargestellt, der gekennzeichnet ist durch die Formzahl $z_F = 6{,}5$. Diese Formzahl ist eine Zahl, die das Verhältnis von Schnecken-Nenndurchmesser zu Modul ausdrückt oder den Nenndurchmesser einer Schnecke mit Modul 1 angibt. Rechts finden wir eine Schnecke dargestellt mit der Formzahl $z_F = 14$, d. h. der Durchmesser dieser Schnecke ist 14mal so groß wie der Modul. Am auffälligsten ist der Unterschied, wenn man die Schneckenradfräswerkzeuge betrachtet. Links zeigt sich ein sehr schwaches Werkzeug mit geringem Kernquerschnitt und einer entsprechend kleinen Zahl von Fräszähnen. Dieses Werkzeug wird schnell abnutzen und wird mit der Abnutzung und dem hiermit verbundenen Scharfschleifen seine Flankenform und den Steigungswinkel in relativ großem Maße verändern. Das Werkzeug für die dicke Schnecke dagegen ist kräftig, nutzt sich wegen der großen Zahl der Fräszähne nur wenig ab und ändert auch nach dem Scharfschleifen jeweils Form und Winkel nur verhältnismäßig wenig. Es kann sogar, wie dargestellt, als Aufsteckwerkzeug verwendet werden, was hinsichtlich des Preises und der Handhabung einen Vorteil darstellt. Betrachtet man die Schnecke selbst, so wird klar, daß die dünne Schnecke erheblich größeren Durchfederungen unterliegt als die dicke Schnecke, eine Frage von wesentlicher Bedeutung für das Betriebsverhalten des Schneckentriebes. Man sieht aber auch, daß der Steigungswinkel der dünnen Schnecke mehr als doppelt so groß ist wie der Steigungswinkel der dicken Schnecke. Zum Teil wird jedoch diese negative Auswirkung gemildert durch die größere Umfangsgeschwindigkeit der dicken Schnecken, von der die Reibung zwischen Schneckenzahnflanke und

Zahnflanke des Schneckenrades in nicht geringem Maße günstig beeinflußt wird. Ganz allgemein wird man auf Grund dieses Bildes zu dem Schluß kommen, daß das Streben zu kräftigeren Schnecken für die zu normenden Schneckentriebe des allgemeinen Maschinenbaues zweifellos angebracht und nützlich ist.

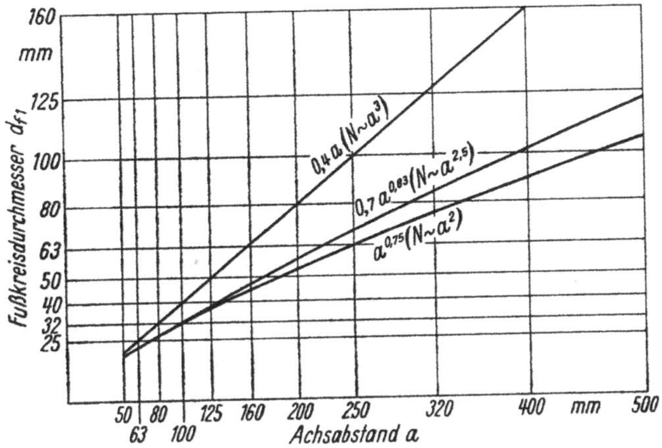

Bild 7: Abhängigkeit des Fußkreisdurchmessers vom Achsabstand nach ausgeführten Vorbildern (nach G. Niemann, München)

Einem Beitrage von Prof. Niemann ist es zu danken, daß ein zahlenmäßiger Zusammenhang zwischen dem Durchmesser der Schnecken und der Größe des Getriebes gewonnen wurde. Geht man davon aus, daß die Bemessung der Schneckengetriebe von der Erwärmung unabhängig ist, so wäre eine geometrisch ähnliche Vergrößerung aller Teile nach Maßgabe des vergrößerten Achsabstandes berechtigt. Die Leistung dieser Getriebe würde bei sonst gleichen Voraussetzungen mit der dritten Potenz des Achsabstandes wachsen. Da aber zumindest bei Dauerbetrieb die Leistung der Schneckengetriebe durch die Erwärmung begrenzt ist, diese aber von der Oberfläche der Getriebe abhängt, d. h. also annähernd von dem Quadrat des Achsabstandes, darf man den Durchmesser der Schnecken weniger schnell anwachsen lassen als den Achsabstand, ohne dabei die Durchfederung der Schneckenwelle ein gewisses Maß überschreiten zu lassen. Dies entspricht der unteren Kurve des Bildes 7. Da aber die Entwicklung in Zukunft wohl mehr zu Getrieben führt, die mit zusätzlicher und wirkungsvoller Luftkühlung versehen sind, ist die Annahme begründet, daß die Durchmesser der Schnecke etwas schneller anwachsen dürfen, als es einer Leistungszunahme nach dem Quadrat des Achsabstandes entspricht. Dieses Gesetz stellt die mittlere Kurve dieses Bildes dar. Um diesen Zusammenhängen noch einmal im einzelnen nachzugehen, wurde eine Reihe von unterschiedlichen Schneckentrieben theoretisch untersucht. Aus der Vielzahl der hierbei gewonnenen Ergebnisse seien in Bild 8 zwei Diagramme wiedergegeben. Für die Übersetzung $i = 20$ für gehärtete und geschliffene Schnecke mit Wälzlagerung sind links die zulässigen Drehmomente an der Schneckenradwelle für ein Getriebe mit 100 mm und rechts für ein Getriebe mit 400 mm Achsabstand eingetragen. Die zulässigen Drehmomente sind abhängig gemacht von der Durchfederung der Schneckenwelle, die mit 0,005 m begrenzt sein soll, von der Zahnbiegefestigkeit, von der Wälzfestigkeit und von der Erwärmung bei unter-

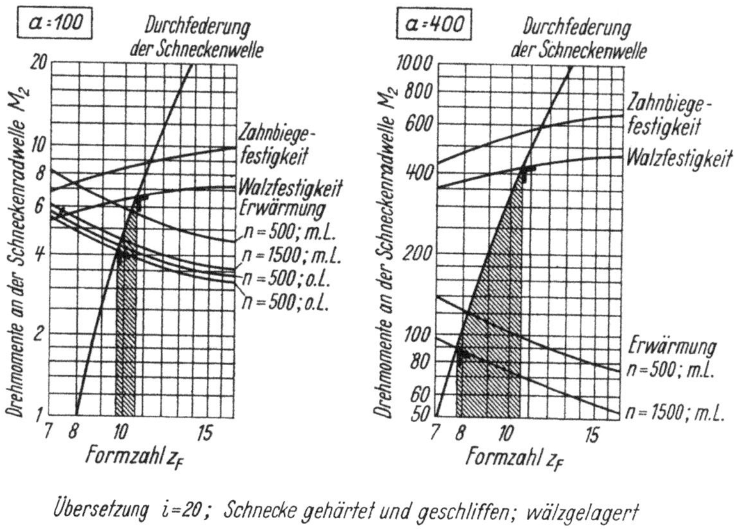

Bild 8: Zulässige Drehmomente an der Schneckenradwelle in Abhängigkeit von der Formzahl

schiedlichen Drehzahlen und bei dem kleineren Getriebe auch ohne Lüfter. Die Drehmomente sind hier von der Formzahl z_F abhängig gemacht, die mit 7 und 17 begrenzt wurde. Dieser Formzahl z_F entsprechen bestimmte Nenn- und Fußdurchmesser der Schneckenwelle. Während für den vorliegenden Fall aus dem vorangegangenen Bild für das kleine Getriebe ein Fußkreisdurchmesser von 32 mm abgelesen wird, wäre für das größere Getriebe ein Fußkreisdurchmesser von 105 mm zu wählen. Dies entspricht den Formzahlen für das kleinere Getriebe $z_F = 10{,}2$, für das größere Getriebe $z_F = 8{,}6$ und befindet sich in ausgezeichneter Übereinstimmung mit den sich aus der Einzeluntersuchung ergebenden Formzahlen. Dies trifft nicht nur für den herausgegriffenen Einzelfall, sondern im wesentlichen für den gesamten Bereich der untersuchten Getriebe zwischen $i = 5$ bis $i = 80$ zu. Nunmehr bedarf es nur noch einer Abstimmung der Ergebnisse, einer Ordnung der Durchmesser, um in Kürze der deutschen Industrie einen geeigneten Normvorschlag für die Durchmesser der Schnecken zu geben.

Eine bestimmte Schnecke braucht nicht nur für einen bestimmten Achsabstand verwendet zu werden, sondern auch für benachbarte kleinere oder größere Getriebe. So zeigt Bild 9 für das Beispiel i = 20 und a = 200 die Möglichkeit des Mehrfachansatzes von Schneckenradfräsern. Man kann entweder, was besonders angestrebt werden soll, die Achsabstände nach Normzahlen ausführen, so z. B. den Achsabstand a = 160 oder a = 250, und erhält dann Übersetzungen i = 15 bzw. i = 26, die dann in diesem Falle keine Normzahlen sind. Man kann aber auch, wie es in der unteren Reihe gezeigt ist, Normzahlen für die Übersetzung zugrunde legen, wobei man dann aber für die Achsabstände keine genormten Maße verwirklichen kann. Das Bild zeigt auch recht gut, daß eine Übertreibung dieses Verfahrens bis zu den jeweils an den Seiten gezeigten Extremfällen zwar denkbar ist, aber nicht sehr glücklich ausfällt.

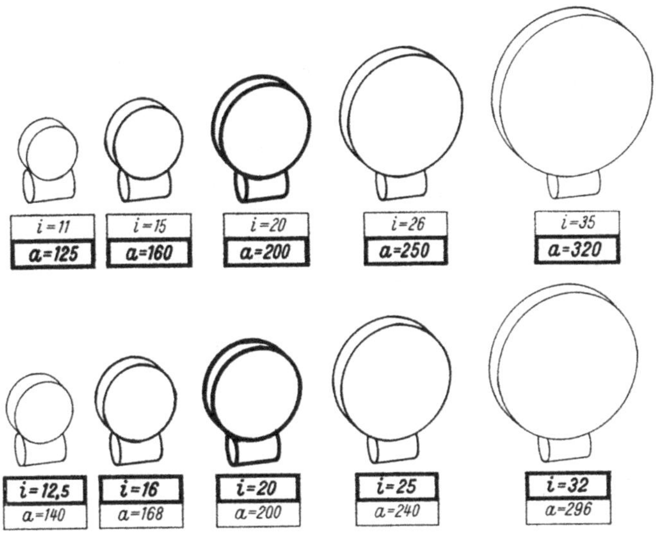

Bild 9: Mehrfacheinsatz des Schneckenradfräsers
2, m 8, z_F 10

In engem Zusammenhang mit dieser Frage steht die Frage nach der zweckmäßigen Wahl der Modulreihe. Der Modul ist mit dem Achsabstand, den Zähnezahlen, Formzahlen oder Durchmessern wie folgt verknüpft:

$$m = \frac{2a}{i z_1 + z_F} \quad \text{oder} \quad m = \frac{2a - d_{m1}}{i z_1}$$

Man kann es nun so einrichten, daß die Summe $i z_1 + z_F$ eine Normzahl darstellt, und erhält dann immer zu Achsabständen nach Normzahlen eine Modulreihe nach Normzahlen, jedoch keine befriedigende Stufung der Übersetzungen. Ein anderer Weg wäre es, daß man die Differenz $2a - d_{m1}$ zu einer Normzahl macht. Dies geht aber nur dann, wenn man eine feinere Reihe auswählt als beispielsweise R 10. Vielleicht ist es bei Schneckentrieben überhaupt nicht sinnvoll, den Modul aus einer Reihe zu wählen, die aus Normzahlen aufgebaut ist. Wir haben es ja hierbei nicht mit einem allgemeinen Werkzeug zu tun, mit dem beliebig viele

Arten von Rädern hergestellt werden können, so wie wir es bei den Stirnrädern vorfinden. Hier paßt vielmehr zu jedem Schneckenradfräser nur eine einzige Schnecke, und mit dem Schneckenradfräser kann ein begrenzter Bereich von Schneckenrädern hergestellt werden. Es besteht deshalb durchaus die Möglichkeit, daran zu denken, daß man die Schneckentriebe in ihren äußeren Abmessungen normt, d. h. glatte Normzahlen für Achsabstände und Übersetzungen erzielt, dabei aber andere Zahlen als Normzahlen anwendet. In dieser Richtung sind die Überlegungen z. Z. noch nicht ganz zu einem befriedigenden Abschluß gekommen.

Das Hilfsmittel, die unter Umständen zwischen dem sich theoretisch ergebenden Achsabstand und einem Achsabstand nach Normzahl entstehende Differenz mit Hilfe einer Profilverschiebung zu überbrücken, kann in einzelnen Fällen durchaus angewendet werden. Es ist aber noch fraglich, ob man hierbei Profilverschiebungen über eine gewisse Begrenzung hinaus, z. B. + 0,5 m, zulassen soll.

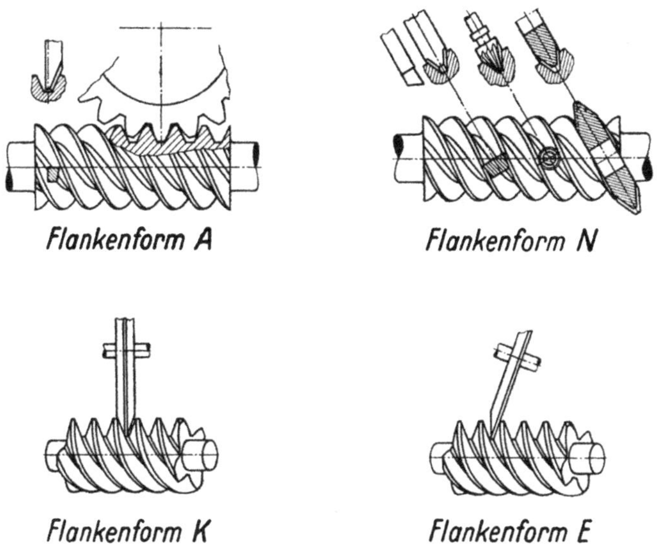

Bild 10: Zahnformen fur die zu normenden Schnecken

Hinsichtlich der Zahnformen der Schnecken wird man nach dem heutigen Stand der Technik in Deutschland verbindliche Vorschriften nicht machen können. Auf der einen Seite ist in Theorie und Praxis hierüber noch nicht das letzte Wort gesprochen, auf der anderen Seite sind die in den Firmen vorliegenden fertigungstechnischen Einrichtungen zu unterschiedlich, als daß man sie auf einen Nenner bringen könnte. Bei der Normung der Schneckentriebe sollen daher im Normblatt für die Grundbegriffe die Zahnformen lediglich klar bestimmt und in ihren einzelnen Bestimmungsstücken Zahnhöhe, Zahndicke, Eingriffswinkel usw. festgelegt werden. Es ist beabsichtigt, die Zahnformen, wie es in Bild 10 dargestellt ist, mit Kurzbezeichnungen zu versehen: so z. B. die Flankenform A, die im Achsschnitt gerade Zahnflanken zeigt, und deren Stirnschnittkurven archimedische Spiralen darstellen, die Flankenform N, die mit normal eingestellten Werkzeugen erzeugt wird, die Flankenform K, die mit relativ großen kegelförmigen Werkzeugen, insbesondere Schleifwerkzeugen hergestellt wird, und die Flankenform E, die die Zahnform der Evolventenschnecke darstellt.

Das Normenwerk für Schneckentriebe wäre nicht vollständig, wenn man in den Normblättern für Grundbegriffe nicht auch die Begriffe für Fehler der Schnecken, Schneckenräder und Schneckentriebe und deren Anschluß an das Zahnradtoleranzenwerk geben und auch für die Werkstattzeichnungen von Schnecken- und Schneckenrädern Normen aufstellen würde. Auch hierfür sind die Vorbereitungen bereits weit fortgeschritten.

Mit diesen Ausführungen ist das Ziel der im Gange befindlichen Normenarbeit an Schneckentrieben dargelegt und ein Überblick über die hierzu eingeschlagenen Wege gegeben worden. Es soll in diesem Zusammenhang die Hoffnung ausgesprochen werden, daß diese Berichterstattung schon jetzt eine fördernde Kritik finden möge, die bei der Abfassung der Normentwürfe nützlich verwendet werden könnte.

H. WALKER

Schneckengetriebe

Ein Überblick über einige neuere Bestrebungen und Entwicklungen

(Übersetzung)

Worm Gearing

A survey of some recent trends and developments

Summary

The paper suggests that the most important advances in worm gear technique have been due to concentration on the production and application of worm gears of high lead angle and of ratios close to unity.

The manufacture of totally enclosed worm gear units in a standard range of sizes is discussed, with particular reference to air cooled units.
The comparative merits of the different designs of thread form for worm gears is discussed and the author contends that the parallel worm with involute helicoid thread form is best because of its simplicity in manufacturing technique, leading to greater accuracy and better performance.

The author refers to the advantages which could be obtained from a rational system of worm gear design. This system envisages the standardisation of range of module pitches together with a "worm diameter factor". This would result in a limited range of spaced designs from which any requirement may be selected. The advantages are strict limitations of tools, the avoidance of haphazard selection of designs and the simplification of calculation, since it enables all required designs to be tabulated.

Einleitung:

Es ist wohl nicht übertrieben, wenn man sagt, daß in England mehr Zeit, Energie und Aufwand für die Entwicklung und Förderung des Schneckengetriebes verwendet worden sind, als in irgend einem anderen Land.

Das hat nur scheinbar ganz zufällige Gründe.

Die intensive Beschäftigung mit Schneckengetrieben begann mit der Entwicklung der Kraftwagen, als sich herausstellte, daß Schneckengetriebe in der Lage sind, eine sehr schwere Last unter äußerst harten Arbeitsbedingungen zu übertragen. Dabei wurden zum erstenmal Schneckengetriebe mit verhältnismäßig kleinen Übersetzungen und hohem Wirkungsgrad aus einer umfangreichen Produktion eingehend erprobt. In späteren Jahren neigte man dazu, für die Achsgetriebe der Kraftwagen bogenverzahnte Kegelräder und zweistufige Übersetzungen vorzuziehen, obwohl der Schneckentrieb in Großbritannien noch immer der üblichste Antrieb für schwere Fahrzeuge ist. Aber die Erfahrungen, die bei der Entwicklung derartiger Schneckengetriebe gewonnen wurden, führten dazu, ihre Anwendungsmöglichkeit auf anderen Gebieten zu untersuchen, und bei all diesen Anwendungen der Schneckentriebe ergaben sich unmittelbar daraus Verbesserungen. In Amerika und in den meisten europäischen Ländern hat der Kegelradantrieb eine sehr hohe Entwicklungsstufe erreicht. Das hat ohne Zweifel zur Folge gehabt, daß gerade diese Getriebe dort bevorzugt wurden. Von einigen wenigen Ausnahmen abgesehen, bringt man dort großen Schneckengetrieben noch nicht das gleiche Zutrauen entgegen wie in England. Es hat Mühe gekostet, die Ingenieure in einigen Ländern, die von mir besucht wurden, zu veranlassen, den Schneckentrieb an Stelle der bewährten Kegel- und Stirnradtriebe anzuwenden. Aber in den letzten Jahren ist zu erkennen, daß der Schneckentrieb immer mehr als ein geeignetes Mittel der Kraftübertragung erkannt wird.

Die Entwicklung von Schneckentrieben mit sehr kleiner Übersetzung

Schneckentriebe haben einen sehr weiten Übersetzungsbereich. Sofern alle Voraussetzungen gegeben sind, können Schneckentriebe mit Übersetzungen benutzt werden, die zwischen 70 · 1 (Übersetzung ins Langsame) und 1 · 20 Übersetzung ins Schnelle) liegen. In England hat sich neuerdings auch für Schneckentriebe mit Übersetzungen, die nahe bei 1 liegen, z. B. 5 : 1 und 1 : 2, ein großes Anwendungsgebiet ergeben. Diese Schneckentriebe werden als „close ratio" bezeichnet, d. h. Übersetzung nahe 1. Kleine Schneckengetriebe mit Übersetzung 1 : 1 und 2 : 1 werden in zunehmendem Maße bei Nockenwellen und Hilfsantrieben für Otto- und Dieselmotoren, Dampfturbinen und Flugzeugtriebwerken angewendet. Es gibt daneben auch eine große Zahl von industriellen Verwendungszwecken für diese Antriebe. Mit gewissen Begrenzungen der Gleit- und Schneckenradumfangsgeschwindigkeit können sie jetzt für fast alle Zwecke verwendet werden, bei denen die Vorteile der rechtwinklig gekreuzten Achsen und die Möglichkeit der Durchführung der Schnecken- und Schneckenradwellen an beiden Enden erwünscht sind. Meiner Meinung nach ist die Entwicklung der Herstellungsverfahren von Schneckentrieben mit Übersetzungen nahe 1 der bemerkenswerteste Fortschritt in letzter Zeit auf diesem Gebiet. In einem geeigneten Betrieb ist es möglich, solche Triebe fast ebenso wirtschaftlich herzustellen wie gewöhnliche geradverzahnte Kegelräder, die nur etwa $^1/_6$ der Last von Schneckentrieben übertragen können. Der Produktion dieser Schneckentriebe mit Übersetzungen nahe 1 gingen umfangreiche Entwicklungen in der Fertigungstechnik voraus. Es war notwendig, gerade Schneckenradfräsmaschinen zu entwickeln, bei denen der Tisch die doppelte Drehzahl der Frässpindel machen kann, dabei aber ausreichend genau, starr und schnell ist, um ein genaues Schneckenrad wirtschaftlich herzustellen. Die ungehärteten Schnecken haben einen hohen Steigungswinkel, gewöhnlich 45°, mit einer großen Zahl von Zähnen. Dies stellt besondere Probleme bei der Fräserherstellung und beim Schnekkenzahnflankenschleifen, die erst nach jahrelanger Arbeit gelöst worden sind. Es ist in erster Linie eine Folge der hohen Steigungswinkel der Schneckentriebe mit geringer Übersetzung, daß die Maschinen, die außerhalb Englands gebaut werden, nicht für diese Herstellungsweise geeignet sind. Mit vielen der anderswo gebauten Maschinen können Schneckenräder für eine Kleinstübersetzung von etwa 1 : 5 hergestellt werden. Es gibt aber fast keine, die befriedigend für die Herstellung von Schneckenrädern für Übersetzungen zwischen 1 : 2 und 5 : 1 in Frage kommen.

Die Anwendung der Schneckentriebe in der Praxis ist natürlich begrenzt. Sie dürften nicht für jeden Zweck besser geeignet sein als andere Arten von Zahnrädern. Andererseits scheinen viele Konstrukteure außerhalb Englands in der Vergangenheit eine weniger einfache Anordnung anderer Zahnradformen in solchen Fällen vorgezogen zu haben, in denen Schneckentriebe zweifellos eine einfachere und zuverlässigere Lösung gebracht hätten. Die typischen Kennzeichen des Schneckentriebes führen oft von selbst zu bequemen und einfachen Lösungen bestimmter Probleme. In solchen Fällen besteht die einzige Überlegung darin, zu klären, ob die Betriebsbedingungen für Schneckentriebe vom Gesichtspunkt der Zuverlässigkeit, des Wirkungsgrades und der Lebensdauer aus geeignet sind. Im allgemeinen haben Schneckentriebe nicht einen so hohen Wirkungsgrad wie andere Getriebearten, insbesondere bei geringen Geschwindigkeiten und beim Anlaufen. Die Bewegung einer Schnecke und eines Schneckenrades ist in der Hauptsache gleitend und hängt unmittelbar vom Reibwert ab, der für eine richtig geschmierte Werkstoffpaarung Stahl und Bronze zwischen 0,015 bei hohen Geschwindigkeiten und ungefähr 0,15 bei ruhenden Bedingungen schwankt. Befriedigend hohe Wirkungsgrade werden bei normalen und hohen Geschwindigkeiten erreicht. Da aber die Wärmeentwicklung dem Leistungsverlust proportional ist, kann ein geringer Unterschied im Wirkungsgrad starke Wärmeentwicklung verursachen, und aus diesem Grunde ist die Frage der Kühlung des Ölbades zusätzlich zu der natürlichen Wärmeabgabe von Bedeutung. Sie wurde bereits häufig bei Schneckentrieben für hohe Drehzahlen in Erwägung gezogen, sofern die äußeren Abmessungen möglichst klein gehalten sind. Auf der anderen Seite sind wohl die Wirkungsgrade der Schneckengetriebe nicht so niedrig, wie das bisher allgemein angenommen wurde. Schnecken mit 30 bis 45° Steigungswinkel ergeben Wirkungsgrade bis zu 96 % bei Drehzahlen von 750 U/min und mehr. Ein Versuch mit einem Schneckengetriebe, der vom Autor geplant und vom Nationalen physikalischen Laboratorium ausgeführt wurde, ergab Wirkungsgrade bis zu 98,2 % mit einem Trieb von 6″ Achsabstand bei Drehzahlen von 750—2000 U/min [1].

Was das Geräusch angeht, so wird allgemein angenommen, daß Schneckengetriebe an sich ruhiger arbeiten als andere Zahnradarten. Dies trifft natürlich nur in beschränktem Ausmaß zu. Das Geräusch von Schneckentrieben ist mehr von der Drehzahl des Schneckenrades als von der Drehzahl der Schnecke abhängig. Folglich müssen die Schneckenräder für Schneckentriebe mit Übersetzungen nahe 1 wirklich sehr genau gefertigt werden, wenn sie so geräuscharm laufen sollen, wie das mit anderen Zahnradarten erreicht werden kann.

Typisierte Schneckengetriebe

Der Aufbau dieser Typenreihe von Schneckengetriebeeinheiten ergab sich als natürliche Folge dieser Entwicklung in England. Es sind z. Zt. etwa drei Firmen, die in ziemlich großem Umfang Schneckengetriebe herstellen, während einige andere Firmen einen geringeren, aber immer noch erheblichen Marktanteil behaupten. Sowohl in England als auch in anderen Ländern besteht ein heftiger Wettbewerb. Z. Zt. ist man bei der Herstellung und beim Verkauf derartiger Getriebeeinheiten in erster Linie bemüht zu erreichen, daß alle gefertigten Teile vom Lager genommen, zusammengebaut und dem Kunden in ein oder zwei Tagen geliefert werden können.

Den Aufwand an Arbeit und Kapital, der hierbei in Betrieb und Lager erforderlich ist, kann man abschätzen, wenn man die Zahl der Teile betrachtet, die hiervon betroffen sind.

1. Es gibt 16 genormte Achsabstände (Getriebegrößen) von 30—600 mm.
2. Für jede Getriebegröße sind 11 genormte Getriebeübersetzungen in den Größen von 5—70: 1 vorgesehen. Schneckengetriebe mit einer Übersetzung nahe 1, d. h. mit Übersetzungen kleiner als 5, sind in dieser genormten Reihe von Getriebeeinheiten nicht enthalten. Sie würden eine Schnecke erfordern, die einen so großen Durchmesser hat, daß ein unnötiger Konstruktionsaufwand für den Getriebekasten erforderlich wird, wenn dieser auch für die anderen Übersetzungen verwendet werden soll.
3. Für jede Getriebegröße gibt es drei Ausführungen (untenliegende Schnecke, obenliegende Schnecke und senkrechte Antriebswelle), außerdem Abwandlungen in Form von Doppelschneckengetrieben. Es werden jedoch in allen Getrieben mit gleichem Achsabstand gleiche Schnecken, Schneckenräder und Antriebswellen verwendet.
4. Die Losgrößen jedes Getriebekastens müssen ausreichend hoch sein, um eine wirtschaftliche Herstellung und einen gleichmäßigen Vorrat von Getriebegehäusen für die Montage zu sichern. Außerdem müssen fertige Schnecken und Schneckenräder jeder Übersetzung und für jede Getriebegröße vorrätig sein.
5. Für die mechanische Bearbeitung wird ein weitgehend rationalisierter Betrieb benötigt. Er muß Spezialbohr- und Planfräsmaschinen, Mehrfachbohrmaschinen, Kopierdrehbänke und eine Anzahl von normalen Drehbänken, Schleif- und Keilwellenfräsmaschinen enthalten. Schneckenrad- und Schneckenfräser sowie Muster-Schnecken müssen für jede Übersetzung und jede Getriebegröße vorhanden sein. Außerdem müssen mehrere Schneckenfräs- und Schleifmaschinen sowie Schneckenradfräsmaschinen und Prüfeinrichtungen im Rahmen eines solchen Betriebes zur Verfügung stehen. Alle Schnecken sind aus einem nickellegierten Einsatzstahl hergestellt, während die Schneckenradkränze aus Schleudergußbronze gefertigt werden. Auch bei den Herstellern in Großbritannien ist man verständlicherweise noch weit von dem Idealzustand entfernt, jede Getriebegröße irgendeiner Type und Übersetzung vom Lager liefern zu können.

Die Leistungsfähigkeit eines Schneckengetriebes ist entweder durch die Verschleißfestigkeit der Räder oder durch die Kühlleistung begrenzt. Bei Schneckengetrieben, die mit normalen Motorendrehzahlen arbeiten, begrenzt die Kühlleistung in der Regel die Leistung, außer wenn eine künstliche Kühlung angewendet wird. Aus diesem Grunde wird bei allen Getriebeeinheiten die Luftkühlung (mit Hilfe eines Gebläses am Ende der Schneckenwelle, das einen Luftstrom über Rippen des Getriebegehäuses leitet) angewendet, außer bei sehr kleinen Typen. Mit dieser Kühlung wird die Temperatur des Ölbades wirksam gesenkt. Bei einem Getriebe mittlerer Größe beträgt der Abfall der Temperatur infolge des Luftstromes etwa 5% für 100 U/min des Gebläses. Auf diese Weise erreicht man bei einer Schneckenwellendrehzahl von 1000 U/min einen Gewinn von ungefähr 50% an Kühlleistung. Bei großen Getrieben ist der Abfall der Temperatur größer, während er bei sehr kleinen Typen unbedeutend ist. Dies ist in der Praxis durchaus befriedigend, weil in gleichem Maße, wie die Getriebegröße anwächst, auch ein größerer Bedarf an zusätzlicher Kühlung erforderlich ist, um die Verschleißfestigkeit der Räder voll ausnutzen zu können.

Die wirkliche Temperatur des Ölbades ist kein unmittelbares Maß für die Temperatur, die im Eingriffsgebiet auftritt. Es kann durch Versuche gezeigt werden, daß bei einem luftgekühlten Getriebe die Temperatur im Zahneingriff ein wenig höher ist als die entsprechende Temperatur bei einem ungekühlten Getriebe von gleicher Ölbadtemperatur. Immerhin reichen die verschiedenen Arten der Luftkühlung aus, um die Getriebe bis zu der im Hinblick auf den Verschleiß zulässigen Leistungsfähigkeit zu belasten. Es scheint unnötig, eine noch wirksamere Kühlung in Erwägung zu ziehen, als sie durch ein Gebläse, das mit der Schneckenwelle umläuft, erreicht wird.

Der Einfluß der Zahnform auf die Herstellung und das Betriebsverhalten

Die Wahl der Zahnform für die Schnecke beeinflußt von Grund auf die Konstruktion und den Fertigungsprozeß der Räder. Diese Frage ist daher schon immer stark diskutiert worden. Mehrfach wurden theoretische Überlegungen, die auf der Analyse des Zahneingriffs aufgebaut sind, angestellt, um zu klären, ob ein Getriebe mit einer bestimmten Zahnform einen größeren Wirkungsgrad und größere Haltbarkeit aufweist als ähnliche Getriebe mit anderer Zahnform. Meine eigene Meinung, die sowohl auf Versuchen als auch auf praktischer Erfahrung beruht, ist, daß die Schneckenzahnform, die am einfachsten und genauesten hergestellt werden kann, einen höheren Wirkungsgrad und eine längere Lebensdauer erwarten läßt als eine, die komplizierter und schwieriger in der Herstellung ist — trotz aller theoretischen Untersuchungen über Berührungslinien, Beanspruchungen und Oberflächenkrümmungen.

Von der Zahnform wird am meisten beeinflußt:

1. die Konstruktion und die Herstellung des Schneckenradfräsers;
2. das Schleifen der Schneckenzahnflanken;
3. das Messen von Schneckenradfräser und Schnecke;
4. besondere Maßnahmen, um einen Zahneingriff zu erreichen, der eine Verdrehung, Formänderung und Durchbiegung der Zahnform unter Belastung gestattet.

Von Herstellern in Großbritannien wird als Zahnform fast ausschließlich die zylindrische Evolventenschnecke angewendet. Es sind verschiedene Versuche unternommen worden, um in Großbritannien die Globoidschnecke einzuführen. Sie ist dort aber niemals mit Erfolg verwendet worden und jetzt kaum noch vorzufinden. In Amerika wird sowohl die zylindrische als auch die Globoidschnecke hergestellt, und die Hersteller der Globoidschnecke behaupten, eine sehr hohe Tragfähigkeit zu erzielen. Nach meiner Ansicht sind diese Ansprüche übersteigert. Ich habe Vergleichsversuche zwischen einer zylindrischen Schnecke mit Evolventenzahnform und einer Globoidschnecke durchgeführt, und ich habe auch von anderen Versuchen und einer Reihe von praktischen Anwendungen erfahren: ich fand keinen

Grund zu der Annahme, daß eine Globoidschnecke einen höheren Wirkungsgrad hat oder länger haltbar sei als die zylindrische Schnecke mit Evolventenzahnform. Die Globoidschnecke hat jedoch einen auffälligen Vorteil: sie sieht auf dem Papier gut aus! Soviel ich weiß, werden in Deutschland die Evolventenschnecke und die Globoidschnecke hergestellt sowie eine Zahnform mit hohlen Flanken. Mit dieser letztgenannten Ausführungsform habe ich noch keine praktische Erfahrung, und es wäre interessant, mehr darüber zu erfahren. Ist es nicht wahrscheinlich, daß sich daraus Schwierigkeiten im Hinblick auf die besonderen konstruktiven und fertigungstechnischen Überlegungen, die bereits erwähnt wurden, ergeben? Ich möchte nochmals betonen, daß m. E. das Streben nach Einfachheit und Genauigkeit in der Fertigung das wichtigste Ziel sein sollte.

Der Schneckenradfräser für die Evolventenschnecke ist verhältnismäßig leicht herzustellen und nach der Herstellung hinsichtlich seiner Genauigkeit — auch noch, nachdem er viele Male scharf geschliffen wurde — einfach zu vermessen. In Großbritannien erhalten die Schneckenradfräser geringe Abweichungen gegenüber der Schnecke, um den Zahneingriff so zu lenken, daß für das Öl ein Eintrittsspalt entsteht und sich die unvermeidlichen Formänderungen der Zahnräder nicht nachteilig auswirken. Dieses Verfahren hat eine streng mathematische Grundlage, die nur für die Evolventenschnecke zutrifft. Sie gestattet, den Zahneingriff sehr genau zu beeinflussen. Derartig hergestellte Schneckentriebe halten die Übertragung der gleichmäßigen Winkelgeschwindigkeit aufrecht, selbst wenn sie mit geringer Ungenauigkeit zusammengebaut oder unter Last durchgebogen werden. Es ist möglich, auch nach dem Scharfschleifen des Schneckenenradfräsers und selbst bei Trieben mit hohem Steigungswinkel den gewünschten Eingriff zu erreichen.

Die Notwendigkeit, die Schneckengänge einsatzzuhärten und genau zu schleifen, um den höchsten Wirkungsgrad und die beste Haltbarkeit zu erreichen, ist wohl bekannt. In dieser Hinsicht führt die Evolventenschnecke von selbst zu einfachsten und sehr genauen Methoden des Zahnflankenschleifens und -prüfens.

Die Normung einer Reihe geometrisch ähnlicher Schnecken

Eine der größten Schwierigkeiten, mit denen sich die britischen Hersteller von Schneckentrieben auseinanderzusetzen hatten, wird durch die große Vielfalt der Schneckenabmessungen verursacht, von denen jede ihre eigenen Werkzeuge erfordert. Die Hersteller haben große Lager von Schneckenradfräsern der verschiedensten Größen, die irgend wann einmal verwendet worden sind, aufgehäuft. Unglücklicherweise sind sie alle ohne Rücksicht auf die Möglichkeit der Begrenzung der Gesamtzahl hergestellt worden. Diese zufällige Auswahl von Teilungen und Teilkreisdurchmessern hatte zur Folge, daß viele Schnecken mit unterschiedlichen Abmessungen hergestellt worden sind, die einander beinahe gleichen. Jede einzelne von ihnen erfordert aber wegen der geringen Unterschiede im Teilkreisdurchmesser oder Modul die kostspielige Herstellung eines Schneckenradfräsers. Das hätte oftmals vermieden werden können, wenn es Unterlagen gegeben hätte, nach denen der Konstrukteur die Konstruktion seiner Schneckengetriebe aus einer feststehenden Reihe von Schneckenradgrößen hätte auswählen können. Bei gerad- und schrägverzahnten Stirnrädern ist die Normung der Werkzeuge verhältnismäßig einfach. Es ist nur notwendig, die Zahnformen zu normen und eine Reihe von Teilungen oder Modulen festzulegen. Bei den Schneckentrieben gibt es eine zusätzliche variable Größe, den Teilkreisdurchmesser der Schnecke. Bestimmte Normen für die Teilungen und Teilkreisdurchmesser der Schnecken und deren klar festgelegte Stufenreihe sind notwendig, damit die Konstrukteure ihre Konstruktionen aus dieser Reihe entnehmen können und so die Herstellung einer unnötig großen Zahl von Schneckenradfräsern vermieden wird. Bei einem solchen System würden verschiedene Konstrukteure unabhängig voneinander zu dem gleichen Ergebnis kommen und die Aussicht, daß auch die Werkzeuge für ein neues Projekt bereits vorrätig sind, wären größer. Wenn neue Werkzeuge anzufertigen wären, würden sie wahrscheinlich für weitere Konstruktionen wieder verwendet werden können.

Mit der folgenden Methode wäre dies zu erreichen: Eine Modulreihe wird genormt und dann gefordert, daß der Schneckenteilkreisdurchmesser ein exaktes Vielfaches des Moduls sein muß. Alle Schneckenabmessungen würden z. B. durch Teilkreisdurchmesser zwischen 6 und 12 Modul erreicht werden können. Rationell wäre es, die Schneckenteilkreisdurchmesser bei 6, 8 oder 12 Modul festzulegen und auf diese Weise bestimmte Schneckendurchmesser für jeden Modul zu geben. Das würde eine durchaus ausreichende Zahl für alle praktischen Zwecke ergeben. Die Anwendung dieses Durchmesserbeiwertes gibt eine geometrische Ähnlichkeit von Schnecken verschiedenen Moduls, soweit sie die gleiche Zähnezahl und den gleichen Durchmesserbeiwert aufweisen.

Wenn wir 25 genormte Module mit je 4 genormten Schneckendurchmessern annehmen und Schnecken von 1—6 Zähnen einschließen, so würde die Gesamtzahl der Schneckenradfräser, um für den ganzen Bereich von Schneckenabmessungen zu genügen, $25 \times 4 \times 6 = 600$ betragen. Manche britischen Firmen haben bereits weit mehr Fräser, und manche hiervon werden nur selten gebraucht. Eine ähnliche Methode war ursprünglich von Merrit vorgeschlagen, später ist sie von mir [2] verbessert und erläutert worden.

Ein bemerkenswerter Vorteil des Systems ist die beträchtliche Vereinfachung der Schneckengetrieberechnungen. Dank der geometrischen Ähnlichkeit der Schnecken bietet sich die Möglichkeit, alle Winkel jeder Kombination von Durchmesserbeiwert und Zähnezahl zu tabellieren und alle Schneckenabmessungen für Modul 1 für jede Zähnezahl in einer kleinen Tafel zusammenzustellen. Für einen gegebenen Schneckenradfräser und eine bestimmte Zähnezahl des Schneckenrades kann bei der Evolventenzahnform der ausgeführte Achsabstand in den Grenzen von etwa + einem Modul vom theoretischen Achsabstand abweichen. Diese Möglichkeit gibt dem System eine zusätzliche Anpassungsfähigkeit und gestattet, für den Achsabstand glatte Zahlen zu wählen.

Schrifttum:

[1] Walker: The Thermal Rating of "Worm Gear Boxes". Proceedings of the Institution of Mechanical Engineers. 1944. Vol. 151. P. 326.

[2] Walker: "Worm Gear Design". The Engineer. 25. 7. 1952.

Aussprache

Büttner: Ich bin der Meinung, daß man bei einem hochtourigen Getriebe, also einem Hochleistungsgetriebe, nicht ohne eine besondere Zahnschmierung auskommen kann, während Herr Dr. Cameron meinte, daß man mit dem Öl, das aus dem Lager herausläuft, bzw. dem Ölnebel schmieren kann. Diese Frage konnte nicht restlos geklärt werden.

Cameron: Es gibt so viele Fragen zu der Schmierung von Getrieben. Weil man nicht genau weiß, ob es richtig ist, vorn oder hinten zu schmieren, lassen wir das Öl ganz weg. Wir benutzen nur das Öl, das immer im Getriebekasten durch das strömende Öl vom Lager vorhanden ist, und haben gefunden, daß dieses Öl genügt. Wir glauben, es wäre billiger und auch genau so gut, ganz ohne Spritzen in einem großen Getriebekasten auszukommen.

Blattmann: Herr Dr. Cameron brachte ein sehr interessantes Bild über die Verteilung der Grübchen über die Zahnlänge, also Breite. Wie ist bei diesen Zahnrädern das Verhältnis Modul : Breite?

Niemann: Bei Schneckentrieben läßt sich durch eine ausreichende Kühlung des Schmieröles die übertragbare Leistung erheblich steigern. An Stelle der Wärmegrenze (zulässige Öltemperatur) ist dann die Verschleißgrenze, d. h. die hierfür zulässige Wälzpressung an den Zahnflanken, maßgebend.

Bis zu welchen Grenzwerten läßt sich nun durch Ölkühlung die übertragbare Leistung steigern?

Die in Tafel 1—3 wiedergegebenen Ergebnisse von Vergleichstesten einer ausländischen Getriebefirma an 3 verschiedenen Arten von Schneckentrieben geben hierüber Aufschluß. Die Teste sollten klarstellen, ob sie für den G-Trieb (Globoidschneckentrieb Cone) angegebenen hohen Leistungen erreichbar sind, und wie im Vergleich hierzu die Leistungen für den E-Trieb (Evolventen-Zylinderschneckentrieb) und für den H-Trieb (Hohlflanken-Zylinderschneckentrieb) liegen.

Die Versuche wurden im gleichen Getriebekasten unter gleichen Betriebsbedingungen ausgeführt, nachdem die Triebe voll eingelaufen waren. Bei allen 3 Schneckentrieben handelt es sich um hochwertige Ausführungen mit gehärteten und geschliffenen Schnecken und Randkränzen aus hochwertiger Bronze.

In Tafel 1 sind ihre Hauptabmessungen angegeben.

Tafel 1: Abmessungen der Schneckentriebe	Schnecke	$z_1/z_2=i$	d_{m1} mm	d_{m2} mm	m mm	b mm
	E	39/4=9,75	66,0	290	7,92	44,4
	G	32/3=10,7	66,6	289,4	9,0	41,3
	H	32/3=10,7	67,0	289	8,27	44,4

Zu Tafel 1 bis 3:
Teste ausgeführt im gleichen Getriebekasten
Achsabstand A = 178 mm
E = Evolventen-Zylinderschneckentrieb
G = Globoid-Schneckentrieb (Cone worm)
H = Hohlflanken-Zylinderschneckentrieb

Tafel 2:	Schnecke	n_1 U/min	N_1 PS	N_2 PS	N_v PS	η %
Dauertest mit Bläser. Dauer-Übertemp. 55°C (wärmebegrenzt)	E	1100	21,6	19,5	2,1	90,1
	G		21,9	19,6	2,3	89,0
	H		34,4	32,4	2,0	94,2
	E	534	16,73	15,1	1,63	90,2
	G		16,8	14,9	1,9	88,7
	H		20,7	19,2	1,5	93,6

Schnecken gehärtet, geschliffen u. eingelaufen
Räder aus Phosphorbronze
d_{m1}, d_{m2} mittlerer Durchmesser Schnecke, Rad
m Modul, b Radbreite
n_1, N_1 Schnecken-Drehzahl, -Leistung
N_2, N_v Radleistung, Verlustleistung
$\eta = N_2/N_1$ Gesamtwirkungsgrad

Tafel 3:	Schnecke	n_1 U/min	N_1 PS	N_2 PS	N_v PS	η %	Anstände
Dauertest mit Wasserkühlung (verschleiß-begrenzt)	E	534	22,0	19,8	2,2	90,0	ohne
			27,1	-	-	-	erste Grübchen
			32,5	29,7	2,8	91,4	starker Verschleiß, Riefen, Grübchen
	G	534	27,2	24,9	2,3	91,5	ohne
			32,55	29,7	2,85	91,3	leichte Riefen und Verschleiß
			41,6	37,0	4,4	89,0	stärkere Riefen und Verschleiß
	H	500	29,31	28,2	1,11	96,2	ohne
			37,0	35,55	1,45	96,0	ohne
			42,3	40,5	1,8	95,5	glatte Flanken, geringer Verschleiß, 1 Grübchen je Flanke

Nun zu den Ergebnissen:

a) An der Wärmegrenze (Versuche mit Blasflügel auf der Schneckenwelle, siehe Tafel 2) ergeben sich für den E-Trieb und G-Trieb fast gleiche Grenzleistungen (N_1 etwa 21,8 PS bei $n_1 = 1100$, bzw. etwa 16,8 PS bei $n_1 = 534$) und fast gleiche Wirkungsgrade (89 bis 90%), während der H-Trieb wegen seines höheren Wirkungsgrades[1]) (94,2 bzw. 93,6%) noch höhere Leistungen erreicht (34,4 PS bzw. 20,7 PS).

b) An der Verschleißgrenze (Versuche mit Wasserkühlung im Ölsumpf, siehe Tafel 3) werden bei $n_1 = 534$ von allen drei Trieben erheblich größere übertragbare Leistungen erreicht, und zwar von dem E-Trieb etwa 25 PS (statt 16,7), von dem G-Trieb etwa 32,5 (statt 16,8) und von dem H-Trieb sogar über 40 PS (statt 20,7).

Beachtlich ist noch, daß bei dem H-Trieb bei der hohen Belastung der Wirkungsgrad bis auf 96% ansteigt, während die beiden andern Triebe maximal 91,4% erreichen. Mit andern Worten: Die Gesamtverlustleistung des H-Triebes beträgt hier nur 4% gegenüber 8,5% bei dem E- und G-Trieb.

Die Ursache für die verschieden hohe Belastungsfähigkeit der 3 Schneckentriebe an der Verschleißgrenze ist nach theoretischen Untersuchungen[2]) in dem verschiedenen Verlauf der Flankenberührung (Lage der Berührungslinien und Größe der Krümmungshalbmesser der Zahnflanken in Schnitten normal zur Berührungslinie) zu suchen.

Als Anhalt für die Berechnung der an der Verschleißgrenze übertragbaren Leistung sei noch angegeben:

zulässige Wälzpressung	$K_{zul} \approx \dfrac{3{,}93\, K_{grenz}}{3{,}93 + v_g}$	[kg/mm²]
entsprechende Radleistung	$N_2 = \dfrac{K_{zul} \cdot q_6}{1{,}432} \; \dfrac{d_{m1}}{100} \left(\dfrac{d_{m2}}{100}\right)^2 \cdot \dfrac{n_1}{i}$	[PS]

[1]) Der höhere Wirkungsgrad und die geringere Wälzpressung des H-Triebs machen sich besonders bei höherer Belastung bemerkbar; sie beruhen auf dem günstigeren Verlauf der Berührungslinien an den Zahnflanken (s. Z 1953, S. 148).

[2]) s. Z VDI 1953, S. 148 u. 157 und dort angegebenes Schrifttum [6] und [7].

Hierbei ist: Gleitgeschwindigkeit v_g [m/s.]

mittl. Durchmesser d_{m1} und d_{m2} [mm]

Flankenbeiwert q_5 und K_{grenz} nach „Hütte", 28. Aufl. Bd. IIA, S. 187.

Tuffentsammer: Wird auch die Formzahl der Schnecken genormt, und welche Werte sind hierfür vorgesehen?

Hiersig: Die Festlegung der Werte ist noch nicht beendet. Es wurde nur das Niveau festgelegt. Darüber besteht Einigkeit. Es scheint so, als ob nicht Formzahlen, sondern Durchmesser festgelegt werden. Es ist sehr wahrscheinlich, daß man mit einem Durchmesser pro Modul auskommen wird. Es sind allerdings Stimmen laut geworden, die es für besser ansehen, für Ausweichmöglichkeiten nach den Wünschen des Konstrukteurs mindestens drei Durchmesser pro Modul vorzusehen, von denen aber einer als der vorzugsweise zu wählende anzusehen wäre. Das ist im Augenblick der Stand der Dinge.

Tuffentsammer: Ich bin deswegen auf die Frage gekommen, weil wir gerade auf Grund des letzt bekanntgegebenen Vorschlages festgestellt haben, daß für den Werkzeugmaschinenbau, wo öfter die sogenannten Hohlschnecken, die dicken Schnecken, benötigt werden, um sie auf Wellen aufbringen zu können, diese Werte nicht vorlagen.

Hiersig: In einem von mir gezeigten Bild (s. Seite 219) sind 22 verschiedene Schnekken dargestellt. Drei von ihnen sind mit Pfeilen versehen: zwei dünne und eine dicke Schnecke. Die dicke Schnecke würde der selbstsperrenden Schnecke entsprechen, und sie würde man auch als Hohlschnecke auf die Welle aufschieben können. Diese Reihe müßte also noch getrennt nebenher laufen, um eben für die selbstsperrenden Zwecke eine solche Reihe zur Verfügung zu haben.

Tuffentsammer: Es ist eben nicht möglich, immer nur die auf günstigsten Wirkungsgrad berechnete Schnecke zu verwenden, weil auf die Konstruktion oftmals eben vielmehr Rücksicht genommen werden muß als auf die Ausnutzung des Werkstoffes.

Hiersig: Man pendelt bei der Normung stets zwischen Skylla und Charybdis. Das einfachste wäre, alles genormt zu bezeichnen — für die Normung. Welche Auswirkungen ergäben sich daraus aber unter dem Gesichtspunkt der Wirtschaftlichkeit. Hier das rechte Maß zu finden, ist unser ständiges Bemühen. Auf der einen Seite soll die Zahl der Werkzeuge, die ja einen erheblichen Kostenfaktor bilden, möglichst klein gehalten werden, auf der anderen Seite müssen zu große Einschränkungen vermieden werden, damit dadurch nicht Verluste infolge ungeschickter Konstruktion entstehen.

Schapers: Zu den Ausführungen des Herrn Prof N i e m a n n : Wenn die Untersuchungen der Schnecken — bei Gegenüberstellung der Hohlflankenschnecke mit der Globoidschnecke — gezeigt haben, daß die Hohlflankenschnecke der Globoidschnecke in mancher Beziehung überlegen ist, warum haben dann die Hersteller nicht dem Mut, diese Schnecke genau so zu belasten wie die Amerikaner das bei ihrer Globoidschnecke tun? Die Unterlagen, die ich über die Hohlflankenschnecke habe, reichen nicht an die Werte heran, die mit der Globoidschnecke erzielt werden. Ich denke dabei an eine Gewinnungsmaschine für Kohle und Salz, bei der sehr viele, in ihren Abmessungen kleine Globoidschnecken verwendet werden.

Hiersig: Bei dem Vergleich zwischen Leistungsangaben aus amerikanischen Druckschriften und solchen aus deutschen oder europäischen Unterlagen wird oftmals ein Fehler gemacht, der in seinen Auswirkungen schwerwiegend sein kann. Die Amerikaner sind uns in der Regulierung der Nennleistung im Verhältnis zur maximalen Leistung voraus. Die amerikanischen Angaben beziehen sich auf die Nennleistung für einen relativ leichten Normalbetrieb. Sobald also die Leistung unter erschwerten Betriebsbedingungen verlangt wird, müssen Faktoren berücksichtigt werden, die bis hinauf zu 2,5 oder 2,75 gehen, d. h. die Nennleistung ist mit diesen Faktoren zu multiplizieren, um so aus der Typenreihe das richtige Getriebe auszusuchen. Verschiedentlich bricht sich dieser Gedanke auch in den Druckschriften deutscher Firmen Bahn, und es wäre sehr zu wünschen, wenn sich das mehr durchsetzen würde. Ältere Angaben deutscher Firmen und ihr Vergleich mit den Angaben amerikanischer Firmen lassen erkennen, daß die Werte der Amerikaner für die Leistung relativ höher sind, weil sie Sicherheiten nicht einschließen, die normalerweise bei deutschen Firmen zum Ansatz kommen.

Niemann: Es ist berechtigt, bei solchen cone worms hohe Leistungen anzugeben, wenn sie Wasserkühlung haben. Bisher werden sie aber in England und Deutschland nicht mit mechanischer Kühlung geliefert. Und deshalb hat diese ausländische Firma die Versuche gemacht und festgestellt, wie etwa die übertragbaren Leistungen wären. Danach sind die Angaben der Amerikaner an sich richtig; sie können entsprechend viel übertragen, wenn sie Kühlung haben. Unter den gleichen Voraussetzungen kommt die Evolventenschnecke an diese Werte nicht heran.

R. RITTER

Anordnung von mehrstufigen Getrieben für Werkzeugmaschinen

Die Zahnrad-Hauptgetriebe für Werkzeugmaschinen sind seit einigen Jahren einer Wandlung unterworfen, die weniger einer Weiterentwicklung des Bisherigen, als einer Änderung der Konzeption überhaupt entspricht. Der Grund dafür ist das Aufkommen der elektrischen, hydraulischen und mechanischen Stufenlosgetriebe und die Einführung zuerst der Vorwähl- und neuerdings der unter Last schaltbaren Zahnradgetriebe.

Obwohl vieles erst im Werden ist, soll hier doch der Versuch gemacht werden, die heutige Lage darzustellen.

Mit Stufenlos- und Zahnrad-Lastschaltgetrieben will man das Schalten bei unter Last laufenden Maschinen (hauptsächlich Drehmaschinen) und damit eine Verkürzung der Arbeitszeit über dem ganzen Drehzahlbereich erzielen. Da man beide Getriebearten, Stufenlosgetriebe und Zahnradgetriebe, zur Erfüllung dieses Zieles kombinieren will, wird man sich der Vorteile beider Getriebearten bedienen und die Nachteile so gut als möglich meiden.

Die Hauptvorteile der Stufenlosgetriebe sind Laufruhe und ideale Drehzahlwandlung. Ein Nachteil des Stufenlosgetriebes ist, daß der Übertragung von großen Drehmomenten eine praktische Grenze gesetzt ist.

Die Vorteile der Zahnradgetriebe sind Konkurrenzlosigkeit im Wirkungsgrad und in der Lebensdauer, einfache Wartung, geringe Erwärmung, besonders aber die Fähigkeit zur Übertragung großer Drehmomente auf kleinem Raum. Ein für Stufengetriebe wichtiges Argument zu Gunsten des Zahnradgetriebes ist die Eigenschaft, Bewegungen und Leistungen formschlüssig zu übertragen.

Konstruktiv interessante Lösungen werden also einen Motor mit hoher Drehzahl und daran anschließend ein Stufenlosgetriebe mit mäßiger Übersetzung und ein Zahnradgetriebe mit großem Drehzahlbereich und feiner Stufung vorsehen.

Für kleinere Werkzeugmaschinen kommt man, dank kleiner Drehmomente bei relativ großen Drehzahlen, ohne oder wenn, dann mit wenigstufigen Zahnradgetrieben aus. Bei größeren Maschinen hingegen sind die Drehmomente groß und die Drehzahlen über einem weiten Drehzahlbereich eher klein. Dazu ist aus Gründen der Wirtschaftlichkeit und des leichteren Schaltens ein feingestuftes Zahnradgetriebe erwünscht. Feine Stufung bei großem Drehlzahlbereich führt aber zum Vielstufengetriebe und also zu hohen Kosten. Die nicht leicht ermittelbare gute Lösung für ein Hauptgetriebe mittlerer bis schwerer Bauart verlangt ein sorgfältiges Abgleichen zwischen Stufensprung und Stufenzahl (Drehzahlbereich), geschickte Anordnung der Räder, ausgekochte konstruktive Arbeit und ebensolche Fertigung. Schließlich ist die richtige Montage des Getriebes ebenso wichtig für guten Lauf wie die Qualität der Räder selbst.

Hier wollen wir uns in der Hauptsache nur mit normgeometrisch gestuften Hauptgetrieben des Schieberadtyps befassen, jenen Getrieben, die von der Eingangswelle aus mit **einer** Drehzahl über zwei oder mehr Wellen, durch wahlweises Verschieben oder Kuppeln von Zahnrädern, auf der letzten Welle eine geometrisch gestufte Norm-Drehzahlreihe erzeugen.

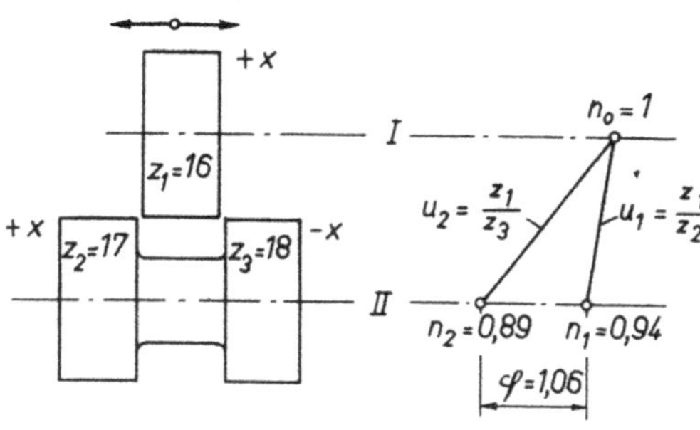

Bild 1: Stufengetriebe

Das einfachste derartige Stufengetriebe besteht aus nur drei Rädern, zwei Wellen und einem Steg, beispielsweise wie in Bild 1.

Ein ähnliches Getriebe hat ein Schieberad und drei feste Räder, ist aber vom verzahnungstechnischen Standpunkt aus nicht zu empfehlen, wenigstens nicht für Schnellauf.[1])

An den folgenden Bildern sei der Aufbau und die Problematik von Stufen- und Lastschaltgetrieben gezeigt.

In Bild 2 ist ein Beispiel für ein Erhöhungs-Schaltgetriebe mit vier Stufen auf zwei Wellen für einen Grubenkompressor gezeigt, einen der größten seiner Art.

Bild 2: Erhöhungs-Schallgetriebe

Die Hauptdaten dieses Getriebes sind:

Antriebs-Leistung 11 200 PS in der höchsten Stufe
Antriebs-Drehzahl 1500 min^{-1}
Abtriebs-Drehzahlen 3600—3500—3400—3280 min^{-1}
Umfangsgeschwindigkeit im Wälzkreis 70 m/s

[1]) Ein solches Getriebe findet sich ausführlich beschrieben und berechnet in: R. Ritter, Zahnradgetriebe [1].

Alle Räder sind im Einsatz gehärtet und die Zahnflanken auf beste Qualität geschliffen.

Wie schon im Bild aus der kleinen Durchmesserdifferenz der einzelnen Stufen ersichtlich ist und wie auch aus den oben genannten Enddrehzahlen hervorgeht, ist der Stufensprung sehr klein. Er ist der 80er Normdrehzahlreihe entnommen und beträgt $\varphi = 1{,}03$.

Das Einspuren und Verschieben der einzelnen Stufen geschieht von Hand über Handrad, Zahnstange und Zahnkupplung.

Da Zahnräder zu den kostspieligsten Maschinenelementen gehören und die Wellen der Durchbiegungen wegen möglichst kurz sein sollen, ist in der Radbreite sparsam zu bauen. Ein Mittel dazu ist die Verwendung von vier-, sechs- und neunstufigen Grundgetrieben. Eine Vervielfältigung der Stufen wird zweckmäßig durch Vor- oder Nachschalten von Zweier-, Dreier- usw. Blöcken erzielt.

Die schematischen Darstellungen nach Bild 3 zeigen die maßstäblichen Räderschemata und Drehzahlbilder je eines ungebundenen (oben), einfach gebundenen (Mitte) und doppelt gebundenen (unten) vierstufigen Getriebes. Der Normstufenspung ist jedesmal $\varphi = 1{,}26$ und die höchste Endübersetzung $e_1 = 0{,}5$.

Mit dem einfach gebundenen Getriebe kann gegenüber dem ungebundenen ein Rad, und mit dem doppelt gebundenen gegenüber dem ungebundenen können zwei Räder eingespart werden. Wesentlich ist auch der Gewinn von einer resp. zwei Radbreiten. Beim doppelt gebundenen Getriebe geht der Gewinn an Rädern und Radbreite allerdings auf Kosten von konstruktiven Einschränkungen. Insbesondere sind die günstigsten Endübersetzungen nicht mehr beliebig wählbar. Sie liegen etwa, beim

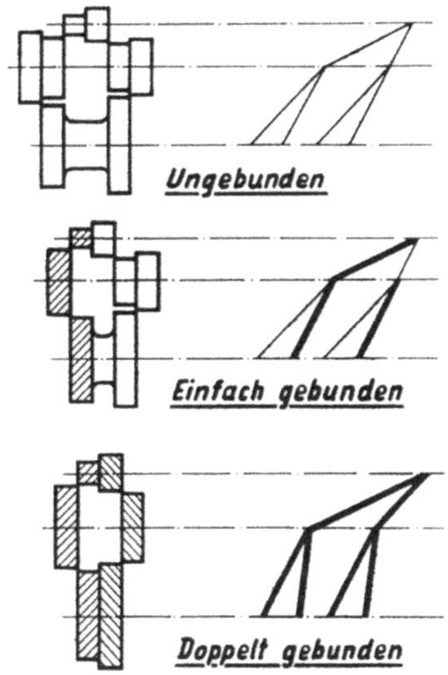

Bild 3: Räderschemata und Drehzahlbilder

4-stufigen doppelt gebundenen Getriebe bei $e_1 = 0{,}3$ bis $0{,}4$
6-stufigen doppelt gebundenen Getriebe bei $e_1 = 0{,}5$ bis $0{,}8$
9-stufigen doppelt gebundenen Getriebe bei $e_1 = 0{,}5$ bis $1{,}0$

Im Bild 3 sind die gebundenen Räderketten schraffiert und in den Drehzahlbildern die gebundenen Einzelübersetzungen stark ausgezogen gezeichnet.

Wie man sieht, ist die gebundene Räderkette dadurch entstanden, daß jeweils die beiden Räder auf der mittleren Welle in ein Rad verschmolzen wurden. Damit liegen aber mit diesem Rad auch zwei Teilübersetzungen fest. Es müssen daher die mathematischen Bedingungen erfüllt sein für

1. die Reihenfolge der Endübersetzungen infolge der doppelten Bindung,
2. die Reihenfolge der Endübersetzungen infolge der geometrischen Stufung und
3. die Bedingung für gleiche Achsabstände in beiden Räderketten.

Die Bildungsgesetze für doppelt gebundene Getriebe sind nirgends so gründlich untersucht worden wie gerade in Deutschland [2—8].

Trotzdem kommen sie, aber auch die leichter zu bildenden einfach gebundenen Getriebe noch viel zu wenig zur Geltung. Neben der vom Konstrukteur zu leistenden kleinen Mehrarbeit kommt das wohl daher, daß die Formeln für die Einzelübersetzung u_1 resp. u_2, welche die oben angeführten mathematischen Bedingungen erfüllen, noch zu wenig bekannt sind. Sie lauten:

für das 4-stufige doppelt gebundene Getriebe:

$$u_1 = \varphi - e_1\left(1 + \frac{1}{\varphi}\right)$$

für das 6- und 9-stufige doppelt gebundene Getriebe:

$$u_1 = \varphi(\varphi + 1) - e_1\left(\frac{\varphi^2 + \varphi + 1}{\varphi^2}\right)$$

und für eine weitere Form des 9-stufigen doppelt gebundenen Getriebes:

$$u_2 = \varphi\,(\varphi + 1) - e_1\left(\frac{\varphi^2 + \varphi + 1}{\varphi^5}\right)$$

Das Räderdreieck (Bild 4) ist, zusammen mit einer einzigen bekannten Endübersetzung, das einfachste Mittel zur Bestimmung von beliebigen Stufengetrieben, nachdem aus den konstruktiven Daten die Eingangsdrehzahl, der Stufensprung und die Stufenzahl zum Voraus festliegen.

Das Gesamtgetriebe (in Bild 4 punktiert) setzt sich aus einzelnen Räderdreiecken (im Bild 4 ausgezogen und daneben als Teil aus dem Räderschema herausgezeichnet) zusammen.

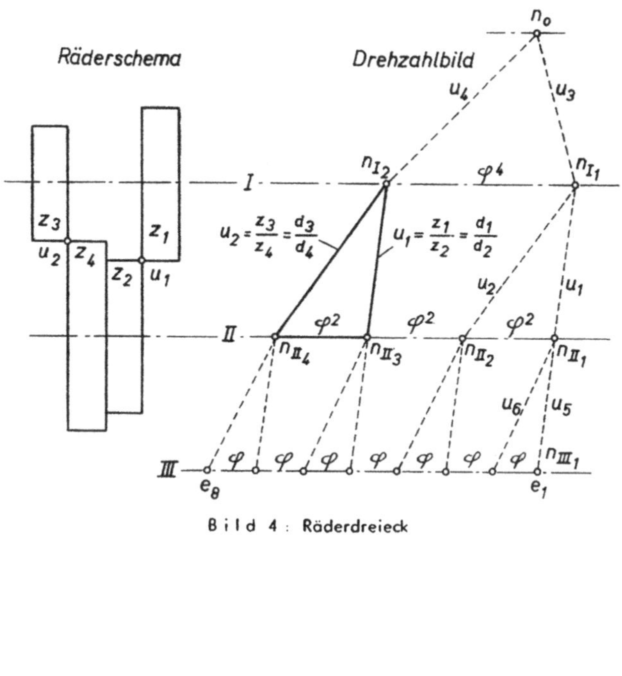

Bild 4: Räderdreieck

Untersuchungen und Vergleiche an einer größeren Anzahl verschiedener Hauptgetriebe haben ergeben, daß die Eingangsdrehzahl n_0 und die Drehzahlen n_{I_1} und n_{II_1} der Zwischenwellen auf der gleichen Höhe wie die größte Enddrehzahl n_{III_1} liegen sollten. Ist ein Kompromiß nicht zu umgehen, wie dies z. B. bei gebundenen Getrieben vorkommen kann, so ist darauf zu achten, daß kein Räderpaar mehr als 20 % ins Schnelle treibt. Damit liegen aber auch die noch freien Übersetzungen u_1, u_3 und u_5 angenähert fest, worauf die drei Räderdreiecke — diejenigen zwischen den Wellen I und II, sowie zwischen II und III wiederholen sich — nach den Angaben im ausgezogenen Beispiel leicht bestimmbar sind. Die einzige noch zu beachtende Bedingung ist die, daß, bei gleichen Zahnteilungen, die Zähnezahlsummen zwischen je zwei Wellen gleich sein müssen. Oft ist es aber erwünscht, das so entworfene Räderdreieck in einer oder in beiden Teilübersetzungen um einen kleinen Betrag zu verändern, um den Stufensprung oder den Achsabstand zu beeinflussen. In solchen Fällen führen zwei verschiedene, einzeln oder gemeinsam benützte Maßnahmen zum Ziel. Es können die Räderpaare mit verschiedenen Teilungen verzahnt werden, oder sie erhalten um ein bis zwei Zähne veränderte Zähnezahlsummen, verbunden mit entsprechender Profilverschiebung. Bei Lastschaltgetrieben kommt als weitere mögliche Hilfe die Schrägverzahnung hinzu.

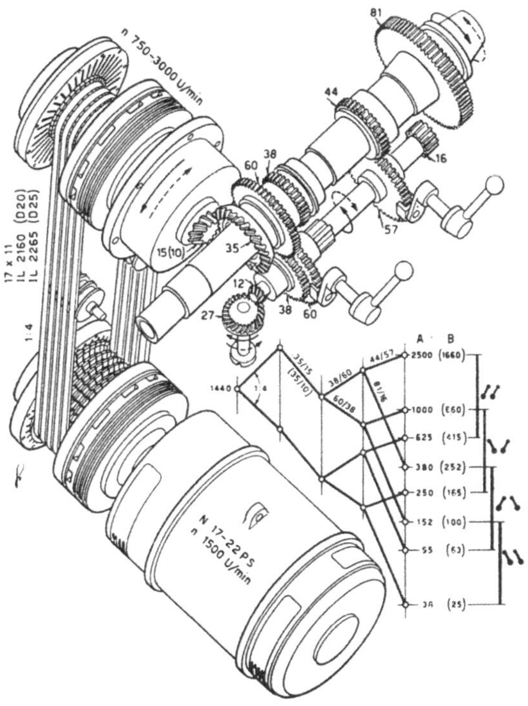

Bild 5 Drehbank-Hauptgetriebe

Beispiele für kleinere Drehbank-Hauptgetriebe der heute üblichen Bauart sind in den Bildern 5 und 6 dargestellt. Das erstere Getriebe ist nur über einen Bereich von 1:4, das zweite überhaupt nicht stufenlos schaltbar, muß also für jede Drehzahländerung stillgesetzt werden.

Bemerkenswert für das Getriebe nach **Bild 5** sind das einem vierstufigen Zahnradvorgelege vorgeschaltete Stufenlosgetriebe und der aus Raumgründen notwendige rechtwinklige Spiralkegelrad-Antrieb.

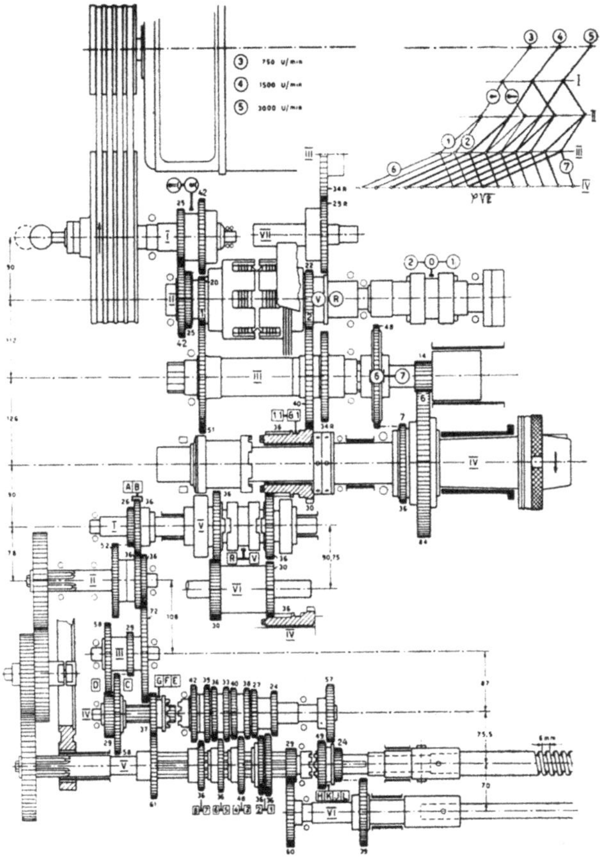

Bild 6: Drehbank-Haupt- und Vorschubgetriebe

Bild 6 zeigt in der oberen Bildhälfte das Haupt-, in der unteren Bildhälfte das Vorschubgetriebe einer anderen kleineren Drehbank. Hier ist, weil das achtstufige, einfach gebundene Hauptgetriebe auch mit dem verhältnismäßig großen Stufensprung 1,41 nicht ausreicht, ein dreifach polumschaltbarer Motor vorgeschaltet. Damit ergibt sich ein Gesamtbereich über 15 Stufen von 1:87.

In **Bild 7** wird aus der Gesamt-Getriebekette für eine Kegelrad-Schneidmaschine neuerer Art ersichtlich, daß es ohne vorherige genaue und größenmäßige Festlegung der gesamten Räderkette, also Aufbau und Bemessung, nicht möglich ist, an die Gruppen- oder Einzelkonstruktion zu gehen. Nachträgliche Änderungen an der Räderkette führen meist zu faulen Kompromissen und zu Schwierigkeiten im Raum. Eine Mahnung, nicht zu früh zu detaillieren.

Ziel für alle Hauptgetriebe ist Stufenlosigkeit oder wenigstens genügende Stufenfeinheit, verbunden mit der Möglichkeit, das Werkstück ohne Stillsetzen der Spindel stets mit den wirtschaftlichsten Schnittbedingungen und ohne den Verlust der für das Schalten erforderlichen Nebenzeiten bearbeiten zu können.

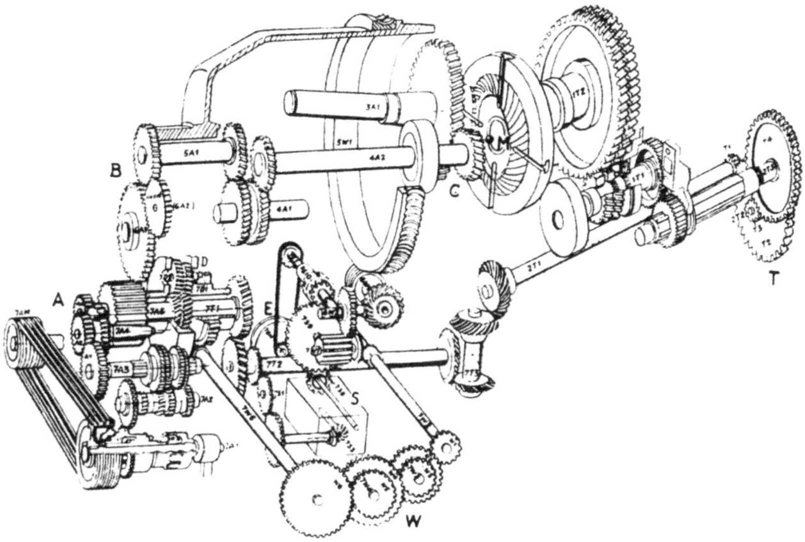

Bild 7: Gesamt-Getriebekette für eine Kegelrad-Schneidmaschine

Die Lösung ist vorläufig in einer Kombination von wahlweise hintereinandergeschalteten Elektro-, Hydraulik-, Reibungs- und feinstufigen Zahnrad-Antrieben gefunden worden. Der letzte und entscheidende Schritt bestand in der Schaffung von Kupplungen, welche das Schalten von Zahnradgetrieben unter Last gestatten.

Das Schema eines solchen Zahnrad-Lastschaltgetriebes ist aus Bild 8 ersichtlich.

Interessante Einzelheiten an diesem Getriebe:

Das sechsstufige ungebundene Lastschaltgetriebe hat auf den kleinsten Rädern jeder treibenden Welle einen Freilauf. Damit wird je eine Kupplung und Platz eingespart. Der unter Last schaltbare Drehzahlbereich ist nur 1:14. Er genügt aber für den Einspindel-Automaten, für den das Getriebe vorgesehen ist, weil solche Maschinen für große Serien erst nach längeren Laufzeiten umgerichtet werden. Zur Verschiebung des Drehzahlbereiches nach oben und unten hin werden beim Einrichten zwei dem gewünschten Bereich entsprechende Wechselräder eingesetzt.

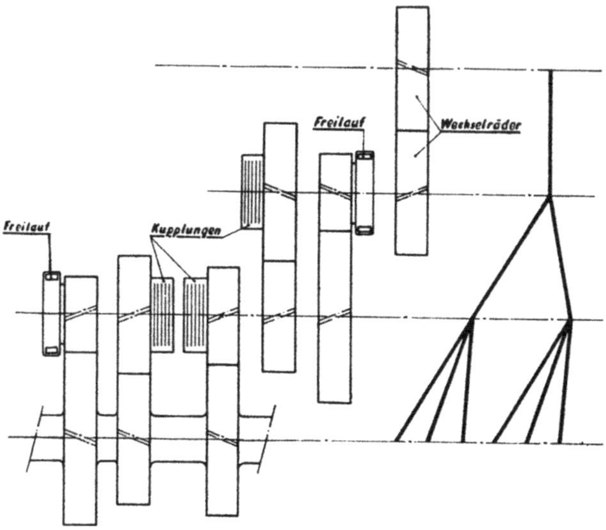

B i l d 8 : Schema eines Zahnradlastschaltgetriebes

Bild 9 zeigt den schematischen Entwurf für ein noch nicht ausgeführtes Lastschaltgetriebe mit großem Drehzahlbereich. Der 30 PS-Antriebsmotor hat drei durch Polumschaltung erzeugte Drehzahlen von 750—1500 und 3000 in der Minute. Der angeschlossene stufenlose Variator hat einen Bereich von etwa 1:4. Neu ist das doppelt gebundene 9-stufige Zahnrad-Lastschaltgetriebe mit einem Stufensprung von 1,26. Der Gesamtbereich des gesamten Getriebes ist 1:100.

Die Vorteile der Zahnrad-Lastschaltgetriebe liegen in erster Linie im erzielten Zeitgewinn durch automatisches Schalten über alle Stufen. Das Schalten ist vom jeweiligen Standpunkt der Bedienungsperson aus möglich, bei der Drehbank am Schlitten. Die Zahnräder werden mehr geschont, da sie stets im Eingriff bleiben. Die Abrundungen von Schaltnasen fallen weg, ebenfalls die Gefahr des Aufstauchens beim Schalten. Die tragenden Radbreiten können gegenüber Schieberädern um den doppelten Betrag der Zahnbrust-Abrundung verkleinert werden, d. h. um etwa 10 bis 20 %. Die notwendige Zähnezahl-Differenz benachbarter Stufen fällt von 4 auf 1, da die Räder nicht mehr aneinander vorbeibewegt werden müssen. Es ist Schrägverzahnung möglich, weil alle Räder stets im Eingriff bleiben; damit entweder weniger Geräusch oder billigere Räder. Die kostspieligen Vielkeilwellen fallen weg. Das Einstellen der elektrischen und mechanischen Teile der bisher verwendeten Lamellenkupplungen ist noch schwierig, gute Fortschritte sind aber in der letzten Zeit auch hier erzielt worden.

Zum Schluß noch eine Bemerkung zur Normung.

1. Für den Getriebebau wäre eine eindeutige Definition des Begriffes „Stufe" erwünscht, weil man damit das eine Mal die Numerierung der Räderpaare im Kraft-

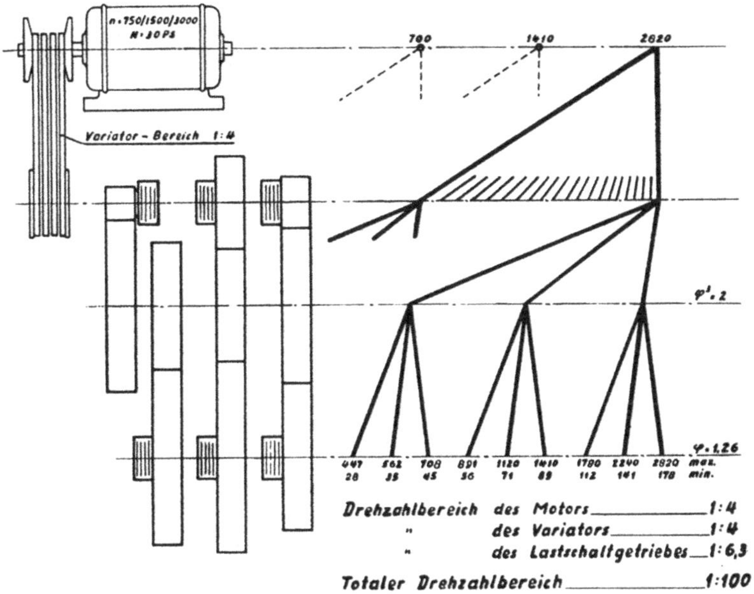

Bild 9 Entwurf für ein Lastschaltgetriebe

fluß, das andere Mal aber die Übersetzung einer ganzen Getriebekette meint. Auch andere Begriffe bei Stufengetrieben sind normungswürdig.

2. Die Übersetzung ist nach DIN 868 als Drehzahlverhältnis im Kraftfluß definiert:

$$i \gtreqless 1$$

Manchmal ist es erwünscht, daß ein $i \geq 1$, oder dann wieder, daß ein solches von $i \leq 1$ zur Verfügung stehe.

Praktisch und seit R. Germar im Werkzeugmaschinenbau heimisch geworden ist der Kehrwert von i, das Zähnezahlverhältnis $u = \frac{1}{i} = \frac{z_1}{z_2}$. So betrachtet, wäre i als ein kinematisches, u als ein geometrisches Verhältnis anzusehen.

Eine Bemerkung sei noch zum Thema der notwendigen Genauigkeit von Werkzeugmaschinen-Zahnradgetrieben gestattet. Die auf Zeichnungen verlangten Genauigkeiten sind oft übertrieben. Es hat keinen Sinn, etwa Qualität 4 nach DIN 3962 zu verlangen. Hersteller und Verbraucher haben kein Interesse daran, für etwas zu bezahlen, was nicht notwendig ist. Lohnender ist die richtige Montage von Zahnrädern etwa der Qualität 6 oder 7. Für den guten Lauf bei Wälzkreis-Umfangsgeschwindigkeiten bis rund 20 m/s und sogar noch mehr sind in 99 % aller Fälle die

Genauigkeit und Gleichmäßigkeit der Eingriffsteilung und des Eingriffsimpulses [9], der Rundlauf und eine gute Schmierung verantwortlich. Eng verbunden mit den Auswirkungen des Rundlaufes ist der Betriebseingriffswinkel, der 17 bis 18°, allenfalls 20° nicht übersteigen sollte.

Schrifttum:

[1] R. Ritter, Zahnradgetriebe, S. 123/25, Verlag Leemann AG. Zurich.

[2] B. Kryspin-Exner, Beitrag zur Theorie der Stufenrädergetriebe im Hauptantrieb von Werkzeugmaschinen Werkstatttechnik (1929), S. 757.

[3] K. Bennedik, Über Theorie und Bestimmung der Zähnezahlen in Getrieben mit geometrisch abgestuften Drehzahlen. Diss. Aachen 1930.

[4] R. Germar, Die Getriebe für Normaldrehzahlen. Springer Berlin 1932.

[5] H. Schöpke, Doppeltgebundenes Zahnradwechselgetriebe kleiner Abmessungen. Masch. Bau/Betrieb (1939) S. 145/47.

[6] H. Schöpke, Doppeltgebundenes Nortongetriebe. Masch. Bau Betrieb (1939) S. 513/15.

[7] H. Rögnitz, Stufengetriebe an Werkzeugmaschinen. Springer Berlin 1953.

[8] H. Rohs und A. Heinemann, Das doppelt gebundene Dreiwellengetriebe im Antrieb für Werkzeugmaschinen. Industrie-Anzeiger Essen, Juli/Aug. 1954.

[9] G. Niemann, Geräuschbildung an Zahnradgetrieben. VDI-Tagungsheft 2 (1953).

K. H. WEBER

Flankenrichtungsfehler bei Evolventen-Schrägverzahnung

Schwankungen der Schrägungswinkel von Zahn zu Zahn innerhalb eines schrägverzahnten Zahnrades

Es ist bekannt, daß Flankenrichtungsfehler in den verschiedensten Erscheinungsformen auftreten bzw. daß diese in Lage und Größe zueinander an einem Radumfang völlig verschieden sein können.

Wie man diese Fehler grundsätzlich aufteilen kann, zeigt Bild 1.

Nach DIN 3960 werden drei Arten von Flankenrichtungsfehlern unterschieden.

Zunächst:

Abweichungen in einer Tangentialebene des Teilzylinders;

weiter:

Abweichungen in einer die Achse enthaltenden Ebene, und

schließlich:

Zusammentreffen dieser beiden Fehlerarten.

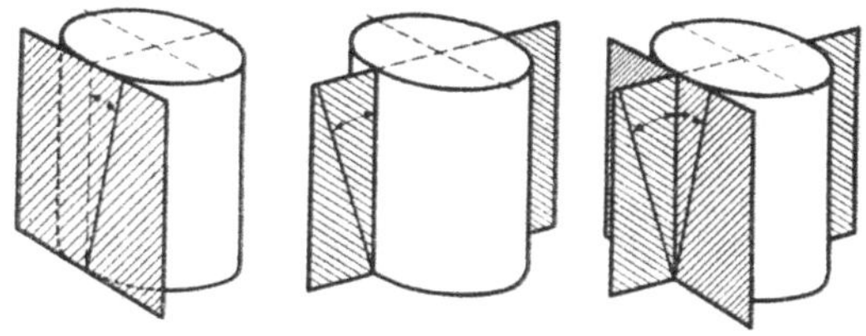

Bild 1 Flankenrichtungsfehler

Außerdem können sich noch Schwankungen der Flankenrichtungsfehler von Zahn zu Zahn ergeben.

Im Folgenden soll hierauf noch näher eingegangen werden.

Zunächst jedoch noch ein kurzer Überblick über die genormten Güteklassen.

In Bild 2 sind die 12 Qualitätsstufen für die Flankenrichtung entsprechend DIN 3963 dargestellt.

Die Stufung beginnt bei einer Abweichung der Flankenrichtung von 6 μ auf 100 mm Flankenlänge. Sie endet bei der Qualität 12 mit 98 μ.

Nimmt man als Beispiel ein Rad nach Qualität 5, wie es heute im Werkzeugmaschinenbau üblich ist, so darf die Abweichung der Flankenrichtung 16 μ auf 100 Millimeter Flankenlänge nicht überschreiten.

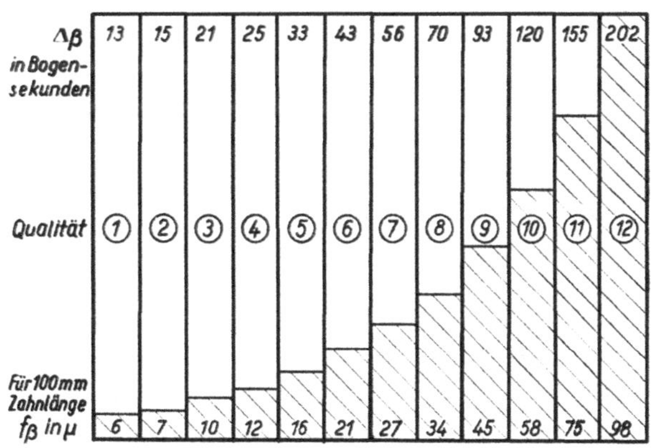

Bild 2: Zulässige Abweichung der Flankenrichtung nach DIN 3963

Das entspricht etwa einem Winkelwert von 33 Bogensekunden. Liegen die Flankenrichtungsfehler nicht in den erforderlichen Grenzen, so ergeben sich unbefriedigende Laufeigenschaften. Schlechte Laufeigenschaften werden natürlich nicht allein durch Flankenrichtungsfehler hervorgerufen. Vielmehr wirken sich diese und andere Verzahnungsfehler gemeinsam aus. Oft ist auch der wirklich grundlegende Fehler gar nicht der Flankenrichtungsfehler, sondern dieser ist nur die Folge eines ganz anderen Fehlers.

Dieses gilt vor allem für die Außermittigkeit der Verzahnung, denn sie bewirkt eine Veränderung des Schrägungswinkels von Zahn zu Zahn, außerdem noch Summenteilungsfehler in zweifacher Größe der Außermittigkeit sowie Eingriffswinkelfehler in periodischer Folge.

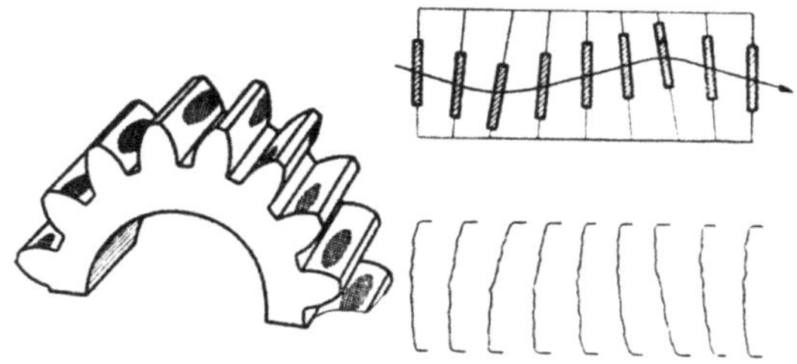

Bild 3 Zahnrad mit wanderndem Tragbild

Die unterschiedlichen Schrägungswinkel verursachen ein Überecktragen in wechselnder Richtung.

Sind die Flanken mit einem geringen Längsballen versehen, so kann unter Umständen ein direktes Kantentragen vermieden werden.

In Bild 3 ist ein solches Zahnrad dargestellt.

Auf den ballig tragenden Flanken sind die periodisch wechselnden Flankenrichtungen durch Antuschieren und Abrollen eines Lehrzahnrades sichtbar gemacht worden. Es entsteht das sogenannte „wandernde Tragbild".

Würde man diese Verzahnung abwickeln, so wäre an dem periodischen Verlauf der Tragbilder die entsprechende fehlerhafte Schräglage einer jeden Flanke zu erkennen.

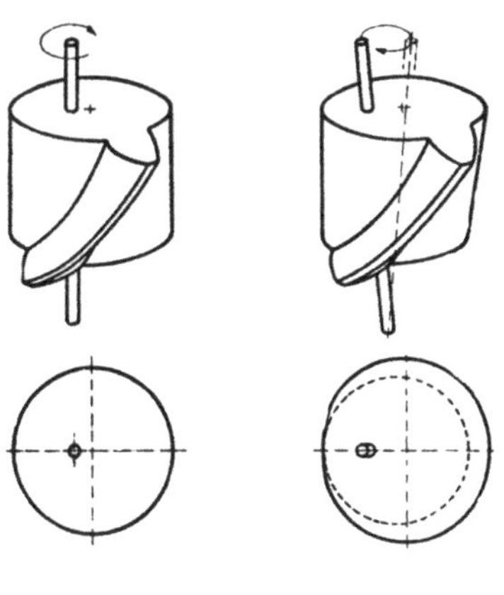

Bild 4 Parallele und nichtparallele Außermittigkeit der Verzahnung

In Bild 3 sind unter der schematischen Darstellung einer solchen gedachten Abwicklung Prüfkurven der jeweiligen Flankenrichtung zum Vergleich eingezeichnet.

Wie entstehen nun solche Fehler an Schrägzahnrädern? Hier gibt es zwei Hauptursachen:

Zunächst:

Parallele, jedoch außermittige Lage der Verzahnung zur Radbohrung, hervorgerufen durch exzentrisches Spannen des Radkörpers auf der Verzahnmaschine,

und weiter:

Nicht parallele und außermittige Lage der Verzahnung zur Radbohrung, hervorgerufen durch einen Taumelschlag des Radkörpers bzw. dessen Aufnahmedornes auf der Verzahnmaschine (Bild 4).

Die Gefahr des außermittigen Spannens besteht bei zu großem Spiel zwischen der Bohrung des Radkörpers und dem Aufnahmedorn auf der Verzahnmaschine.

Ist der Radkörper beim Verzahnen exzentrisch zur Dornmitte aufgespannt, so bewegt sich die Radachse parallel und in stets gleichem Abstand um die ideelle Verzahnungsmitte herum, d. h. der Abstand der Radachse vom Verzahnwerkzeug ist dauernden Schwankungen unterworfen. Die Folge ist ein periodisch wechselnder Eingriffswinkelfehler. Die Flankenrichtung wird hiervon umso weniger beeinflußt, je geringer der Schrägungswinkel selbst ist; die Flankenrichtung einer Geradverzahnung als Grenzfall praktisch überhaupt nicht.

Tritt zum außermittigen Spannen jedoch noch ein Verspannen quer zur Radachse hinzu, sei es durch unzureichende Planlaufgenauigkeit der Anlageflächen oder durch einen Taumelschlag des Aufnahmedornes selbst bedingt, so ergibt sich bei Gerad- und Schrägverzahnung eine von Zahn zu Zahn veränderte Flankenrichtung.

Mit Bild 5 ist versucht worden, das Entstehen von Flankenrichtungsfehlern infolge eines Taumelschlages beim Verzahnen auf einfache Weise klarzumachen.

Ein taumelnder Radkörper ist der Einfachheit halber als Zylinder in vier je um 90° verdrehten Lagen dargestellt. Ausgangs- und Endstellung bei einer vollen Umdrehung ist die Lage 1.

Die Zähne einer Geradverzahnung sind in der oberen Ansicht als senkrechte Geraden auf den Zylindermantel aufgezeichnet.

Die waagerechten Geraden der Draufsicht sollen die Lage des Verzahnwerkzeuges kennzeichnen.

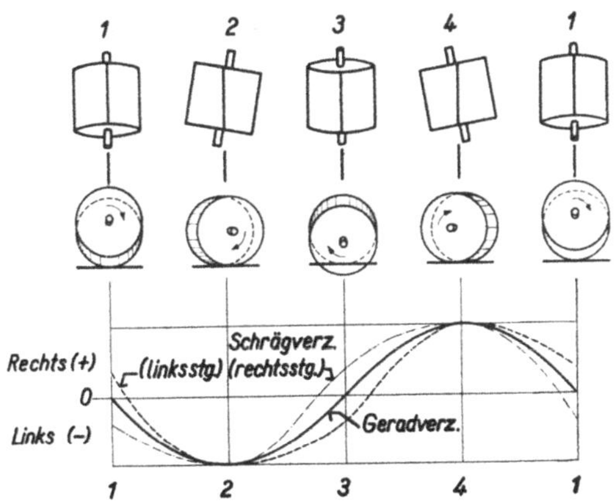

Bild 5 Auswirkung des Taumelschlages auf die Flankenrichtung

Bei 1 und 3 decken sich in der Blickrichtung der oberen Ansicht die Radachsen und die Zähne, da hier die Radachsen senkrecht zur Bildebene geneigt sind. An diesen Stellen tritt eine Veränderung der Zahnstärken innerhalb der Zahnbreiten ein: die Zähne werden keilförmig, da die Flankenrichtungen der Rechts- und Linksflanken an diesen Stellen in entgegengesetzten Richtungen abweichen.

Bei Schrägverzahnung ist die Tendenz der Keilform ebenfalls vorhanden. Außerdem weichen hier die Schrägungswinkel je nach ihrer Größe bzw. der Größe des Taumelschlages von den Sollwinkeln mehr oder weniger ab, was allerdings nicht sehr in Erscheinung tritt, da diese Fehler im wesentlichen von dem relativ kleinen Verhältnis der Soll- und Ist-Grundkreisradien abhängen.

Bei 2 und 4 wirkt sich dagegen der volle Taumelschlag als Flankenrichtungsfehler aus, u. z. nach rechts und links, entsprechend der größten Schräglage des Radkörpers. Hier sind also die größten Abweichungen zu finden.

Dieses zeigt sich auch, wenn die für Rechts- und Linksflanken ausgemittelten Flankenrichtungsfehler entsprechend Bild 4 aufgetragen werden. Die nicht im Bild dargestellten Zwischenlagen sind am Kurvenverlauf zu erkennen.

Für Geradverzahnungen ergibt sich dann praktisch eine Sinuskurve. Hiervon weichen die Kurven für rechts- und linkssteigende Verzahnungen in der dargestellten Form ab, d. h. der tatsächliche Schrägungswinkel einer rechtssteigenden Verzahnung würde bei 1 zu klein und bei 3 zu groß sein. Schrägungswinkel von linkssteigenden Verzahnungen sind dagegen bei 1 zu groß und bei 3 zu klein. In den Lagen 2 und 4 erreichen Links- und Rechtssteigungen etwa die gleichen Fehlerwerte.

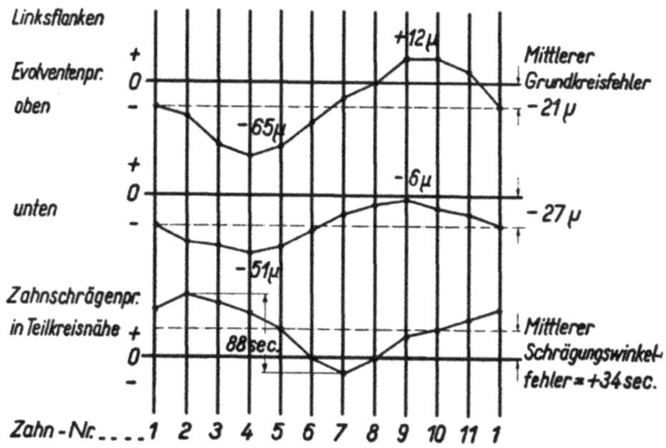

Bild 6: Auswertung der Evolventen- und Zahnschrägendiagramme

Es soll nun auf das Zusammenwirken dieser Fehler mit Eingriffswinkelfehlern bzw. Grundkreisfehlern als Folge eines Taumelschlages näher eingegangen werden. Hierzu ein praktisches Beispiel (Bild 6):

Gemessen wurden alle Linksflanken eines rechtssteigenden Stirnrades mit 11 Zähnen ($m_n = 4$; $\alpha_0 = 25°$; $\beta_0 = 8°$; $b = 80$ mm).

Die Eingriffswinkel bzw. die Grundkreisradien wurden in zwei um 50 mm voneinander entfernten parallelen Ebenen gemessen und die Fehlerwerte für jeden einzelnen Zahn aufgetragen. Es ergaben sich so die beiden oberen Kurven.

Die Schwankungen der Eingriffswinkel sind in der oberen Meßebene bedeutend größer.

Hieraus geht schon klar hervor, daß die größere Exzentrizität in der oberen Meßebene liegt.

Die ermittelten Abweichungen vom rechnerischen Schrägungswinkel sind am Verlauf der unteren Kurve zu erkennen.

Obgleich Eingriffswinkel- und Schrägungswinkelfehler beide in periodischer Folge verlaufen, liegen ihre Größtwerte nicht bei den gleichen Zähnen. Infolge des Taumelschlages liegen nämlich die größten und kleinsten Eingriffswinkel in Richtung der Exzentrizität, u. z. bei den Zähnen 4 und 9; die größten Abweichungen der Schrägungswinkel dagegen etwa um 90° hierzu versetzt, also senkrecht zur Exzentrizität bei den Zähnen 2 und 7.

Besonders kennzeichnend für eine Verzahnung sind Größe und Lage des Verzahnungs-Grundzylinders.

Werden die Grundkreisfehler von zwei Meßebenen, vergrößert um zwei gleiche Kreise, radial aufgetragen, so erhält man eine sehr klare und übersichtliche Darstellung der Ist-Grundkreise u. z. nicht nur in Bezug auf die Lage der Sollgrundkreise selbst, sondern auch auf ihre Lage zueinander sowie auf Form und Größe derselben.

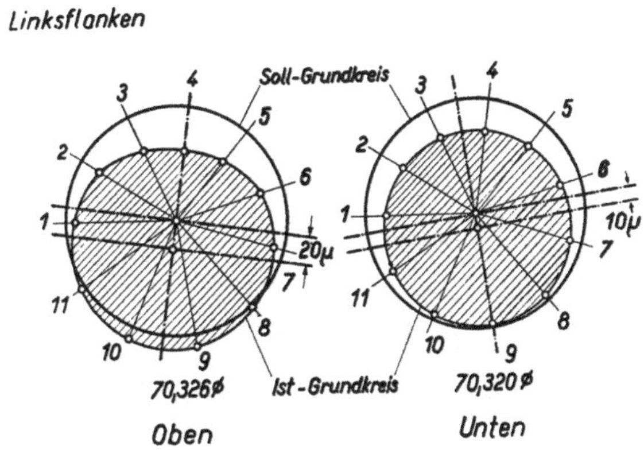

Bild 7 Grundkreisfehler eines Schrägzahnrades in zwei parallelen Meßebenen

Diese Art der Auswertung wurde auch für das vorliegende Beispiel angewandt (Bild 7).

Ein Vergleich der Exzentrizität der Grundkreise in der oberen und unteren Meßebene ergibt einen Unterschied von 20 − 10 = 10 μ; das bedeutet neben einer Außermittigkeit von 10 μ auch noch eine Schräglage der Verzahnungsmitte zur Radachse von 10 μ auf 50 mm Radbreite.

Der Durchmesserunterschied der Ist-Grundkreise von 6 μ zeigt weiter, daß die Form des Grundzylinders leicht kegelig ist. Außerdem ist namentlich in der oberen Meßebene ein Abweichen von der kreisrunden Form festzustellen. Die charakteristische Form des Ist-Grundkreises zeigt, daß ein Taumelschlag des Aufnahmedornes vorgelegen hat.

Die Beeinflussung des Grundkreises durch einen Schlag des Aufnahmedornes läßt sich sehr einfach erklären:

Da die Größe eines Grundkreises lediglich von der Eingriffsteilung und der Zähnezahl des Rades abhängt, so ist bei einwandfreiem Werkzeug und richtiger Maschineneinstellung der Grundkreis an sich stets korrekt.

Beim Verzahnen mit schlagendem Aufnahmedorn berührt aber der Ist-Grundkreis den theoretischen Grundkreis immer nur an einem Punkt, u. z. so, daß im Augenblick des Verzahnens alle Grundkreishalbmesser korrekt sind.

Die Mitte des Grundkreises bewegt sich nämlich infolge des Schlages auf einer Bahn, deren Mittelpunkt dann die Mitte der Verzahnung darstellt.

Abschließend noch etwas über das Prüfen und Auswerten im allgemeinen.

Es ist bekannt, daß in neuester Zeit Geräte für die kombinierte Flankenform- und Flankenrichtungsprüfung angewandt werden.

Bild 8: Gerät zur kombinierten Flankenform- und Flankenrichtungsprüfung

Bild 8 zeigt ein solches Gerät.

Auf diesem wurden die vorgenannten Untersuchungen bei 500facher Fehlervergrößerung und mit einer Ablese-Genauigkeit von 2 Bogensekunden für die Winkeleinstellung durchgeführt.

Die Wirkungsweise des Gerätes ist in Bild 9 schematisch dargestellt.

Die Auswertung der Diagramme ist sehr einfach:

In die Prüfkurven der Flankenform und Flankenrichtung eines jeden Zahnes werden ausmittelnde Geraden eingezeichnet. Die Abweichungen dieser Geraden von den Senkrechten bei konstanten Diagrammlängen pro Zahn ergeben die Werte f_β und F_g.

Diese Werte, Zahn für Zahn aufgetragen, ergeben die Kurven für den Verlauf der Flankenform- und Flankenrichtungsfehler, u. z. in Abhängigkeit voneinander an einem Radumfang (Bild 9).

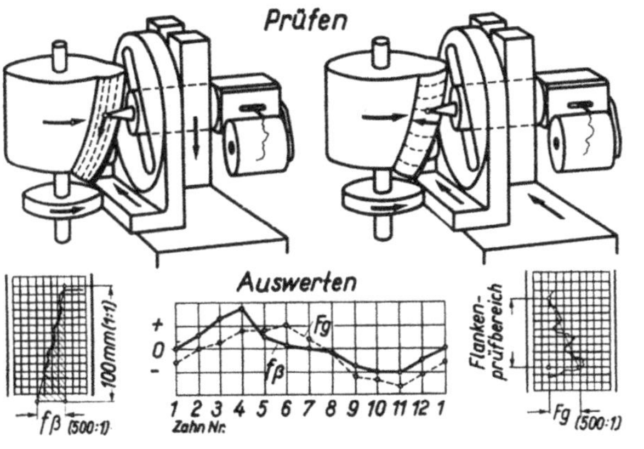

Bild 9: Ermittlung von Zahnflankenfehlern am Schrägzahnrad

Hieraus lassen sich dann weitere Schlüsse ziehen, wie im vorhergehenden Beispiel gezeigt wurde.

Selbstverständlich gibt es noch eine ganze Reihe anderer bewährter Prüfmethoden und Geräte für die Zahnradprüfung, auf welche hier nicht eingegangen werden kann.

Wichtig ist in jedem Fall, daß sowohl die Flankenform als auch die Flankenrichtung gemessen und in Abhängigkeit voneinander ausgewertet werden, denn hiervon hängt nicht zuletzt die Möglichkeit ab, den wirklichen Fehlerursachen auf den Grund zu gehen.

H. ZINK

Geräuschmessungen an Zahnradgetrieben des allgemeinen und Schiffsmaschinenbaues

Die Frage der Geräuschentstehung und Geräuschbeseitigung gehört im Zahnradgetriebebau mit zu den schwierigsten technischen Problemen. Ein Getriebe, das Geräusch verursacht, kann sehr lästig werden, und die Beseitigung des Geräusches ist in der Praxis oft mit großen Schwierigkeiten verbunden.

Die Geräuschuntersuchung an Zahnrädern selbst ist schon seit mindestens zwei Jahrzehnten bekannt, teils als Grundlagenforschung der Forschungsinstitute, teils als Zweckforschung der Fahrzeuggetriebe-Industrie. Die Arbeiten von Niemann, Glaubitz, Dietrich, Harz, Graf von Soden sind bekannt. Es handelt sich bei den erwähnten Arbeiten durchweg um Versuche und Überlegungen an Rädern kleiner Abmessungen mit dem Ziel, den Einfluß einzelner Faktoren auf das Geräusch zu ermitteln. Ihre Ergebnisse haben, da sie letzten Endes die Forderung nach größter Genauigkeit immer wieder betonen, die Fertigungsgenauigkeit kleiner Räder stark gefördert. So ist der Fahrzeuggetriebebau bei dem heutigen Stand der Fertigungstechnik der Präzision von „Meisterrädern" schon relativ nahe und hat deshalb mit sehr wesentlichen Geräuschschwierigkeiten kaum mehr zu kämpfen. Bei kleinen Rädern liegt die weitere Entwicklung deshalb vor allem in der Steigerung der Oberflächengüte der Flanken und Herabsetzung des Reibungsbeiwertes durch Verbesserung der Schmierung.

Im allgemeinen Getriebebau liegen die Dinge aber anders. Zwar gelten die grundlegenden Erkenntnisse aus den Untersuchungen an kleinen Rädern auch für ihn, aber die Herstellung größerer Räder kann nun einmal nicht mit der dem Kleinrad eigenen Präzision erfolgen. Sie kann zur Zeit noch nicht einmal meßtechnisch in vollem Umfang erfaßt werden. Trotzdem muß das Großgetrieberad vielfach mit weit höheren Umfangsgeschwindigkeiten und größeren Kräften arbeiten. Außerdem kommt hinzu, daß gerade das Getriebe im allgemeinen Getriebebau zwischen den verschiedenartigsten Antriebs- und Abtriebsmaschinen arbeitet und von diesen beeinflußt wird, in akustisch günstigen oder ungünstigen Räumen steht, auf günstigen oder ungünstigen Fundamenten, und schon aus diesem Grunde ist die Beurteilung eines Geräusch verursachenden Getriebes nicht einfach. So hat sich auch im allgemeinen Getriebebau das Bedürfnis durchgesetzt, bei Geräuschfragen von der subjektiven Beurteilung, die meßtechnisch nur mit einfachen Hörapparaten unterstützt arbeiten kann, mit Hilfe moderner Meßgeräte zu einer systematischen Untersuchung zu kommen. Diese objektiven Geräuschmessungen sollen aber keine Forschung sein, obwohl sich auch grundlegende Erkenntnisse daraus gewinnen lassen, sondern sie sind Mittel zum Zweck der Geräuschbekämpfung.

Eine Geräuschmessung besteht immer aus zwei Teilen, nämlich der Lautstärkemessung und der Frequenzanalyse.

Die Lautstärkemessung dient zunächst zur Beurteilung, wie eine Getriebeanlage im Schallpegel des Aufstellungsortes liegt, und es hat sich ergeben, daß für bestimmte typische Getriebeanlagen auch ein gewisser typischer Lautstärkebereich eingehalten werden kann. Es liegt eine genügende Anzahl solcher Messungen vor, und es kann heute ein berechtigtes Urteil darüber gesprochen werden, was der Kunde nach dem derzeitigen Stand der Fertigungstechnik bezüglich Lautstärke verlangen kann, und was als übertriebene Forderung nur mit höherem Kostenaufwand durch Sondermaßnahmen zu erreichen ist. Die Messungen schließen Fabrikate verschiedener Firmen und verschiedener Getriebetypen ein.

Die Frequenzanalyse, als der zweite Teil der Geräuschmessung, liefert die Zusammensetzung des Geräusches aus Teiltönen, das Spektrum. Mit dessen Hilfe ist es in der Regel leicht möglich zu entscheiden, ob die Geräuschursache im Getriebe selbst liegt, oder ob das Getriebe nur Abstrahler von Impulsen ist, die vom An- oder Abtrieb in das Getriebe hineingetragen werden, d. h. ob also das Getriebe selbst Geräuschursache oder nur Geräuschquelle ist.

Als Meßgerät für die Frequenzanalyse wird ein tragbarer, registrierender Suchtonanalysator neuester Bauart verwendet, der mit einer Genauigkeit von 0,25% das ganze Spektrum bis 10000 Hz analysiert. Inzwischen sind sowohl an installierten Anlagen wie auf Prüfständen einige hundert Analysen gemacht worden, und auch hier hat sich gezeigt, daß sich typische Anlagen und typische Fehlerquellen auch in typische Spektrengruppen einordnen lassen. Nach einer genügenden Anzahl Untersuchungen kann das einzelne Spektrum bezüglich der zu ergeifenden Maßnahmen gut ausgewertet werden.

Bild 1 Gerauschmessungen am Großgetriebeprufstand Schiffsgetriebe N 1400 SP, n_1 950 U/min Korperschallgeber, Mikrophon, Analysator, Manetophon

Zunächst seien die Durchführung einer solchen Messung und die notwendigen Geräte anhand von Bild 1 kurz erläutert.

Da Getriebeanlagen nicht in schalltechnischen Spezialräumen, d. h. in echofreien Räumen, laufen, muß eine ganze Reihe von Meßpunkten — siehe Bild 2 — aufgenommen werden, teilweise mit Mikrophon, teilweise mit Körperschallaufnahmen. Das Schallfeld muß gewissermaßen abgetastet werden.

Alle bisher durchgeführten Messungen haben nun ergeben, daß im wesentlichen nur wenige geräuschbestimmende Frequenzen auftreten, von denen einige anhand charakteristischer Spektren besprochen seien:

Bild 3 stellt ein Geräuschspektrum dar, das die Drehfrequenz und deren Harmonische enthält.

In solch einem Falle besitzen meistens ein oder mehrere Elemente, häufig die Zahnkupplungen, noch eine Unwucht, die die Drehfrequenz erzeugt. Drehfrequenzen müssen durch genauestes Ausrichten und Wuchten beseitigt werden, ferner durch stabile Fundamente.

Auch einige Resonanzfrequenzen treten hervor, auf die später noch eingegangen wird.

Die Drehfrequenzen der Wellenleitung f_{n1}; f_{n2} usw. errechnen sich aus:

$$f_n = \frac{n}{60}$$

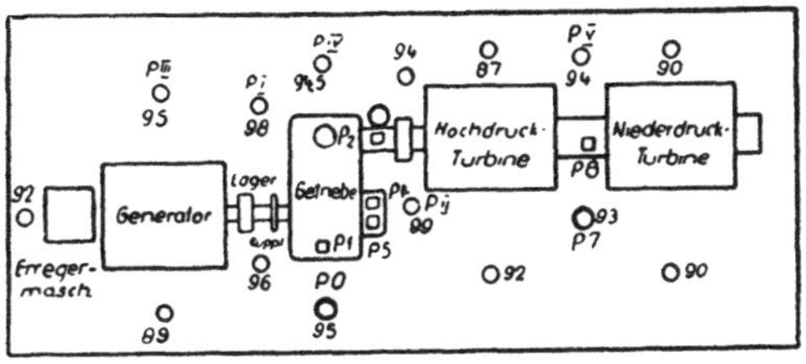

O Messungen mit Mikrophon 0,5 m Abstand Lautstärke in phon

□ Messungen mit Körperschallgeber

Bild 2: Schalldruckmessung an einer Turbinenanlage Abstand, Höhenlage Charakteristisches Spektrum für das Getriebe

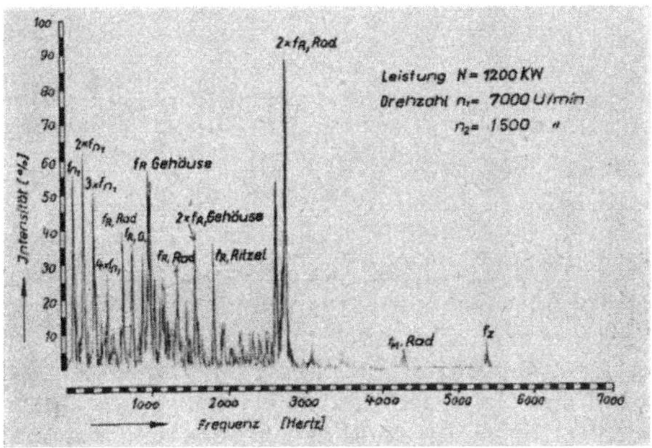

Bild 3: Geräuschanalyse eines Turbinengetriebes Drehzahlfrequenzen Drehfrequenz, Resonanzfrequenz, f_z abgeschirmt, 5500 Hz

Bild 4 zeigt ein Spektrum mit einer hervorstechenden Frequenz, wobei die Zahneingriffs-Frequenz f_z und die sogenannte Maschinenantriebs-Frefreqenz f_M zusammenfallen, was grundsätzlich vermieden werden soll. Ein derartiges Getriebe singt mit erheblicher Lautstärke. Zum Nachweis, daß die Maschinenantriebsfrequenz tatsächlich auftritt, wurde das Rad versuchsweise auf einer anderen Maschine nachgefräst. Es tritt sofort die Aufspaltung in f_z und f_M ein, die Lautstärke geht dann fast immer bereits wesentlich zurück, jedenfalls um einige Phon.

Die Zahneingriffsfrequenzen der Radsätze errechnen sich aus:

$$f_z = \frac{n \cdot z}{60}$$

Die Maschinenantriebsfrequenz errechnet sich aus:

$$f_M = \frac{n \cdot z_{MR}}{60}$$

d. h. die Betriebsdrehzahl des Zahnrades · Zähnezahl des Antriebsschneckenrades der Verzahnungsmaschine: 60.

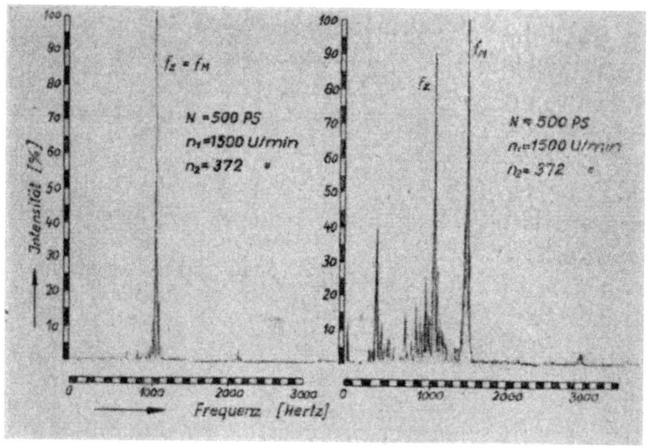

Bild 4 Geräuschanalyse eines Stirnradgetriebes
Frequenzänderung durch Nacharbeit
Trennung von f_z und f_M

Die bereits erwähnten Resonanzfrequenzen sind Schwingungen der Radkörper oder Gehäusepartien, wenn deren Eigenfrequenz mit einer Erregerfrequenz übereinstimmt oder doch in ziemlicher Nähe liegt. Sie sind in den Spektren mit f_{RR} bzw. f_{RG} bezeichnet. Resonanzfrequenzen treten besonders gerne dann auf, wenn das Getriebegeräusch ein nahezu einzelner Ton ist, da Sinusschwingungen leicht erregen. An sonstigen Frequenzen können z. B. Stoßfrequenzen, von Biegeschwingungen der Wellen oder axialen Ritzelschwingungen herrührend, auftreten. Besonders charakteristisch sind auch Spektren von hydraulischen Geräuschen. In der Praxis treten die zuletzt genannten drei Frequenzgruppen nur in Sonderfällen geräuschbestimmend in Erscheinung. In den beiden erstgenannten Fällen sind dann Antriebs- oder Abtriebsimpulse die eigentliche Geräuschursache, und die Geräuschmessung muß dann häufig durch mechanische Schwingungsmessungen zu ihrer Deutung unterstützt werden.

Während die Zahneingriffsfrequenz f_z mit zunehmender Drehzahl auch an Lautstärke häufig fast proportional zunimmt, hängt die Lautstärke der Maschinenantriebsfrequenz sehr stark von den elastischen Verhältnissen der Anlage ab. Auf einem kleinen Verspannungsprüfstand wurde eine Reihe von einstufigen Getrieben, mit gefrästen und geschliffenen Rädern, untersucht. (Bild 5).

Bei Einbau bestimmter Elastizitäten durch Auswechseln der Drehstäbe entsteht über dem Drehzahlbereich ein Geräusch, in dem die Maschinenantriebsfrequenz vorherrscht und Resonanzerscheinungen auftreten (Bild 6 und 7).

Bild 5 Verspannungsprüfstand für Stirnradgetriebe Handelsübliche Stirnradgetriebe, 100 mm Zahnbreite gefräst, geschliffen

Die Lautstärken sind teilweise sehr unterschiedlich, von 73 Phon bis 103 Phon. Nach einer langen Einlaufzeit, die durch entsprechende sachgemäße Nacharbeit der Zahnflanken erheblich gekürzt werden kann, läßt sich das Geräusch wesentlich bessern. Die Analysen zeigen dann nicht mehr f_M, sondern vorherrschend f_z. Die Lautstärke ist entsprechend zurückgegangen.

Versuche mit stark korrigierten Rädern (x · 1 m), die mit der Absicht durchgeführt wurden, den Reibkraftwechsel im Wälzkreis auszuschalten, brachten keinen

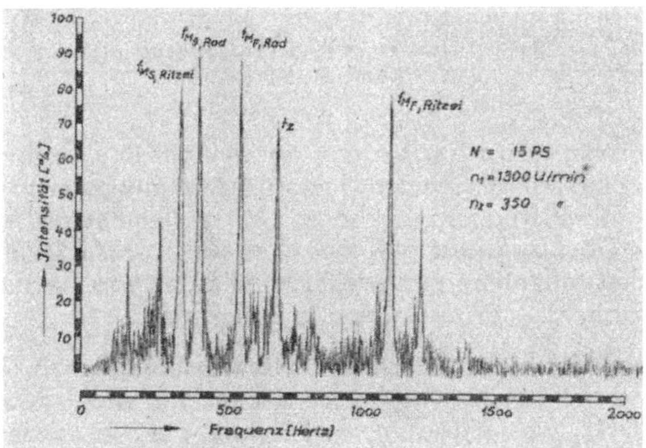

Bild 6: Geräuschanalyse von 2 Getrieben auf dem Verspannungsprüfstand

geräuschmindernden Effekt. Obwohl diese Versuche noch nicht abgeschlossen sind, ist eine Erklärung die, daß der Effekt nur unter Ausschluß der übrigen Geräuschfaktoren, d. h. praktisch mit Versuchspräzisionsrädern, nachweisbar ist. Diese Voraussetzung kann im allgemeinen Getriebebau in der Praxis nicht erreicht werden. Für die praktische Geräuschbekämpfung stellt deshalb dieses Mittel noch keine geeignete Maßnahme dar. Aber etwas anderes hat sich ergeben: in dieser Weise stark korrigierte Räder bauen während des Einlaufs besonders die Maschinenantriebsfrequenz wesentlich früher ab als normalverzahnte.

Im allgemeinen Getriebebau muß heute die Maschinenantriebsfrequenz, besonders bei hohen Umfangsgeschwindigkeiten und elastischen Wellen, als die hauptsächlichste Geräuschursache, gleichgültig, ob die Räder gefräst oder geschliffen sind, sofern nur der Tischantrieb der Maschine in bekannter Weise über Schnecke und Schneckenrad erfolgt, angesprochen werden. Es liegt praktisch ein Kopieren des Fehlers des Schneckenrades bzw. der Schnecke auf das Werkstück vor. Selbst

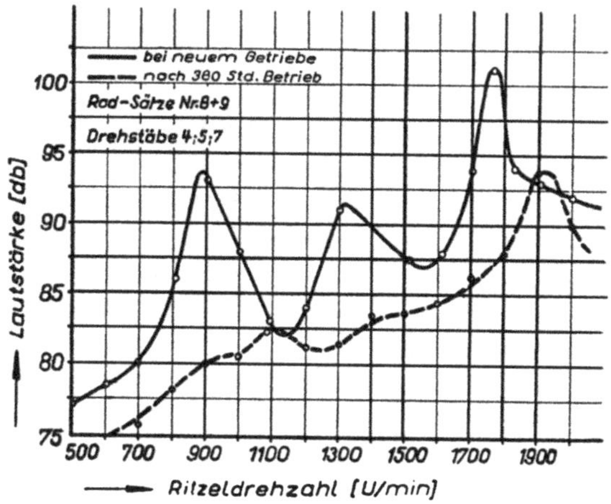

Bild 7. Lautstärke von Stirnradgetrieben auf dem Verspannungsprüfstand

bei neuen Werkzeugmaschinen, deren Antrieb ja auch nicht fehlerfrei sein kann, bekommt man bei bestimmten Umfangsgeschwindigkeiten des Getrieberades die Maschinenantriebsfrequenz zu hören. Mit zunehmender Abnutzung des Antriebs wird das Übel zunächst geringer, bei weiterer Abnützung wieder größer und der störende Drehzahlbereich breiter. Eine Reihe von Messungen an Getrieben verschiedener Firmen zeigt durchweg das gleiche Bild.

Der Getriebehersteller kann dem Übel nur teilweise begegnen. Man soll Maschinen verwenden, für die die M-Antriebsfrequenz beim laufenden Rad unter 800 Hz liegt oder über 3000 Hz, was jedoch nur innerhalb der vorhandenen Verzahnungsmaschinen variiert werden kann. Frequenzen über 3000 Hz stören im allgemeinen Getriebebau selten, da diese Frequenzen durch die ohnehin erforderlichen Wandstärken stark abgeschirmt werden.

Es gibt noch ein weiteres, leider umständliches und kostspieliges Mittel, die Maschinenantriebsfrequenz zu unterdrücken bzw. ungefährlich zu verlagern. Man müßte das Werkstück nach jedem Span um ½ der Teilung des Antriebsschneckenrades weiterdrehen, bevor der neue Span genommen wird. Das bedingt aber mehrere Schnitte gleichen und geringen Spanquerschnitts und zentrierte Aufspannung des Werkstücks, zwei Forderungen, die im Fertigungsprozeß praktisch nicht gangbar sind. Diese Möglichkeit hat deshalb nur theoretische Bedeutung.

Nach dem Gesagten spielt also im allgemeinen Getriebebau sogar die Zahneingriffsfrequenz erst die zweite Rolle. Der Grund liegt in den großen Zahnschrägen und Radbreiten, die große Sprungüberdeckung ergeben, so daß sich Teilungs- und Zahnformfehler sowie der Eintrittsstoß nicht zu stark auswirken können.

Bei raschlaufenden Turbogetrieben mit großer Zähnezahl und kleinem Modul liegt f_z meist sowieso über 3000 Hz. Tritt f_z aber hervor, so handelt es sich meist um Zahnschrägenfehler, die den praktischen Überdeckungsgrad herabsetzen. Ein Einlaufprozeß mit Läppölen kann hier helfen. Sind die Zahnflanken abgelaufen und somit starke Formfehler vorhanden, dann hilft nur noch ein Überfräsen des Rades und Herstellung eines neuen Ritzels. Bei hervortretender Maschinenantriebsfrequenz hilft ein Nachfräsen nicht. Wenn sich durch Änderung der elastischen

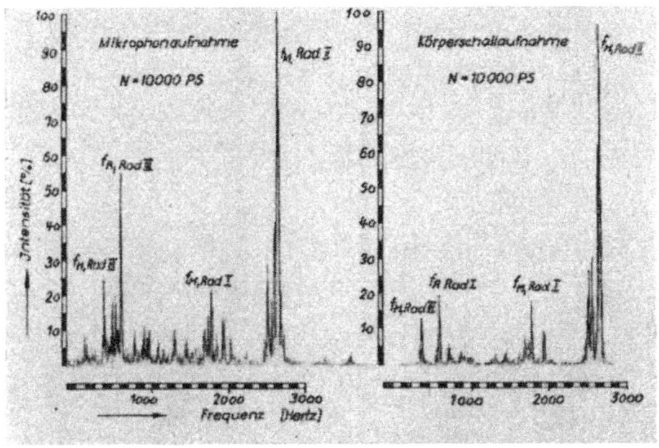

Bild 8: Gerauschanalyse eines Schiffsgetriebes
Schraubendrehzahl 112 U/min

Verhältnisse, z. B. Einbau einer anderen Kupplung, nichts verbessern läßt, hilft sich der Praktiker oft durch Nacharbeit von Hand. Es wäre aber falsch, jeden Zahn zu behandeln. Es dürfen nur die nach längerem Lauf unter Last ohnehin sichtbaren Druckstellen, die gleichmäßig und genau nach der Zähnezahl des Antriebsschnekkenrades der Fräsmaschine über den Zahnradumfang verteilt sind, beseitigt werden. Die Prozedur muß meist mehrmals wiederholt werden, ist langwierig, daher kostspielig, aber absolut sicher. Es sei nochmals betont, daß diese letztgenannte Methode bei Auftreten der Zahneingriffsfrequenz nicht hilft. Auch die Zahnkopfrücknahme hilft hier in der Regel nicht. Der Modul soll deshalb so klein gewählt werden, wie es die Festigkeit der Zähne zuläßt. Große Moduln bringen unter Umständen die Zahneingriffsfrequenz stärker in das Geräusch.

Ein weiteres Spektrum stellt Bild 8 dar, und zwar für ein 2stufiges 10000-PS-Schiffsgetriebe, wobei ebenfalls f_M hervortritt.

Das Rad II ist der störende Teil, jedoch liegt die Gesamtlaufstärke infolge einer besonders stabilen Gehäusekonstruktion noch im zulässigen Bereich, der bei derartigen Getrieben ohnehin bis ca. 100 Phon angenommen werden muß. Mikrophon- und Körperschallaufnahme decken sich hier weitgehend.

Bild 9 · Zweistufiges Schiffsgetriebe N 10 000 PS
gesamte Anlage

konstr. Maßnahme ·
Gehauseform stabil, doppelwandig

Bild 9 zeigt das Getriebe komplett, Bild 10 stellt es im geöffneten Zustand dar, und in Bild 11 ist das Fräsen der großen Räder erkennbar.

Bild 10 · Zweistufiges Schiffsgetriebe 10 000 PS
Gehause-Oberteil abgehoben

Bild 11 · Schiffsgetrieberäder
auf der Frasmaschine

Die Impulsstellen für die Maschinenantriebsfrequenz an solch einem breiten, schrägverzahnten Rad laufen parallel zur Achse, über den Umfang genau nach der Zähnezahl des Antriebsschneckenrades verteilt.

Um Geräuschmessungen an großen Getrieben wirklich ganz ausschöpfen zu können, genügt es jedoch nicht, erst am eingebauten Getriebe damit anzufangen. Es ist vielmehr notwendig, schon während der Fertigung die Klangfrequenzen der Gehäuseteile und Räder aufzunehmen, wobei entweder durch Anschlag oder mittels eines hinreichend starken dynamischen Schwingungserzeugers die Bauteile erregt werden. Beide Methoden sind nicht gleichwertig. Die erregten Schwingungen werden auf Magnetophonband aufgenommen und analysiert. Es ist auch zweckmäßig, schon auf dem Prüffeld die Geräusche durch Bandaufnahmen festzuhalten, um den Vergleich mit den Geräuschen des in die Anlage eingebauten Getriebes herstellen zu können. So kann die Auswirkung jeder Maßnahme schon während der Fertigung immer wieder mit dem vorherigen Zustand verglichen und überprüft werden. Über alle wichtigeren Getriebetypen läßt sich auf diese Weise eine sehr vielseitig auswertbare Magnetophonbandkartei anlegen, die gerade in schwierigen Fällen unschätzbare Dienste leistet.

Drehzahlbereiche, in denen Eigenfrequenzen von Getriebeteilen mit der Zahneingriffsfrequenz oder der Maschinenantriebsfrequenz zusammentreffen, strahlen besonders ab.

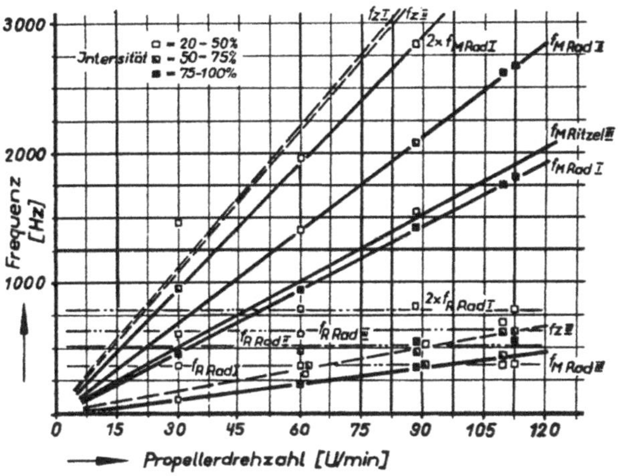

Bild 12: Gerauschfrequenz-Diagramm eines Schiffsgetriebes
N 10 000 PS

In Bild 12 sind die Eigenfrequenzen sowie f_z und f_M für das gezeigte Schiffsgetriebe in einem Drehzahl-Frequenzdiagramm übersichtlich dargestellt. Bei 90 U/min und 112 U/min tritt starke Abstrahlung auf.

Bild 13 gibt bei gleicher Darstellungsweise die Verhältnisse für den gezeigten Verspannungsprüfstand wieder. Bis 1400 U/min spielt f_z noch eine vorherrschende Rolle, darüber f_M.

Ein Beispiel von Radkörperresonanz ist auch das nächste Spektrum (Bild 14).

Es handelt sich um das Lautspektrum eines Turbogetriebes sowie das Klangspektrum von dessen Radkörper. Die Zahneingriffsfrequenz tritt zurück, f_M ist gerade das 3-fache der Eigenfrequenz des Radkörpers. Schwere Radkörper lassen sich schlecht verstimmen, dann hilft nur die erwähnte Nacharbeit.

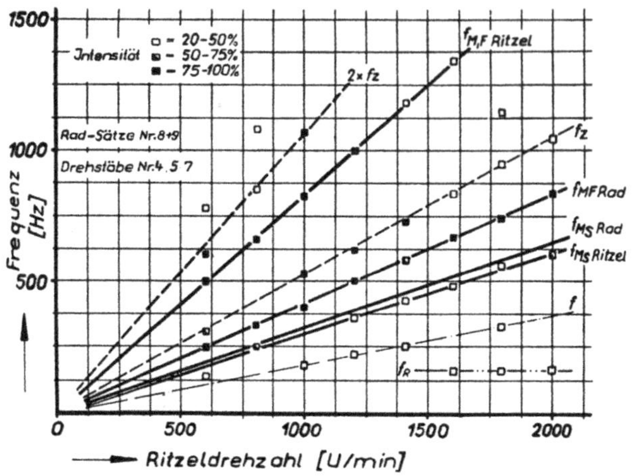

Bild 13 Geräuschfrequenz-Diagramm 2 Stirnradgetriebe — verspannt

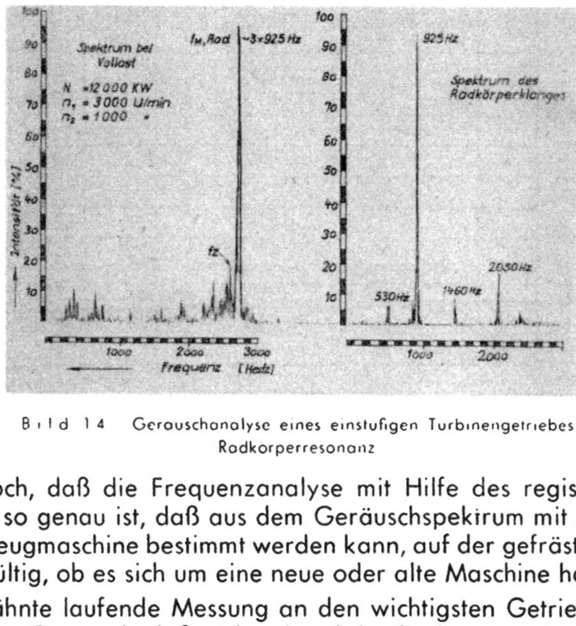

Bild 14 Geräuschanalyse eines einstufigen Turbinengetriebes Radkörperresonanz

Erwähnt sei noch, daß die Frequenzanalyse mit Hilfe des registrierenden Suchtonanalysators so genau ist, daß aus dem Geräuschspektrum mit absoluter Sicherheit die Werkzeugmaschine bestimmt werden kann, auf der gefräst bzw. geschliffen wurde, gleichgültig, ob es sich um eine neue oder alte Maschine handelt.

Durch die erwähnte laufende Messung an den wichtigsten Getriebetypen und die Registrierung der Geräusche läßt sich anhand der Spektren auch verfolgen, wie die Genauigkeit der Werkzeugmaschine sich ändert. Die Verbesserungen nach durchgeführter Überholung sind ebenso zu erkennen wie die Verschlechterung im Laufe der Zeit.

Es ist auch möglich, im Ausland befindliche Anlagen auf Grund des eingesandten Tonbandes zu beurteilen, wenn die Tonbandaufnahme nach Beachtung bestimmter Vorschriften durchgeführt wurde.

Aussprache

Unterberger: Zum Problem Zahnradgeräusch werden am Institut von Prof. Niemann in München Untersuchungen durchgeführt, die sich auf die quantitative Erfassung der Einflußgrößen, sowie auf Fragen der Entstehung, Ursache und Abstrahlung erstrecken. Der Geräuschprüfstand, der sich in einem eigenen schallharten Prüfraum befindet, ist in der Form eines Verspannungsprüfstandes gebaut und wird mittels langer Wellen durch einen Mauerdurchbruch angetrieben. In diesem Prüfstand können Räderpaarungen in der Größenordnung von Rädern der Kraftfahrzeugetriebe eingebaut werden, weshalb diese Untersuchungen in erster Linie für diese Getriebegattung gedacht sind.

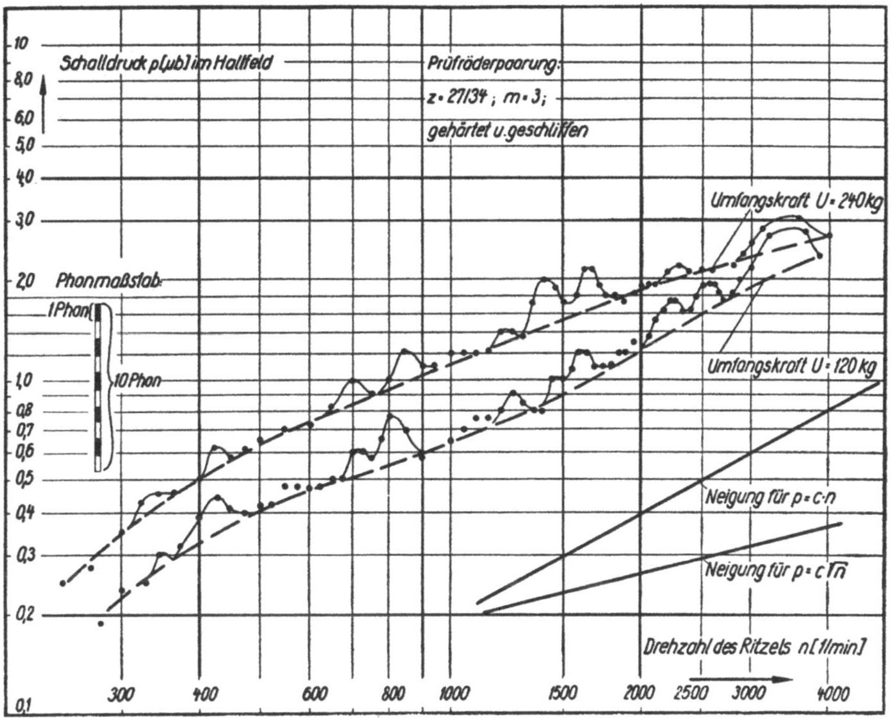

Bild 1: Gesamtschalldruck des Getriebegeräusches in Abhängigkeit von der Drehzahl

Die Versuche befinden sich noch im Anfangsstadium, sie sind noch in keinem Punkte abgeschlossen, deshalb sollen nur einige charakteristische Ergebnisse aufgezeigt werden.

Im Bild 1 ist die Abhängigkeit des Schalldruckes, so wie er im Hallfeld des Prüfraumes gemessen wird, von der Ritzeldrehzahl dargestellt. Selbstverständlich wurden die Schwierigkeiten der Messung im Hallraum durch das stark schwankende

Schallfeld mit einer zeitlichen und örtlichen Mittelwertbildung des Schalldruckes praktisch beseitigt. Die Meßpunkte, die sich beim Lauf dieser geschliffenen einsatzgehärteten Radpaarung ergeben, wurden mit Absicht in sehr engen Drehzahlabständen gefahren, um eine Besonderheit hervorzuheben, die darin besteht, daß bei bestimmten Drehzahlen von der Belastung unabhängig Resonanzstellen auftreten, wo der Schalldruck plötzlich ansteigt, um bei höherer Drehzahl wieder (auf die eingezeichnete Grundkurve) abzusinken.

Die Neigung der beiden Vergleichsgeraden $p = const \cdot n$, bzw. $p = const \cdot n$ lassen den etwa dazwischen liegenden Verlauf der Kurve erkennen.

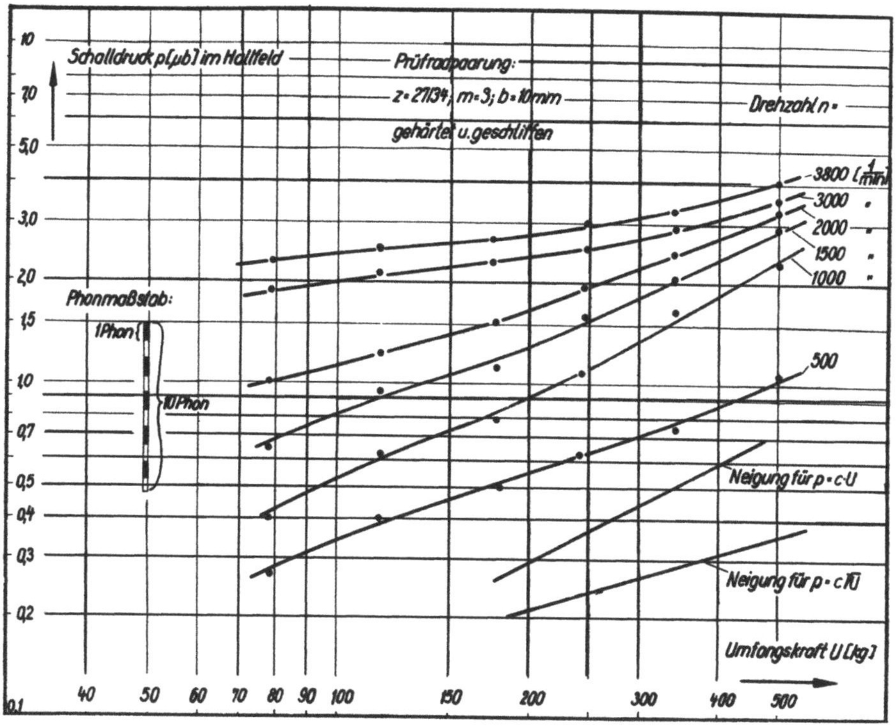

Bild 2 Gesamtschalldruck des Getriebegerausches in Abhangigkeit von der Belastung

Bild 2 zeigt die Abhängigkeit von der Belastung bei konstanter Drehzahl. Auch hier kann der Kurvenverlauf durch einen Vergleich mit den beiden Geraden auf seine exponentielle Abhängigkeit geprüft werden. Es zeigt sich, daß mit Einschränkungen in erster Annäherung sowohl Drehzahl, wie Belastung derselben Funktion genügen, d. h. aber, daß damit die Leistung allein ein Maß für den Schalldruck ist, unabhängig, wie sie sich aus Drehzahl und Drehmoment zusammensetzt.

Den grundsätzlichen Aufbau des Zahnradgeräusches bezüglich der Frequenzen stellt Bild 3 bei drei verschiedenen Drehzahlen dar. Man erkennt, daß hierbei ausschließlich die Zahneingriffsfrequenzen und ihre Oberschwingungen beteiligt sind, das Geräusch also einen klangartigen Aufbau besitzt.

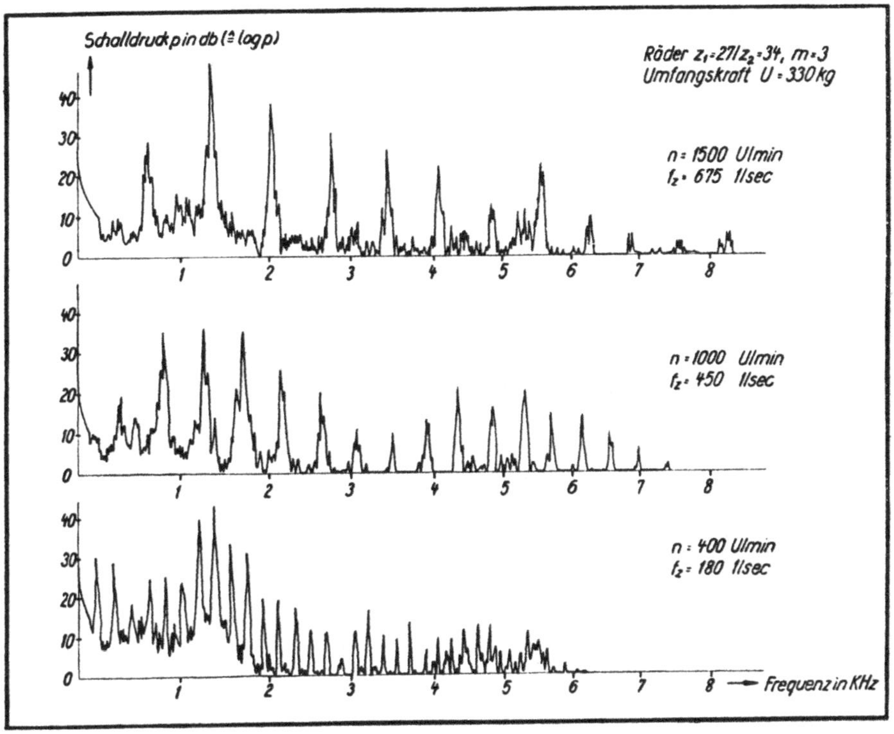

Bild 3: Frequenzzusammensetzung des Zahnradgeräusches bei verschiedenen Drehzahlen

Auffällig ist jedoch, daß nicht etwa die 1. Zahnfrequenz, sondern die in einem bestimmten konstanten „Eigenfrequenz"-bereich (hier zw. 1 und 2 KHz) fallende Oberschwingung den Hauptanteil am Gesamtgeräusch darstellt. Die Tatsache, daß im Zahnradgeräusch eine konstante Eigenfrequenz, in der Literatur auch Hauptfrequenz genannt, enthalten ist, ist schon lange bekannt, daß diese jedoch nicht durch einen konstanten Ton in der menschlichen Empfindung und auch nicht in den Suchtonanalysen zum Ausdruck kommt, liegt im Wesen der Fourierzerlegung begründet, nach deren Gesetzmäßigkeit sowohl das Ohr, wie der Analysator ein Geräusch zerlegt. Damit erklärt sich auch ganz zwanglos die subjektive Beobachtung der Klangerhöhung des Geräusches mit zunehmender Drehzahl.

Eine mögliche Erklärung der Maximalstellen der Schalldruckkurve in Abhängigkeit von der Drehzahl (Bild 1) ist dadurch gegeben, daß bei bestimmten Drehzahlen eine bestimmte Oberschwingung der Zahnfrequenz gerade in die Spitze der Eigenfrequenz fällt. Überschlägig konnte hier schon ein auffälliger Zusammenhang nachgewiesen werden.

Die genaue Erfassung dieser Eigenschwingung, des schwingenden Systems und noch zahlreiche andere Fragen sind Gegenstand der folgenden Untersuchungen. Darüber sind also erst in nächster Zeit weitere Ergebnisse zu erwarten.

Dietrich: Herr Dr. Zink hat davon gesprochen, daß sich Räder mit einer Profilverschiebung von 1 gut einlaufen und dadurch vielleicht eine Verbesserung des Geräusches erzielt wird. Diese Frage ist von der ZF vor vielen Jahren unter dem Namen der sogenannten A-Verzahnung untersucht worden — 1933 von Graf Soden beschrieben. Dabei hat sich gezeigt, daß der Verschleiß unzulässig groß ist. Ich warne also vor deren Anwendung, es sei denn bei sehr niederen Räderbelastungen.

Unbekannt: Eine Frage an Herrn Ritter: Inwieweit sind doppelt gebundene Vierganggetriebe noch verwendbar, und welche Abstufung ist hierbei möglich?

Ritter: Nicht nur doppelt gebundene Vierganggetriebe sind möglich und wurden sogar gebaut, sondern noch viel mehr. Die Stufensprünge macht man nicht gern sehr groß. Bei $\varphi = 1{,}06$ oder 1,12 oder 1,19 und 1,26 gibt es alles zwischen Endübersetzungen 0,5 und 0,6 vierstufig doppelt gebunden. Die sechs- und zwölfstufigen sind viel gängiger als die vierstufigen, auch weil die Enddrehzahlen günstiger liegen.

Winter: Die bisher vorliegenden, sich z. T. widersprechenden Versuchsergebnisse und praktischen Beobachtungen lassen m. E. keine eindeutige Beantwortung der Frage zu, ob eine Vergrößerung des Eingriffswinkels auch eine Verstärkung des Zahnradgeräusches zur Folge hat. Der Durchblick wird dadurch erschwert, daß häufig Nebeneinflüsse das Geräusch stärker beeinflussen als die Änderung des Eingriffswinkels.

Dietrich: Ich habe bei Überdeckung bei Geradzahnrädern über 2, also wenn der Überdeckungsgrad mindestens 2 beträgt, eine Verminderung des Geräusches festgestellt. Unter 2 hat eine Vergrößerung der Überdeckung keinen Wert, solange es sich um durch die Reibung entstehende Geräusche handelt. Wenn es sich um dynamische Einflüsse handelt, ist das Verhältnis anders.

Schneider: Hat die Größe des Zahnflankenspiels einen Einfluß auf die Geräuschbildung der Zahnräder, vor allen Dingen im Werkzeugmaschinenbau?

Dietrich: An und für sich nur, wenn das Zahnflankenspiel zu klein ist, sonst nicht.

Schneider: Welche ist die günstigste Ausführung des Zahnflankenspieles?

Dietrich: Zumindest ein ausreichendes. Wenn Klappererscheinungen auftreten, das kleinstmögliche.

GPSR Compliance

The European Union's (EU) General Product Safety Regulation (GPSR) is a set of rules that requires consumer products to be safe and our obligations to ensure this.

If you have any concerns about our products, you can contact us on ProductSafety@springernature.com

In case Publisher is established outside the EU, the EU authorized representative is:

Springer Nature Customer Service Center GmbH
Europaplatz 3
69115 Heidelberg, Germany

Batch number: 10613743

Printed by Printforce, the Netherlands